高职高专规划教材

Inorganic and Analytical Chemistry

无机及分析化学

（第三版）

奚立民 编著

ZHEJIANG UNIVERSITY PRESS
浙江大学出版社

图书在版编目（CIP）数据

无机及分析化学 / 奚立民编著. —3 版. —杭州：浙江大学出版社，2022.1(2024.7 重印)
ISBN 978-7-308-21922-8

Ⅰ. 无… Ⅱ. 奚… Ⅲ. ①无机化学—高等职业教育—教材②分析化学—高等职业教育—教材 Ⅳ. ①O61 ②O65

中国版本图书馆 CIP 数据核字（2021）第 218487 号

内 容 提 要

本书是通过实质性的优化重组，将无机化学和分析化学合二为一后的新教材。

本教材根据高职高专"基础理论教学要以应用为目的，以必需、够用为度"的教学原则，对传统的无机化学和分析化学教学内容进行了合理、大胆的取舍，在章节编排上打破无机化学和分析化学原有各自为政的格局，建立了系统、完整、可操作的新课程体系。在编写顺序上，首先介绍误差理论和分析数据的处理，进而介绍物质变化（聚集状态、能量关系）和物质结构（原子、分子、晶体）的基本知识。重点论述四大平衡与四大滴定（酸碱平衡与酸碱滴定法、沉淀溶解平衡与沉淀滴定法、氧化还原平衡与氧化还原滴定法、配位平衡与配位滴定法）的原理和应用，并对 p 区、s 区、ds 区、d 区元素及其重要化合物的主要性质作了介绍。最后简述了最常用的几种仪器分析方法。

本书可作为高职高专化学类专业无机及分析化学课程教材，也可供相关专业人员阅读参考。

无机及分析化学（第三版）
奚立民　编著

策划编辑　徐　霞（xuxia@zju.edu.cn）
责任编辑　徐　霞　王元新
责任校对　秦　瑕
封面设计　周　灵
出版发行　浙江大学出版社
（杭州市天目山路 148 号　邮政编码 310007）
（网址：http://www.zjupress.com）
排　　版　杭州青翊图文设计有限公司
印　　刷　杭州杭新印务有限公司
开　　本　787mm×1092mm　1/16
印　　张　18.25
字　　数　422 千
版 印 次　2022 年 1 月第 3 版　2024 年 7 月第 2 次印刷
书　　号　ISBN 978-7-308-21922-8
定　　价　49.00 元

前　言

现有的高职无机化学、分析化学教材存在三个主要问题：一是这两门课在内容上有较多的交叉与重叠，有些还与后续课程内容重复；二是在学时要求上所占的比例均偏多，与高职基础理论教学以“必需”“够用”为度的特点不甚相符；三是在概念解析及计算处理时缺乏与现代教学技术的融合。为此，我们将无机化学与分析化学整合成一门课程，合称为无机及分析化学，使整合后的课程更加适合高职教学，显得非常必要和迫切。

较之整合前，我们力求在以下几个方面体现出无机及分析化学新课程的特点：

(1)满足学科综合化的发展趋势。化学学科与其他学科日益交叉、渗透、融合，学科领域不断扩展。从内容看，实用化和综合化趋势日益明显，尤其是分析化学与无机化学已无明显界限。只有对传统教学内容进行全面、彻底的整合，才能跟上形势的变化。

(2)提高授课效率。高职院校教学要求与教学时数之间的矛盾突出，其中教学内容重复、课程设置过多是主要原因之一。整合后，精练的教学内容可以有效提高授课效率，缓和缩课时与增内容之间的矛盾。

(3)易于教学双方接受。无机化学和分析化学合二为一后的新课程，内容紧凑、合理、连贯，执教时教师更容易加深理解，学生学起来也感到更容易接受。

根据高职人才培养模式和人才素质要求，我们在整合原有课程内容，建立新课程体系时，注重本质性的变化，形成自身的特色：

(1)改变传统观念，彻底打破原有的无机化学和分析化学课程体系，将其完全互融为一体，并建立起一个新的无机及分析化学课程体系。

(2)四大滴定融入四大平衡。将无机化学和分析化学两门课程中联系最紧密，同时也是互相重叠最多的酸碱、沉淀、配位、氧化还原四大平衡和滴定互融为一体，平衡部分作为原理讨论，滴定部分作为溶液平衡原理的应用讨论。以原理说明应用，以应用支持原理，使原理与应用融会贯通，有机结合。

(3)延伸概念,合并内容。通过合理地延伸概念的应用范围,有效地、实质性地达到精简之目的。例如,延伸酸碱质子平衡的概念来分析盐类水解,合并缓冲溶液和滴定曲线的计算,配位平衡与配位滴定副反应的合并等。

(4)精简化学分析,增加仪器分析。原分析化学主要由与无机化学关系密切的化学分析和独立性较强的仪器分析两大部分组成,考虑到目前化学分析地位的下降已成趋势,而随着经济的发展和科学技术的进步,仪器分析却得到了广泛使用。为此,精简化学分析的内容,为增加仪器分析的学时、强化仪器分析教学创造条件。

本教材采用国家标准(GB 3102.8—1993)所规定的符号和单位。书中每章后布置有类型多样、数量较大的练习题,以加深读者对书中基本概念、原理的理解和综合应用。部分练习题附有答案。

限于编者水平,书中必有诸多错误与缺点,恳请读者和专家批评指正。

奚立民

2022 年 1 月

目　　录

第1章

误差和分析数据的处理

在定量分析中，由于受分析方法、测量仪器、所用试剂和分析人员主观条件等各方面的限制，所得结果不可能绝对准确，总伴有一定的误差。即使由技术很熟练的分析人员用最可靠的分析方法和最精密的仪器，对同一试样进行多次测定，其结果也不尽相同。这说明误差是客观存在的。因此，人们在进行定量分析时，不仅要测得组分含量，而且还须评价分析结果，采用相应的措施把误差减小到最小程度，从而不断提高分析结果的准确度。

1.1 定量分析的误差

1.1.1 准确度与精密度

准确度是指分析结果与真实值相接近的程度，通常用误差来衡量。误差越小表示分析结果的准确度越高；相反，误差越大，准确度越低。

精密度是指几次平行测定结果相互吻合的程度，通常用偏差来衡量。偏差越小表示分析结果的精密度越高；相反，偏差越大，精密度越低。

那么准确度与精密度有何关系，以及如何用准确度与精密度来评价分析结果呢？通过分析甲、乙、丙、丁四人测定同一试样某一组分含量的结果（见图1-1）能说明这一问题。

由图1-1可以对四人的分析结果做出如下评价：甲的准确度与精密度均好；乙的准确度差而精密度好；丙的准确度与精密度均差；丁的准确度好而精密度差。

准确度与精密度的关系是：精密度是保证准确度的先决条件；高的精密度不一定能保证高的准确度。

在实际分析过程中，尽管准确度是定量分析追求的最终目标，但首先要重视测量数据的精密度，精密度低说明所测结果不可靠，在这种情况下，自然失去了衡量准确度的前提。虽然高的精密度保证不了高的准确度，但可以找出影响准确度的原因，校正后使测定结果既精密又准确。

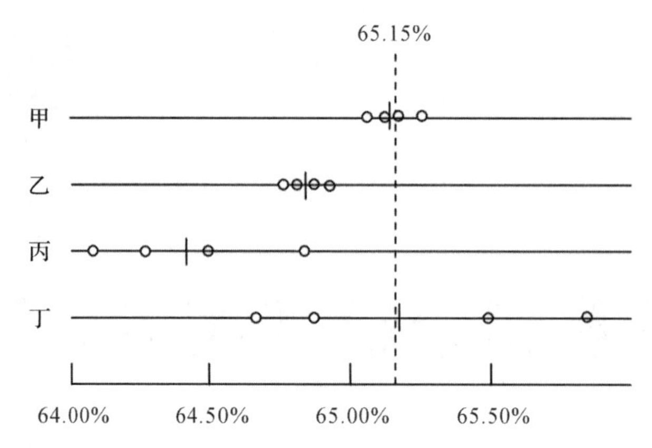

(○表示个别测定值,|表示平均值,┆处的65.15%表示真实值)

图 1-1　不同人员分析同一试样的结果

1.1.2　误差的表示

1. 误差

误差一般用绝对误差和相对误差来表示。绝对误差 E 是第 i 次测定值 x_i 与真实值 μ 之差,即

$$\text{绝对误差}\ E=x_i-\mu$$

相对误差 RE 是绝对误差占真实值的百分率,即

$$\text{相对误差}\ RE=\frac{E}{\mu}\times 100\%$$

绝对误差和相对误差都有正值或负值,分别表示分析结果偏高或偏低。

例 1-1　测定硫酸铵中氮含量为 20.84%,已知真实值为 20.82%,求其绝对误差和相对误差。

解　$E=20.84\%-20.82\%=+0.02\%$

$$RE=\frac{+0.02\%}{20.82}\times 100\%=+0.1\%$$

2. 偏差

偏差也分为绝对偏差和相对偏差。绝对偏差 d_i 是 x_i 与平均值 $\bar{x}$ 之差,即

$$\text{绝对偏差}\ d_i=x_i-\bar{x}$$

相对偏差 Rd_i 是绝对偏差占平均值的百分率,即

$$\text{相对偏差}\ Rd_i=\frac{d_i}{\bar{x}}\times 100\%$$

绝对偏差和相对偏差亦用正、负之分来表示偏高或偏低。但是,d_i 与 Rd_i 都表示单次测量结果的偏差。为了说明总体分析结果的精密度,常用平均偏差 $\bar{d}$ 或标准偏差 S 来表示,$\bar{d}$ 或 S 分别定义为

$$\bar{d}=\frac{|d_1|+|d_2|+\cdots+|d_n|}{n}=\frac{\sum|d_i|}{n}$$

$$S=\sqrt{\frac{d_1^2+d_2^2+\cdots+d_n^2}{n-1}}=\sqrt{\frac{\sum d_i^2}{n-1}}$$

由于在计算平均偏差和标准偏差时，取的是每次测量偏差的绝对值或进行了平方处理，所以平均偏差和标准偏差均无正、负之分。用标准偏差表示精密度比用平均偏差好，因为将单次测量的偏差平方之后，较大的偏差能更显著地反映出来，这样便能更好地说明数据的分散程度。

同样，平均偏差和标准偏差都有其对应的相对平均偏差和相对标准偏差，即

$$相对平均偏差=\frac{\bar{d}}{\bar{x}}\times 100\%$$

$$相对标准偏差=\frac{S}{\bar{x}}\times 100\%$$

相对标准偏差又称为变异系数 CV。

例 1-2　有甲、乙两位同学分别测定同一份浓度为 0.1000 的溶液，甲同学三次平行测定的结果为 0.1004，0.0997，0.1008；乙同学三次平行测定的结果为 0.0983，0.1016，0.1004。试比较甲、乙两位同学分析结果的准确度和精密度。

解　甲同学：$\bar{x}=\frac{1}{3}(0.1004+0.0997+0.1008)=0.1003$

$$E=\bar{x}-\mu=0.1003-0.1000=0.0003$$

$$\bar{d}=\frac{1}{3}(|0.0001|+|-0.0006|+|0.0005|)=0.0004$$

乙同学：$\bar{x}=\frac{1}{3}(0.0983+0.1016+0.1004)=0.1001$

$$E=\bar{x}-\mu=0.1001-0.1000=0.0001$$

$$\bar{d}=\frac{1}{3}(|-0.0018|+|0.0015|+|0.0003|)=0.0012$$

可见，虽然甲同学测定的准确度较低，但是精密度较高；而乙同学测定的准确度较高，但是精密度较低。相对而言，甲同学测定的结果更为可信。

例 1-3　分析铁矿中铁的含量，得如下数据：10.48%，10.37%，10.47%，10.43%，10.40%，计算这组数据的平均偏差、相对平均偏差、标准偏差和变异系数。

解　将数据列表计算如下：

%	$\|d_i\|$	d_i^2
10.48	0.05	0.0025
10.37	0.06	0.0036
10.47	0.04	0.0016
10.43	0.00	0.0000
10.40	0.03	0.0009
平均 10.43	$\sum$0.18	$\sum$0.0086

$$平均偏差\ \bar{d}=\frac{\sum|d_i|}{n}=\frac{0.18}{5}=0.036(\%)$$

$$相对平均偏差 = \frac{\bar{d}}{\bar{x}} \times 100\% = \frac{0.036}{10.43} \times 100\% = 0.35\%$$

$$标准偏差\ S = \sqrt{\frac{\sum d_i^2}{n-1}} = \sqrt{\frac{0.0086}{5-1}} = 0.047(\%)$$

$$CV = \frac{S}{\bar{x}} \times 100\% = \frac{0.047}{10.43} \times 100\% = 0.45\%$$

1.1.3 产生误差的原因及其减免方法

产生误差的原因很多，一般分为系统误差和偶然误差两类。

1. 系统误差

系统误差是由某种固定的原因造成的，当重复进行测量时，它会重复出现。系统误差的大小、正负是可以测定的。若能找出原因，就可以消除或减少系统误差。

(1)系统误差产生的主要原因

①方法误差：由分析方法本身造成。例如在测定分析中，反应进行不完全、干扰离子的影响以及副反应的发生等，这些原因会系统地造成测定结果偏高或偏低。

②仪器误差：来源于仪器本身不够精确。例如天平砝码重量、容量器皿刻度不准等。

③试剂误差：来源于试剂或蒸馏水不纯。

④操作误差：由操作人员的主观原因造成。例如对滴定终点颜色变化辨别不清、读数偏高或偏低等。

(2)检验和消除或减少系统误差的主要方法

①对照试验。常用已知准确含量的标准试样，按同样方法进行分析测定以资对照，也可以用不同的分析方法，或者由不同部门的人员分析同一试样来互相对照。

进行对照试验时，应尽量选择与试样组成相近的标准试样进行对照分析。根据标准试样的分析结果与已知含量的差值，即可判断该测量方法有无系统误差，并可用此误差对实际试样的结果进行校正。

②空白试验。在不加试样的情况下，按照与试样分析相同的步骤、条件进行的分析方法称为空白试验，得到的结果称为“空白值”。另在同样条件下测得试样的测定结果，再从这一测定结果中扣除空白值即得最后的分析结果。空白试验可以消除或减少由试剂、蒸馏水、器皿和环境等带入的杂质所引起的系统误差。

③校准仪器。仪器不准确引起的系统误差，可以通过校准仪器加以消除，例如校准天平、容量瓶、温度计和滴定管等。在准确度要求较高的分析中，必须校准仪器，并在计算结果时采用校正值。

④回收试验。对于试样的组成不完全清楚或分析反应不完全引起的系统误差，可以采用回收试验进行校正。回收试验是向试样中或标准试样中加入已知含量的被测组分的纯净物质，然后用同一方法进行测定，由测得的增加值与加入量之差，估算系统误差，并对结果进行校正。

2. 偶然误差

偶然误差是由一些难以控制的偶然和意外原因产生的，如环境温度、湿度、气压的微小波动，仪器性能的微小变化，分析人员操作时的微小差别等，都可能带来偶然误差。

偶然误差难以找出确定的原因，似乎没有规律性，但是如果进行很多次测量，便会发现测量数据符合正态分布规律。偶然误差的这种规律性可用图 1-2 的正态分布曲线表示。

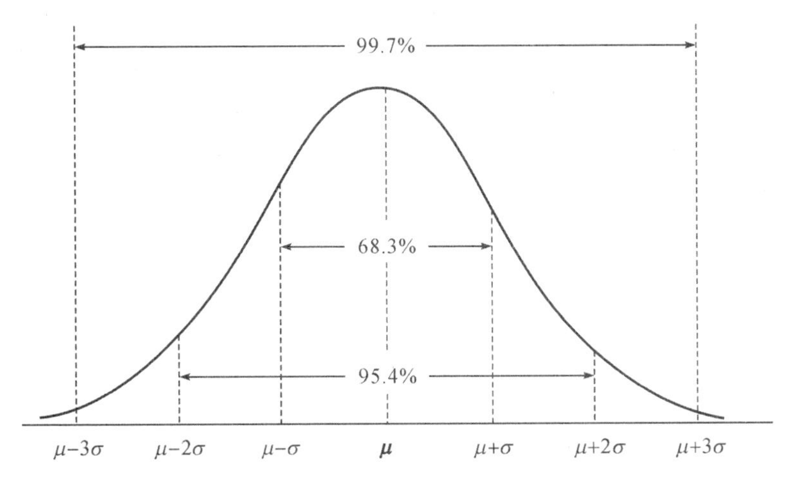

图 1-2　偶然误差的正态分布曲线

图 1-2 中横坐标代表误差的大小，以总体标准差 σ 为单位，纵坐标代表误差发生的频率。σ 的定义为

$$\sigma = \sqrt{\frac{\sum (x_i - \mu)^2}{n}}$$

假定图 1-2 中曲线下总面积等于 100%，则某一频率范围内对应的曲线下的面积就等于某测定值在该范围内出现的概率。例如，误差在 $\pm\sigma$ 内的分析结果占全部分析结果的 68.3%，在 $\pm 2\sigma$ 内的占 95.4%，在 $\pm 3\sigma$ 内的占 99.7%。从图 1-2 中可看出，偶然误差有两条明显规律：

①正误差和负误差出现的概率相等，即曲线是对称的。

②小误差出现的频率较高，而大误差出现的频率较低。

根据这两条规律推知，测量次数越多，分析结果的算术平均值越接近于真实值。也就是说，采用“多次测定，取平均值”的方法，可以有效地减小偶然误差。虽然测量次数越多越有利于减小偶然误差，但是实际上不可能尽量多地做平行测定，而是要根据具体测量对准确度的要求，选择合适的测量次数。若准确度要求高，就多做几次平行测定；若准确度要求不高，就少做几次平行测定。当然，仅做一两次平行测定一般是不够的。

例 1-4　试剂不纯引起的误差属于哪一类误差？可采用什么方法予以消除或减少？

解　这种误差属于系统误差，采用空白试验的方法可以消除或减少。

1.2 有效数字及其运算规则

1.2.1 有效数字及位数

有效数字:实际能测到的数字,其最末一位是估计的。

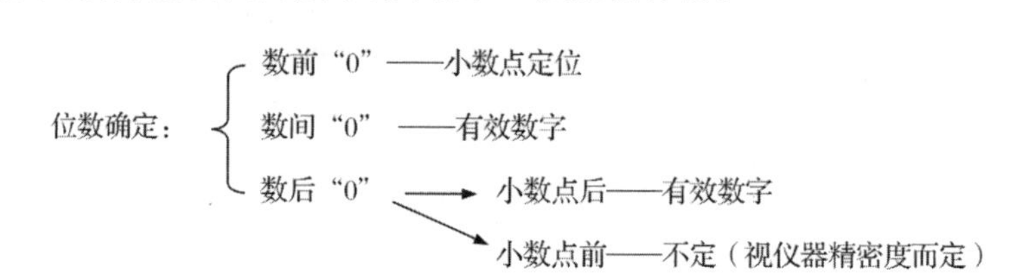

例 1-5 下列数据各包括几位有效数字?

(1)62.300; (2)0.1000; (3)43001; (4)0.0040;
(5)10.98%; (6)4.20×10^{-6}; (7)1000; (8)pH=3.07。

解 (1)5 位; (2)4 位; (3)5 位; (4)2 位; (5)4 位; (6)3 位;

(7)不定,视具体情况可写成确定的位数,如 1×10^3,1.0×10^3,1.00×10^3,1.000×10^3,…;

(8)2 位,pH,pM,pK 等值的有效数字位数取决于数值的小数部分的位数,因为整数部分只说明 10 的方次。

1.2.2 有效数字运算规则

在进行加减运算时,结果的有效数字位数以小数点后位数最少的数据为依据。例如:

0.0121+25.64+1.05782=26.71(若计算结果为 26.70992 则错误。)

在进行乘除运算时,结果的有效数字位数以有效数字位数最少的数据为依据。例如:

$0.0121\times25.64\times1.05782=0.328$(若计算结果为 0.32818230808 则错误。)

数字修约规则:四舍六入五留双。

尾数=5
- 5 后非全“0”——进
- 5 后全“0”
  - 进后得双则进
  - 弃后得双则弃

例 1-6 将下列数据均修约成有效数字三位。

(1)2.604; (2)2.605; (3)2.615; (4)2.6549; (5)2.666; (6)2.605001。

解 (1)2.60; (2)2.60; (3)2.62; (4)2.65; (5)2.67; (6)2.61。

1.3　定量分析结果的数据处理

1.3.1　置信度与平均值的置信区间

由统计学可以推导出有限次数测定的平均值 $\bar{x}$ 和总体平均值(真值)μ 的关系：

$$\mu = \bar{x} \pm \frac{tS}{\sqrt{n}}$$

式中：n 为有限测定次数；t 为在选定的某一置信度下的概率系数，其可根据 n 从表1-1中查得。

表 1-1　对于不同测定次数及不同置信度的 t 值

测定次数 n	置信度					测定次数 n	置信度				
	50%	90%	95%	99%	99.5%		50%	90%	95%	99%	99.5%
2	1.000	6.314	12.706	63.657	127.32	8	0.711	1.895	2.365	3.500	4.029
3	0.816	2.920	4.303	9.925	14.089	9	0.706	1.860	2.306	3.355	3.832
4	0.765	2.353	3.182	5.841	7.453	10	0.703	1.833	2.262	3.250	3.690
5	0.741	2.132	2.776	4.604	5.598	11	0.700	1.812	2.228	3.169	3.581
6	0.727	2.015	2.571	4.032	4.773	21	0.687	1.725	2.086	2.845	3.153
7	0.718	1.943	2.447	3.707	4.317	∞	0.674	1.645	1.960	2.576	2.807

例 1-7　测定某一物料中 SiO_2 的质量分数，得到下列数据：28.62%，28.59%，28.51%，28.48%，28.52%，28.63%。求平均值、标准偏差和置信度分别为 90% 和 95%时的平均值的置信区间。

解　$\bar{x}=\frac{28.62+28.59+28.51+28.48+28.52+28.63}{6}=28.56\%$

$$S=\sqrt{\frac{(0.06^2+0.03^2+0.05^2+0.08^2+0.04^2+0.07^2)(\%)^2}{6-1}}=0.06\%$$

当 $n=6$，置信度为 90%时，查表 1-1 得 $t=2.015$，则

$$\mu=28.56\%\pm\frac{2.015\times0.06\%}{\sqrt{6}}=(28.56\pm0.05)\%$$

当 $n=6$，置信度为 95%时，查表 1-1 得 $t=2.571$，则

$$\mu=28.56\%\pm\frac{2.571\times0.06\%}{\sqrt{6}}=(28.56\pm0.07)\%$$

意义：若置信区间取(28.56±0.05)%，则真值在此区间出现的置信度为 90%。直言之，真值在 28.51%～28.61%范围内出现的概率为 90%。

从本例计算可知：真值出现的概率（即置信度）随置信区间扩大而提高，换言之，置信区间随置信度的提高而扩大。

1.3.2 可疑数据的取舍

1.Q 检验法

Q 检验法较为严格，适用于 $3 \leqslant n \leqslant 10$，其检验步骤为：

①确定可疑值（最大或最小的离群值）；

②计算出统计量 Q，$Q=\dfrac{|可疑值-邻近值|}{最大值-最小值}$；

③查 $Q_表$ 值（见表 1-2）；

④可疑值取舍，若 $Q>Q_表$，则可疑值舍去；若 $Q \leqslant Q_表$，则可疑值保留。

表 1-2 舍弃可疑数据的 Q 值（置信度 90%和 95%）

测定次数	3	4	5	6	7	8	9	10
$Q_{0.90}$	0.94	0.76	0.64	0.56	0.51	0.47	0.44	0.41
$Q_{0.95}$	1.53	1.05	0.86	0.76	0.69	0.64	0.60	0.58

例 1-8 对轴承合金中锑的含量进行了 10 次测定，得到下列结果：15.48%，15.51%，15.52%，15.53%，15.52%，15.56%，15.53%，15.54%，15.68%，15.56%。试用 Q 检验法判断有无可疑值需弃去（置信度为 90%）？

解 ①可疑值确定为 15.68%；

②$Q=\dfrac{15.68\%-15.56\%}{15.68\%-15.48\%}=\dfrac{0.12\%}{0.20\%}=0.60$；

③当 $n=10$，置信度为 90%时，查表 1-2 得 $Q_表=0.41$；

④因为 $Q>Q_表$，所以可疑值 15.68%应舍去。

此时 $n=9$，分析结果的范围为 15.48%～15.56%。若再定 15.48%为可疑值，同法可知 15.48%应予保留。

2. $4\bar{d}$ 检验法

相对于 Q 检验法而言，$4\bar{d}$ 检验法要求较为宽松。其检验步骤为：

①确定可疑值（最大或最小的离群值）；

②求出剔除可疑值后的平均值 $\bar{x}$ 和平均偏差 $\bar{d}$；

③可疑值取舍，若 $|可疑值-\bar{x}|>4\bar{d}$，则可疑值舍去；若 $|可疑值-\bar{x}| \leqslant 4\bar{d}$，则可疑值保留。

例 1-9 用 EDTA 标准溶液滴定某试液中的 Zn，进行四次平行测定，消耗 EDTA 标准溶液的体积（单位：mL）分别为 26.32，26.40，26.44，26.42。试问 26.32 这个数据是否保留？

解 ①可疑值确定为 26.32；

②求得 $\bar{x}=26.42$，$\bar{d}=0.013$；

③因为 $|26.32-26.42|=0.10>4\bar{d}=0.052$，所以可疑值 26.32 应舍去。

第 1 章练习题

一、是非题

1. 高的精密度一定能保证高的准确度。（　　）
2. 偏差的大小可表示分析结果的精密度。（　　）
3. 测定值小于真实值 2σ 的概率为 4.6%。（　　）

二、单选题

1. 下列数据中有效数字为 3 位的是（　　）。
   A. 0.030%　　B. pH＝2.03　　C. 8.9×10^{-4}　　D. 0.0234
2. 根据有效数字运算规则，算式 152.6＋9.25＋0.3567 计算结果正确的是（　　）。
   A. 162　　B. 162.2　　C. 162.21　　D. 162.2067
3. 根据有效数字运算规则，算式 $\frac{0.031\times21.14\times35.10}{0.01120}$ 计算结果正确的是（　　）。
   A. 2×10^3　　B. 2.1×10^3　　C. 2.05×10^3　　D. 2.054×10^3

三、填空题

1. 随机误差的分布服从一般的统计规律，可用________曲线来表示，欲减小随机误差可采用____________的方法。
2. 系统误差产生的主要原因是：________误差、________误差、________误差、________误差。

四、简答题

1. 测量 200 米高的山的误差为 10 米，测量 18 米高的树的误差为 1 米，问哪个测量更准确？
2. 下列情况各引起什么误差？如果是系统误差，应如何消除或减少？
(1)样品在称量过程中吸湿；　　(2)试剂中含少量被测组分；
(3)容量瓶未校正；　　(4)滴定管读数时，最后一位数字估计不准；
(5)沉淀滴定时，非被测成分被共沉淀。
3. 下列数据各包括几位有效数字？
(1)0.697；　　(2)0.041；　　(3)6.9×10^9；
(4)20.50%；　　(5)pH＝2.0；　　(6)2.020%。

五、计算题

1. 根据有效数字运算规则进行下列运算。
(1)$\frac{5.10\times4.03\times10^{-6}}{2.512\times0.07069}$；　　(2)364.13＋6.6＋0.4421。

2. 标定某溶液的浓度，四次结果(单位：$mol \cdot L^{-1}$)分别为 0.2041，0.2049，0.2039 和 0.2043。试计算标定结果的平均值、平均偏差、相对平均偏差、标准偏差、变异系数。

3. 某化验员分析一个氯化物样品得下列数据：30.44%，30.52%，30.60%，30.12%。根据 $4\bar{d}$ 检验法判断最后一个数据应否舍弃，并计算样品中氯的百分含量的平均值及其置信度为 95%时的置信区间。

4. 某学生测定 HCl 溶液的浓度，获得以下分析结果(单位：$mol \cdot L^{-1}$)：0.1031，0.1030，0.1038，0.1032。请问：按 Q 检验法 0.1038 的分析结果可否弃舍？如果第 5 次的分析结果是 0.1032，这时 0.1038 的分析结果可以弃去吗？(置信度为 90%)

第2章

物质及其变化

化学是研究那些具有一定质量、占有一定空间的物质(除场以外)的化学变化的科学。它有许多不同的研究领域,形成各种分支,无机化学是其中之一。无机化学从分子、原子水平上来研究物质的组成、结构、性质及其变化规律。

本章以讨论理想气体状态方程式、分压定律、反应热效应与焓变为重点,还讨论液体、固体的性质和等离子体、玻色-爱因斯坦凝聚体的概念等。

2.1 物质的聚集状态

气态、液态和固态是物质在常温、常压下的三种聚集状态,在一定条件下这三种状态可以相互转变。此外,在特殊条件下,现已发现了物质的第四种存在形式——等离子体状态和第五种存在形式——玻色-爱因斯坦凝聚体。

2.1.1 气体

将一定量的气体引入任何容器中时,气体分子立即向各个方向扩散,并均匀地充满容器的整个空间。所谓气体的体积,指的就是它们所在容器的容积。同样量的气体既可充满较大的容器,也可被压缩到较小的容器中去,此时气体的状态发生了变化。描述气体状态的四个物理量是:气体物质的量(n)、体积(V)、压力(p)和温度(T)。

1. 理想气体状态方程式

分子本身不占体积,分子间没有相互作用力的气体称为理想气体。真正的理想气体实际上是不存在的,但是当气体处于低压、高温的条件下,气体分子间距甚大,分子本身所占体积与气体的体积相比可以忽略,这时可把它近似视作理想气体。理想气体状态方程式为

$$pV=nRT$$

式中:R 为摩尔气体常数,又称气体常数,实验证明其值与气体种类无关,测得 $R=8.314\ J \cdot mol^{-1} \cdot K^{-1}$;$p$ 为气体压力,单位为 Pa(帕);V 为气体体积,单位为 m^3(立方米);n 为气体物质的量,单位为 mol(摩尔);T 为热力学温度,单位为 K(开)。

例 2-1 有一体积为 0.8 m^3 的气象观测气球,从地面升起时的温度为 20 ℃,压力为 100.0 kPa。当气球升至温度为 −55 ℃、压力为 5.333×10^3 Pa 的 22000 m 高空时,

体积有何变化？

解 因为氢气的物质的量不变，根据理想气体状态方程式可得

$$\frac{p_1V_1}{T_1}=\frac{p_2V_2}{T_2}$$

$$V_2=\frac{p_1V_1T_2}{T_1p_2}=\frac{100.0\times10^3\times0.8\times(273.15-55)}{(273.15+20)\times5.333\times10^3}=11.16(\mathrm{m}^3)$$

答 气球体积增至 11.16 m^3，扩大近 14 倍，会造成气球升至高空后炸破。

例 2-2 在 60 ℃和 100 kPa 时，理论上需要多少克纯 $CaCO_3$ 与足量盐酸作用才能获得 20.0 L CO_2？

解 根据反应 $CaCO_3+2HCl═CaCl_2+CO_2\uparrow+H_2O$，可知

$$n_{CaCO_3}=n_{CO_2}=\frac{100\times10^3\times20.0\times10^{-3}}{8.314\times(273.15+60)}=0.722(\mathrm{mol})$$

所以 $m_{CaCO_3}=0.722\times M_{CaCO_3}=0.722\times100.09=72.3(\mathrm{g})$

2. 气体分压定律

当互不发生化学反应的混合气体放在同一容器中时，各种气体的压力、体积、温度等状态变化可以用气体分压定律来描述。气体分压定律是道尔顿在 1801 年通过实验发现的，所以又称作道尔顿分压定律。道尔顿分压定律根据不同情况可用分压定律或分体积定律来表示。

(1)气体分压定律

当气体的各组分温度和总体积 $V_{总}$ 不变时，气体中各组分的分压 p_i 可用气体分压定律表示：

$$p_{总}=\sum_{i=1}^{k}p_i$$

式中：k 为混合气体中的组分数。图 2-1 是分压定律的示意图，图中(a)，(b)，(c)，(d)为气体体积相同的四个容器。

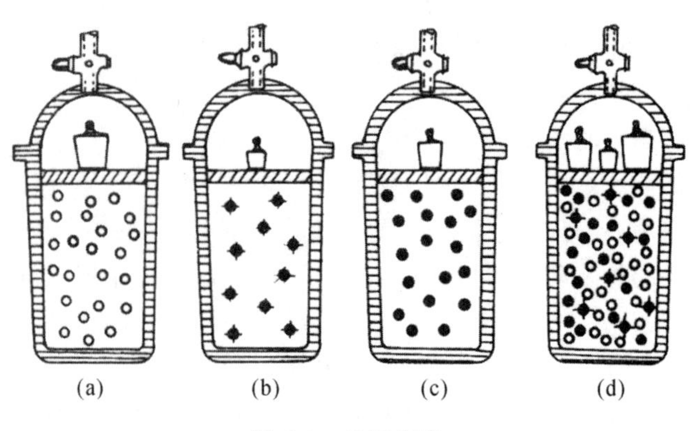

图 2-1 分压定律

以 n_a，n_b，n_c 表示 a，b，c 三种气体的物质的量，根据理想气体定律，每种气体的压力可以分别表示为

$$p_a=\frac{n_a RT}{V_{总}},\qquad p_b=\frac{n_b RT}{V_{总}},\qquad p_c=\frac{n_c RT}{V_{总}}$$

如果 n_a, n_b, n_c 以通式 n_i 表示，则第 i 种气体的压力可以表示为

$$p_i=\frac{n_i RT}{V_{总}} \tag{2-1}$$

(2)气体分体积定律

当气体的各组分温度和总压力 $p_{总}$ 不变时，气体中各组分的分体积 V_i 可用气体分体积定律表示：

$$V_{总}=\sum_{i=1}^{k} V_i$$

图 2-2 是分体积定律的示意图，图中(a)，(b)，(c)分别表示 A，B，C 三种组分气体的分体积，(d)为混合气体的总体积。

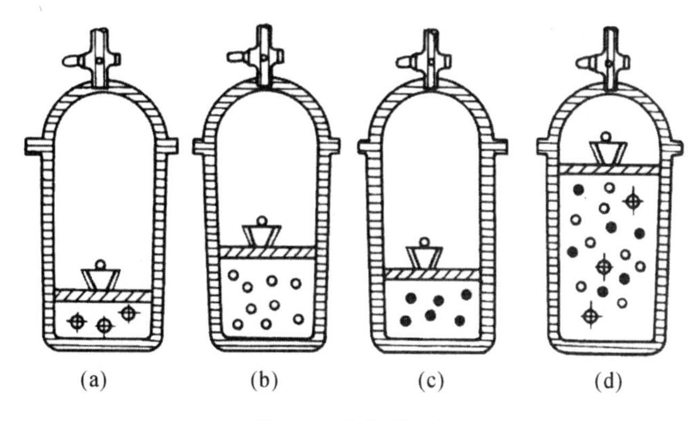

图 2-2　分体积定律

根据理想气体定律，图 2-2(a)，(b)，(c)中每种气体所占的体积可以表示为

$$V_i=\frac{n_i RT}{p_{总}} \tag{2-2}$$

由于 $n_{总}=\sum\limits_{i=1}^{k} n_i$，根据气体分体积定律，A，B，C 三种混合气体的总体积为

$$V_{总}=\frac{n_{总} RT}{p_{总}} \tag{2-3}$$

所以，理想气体定律不仅适用于纯净气体，同样适用于气体混合物。

根据式(2-1)、式(2-2)和式(2-3)可以推得下面关系式：

$$\frac{p_i}{p_{总}}=\frac{V_i}{V_{总}}=\frac{n_i}{n_{总}}$$

例 2-3　某容器中含有 NH_3，O_2 与 N_2 等气体的混合物。取样分析后，得知其中 $n_{NH_3}=0.32$ mol，$n_{O_2}=0.18$ mol，$n_{N_2}=0.70$ mol。混合气体的总压 $p=133$ kPa。试计算各组分气体的分压。

解　$n=n_{NH_3}+n_{O_2}+n_{N_2}=0.32+0.18+0.70=1.20$(mol)

由 $p_i=\dfrac{n_i}{n}p$ 可得：

$$p_{NH_3}=\frac{n_{NH_3}}{n}p=\frac{0.32}{1.20}\times 133=35.5(kPa)$$

$$p_{O_2}=\frac{0.18}{1.20}\times 133=20.0(kPa)$$

$$p_{N_2}=p-p_{NH_3}-p_{O_3}=133-35.5-20.0=77.5(kPa)$$

例 2-4 0 ℃时将同一初压的 4.00 L N_2 和 1.00 L O_2 压缩到一个体积为 2.00 L 的真空容器中,混合气体的总压为 255.0 kPa,试求:

(1)两种气体的初压;　　(2)混合气体中各组分气体的分压;

(3)各气体的物质的量。

解 设初压为 $p_{初}$,N_2 的物质的量为 n_{N_2},O_2 的物质的量为 n_{O_2},那么

$$n_{O_2}=1.00\times 10^{-3}\times p_{初}/RT,\qquad n_{N_2}=4.00\times 10^{-3}\times p_{初}/RT$$

则有

$$n_{N_2}+n_{O_2}=5.00\times 10^{-3}\times p_{初}/RT \tag{1}$$

根据混合气体状态方程式 $255.0\times 10^3\times 2.00\times 10^{-3}=(n_{N_2}+n_{O_2})RT$,得:

$$n_{N_2}+n_{O_2}=255.0\times 10^3\times 2.00\times 10^{-3}/RT=510/RT$$

将 $n_{N_2}+n_{O_2}=510/RT$ 代入式(1),得 $5.00\times 10^{-3}\times p_{初}=510$。

(1)解得:$p_{初}=102000(Pa)=102(kPa)$

(2)$p_{N_2}=\dfrac{n_{N_2}}{(n_{N_2}+n_{O_2})}p=\dfrac{4.00\times 10^{-3}\times 102000/RT}{510/RT}\times 255.0=204(kPa)$

$p_{O_2}=255.0-204.0=51.0(kPa)$

(3)$n_{N_2}=\dfrac{4.00\times 10^{-3}\times 102000}{8.314\times 273}=0.180(mol)$

$n_{O_2}=\dfrac{1.00\times 10^{-3}\times 102000}{8.314\times 273}=0.0449(mol)$

例 2-5 在实验室中用排水取气法收集制取的氢气,在 20 ℃,100.6 kPa 压力下,收集了 400 mL 的气体,求制得氢气的质量(20 ℃时水的饱和蒸气压为 2.34 kPa)。

解 排水法制得的 400 mL 气体并非纯氢,而是氢和水蒸气的混合物。根据公式:

$$p_iV = n_iRT$$

得

$$(100.6-2.34)\times 10^3\times 400\times 10^{-6}=\frac{m_{H_2}}{2}\times 8.314\times(273+20)$$

解得

$$m_{H_2}=0.032(g)$$

2.1.2 液体

液体内部分子之间的距离比气体小得多,分子之间的作用力较强。液体具有流动性,有一定的体积而无一定形状。与气体相比,液体的可压缩性小得多。

1. 液体的蒸气压

在液体中分子运动的速度及分子具有的能量各不相同,速度有快有慢,大多处于中间状态。液体表面某些运动速度较大的分子所具有的能量足以克服分子间的吸引力而逸出液面,成为气态分子,这一过程叫作**蒸发**。在一定温度下,蒸发将以恒定速度进行。液体如果处于一个敞口容器中,液态分子不断吸收周围的热量,使蒸发过程不断进行,

液体将逐渐减少。若将液体置于密闭容器中，情况就有所不同。一方面，液体分子进行蒸发变成气态分子；另一方面，一些气态分子撞击液体表面会重新返回液体，这个与液体蒸发现象相反的过程叫作**凝聚**。初始时，由于没有气态分子，凝聚速度为零，随着气态分子逐渐增多，凝聚速度逐渐增大，直到凝聚速度等于蒸发速度，即在单位时间内，脱离液面变成气体的分子数等于返回液面变成液体的分子数，达到蒸发与凝聚的动态平衡：

$$\text{液体} \underset{\text{凝聚}}{\overset{\text{蒸发}}{\rightleftharpoons}} \text{蒸气}$$

此时，在液体上部的蒸气量不再改变，蒸气便具有恒定的压力。在恒定温度下，与液体平衡的蒸气称为饱和蒸气，饱和蒸气的压力就是该温度下的**饱和蒸气压**，简称**蒸气压**。

蒸气压是物质的一种特性，常用来表征液态分子在一定温度下蒸发成气态分子的倾向大小。在某温度下，蒸气压大的物质为易挥发物质，蒸气压小的为难挥发物质。如 25 ℃时，水的蒸气压为 3.24 kPa，酒精的蒸气压为 5.95 kPa，因此酒精比水易挥发。在皮肤上擦上酒精后，由于酒精迅速蒸发带走热量而会使皮肤感到凉爽。

液体蒸气压随温度的升高而增大。图 2-3 表示几种液体物质的蒸气压与温度的关系。

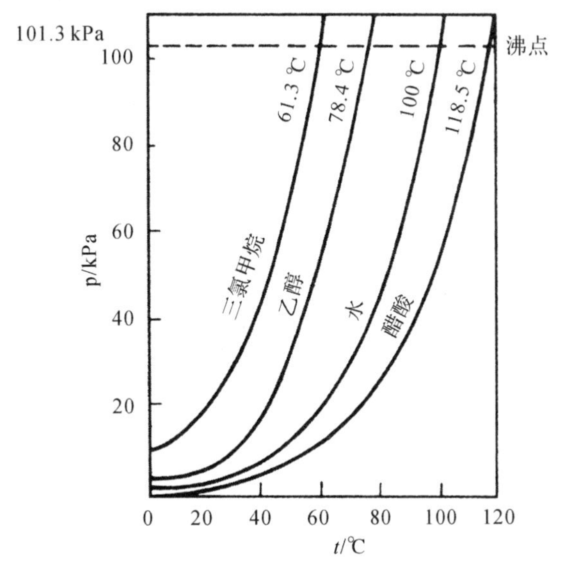

图 2-3　液体物质的蒸气压与温度的关系

还须指出，只要某物质处于气-液共存状态，则该物质蒸气压的大小就与液体的质量及容器的体积无关。

2. 液体的沸点

在敞口容器内加热液体，最初会看到不少细小气泡从液体中逸出，这种现象是由于溶解在液体中的气体温度升高、溶解度减小所引起的。当达到一定温度时，整个液体内部都冒出大量气泡，气泡上升至表面，随即破裂而逸出，这种现象叫作**沸腾**。此时，气泡内部的压力至少应等于液面上的压力，即外界压力（对敞口容器来说即大气压力），而气泡内部的压力为蒸气压。故液体沸腾的条件是液体的蒸气压等于外界压力，沸腾时的温度叫作该液体的**沸点**。换言之，液体的蒸气压等于外界压力时的温度即为液体的沸点。

如果此时外界压力为101.325 kPa，液体的沸点就叫正常沸点。例如，水的正常沸点为100 ℃，乙醇的沸点为78.4 ℃。在图2-3中，从四条蒸气压曲线与一条平行于横坐标的压力为101.3 kPa的直线的交点，就能找到四种物质的正常沸点。

显然，液体的沸点随外界压力而变化。若降低液面上的压力，液体的沸点就会降低。在海拔高的地方大气压力低，水的沸点不到100 ℃，食品难煮熟。用真空泵将水面上的压力减至3.2 kPa时，水在25 ℃就能沸腾。利用这一性质，对于一些在正常沸点下易分解的物质，可在减压下进行蒸馏，以达到分离或提纯的目的。

2.1.3 固体

固体可由原子、离子或分子组成。这些粒子排列紧凑，有强烈的作用力（化学键或分子间力），使它们只能在一定的平衡位置上振动。因此，固体具有一定体积、一定形状以及一定程度的刚性（坚实性）。

多数固体物质受热时能熔化成液体，但有少数固体物质并不经过液体阶段而直接变成气体，这种现象叫作**升华**。如放在箱子里的樟脑精，过一段时间后会变少甚至消失，箱子里却充满其特殊气味。在寒冷的冬天，冰和雪会因升华而消失。另一方面，一些气体在一定条件下也能直接变成固体，这一过程叫作**凝华**，晚秋降霜就是凝华过程。与液体一样，固体物质也有饱和蒸气压，并随温度升高而增大。但绝大多数固体的饱和蒸气压很小。利用固体的升华现象可以提纯一些挥发性固体物质，如碘、萘等。

固体可分为**晶体**和**非晶体**（无定形体）两大类，多数固体物质是晶体。与非晶体比较，晶体有以下特征。

1. 有一定的几何外形

晶体具有规则的几何外形。例如，食盐晶体为立方体形、明矾晶体（硫酸铝钾$KAl(SO_4)_2 \cdot 12H_2O$）为八面体形、石英（SiO_2）为六角柱体等，如图2-4所示。

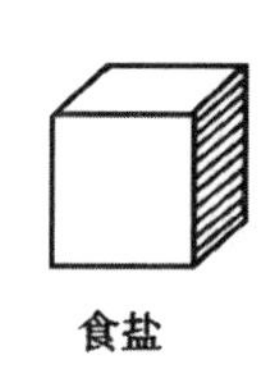

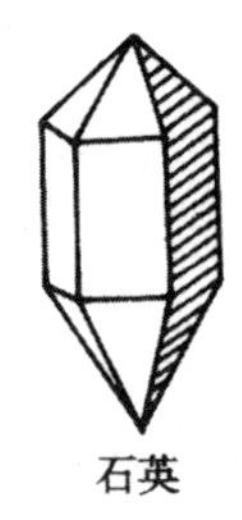

图2-4 一些晶体的形状

有些物质在外观上并不具备整齐的外形，但经结构分析证明是由微晶体组成的，它们仍属晶体范畴。常见的炭黑就是这类物质。

2. 有固定的熔点

每种晶体在一定压力下加热到某一温度（熔点）时，就开始熔化。继续加热，在它没有完全熔化以前温度不会上升（这时外界供给的热量用于晶体从固体转变为液体），故晶体有固定的熔点。

3. 各向异性

晶体的某些性质具有方向性,像导电性、传热性、光学性质、力学性质等,在晶体的不同方向表现出明显的差别。例如,石墨晶体是层状结构,在平行各层的方向上其导电、传热性好,易滑动。又如,云母沿着某一平面的方向很容易裂成薄片。

首先,与晶体相反,非晶体没有固定的几何外形,又称无定形体。例如,玻璃、橡胶、塑料等,它们的外形是随意的。其次,非晶体没有固定的熔点。如将玻璃加热,它先变软,然后慢慢地熔化成黏滞性很大的流体。在这一过程中温度是不断上升的,从软化到熔体,有一段温度范围。最后,非晶体没有各向异性的特点。

但是,晶体和非晶体并非不可互相转变。在不同条件下,同一种物质可以形成晶体,也可以形成非晶体。例如,二氧化硅能形成石英晶体(也称水晶),也能形成非晶体燧石及石英玻璃;玻璃在适当条件下,也可以转化成为晶态玻璃。

2.1.4 等离子体

等离子态是物质的另一种存在形式。当气态物质接受足够高的能量(如强热、辐射、放电等)时,气体分子将分解成原子,原子进一步电离成自由电子和正离子,它们的电荷相反而数量相等。当气体中有足够数量的原子电离时,将转化为新的物态——**等离子体**,有人称它为物质的第四态。等离子体实际上是高度电离的气体。在等离子体中,电磁力起主要作用,能形成和普通气体大不相同的内部运动形态。

自然界中的等离子体比较少,而人工造成的等离子体并不罕见。如日光灯灯管中的气体,霓虹灯中的氩、氖,它们经放电后即成为等离子体。电焊弧光的周围也有等离子体存在。地球大气上层的电离层就是由等离子体组成的,它能反射无线电波,可用来进行远距离通信。

与地球相反,宇宙中绝大多数的物质都是以等离子体形式存在的。星际分子受强烈的辐射成为等离子体,恒星内部具有几千万度甚至几亿度的高温,据研究考证,它是由质子、碳离子、氦离子及电子的等离子体所组成的。太阳就是一个灼热的等离子体火球。

20世纪50年代以来,对等离子体的研究迅速发展,它是一门涉及物理学、气体动力学、电磁学、化学等的新兴交叉学科。在未来等离子体在各个领域中的应用必将越来越受到人们的重视。

2.1.5 玻色-爱因斯坦凝聚体

1924年,印度物理学家玻色曾对光粒子进行了理论研究,并把重要的研究结果告诉了爱因斯坦。在将玻色的理论推广到对特定原子的研究领域后,爱因斯坦预言,如果将这类原子气体冷却到非常低的温度,那么所有原子会突然以可能的最低能态凝聚,物质的这一状态后被称为玻色-爱因斯坦凝聚(Bose-Einstein condensation,BEC)。处于BEC状态的量子气体大量占据零动量态,而这种状态叫作玻色-爱因斯坦凝聚体(Bose-Einstein condensate)。

在爱因斯坦预言的70年后，也就是到了1995年，两名美国科学家康奈尔和维曼以及德国科学家克特勒分别在极为接近绝对零度的条件下首次通过实验证实了玻色-爱因斯坦凝聚理论。这三位科学家也因此而荣膺2001年度诺贝尔物理学奖。

玻色-爱因斯坦凝聚体所具有的奇特性质，使它不仅对基础研究有重要意义，而且在芯片技术、精密测量和纳米技术等领域都让人看到了非常美好的应用前景。凝聚体中的原子几乎不动，可以用来设计精确度更高的原子钟，以应用于太空航行和精确定位等。凝聚体具有很好的相干性，可以用于研制高精度的原子干涉仪，以测量各种势场、重力场加速度和加速度的变化等。原子激光也可以用于集成电路的制造。凝聚体还被建议用于量子信息的处理，为量子计算机的研究提供了另外一种选择。随着对玻色-爱因斯坦凝聚研究的深入，谁也不敢说它不会像激光的发现那样给人类带来另外一次技术革命。

根据天文学的观测分析，宇宙中还存在超固态和中子态物质。它们具有惊人的密度，超固态物质的密度能达到10^{15} g·cm^{-3}，中子态物质的密度竟高达10^{19} g·cm^{-3}。这些现象从现有的原子、分子理论来看是不可思议的。另外，宇宙中还可能存在未被认识的物态，如近年在银河系中发现的“黑洞”。对这些现象的进一步观察研究，很可能导致物质结构理论的重大突破。

2.2 化学反应中的能量关系

化学反应的实质是化学键的重组。在键的断裂和生成的过程中会有能量变化，能量变化常以热能的形式表现。键的断裂需吸收热量，而键的生成则会放出热量。

2.2.1 恒压热效应，焓变

一般的反应常在敞口容器中进行，反应体系的压力与外界压力（大气压）相等，即在恒压条件下进行。在恒压条件下反应热效应Q_p等于生成物的焓$H_{生成物}$与反应物的焓$H_{反应物}$的差值：

$$Q_p = H_{生成物} - H_{反应物} = \Delta H$$

式中：ΔH称为焓变。当$\Delta H<0$时，该反应为放热反应；当$\Delta H>0$时，该反应为吸热反应。

2.2.2 热化学方程式

表示化学反应及其热效应的化学方程式称为**热化学方程式**。它的写法一般是在配平的化学反应方程式的右面加上反应的热效应。例如：

$$H_2O(g) \longrightarrow H_2(g) + \frac{1}{2}O_2(g) \qquad \Delta H^{\ominus} = 241.8\ \text{kJ}\cdot\text{mol}^{-1}$$

$$2\ H_2(g) + O_2(g) \longrightarrow 2H_2O(g) \qquad \Delta H^{\ominus} = -483.6\ \text{kJ}\cdot\text{mol}^{-1}$$

$$HgO(s) \longrightarrow Hg(s) + \frac{1}{2}O_2(g) \qquad \Delta H^{\ominus} = 90.7\ \text{kJ}\cdot\text{mol}^{-1}$$

注意：①$\Delta H^{\ominus}$与化学计量数有关；②需注明物质的聚集状态；③需注明反应的温度、压力。

$\Delta H^{\ominus}$是指标准态下的焓变，标准态的压力为 101325 Pa，温度为 298 K。

第 2 章练习题

一、是非题

1. 理想气体定律既适用于纯净气体，又适用于混合气体。　（　　）
2. 液体的蒸气压与温度无关。　（　　）
3. 当 $\Delta H<0$ 时，该反应为吸热反应。　（　　）

二、单选题

1. 理想气体是指（　　）。

A. 气体分子本身体积可忽略，相互之间存在着作用力

B. 气体分子本身体积不可忽略，相互之间的作用力可以忽略

C. 气体分子本身体积和相互之间的作用力均可忽略

D. 气体分子本身体积和相互之间的作用力均不可以忽略

2. 液体的蒸气压等于外界压力时的温度，称为该液体的（　　）。

A. 饱和蒸汽压　　B. 沸腾　　C. 沸点　　D. 升华

3. 与反应焓变 $\Delta H^{\ominus}$ 无关的因素为（　　）。

A. 化学反应计量数　B. 反应温度、压力　C. 物质的聚集状态　D. 物质的量

三、填空题

1. ______________________现象叫作升华。利用固体的升华现象可以提纯一些______________性固体物质。

2. 与非晶体比较，晶体具有______________、______________和________________特征。

四、计算题

1. 氧气瓶的容积为 35 L，其中氧气的压力是 1.50×10^{6} Pa，温度为 20 ℃，求氧气的质量。

2. 在 73.3 kPa 和 25 ℃下收集得 250 mL 某气体。在分析天平上称量，得气体净质量为 0.118 g，求这种气体的相对分子量。

3. 在 0.0100 m^3 容器中含有 2.50×10^{-3} mol H_2，1.00×10^{-3} mol He 和 3.00×10^{-4} mol Ne，在 35 ℃时总压为多少？

4. 已知在 250 ℃时 PCl_5 能全部气化，并部分离解为 PCl_3 和 Cl_2。现将 2.98 g PCl_5 置于 1.00 L 容器中，在 250 ℃时全部气化后，测得总压力为 113.4 kPa。问其中

有哪几种气体？它们的分压各是多少？

5. 1.34 g CaC_2 与 H_2O 发生如下反应：

$$CaC_2(s)+2H_2O(l)=\!=\!=C_2H_2(g)+Ca(OH)_2(s)$$

产生的 C_2H_2 气体用排水集气法收集，体积为 0.471 L。若此时温度为 23 ℃，大气压为 99 kPa，该反应的产率为多少？（已知 23 ℃时水的饱和蒸气压为 2.8 kPa）

6. 在 27 ℃，101.3 kPa 下，取 1.00 L 混合气体进行分析，各气体的体积分数为 CO 60.0%，H_2 10.0%，其他气体为 30.0%。求混合气体中：

(1)CO 和 H_2 的分压；　　(2)CO 和 H_2 的物质的量。

7. 在 30 ℃时，于一个 10.0 L 的容器中，O_2，N_2 和 CO_2 混合气体的总压为 93.3 kPa。分析结果得 $p_{O_2}=26.7$ kPa，CO_2 的含量为 5.00 g，求：

(1)容器中的 p_{CO_2}；　　(2)容器中的 p_{N_2}；

(3)O_2 的摩尔分数。

8. 在 27 ℃时，将电解水所得的氢、氧混合气体干燥后贮于 60.0 L 容器中，混合气体总质量为 40.0 g，求氢气、氧气的分压。

第3章

化学反应速率与化学平衡

在化学反应的研究中，常涉及化学反应进行的快慢和完全程度，即化学反应速率和化学平衡问题。化学反应速率问题属于化学动力学研究的范畴，化学平衡问题属于化学热力学研究的范畴。本章先介绍化学反应速率的概念，再讨论影响反应速率的因素，然后讨论化学平衡常数和平衡组成的计算以及影响化学平衡移动的因素。

3.1 化学反应速率

通常用快、慢来定性描述化学反应速率，而定量描述通常使用的是化学反应平均速率 $\bar{V}$ 和瞬时速度 V。一般而言，无机反应(如中和反应等)速率较快，有机反应相对较慢。人们总是希望一些有利的反应进行得快些、完全些；相反地，要抑制一些不利的反应。本章主要介绍化学反应平均速度的基本概念，至于瞬时速度则在以后的物理化学后续课程中另有专门介绍。

介绍平均速率 $\bar{V}$ 之前，先看在 $a\text{A}+b\text{B} = x\text{X}+y\text{Y}$ 的反应中，反应物浓度与时间关系的曲线图(见图3-1)。

当其他条件不变时，随着反应的继续进行，反应物A不断减少，浓度随之降低，反应速度也随之下降。

对反应物A，在 $t_1 \sim t_2$ 时间内的平均反应速率为：

$$\bar{V}_\text{A} = -\frac{C_{\text{A}_2} - C_{\text{A}_1}}{t_2 - t_1} = \frac{\Delta C_\text{A}}{\Delta t}$$

说明：①$\bar{V}_\text{A}$ 的单位为 $\text{mol} \cdot \text{L}^{-1} \cdot \text{s}^{-1}$ 或 $\text{mol} \cdot \text{L}^{-1} \cdot \text{min}^{-1}$。

②如果用反应物A，B表示，$\bar{V}$ 加负号“－”；如果用生成物表示，则 $\bar{V}$ 不加负号“－”。

③以不同物质表示 $\bar{V}$ 时，数值可能不同，但互相可换算：

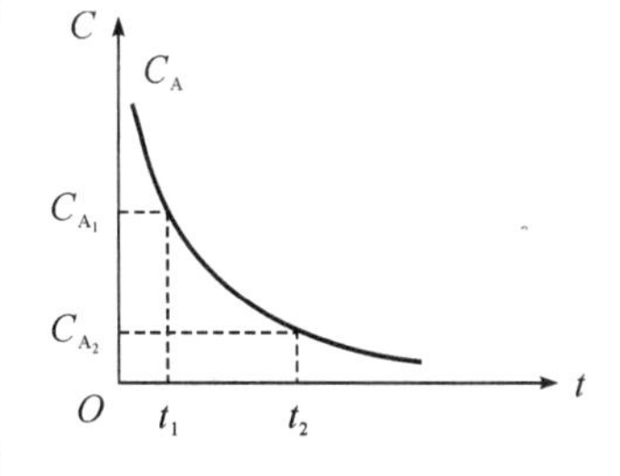

图3-1 反应物浓度与时间的关系

$$\frac{1}{a}\bar{V}_\text{A} = \frac{1}{b}\bar{V}_\text{B} = \frac{1}{x}\bar{V}_\text{X} = \frac{1}{y}\bar{V}_\text{Y}$$

例3-1 在合成氨反应中，N_2 的起始浓度为 $5\ \text{mol} \cdot \text{L}^{-1}$，经过2 min反应后 N_2 转化了20%。求在这段时间内，用生成物 NH_3 表示的平均反应速率。

解 设 NH_3 的起始浓度为 a，反应式为

$$\begin{array}{llll} & N_2 & + \ 3H_2 \ = & 2NH_3 \\ t_1=0 & 5 & & a \\ t_2=2\text{min} & 5-5\times0.2 & & a+2\times5\times0.2 \end{array}$$

则 $$\bar{V}_{NH_3}=\frac{(a+2\times5\times0.2)-a}{2-0}=\frac{2}{2}=1(\text{mol}\cdot\text{L}^{-1}\cdot\text{min}^{-1})$$

或 $$\bar{V}_{N_2}=\frac{(5-5\times0.2)-5}{2-0}=\frac{-(4-5)}{2}=0.5(\text{mol}\cdot\text{L}^{-1}\cdot\text{min}^{-1})$$

因为$\frac{1}{2}\bar{V}_{NH_3}=\bar{V}_{N_2}$，所以

$$\bar{V}_{NH_3}=2\bar{V}_{N_2}=2\times0.5=1(\text{mol}\cdot\text{L}^{-1}\cdot\text{min}^{-1})$$

3.2 影响反应速率的因素

决定化学反应速率大小的内因是反应物本性，外因是浓度、压力、温度、催化剂等反应条件。本节仅讨论外界因素对化学反应速率的影响。

3.2.1 浓度与压力对反应速率的影响

1. 元反应和非元反应

实验表明，绝大多数化学反应并不是简单地一步完成的，往往是分步进行的。一步就能完成的反应称为**元反应**，例如：

$$2NO_2(g)\longrightarrow 2NO(g)+O_2(g)$$

$$NO_2(g)+CO(g)\xrightarrow{>327\ ℃}NO(g)+CO_2(g)$$

分步进行的反应称为非元反应，例如反应

$$2NO(g)+2H_2(g)=N_2(g)+2H_2O(g)$$

实际上是分两步进行的。

第一步： $2NO(g)+H_2(g)=N_2(g)+H_2O_2(g)$

第二步： $H_2O_2(g)+H_2(g)=2H_2O(g)$

每一步为一个元反应，总反应即为两步反应的加和。

2. 经验速率方程式

对于反应 $aA+bB=xX+yY$，若该反应为元反应，则其反应速率 V 与各反应物浓度幂的乘积成正比。其反应速率方程式为

$$V = kC_A^aC_B^b$$

式中：C_A，C_B 是指反应物 A，B 的浓度或分压；浓度指数 a，b 等于元反应中各反应物前面的化学计量数；k 是比例常数，称为该温度下的速率常数。

这种反应速率与反应物浓度的定量关系称为质量作用定律。

当反应为非元反应时，其反应速率方程式改为

$$V = kC_A^mC_B^n$$

上式称为经验速率方程式，式中 m，n 的值由实验确定，不一定分别等于 a，b。m 和 n 叫作 A 和 B 的分反应级数，而 $m+n$ 叫作总反应级数。一般所说的反应级数，若不指明，就是指总反应级数。

由质量作用定律或经验速率方程式均可得知，反应物的浓度或分压越大，反应速率越快。

例 3-2　在某一容器中 A 与 B 反应，实验测得数据如下：

$C_A/(mol\cdot L^{-1})$	$C_B/(mol\cdot L^{-1})$	$V/(mol\cdot L^{-1}\cdot s^{-1})$	$C_A/(mol\cdot L^{-1})$	$C_B/(mol\cdot L^{-1})$	$V/(mol\cdot L^{-1}\cdot s^{-1})$
1.0	1.0	1.2×10^{-2}	1.0	1.0	1.2×10^{-2}
2.0	1.0	2.3×10^{-2}	1.0	2.0	4.8×10^{-2}
4.0	1.0	4.9×10^{-2}	1.0	4.0	1.9×10^{-1}
8.0	1.0	9.6×10^{-2}	1.0	8.0	7.6×10^{-1}

写出该反应的速率方程式。

解　设该反应的速率方程式为　$V=kC_A^m\cdot C_B^n$

选择三组测定值，代入上式得以下三个方程：

$$1.2\times10^{-2}=k\times1.0^m\times1.0^n \tag{1}$$

$$4.8\times10^{-2}=k\times1.0^m\times2.0^n \tag{2}$$

$$9.6\times10^{-2}=k\times8.0^m\times1.0^n \tag{3}$$

式(2)÷式(1)得　　$4=2^n$

式(3)÷式(1)得　　$8=8^m$

解得　　$n=2$，　$m=1$，　$k=1.2\times10^{-2}$

所以该反应的速率方程式为

$$V=1.2\times10^{-2}C_AC_B^2$$

3.2.2　温度 T 的影响

除极少数反应外，温度对反应速率的影响符合 Fant Hoff 规则：温度每升高 10℃，反应速率加快 2～4 倍。例如，食物的腐败变质在夏天要比冬天快得多。

3.2.3　催化剂的影响

催化剂有正负之分。正催化剂能加快反应速率，负催化剂能减缓反应速率。生产上常利用催化剂的选择性，使所希望的化学反应加快，同时抑制某些副反应的发生。

酶是一类含有蛋白质的有机物，它在生命过程中起着重要作用。酶催化的选择性极强，例如我国在化学模拟生物固氮酶，即凝固氮的研究方面，处于世界先进行列。

3.2.4　其他因素的影响

其他因素，如接触面、颗粒度、搅拌、光、射线等，都会对反应速率有影响。在特殊情况下，其中某些因素会起到决定性的作用。

3.3 化学平衡

3.3.1 可逆反应与化学平衡

仅有少数化学反应是只能向一个方向进行的，这种反应称为不可逆反应。例如：

中和反应 $HCl+NaOH \longrightarrow NaCl+H_2O$

分解反应 $2KClO_3 \xrightarrow[\triangle]{MnO_2} 2KCl+3O_2$

都属于不可逆反应。

对于多数化学反应来说，在一定条件下反应既能从左向右进行(正反应)，也能从右向左进行(逆反应)，这种同时能向正、逆两个方向进行的反应，称为**可逆反应**。例如以下反应

$$2NO(g)+O_2(g) \rightleftharpoons 2NO_2(g)$$

$$N_2(g)+3H_2(g) \rightleftharpoons 2NH_3(g)$$

都属于可逆反应。可逆反应存在化学平衡。

化学平衡是动态平衡的，理解为：

(1)正、逆化学反应继续进行，只是速度相等。

(2)反应体系内各物质浓度不再改变，但不一定相等。

(3)浓度、压力、温度等稍有变化，平衡立即打破，但会建立新的平衡。

3.3.2 标准平衡常数(热力学平衡常数)

1. 标准平衡常数

对于三态共存反应

$$aA(s)+bB(aq) = dD(aq)+fH_2O(l)+eE(g)$$

系统达平衡时有

$$K^{\ominus}=\frac{(C_D/c^{\ominus})^d(p_E/p^{\ominus})^e}{(C_B/c^{\ominus})^b}$$

式中：$K^{\ominus}$ 即为标准平衡常数；C_D，C_B 为 D，B 溶液的平衡浓度；p_E 为气体 E 的分压；$c^{\ominus}$，$p^{\ominus}$ 为标准浓度和标准压强，规定为 $c^{\ominus}=1\ mol \cdot L^{-1}$，$p^{\ominus}=100\ kPa$。

2. 关于 $K^{\ominus}$ 的说明

(1)方程式计量不同，$K^{\ominus}$ 的值也不同，但存在如下关系：

如果 $N_2+3H_2 = 2NH_3$ 反应的标准平衡常数为 $K_1^{\ominus}$，$\frac{1}{2}N_2+\frac{3}{2}H_2 = NH_3$ 反应的标准平衡常数为 $K_2^{\ominus}$，则有

$$K_1^{\ominus}=(K_2^{\ominus})^2$$

(2)固体(s)、纯液体(l)的浓度，反应前后都规定为 1。

例 3-3 1000 K 时，将 1.00 mol SO_2 和 1.00 mol O_2 充入容积为 5.00 L 的密闭容

器中。平衡时，有 0.85 mol SO_3 生成。计算反应

$$2SO_2(g)+O_2(g)\rightleftharpoons 2SO_3(g)$$

在 1000 K 时的标准平衡常数。

解　设平衡时消耗了 x mol O_2；根据计量方程式可以确定平衡时各物质的量。

	$2SO_2(g)$	$+\ O_2(g)$	$\rightleftharpoons\ 2SO_3(g)$
开始时各物质的量/mol	1.00	1.00	0
变化量/mol	$2x$	x	$2x=0.85$
平衡时各物质的量/mol	1.00－0.85	1.00－0.85/2	0.85

平衡时各物质的分压：

$$p_{SO_3}=\frac{n_{SO_3}RT}{V}=\frac{0.85\times 8.314\times 1000}{5.00\times 10^{-3}}=1.41(\text{MPa})$$

$$p_{SO_2}=\frac{n_{SO_2}RT}{V}=\frac{0.15\times 8.314\times 1000}{5.00\times 10^{-3}}=0.249(\text{MPa})$$

$$p_{O_2}=\frac{n_{O_2}RT}{V}=\frac{0.575\times 8.314\times 1000}{5.00\times 10^{-3}}=0.956(\text{MPa})$$

$$K^{\ominus}_{1000\text{ K}}=\frac{(p_{SO_3}/p^{\ominus})^2}{(p_{SO_2}/p^{\ominus})^2(p_{O_2}/p^{\ominus})}=\frac{\left(\dfrac{1.41\times 10^6}{101.325\times 10^3}\right)^2}{\left(\dfrac{0.249\times 10^6}{101.325\times 10^3}\right)^2\left(\dfrac{0.956\times 10^6}{101.325\times 10^3}\right)}=3.4$$

3. $K^{\ominus}$ 的意义

(1)判断反应程度：$K^{\ominus}$ 越大，反应朝正向进行得越完全。

(2)判断反应方向：
$$\begin{cases} Q<K^{\ominus}，\text{向正向进行；} \\ Q>K^{\ominus}，\text{向逆向进行；} \\ Q=K^{\ominus}，\text{处于平衡状态。} \end{cases}$$

Q 为反应商，其表达式与标准平衡常数计算式一样，即

$$Q=\frac{(C_D/c^{\ominus})^d(p_E/p^{\ominus})^e}{(C_B/c^{\ominus})^b}$$

但 Q 表达式中的 C_D，C_B，p_E 指的是任一状态时的浓度或分压。

4. 多重平衡规则

若有两个反应

$$SO_2(g)+\frac{1}{2}O_2(g)=\!=\!=SO_3(g)\quad (1)，\text{其标准平衡常数为 } K_1^{\ominus}$$

$$NO_2(g)=\!=\!=NO(g)+\frac{1}{2}O_2(g)\quad (2)，\text{其标准平衡常数为 } K_2^{\ominus}$$

则式(1)与式(2)相加的反应为

$$SO_2(g)+NO_2(g)=\!=\!=SO_3(g)+NO(g)\qquad (3)，\text{其 } K_3^{\ominus} \text{ 值可由下式算出：}$$

$$K_3^{\ominus}=K_1^{\ominus}\times K_2^{\ominus}$$

例 3-4　已知在 298 K 时，反应(1) $H_2(g)+S(s)=\!=\!=H_2S(g)$ 的 $K_1^{\ominus}=1.0\times 10^{-3}$；反应(2) $S(s)+O_2(g)=\!=\!=SO_2(g)$ 的 $K_2^{\ominus}=5.0\times 10^6$，求反应 $H_2(g)+SO_2(g)=\!=\!=H_2S(g)+$

$O_2(g)$在该温度时的 $K^\ominus$。

解 反应(1)－反应(2)得

$$H_2(g)+SO_2(g)\!=\!\!=\!\!=H_2S(g)+O_2(g)$$

所以 $$K^\ominus=\frac{K_1^\ominus}{K_2^\ominus}=\frac{1.0\times10^{-3}}{5.0\times10^{6}}=2.0\times10^{-10}$$

3.3.3 平衡转化率

若用 $n_{A反}$ 表示物质 A 反应后的浓度，$n_{A始}$ 表示物质 A 的起始浓度，$n_{A平}$ 表示物质 A 平衡时的浓度，则物质 A 的平衡转化率 α 为

$$\alpha=\frac{n_{A反}}{n_{A始}}\times100\%=\frac{n_{A始}-n_{A平}}{n_{A始}}\times100\%$$

若反应前后体积不变，则 n_A 可用 C_A 代替。

例 3-5 已知反应 $CO(g)+H_2O(g)\!=\!\!=\!\!=CO_2(g)+H_2(g)$在 1123 K 时 $K^\ominus=1.0$，现将 2.0 mol CO 和 3.0 mol $H_2O(g)$混合，并在该温度下达平衡，试计算 CO 的平衡转化率。

解 设达平衡时 H_2 为 x mol，则

	$CO(g)$	+	$H_2O(g)$	═══	$CO_2(g)$	+	$H_2(g)$
起始浓度/mol	2.0		3.0		0		0
平衡浓度/mol	$2.0-x$		$3.0-x$		x		x

$1.0=\dfrac{x^2}{(2.0-x)(3.0-x)}$ 解得 $x=1.2$

所以 $$\alpha_{CO}=\frac{x}{2.0}\times100\%=\frac{1.2}{2.0}\times100\%=60\%$$

例 3-6 反应 $C_2H_4(g)+H_2O(g)\!=\!\!=\!\!=C_2H_5OH(g)$，在 773 K 时 $K^\ominus=0.015$，试分别计算该温度和 1000 kPa 时下面两种情况下 C_2H_4 的平衡转化率：

(1)C_2H_4 与 H_2O 物质的量之比为 1∶10；

(2)C_2H_4 与 H_2O 物质的量之比为 1∶1。

解 (1)设 C_2H_4 的转化率为 α_1：

	$C_2H_4(g)$	+	$H_2O(g)$	═══	$C_2H_5OH(g)$
起始时物质的量/mol	1		10		0
平衡时物质的量/mol	$1-\alpha_1$		$10-\alpha_1$		α_1

$$n_{总}=(1-\alpha_1)+(10-\alpha_1)+\alpha_1=11-\alpha_1$$

$$p_{C_2H_4}=p\times\frac{1-\alpha_1}{11-\alpha_1},\quad p_{H_2O}=p\times\frac{10-\alpha_1}{11-\alpha_1},\quad p_{C_2H_5OH}=p\times\frac{\alpha_1}{11-\alpha_1}$$

$$K^\ominus=\frac{\dfrac{p}{100}\times\dfrac{\alpha_1}{11-\alpha_1}}{\dfrac{p^2}{100^2}\times\dfrac{1-\alpha_1}{11-\alpha_1}\times\dfrac{10-\alpha_1}{11-\alpha_1}}=\frac{100\alpha_1(11-\alpha_1)}{p(1-\alpha_1)(10-\alpha_1)}$$

$$=\frac{100\alpha_1(11-\alpha_1)}{1000(1-\alpha_1)(10-\alpha_1)}=0.015$$

解得 $$\alpha_1=0.12=12\%$$

(2)设 C_2H_4 的转化率为 α_2：

	$C_2H_4(g)+$	$H_2O(g)$	$=\!=\!=$	$C_2H_5OH(g)$
起始时物质的量/mol	1	1		0
平衡时物质的量/mol	$1-\alpha_2$	$1-\alpha_2$		α_2

$$n_{总}=(1-\alpha_2)+(1-\alpha_2)+\alpha_2=2-\alpha_2$$

$$p_{C_2H_4}=p\times\frac{1-\alpha_2}{2-\alpha_2},\quad p_{H_2O}=p\times\frac{1-\alpha_2}{2-\alpha_2},\quad p_{C_2H_5OH}=p\times\frac{\alpha_2}{2-\alpha_2}$$

$$K^{\ominus}=\frac{\dfrac{p}{100}\times\dfrac{\alpha_2}{2-\alpha_2}}{\dfrac{p^2}{100^2}\times\dfrac{1-\alpha_2}{2-\alpha_2}\times\dfrac{1-\alpha_2}{2-\alpha_2}}=\frac{100\alpha_2(2-\alpha_2)}{p(1-\alpha_2)(1-\alpha_2)}=\frac{100\alpha_2(2-\alpha_2)}{1000(1-\alpha_2)(1-\alpha_2)}=0.015$$

解得　$\alpha_2=0.067=6.7\%$

3.3.4　化学平衡的移动

化学平衡是相对的，只有在一定条件下才能保持平衡。一旦条件变化，化学平衡状态被破坏，就成为不平衡状态。反应将继续向某一方向进行，直至反应达到新的平衡。此时反应中的浓度(或分压)已发生了变化，和旧的平衡浓度(或平衡分压)都不相同。在新的一定条件下，一个化学反应对应着一定的新平衡状态。从一个平衡状态变化到另一个新的平衡状态，叫作化学平衡的移动。

1884年，法国化学家Le Chatelier(吕·查德里)从实验中总结出一条规律：如果改变平衡体系的条件之一(如浓度、温度或压力等)，平衡就会向减弱这个改变的方向移动。这条规律被称作Le Chatelier原理，是适用于一切平衡的普遍规律。应用这一规律，可以通过改变条件，使反应向所需的方向转化或使所需的反应进行得更完全。总之，影响平衡移动有三个主要因素，其作用归纳在表3-1中。

表3-1　外界条件改变对化学平衡的影响

影响因素	条件改变	化学平衡变化	平衡移动方向
浓度	加入反应物(或减少生成物)	加入的反应物部分被消耗	正向移动
	加入生成物(或减少反应物)	加入的生成物部分被消耗	逆向移动
压力(气体)	减小压力(增大体积)	压力增加	移向气体分子数多的一方
	增大压力(减小体积)	压力降低	移向气体分子数少的一方
温度	升高温度	消耗热量	向吸热一方移动
	降低温度	释放热量	向放热一方移动

在实际工作中，往往需要综合考虑多方面因素的作用，控制最适宜的条件，使之向着预期的方向移动，以期获得最好的结果。例如合成氨，从平衡观点看，该反应在低温、加压的条件下进行；但温度较低时，其反应速率太小，以至于无实际价值。因此，工业上适当提高反应温度，牺牲部分转化率，以保证有较大的反应速率。

第3章练习题

一、是非题

1. 速率常数大小总是与系统中所有物质的浓度无关。（ ）
2. 元反应的反应级数也可能与反应式中相应反应物的化学计量数的和不一致。（ ）
3. 催化剂只能改变化学反应速率，但不能使化学平衡移动。（ ）
4. 化学平衡移动时，其平衡常数一定随之改变。（ ）
5. 当可逆反应达到平衡时，反应即停止，且反应物和生成物的浓度相等。（ ）

二、单选题

1. 把下列四种X溶液分别加入四个盛有10 mL 2mol·L^{-1}盐酸的烧杯中，均加水稀释到50 mL，此时X和盐酸缓缓地进行反应。其中反应速率最大的是（ ）。

   A. 20 mL 3 mol·L^{-1}的X溶液　　B. 20 mL 2 mol·L^{-1}的X溶液
   C. 10 mL 4 mol·L^{-1}的X溶液　　D. 10 mL 2 mol·L^{-1}的X溶液

2. 反应 2R(g)+5Q(g)=4X(g)+2Y(g) 在2 L的密闭容器中进行20 s后，R减少了0.04 mol，则该反应的平均速率是（ ）。

   A. V_R=0.08 mol·L^{-1}·min^{-1}　　B. V_Q=0.05 mol·L^{-1}·min^{-1}
   C. V_X=0.12 mol·L^{-1}·min^{-1}　　D. V_Y=0.12 mol·L^{-1}·min^{-1}

3. 增大压强，能使化学平衡向正反应方向移动的反应是（ ）。

   A. $N_2O_4(g) \rightleftharpoons 2NO_2(g)$
   B. $2NO(g)+O_2(g) \rightleftharpoons 2NO_2(g)$
   C. $CaCO_3(s) \rightleftharpoons CaO(s)+CO_2(g)$
   D. $Fe_3O_4(s)+4CO(g) \rightleftharpoons 3Fe(s)+4CO_2(g)$

4. 下列可逆反应 $2HI(g) \rightleftharpoons H_2(g)+I_2(g)-Q$ 在密闭容器中进行，当达到平衡时，欲使混合气体的颜色加深，应采取的措施是（ ）。

   A. 减少容器体积　　B. 降低温度　　C. 加入催化剂　　D. 充入HI气体

5. 在一密闭容器中，用等物质的量的A和B发生如下反应：$A(g)+2B(g) \rightleftharpoons 2C(g)$，反应达到平衡时，若混合气体中A和B的物质的量之和与C的物质的量相等，则此时A的转化率为（ ）。

   A. 40%　　B. 50%　　C. 60%　　D. 70%

三、填空题

1. 反应 $3Fe(s)+4H_2O(g) \rightleftharpoons Fe_3O_4(s)+4H_2(g)$ 在一可变容积的密闭容器中进行，试回答：

(1)增加Fe的量，其正反应速率的变化是________（填增大、不变、减小，以下相同)；

(2)将容器的体积缩小一半，其正反应速率________，逆反应速率________；

(3)保持体积不变，充入N_2使体系压强增大，其正反应速率________，逆反应速率________；

(4)保持压强不变，充入N_2使容器的体积增大，其正反应速率________，逆反应速率________。

2. 在2 L密闭容器中放入a mol A，b mol B，在一定条件下发生如下反应：

$$2A(g) + B(g) \rightleftharpoons 3C(g)$$

若经过t分钟反应达平衡状态，测得前t分钟C物质的生成速度为W mol·L^{-1}·min^{-1}，则A物质的转化率为________，B物质的平衡浓度为________。

3. 在一定条件下，$xA + yB \rightleftharpoons zC$可逆反应达到平衡，已知A，B，C都是气体，在减压后平衡向逆反应方向移动，则x，y，z的关系是________；已知C是气体，并且$x+y=z$，在加压时化学平衡如发生移动则平衡必定向________方向移动；已知C，B是气体，现增加A物质的量(其他条件不变)平衡不移动，说明A是________态。

四、简答题

1. 对于下列平衡系统：$C(s) + H_2O(g) \rightleftharpoons CO(g) + H_2(g)$，$\Delta H > 0$，欲使(正)反应进行得较快且较完全(平衡向右移动)，可采取哪些措施？这些措施对$K^{\ominus}$及$K_{正}$、$K_{逆}$的影响如何？

2. 根据Le Chatelier原理，讨论下列反应：$2Cl_2(g) + 2H_2O(g) \rightleftharpoons 4HCl(g) + O_2(g)$，$\Delta H > 0$，将$Cl_2$，$H_2O(g)$，HCl，$O_2$四种气体混合后，反应达到平衡时，下列左面的操作条件改变对右面的平衡数值有何影响？(操作条件中没有注明的，是指温度不变，体积不变)

(1)增大容器体积：$n_{H_2O(g)}$________；　(2)加O_2：$n_{H_2O(g)}$________；

(3)加O_2：n_{O_2}________；　(4)加O_2：n_{HCl}________；

(5)减少容器体积：n_{Cl_2}________；　(6)减少容器体积：p_{Cl_2}________；

(7)减少容器体积：$K^{\ominus}$________；　(8)升高温度：$K^{\ominus}$________；

(9)升高温度：p_{HCl}________；　(10)加氮气：n_{HCl}________；

(11)加催化剂：n_{HCl}________。

五、计算题

1. 在2.4 L溶液中发生了某化学反应，35 s时间内生成了0.0013 mol的A物质，求该反应的平均速率。

2. 在测定$K_2S_2O_8$与KI反应速率的实验中，所得数据如下：

	$S_2O_8^{2-}(aq)$ +	$3I^-(aq) \longrightarrow$	$2SO_4^{2-}(aq)$ +	$I_3^-(aq)$
开始浓度/(mol·L^{-1})	0.077	0.077	0	0
90 s末浓度/(mol·L^{-1})	0.074	0.068	0.006	0.003

试计算反应开始后90 s内以I^-浓度变化来表示的平均速率。

3. 在碱性溶液中次磷酸根离子($H_2PO_2^-$)分解为亚磷酸根离子(HPO_3^{2-})和氢气，反应式为

$$H_2PO_2^-(aq) + OH^-(aq) = HPO_3^{2-}(aq) + H_2(g)$$

在一定的温度下，实验测得下列数据：

实验编号	$C_{H_2PO_2^-}$	C_{OH^-}	$V/(mol \cdot L^{-1} \cdot s^{-1})$
1	0.10	0.10	5.30×10^{-9}
2	0.50	0.10	2.67×10^{-8}
3	0.50	0.40	4.25×10^{-7}

试求：(1)反应级数；(2)速率常数 k；(3)当 $C_{H_2PO_2^-} = C_{OH^-} = 1.0\ mol \cdot L^{-1}$ 时，在 10 L溶液中 10 秒内放出多少 H_2(标准状况下)？

4. (1)反应 $S_2O_8^{2-}(aq) + 3I^- \longrightarrow 2SO_4^{2-} + I_3^-$ 在室温下测得如下实验数据：

编号	起始浓度		$V/(mol \cdot L^{-1} \cdot s^{-1})$
	$C_{S_2O_8^{2-}}/(mol \cdot L^{-1})$	$C_{I^-}/(mol \cdot L^{-1})$	
1	0.038	0.060	1.4×10^{-5}
2	0.076	0.060	2.8×10^{-5}
3	0.076	0.030	1.4×10^{-5}

写出反应的速率方程，指出该反应是否可能是元反应。

(2)上述反应在不同温度下的标准平衡常数 $K^\ominus$ 为：

t/℃	0	10	20	30
$K^\ominus$	8.2×10^{-4}	2.0×10^{-3}	4.1×10^{-3}	8.3×10^{-3}

请判断该反应是吸热反应还是放热反应。

5. 在 1133 K 时，在某恒容容器中，CO 与 H_2 混合并发生如下反应：

$$CO(g) + 3H_2(g) \rightleftharpoons CH_4(g) + H_2O(g)$$

已知开始时 $p_{CO} = 0.1010\ MPa$，$p_{H_2} = 0.2030\ MPa$；平衡时，$p_{CH_4} = 0.0132\ MPa$。假定没有其他反应发生，求该反应在 1133 K 时的标准平衡常数 $K^\ominus$。

6. 将 1.0 mol H_2 和 1.0 mol I_2 放入 10 L 容器中，当在 793 K 达到平衡时反应的转化率为 6%，求反应 $H_2(g) + I_2(g) \rightleftharpoons 2HI(g)$ 在 793 K 时的 $K^\ominus$。

7. 目前我国的合成氨工业多采用在中温(500 ℃)、中压(2.03×10^4 kPa)下操作，已知此条件下反应 $N_2(g) + 3H_2(g) \rightleftharpoons 2NH_3(g)$的 $K^\ominus = 1.57 \times 10^{-5}$。若反应进行至某一阶段时取样分析，其组分为 14.4% NH_3，21.4% N_2，64.2% H_2(体积分数)，试判断此时合成氨反应是否已完成(是否达到平衡状态)。

8. 已知在 25 ℃下，反应

$$2HCl(g) \rightleftharpoons H_2(g) + Cl_2(g) \qquad K_1^\ominus = 4.17 \times 10^{-34}$$

$$I_2(g) + Cl_2(g) \rightleftharpoons 2ICl(g) \qquad K_2^\ominus = 2.4 \times 10^5$$

计算反应 $2HCl(g)+I_2(g) \rightleftharpoons 2ICl(g)+H_2(g)$ 的 $K^\ominus$。

9. $AgNO_3$ 和 $Fe(NO_3)_2$ 两种溶液会发生下列反应：$Fe^{2+}+Ag^+ \rightleftharpoons Fe^{3+}+Ag$。在 25 ℃时，将 $AgNO_3$ 和 $Fe(NO_3)_2$ 溶液混合，开始时溶液中 Ag^+ 和 Fe^{2+} 离子浓度均为 0.100 mol·L^{-1}，达到平衡时 Ag^+ 的转化率为 19.4%。求：

(1)平衡时 Fe^{2+}，Ag^+ 和 Fe^{3+} 各离子的浓度；

(2)该温度下的平衡常数。

10. 反应 $N_2O_4(g) \rightleftharpoons 2NO_2(g)$ 在 25 ℃时的平衡常数 $K^\ominus=0.143$。将 10.0 g N_2O_4 注入容积为 5.0 L 的容器中，保持温度为 25 ℃，计算平衡时：

(1)NO_2 的物质的量；　　(2)N_2O_4 的分解转化率。

第4章

原子结构与元素周期律

由于化学反应不涉及原子核变化，只改变核外电子的数目或运动状态，因此，本章仅讨论原子核外电子排布和运动规律，并阐明原子和元素性质变化的周期规律。

4.1 原子核外电子运动状态

4.1.1 电子云

电子与其他微观粒子一样，具有波粒二象性，它的运动状态和宏观物体的运动状态不同。人们在任何瞬间都不能准确地同时测定电子的位置和动量，它也没有确定的运动轨道。因此，在研究原子核外电子的运动状态时，必须完全摒弃经典力学理论，而代之以统计的方法来判断电子在核外空间某一区域出现机会的多少(即概率)。化学家常用天空中浓度不同的云彩来比拟这种概率分布，所以形象地将其称为“电子云”。图4-1所示为氢原子处于能量最低的状态时的电子云，图中黑点的疏密程度表示概率密度的相对大小。电子在核外空间出现的概率等于概率密度与该区域总体积的乘积。由图4-1可知：离核愈近，概率密度愈大；离核愈远，概率密度愈小。在离核距离(r)相等的球面上概率密度相等，与电子所处的方位无关，因此基态氢原子的电子云是球形对称的。

图4-1 基态氢原子电子云

由于电子运动的不确定性，不可能给出一张能100%找到电子的图形。为了表示电子云在空间分布的形状，可将电子云密度相同的点连接起来，就围成一个曲面，称为等密度面(或等值面)。把大于90%概率都包括在内的那个等值面，就叫作电子云的界面。界面以外，电子出现的概率很小，可以忽略，以此界面表示电子云的形状，这样的图叫作电子云的界面图，s，p，d电子云的界面图见图4-2。

由图4-2可知：s电子云为球形，p电子云为哑铃形，d电子云是花瓣形。

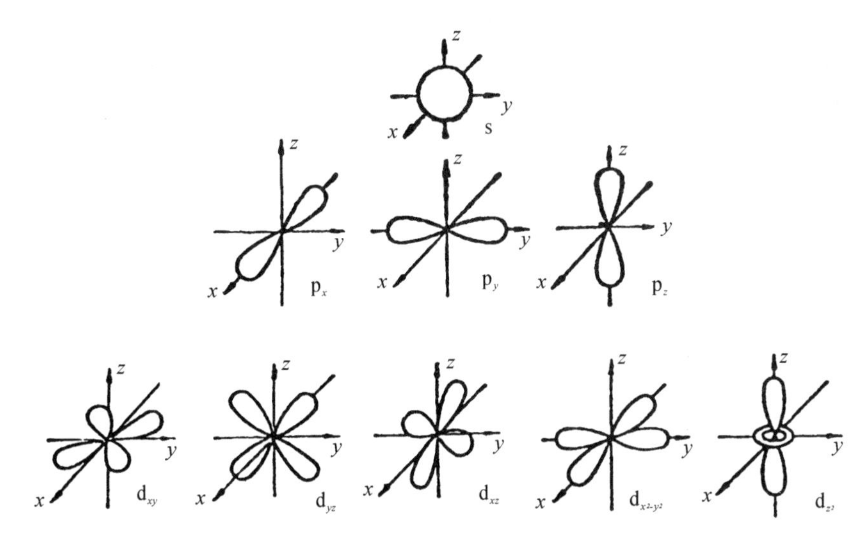

图 4-2　s,p,d 电子云的界面图

4.1.2　四个量子数

1926 年奥地利物理学家薛定谔提出了描述核外电子运动状态的数学方程,称为薛定谔方程。求解薛定谔方程需要较深的数理知识,此处不作专门介绍,我们只介绍在求解薛定谔方程过程中引入的四个量子数。

1. 主量子数 n

主量子数 n 的取值数为从 1 开始的正整数(1,2,3,4,…)。主量子数表示电子离核的平均距离,是决定电子能量的主要量子数。n 越大,电子离核平均距离越远,能量越高。n 值又表示电子层数,不同的电子层用不同的符号表示如下:

n	1	2	3	4	5	6
电子层名称	第一层	第二层	第三层	第四层	第五层	第六层
电子层符号	K	L	M	N	O	P

2. 角量子数 l

根据光谱实验和理论推导,发现 n 相同时,电子能量也不完全相同,电子云形状也不完全相同。为了说明这一区别,一个电子层还可分为若干个能量稍有差别、原子轨道形状不同的亚层。角量子数(又称副量子数)l 就是用来描述不同亚层的量子数。l 的取值受 n 的制约,可以取从 0 到 $n-1$ 的正整数,如下所示:

n	1	2	3	4	…	n
l	0	0,1	0,1,2	0,1,2,3	…	0,1,2,3, …,$n-1$

每个 l 值代表一个亚层。第一电子层只有一个亚层，第二电子层有两个亚层，以此类推。亚层用光谱符号 s，p，d，f 等表示。在同一主层上电子能量不同，这是由电子云形状不同引起的。n 相同时，原子轨道能量 $W_s<W_p<W_d<W_f$，例如，3p 轨道的能量大于 3s。角量子数、亚层符号及原子轨道形状的对应关系如下：

l	0	1	2	3
亚层符号	s	p	d	f
原子轨道或电子云形状	球形	哑铃形	花瓣形	花瓣形

电子处于哪个电子层和亚层可用 4s，2p，3d 等符号表示。电子能量完全取决于 n 和 l 的取值，n，l 相同，原子轨道能量相同；n，l 不同，可按经验公式 $n+0.7\times l$ 来确定原子轨道的能量，即 $n+0.7\times l$ 的值越大，能量越高。

3. 磁量子数 *m*

根据光谱线在磁场中会发生分裂的现象可知，原子轨道不仅有一定的形状，并且还具有不同的空间伸展方向。磁量子数 m 就是用来描述原子轨道在空间的伸展方向的。磁量子数 m 的取值受角量子数的制约。当角量子数为 l 时，m 的取值可以是从 $+l$ 到 $-l$ 并包括 0 在内的整数。即 $m=0,\pm1,\pm2,\pm3,\cdots,\pm l$。因此，亚层中 m 取值个数与 l 的关系是 $(2l+1)$，即 m 取值有 $(2l+1)$ 个。每个取值表示亚层中的一个有一定空间伸展方向的轨道。因此，一个亚层中 m 有几个数值，该亚层中就有几个伸展方向不同的轨道。

例如，$n=3$，$l=1$ 的电子亚层表示为 3p，相应 m 取值为 0 和 ±1，表示 3p 亚层中有 3 个空间伸展方向不同的轨道 $3p_x$，$3p_y$，$3p_z$。这 3 个轨道的 n，l 值相同，轨道的能量相同，所以称为等价轨道或简并轨道。

综上所述，用 n，l，m 三个量子数即可决定一个特定原子轨道的大小、形状和伸展方向。

例 4-1 某一多电子原子，试讨论在其第三电子层中：

(1)亚层数是多少？并用符号表示各亚层。

(2)各亚层上的轨道数多少？该电子层上的轨道总数是多少？

(3)哪些是等价轨道？

解 第三电子层，即主量子数 $n=3$。

(1)亚层数是由角量子数 l 的取值数确定的。当 $n=3$ 时，l 的取值可有 0，1，2。所以第三电子层中有 3 个亚层，它们分别是 3s，3p，3d。

(2)各亚层上的轨道数是由磁量子数 m 的取值确定的。各亚层中可能有的轨道数是：

当 $n=3$，$l=0$ 时，$m=0$，即只有 1 个 3s 轨道。

当 $n=3$，$l=1$ 时，$m=0,\pm1$，即可有 3 个 3p 轨道：$3p_x$，$3p_y$，$3p_z$。

当 $n=3$，$l=2$ 时，$m=0,\pm1,\pm2$，即可有 5 个 3d 轨道：$3d_{z^2}$，$3d_{xz}$，$3d_{yz}$，$3d_{x^2-y^2}$，$3d_{xy}$。

由上可知，第三电子层中总共有 9 个轨道。

(3)等价轨道(或简并轨道)是能量相同的轨道，轨道能量主要取决于 n，其次是 l，所以 n,l 相同的轨道具有相同能量。故等价轨道分别为 3 个 3p 轨道和 5 个 3d 轨道。

4. 自旋量子数 m_s

前三个量子数跟电子在核外空间的位置有关，确定了电子的轨道。自旋量子数 m_s 描述电子的特征，确定电子的自旋方向。电子自旋有两种状态，相当于顺时针和逆时针方向，取值为 $+\frac{1}{2}$ 和 $-\frac{1}{2}$，分别符号用“↑”和“↓”表示。由于自旋量子数只有 2 个取值，因此每个原子轨道最多能容纳 2 个电子。

以上讨论了四个量子数的意义和它们之间相互联系又相互制约的关系，我们将其归纳在表 4-1 中。有了这四个量子数就能够比较全面地描述一个核外电子的运动状态。

表 4-1　四个量子数的物理意义与相互关系

<table>
<tr><td>主量子数 n</td><td>描述电子能量</td><td>1</td><td colspan="2">2</td><td colspan="3">3</td><td colspan="4">4</td></tr>
<tr><td>电子层符号</td><td>n 越大，能量越高</td><td>K</td><td colspan="2">L</td><td colspan="3">M</td><td colspan="4">N</td></tr>
<tr><td>角量子数 l</td><td>表示电子云形状</td><td>0</td><td>0</td><td>1</td><td>0</td><td>1</td><td>2</td><td>0</td><td>1</td><td>2</td><td>3</td></tr>
<tr><td>电子亚层符号</td><td>决定原子轨道能量</td><td>1s</td><td>2s</td><td>2p</td><td>3s</td><td>3p</td><td>3d</td><td>4s</td><td>4p</td><td>4d</td><td>4f</td></tr>
<tr><td rowspan="4">磁量子数
m</td><td rowspan="4">决定电子云方向</td><td>0</td><td>0</td><td>0</td><td>0</td><td>0</td><td>0</td><td>0</td><td>0</td><td>0</td><td rowspan="4"></td></tr>
<tr><td></td><td></td><td>±1</td><td></td><td>±1</td><td>±1</td><td></td><td>±1</td><td>±1</td></tr>
<tr><td></td><td></td><td></td><td></td><td></td><td>±2</td><td></td><td></td><td>±2</td></tr>
<tr><td></td><td></td><td></td><td></td><td></td><td></td><td></td><td></td><td></td></tr>
<tr><td>自旋量子数
m_s</td><td>表示电子自旋方向</td><td>↑↓</td><td>↑↓</td><td>↑↓</td><td>↑↓</td><td>↑↓</td><td>↑↓</td><td>↑↓</td><td>↑↓</td><td>↑↓</td><td>↑↓</td></tr>
<tr><td>亚层轨道数
$2l+1$</td><td>不同电子云
形状的取向</td><td>1</td><td>1</td><td>3</td><td>1</td><td>3</td><td>5</td><td>1</td><td>3</td><td>5</td><td>7</td></tr>
<tr><td>电子层
轨道数 n^2</td><td>同一主量子数中
轨道数</td><td>1</td><td colspan="2">4</td><td colspan="3">9</td><td colspan="4">16</td></tr>
<tr><td>电子层
电子数 $2n^2$</td><td>主层可容纳
最大电子数</td><td>2</td><td colspan="2">8</td><td colspan="3">18</td><td colspan="4">32</td></tr>
</table>

4.1.3　原子轨道能量及能级组

原子中各原子轨道能级的高低主要根据光谱实验确定，也可采用 $n+0.7l$ 的经验公式求得。按照能量由低到高的顺序排列，并将能量相近的能级划归一组，称为能级组。每个能级组(第一能级组除外)都是从 s 能级开始，于 p 能级终止。在表 4-2 中列出了原子轨道亚层、能量、能级组划分等相互之间的关系。

表 4-2 原子轨道能级组

亚层	能量($n+0.7l$)	能级组	周期	组内轨道数	电子填充数	元素种数
1s	1.0	1	1	1	2	2
2s	2.0	2	2	4	8	8
2p	2.7					
3s	3.0	3	3	4	8	8
3p	3.7					
4s	4.0	4	4	9	18	18
3d	4.4					
4p	4.7					
5s	5.0	5	5	9	18	18
4d	5.4					
5p	5.7					
6s	6.0	6	6	16	32	32
4f	6.1					
5d	6.4					
6p	6.7					
7s	7.0	7	7	16	23（未填满）	23（待发现）
5f	7.1					
6d	7.4					
7p	7.7					

4.2 原子中电子的排布

4.2.1 基态原子中电子的排布原理

为了说明基态原子的电子排布，根据光谱实验结果，并结合对元素周期律的分析，归纳、总结出核外电子排布的三个基本原理。

1. 能量最低原理

自然界任何体系总是能量越低，所处状态越稳定，这个规律称为能量最低原理。原子核外电子的排布也遵循这个原理。所以，随着原子序数的递增，电子总是优先进入能量最低的能级。

	1s	2s
如 Li 的核外电子排布是：	↑↓	↑
不是：	↑	↑↓

2. 泡利不相容原理

泡利(W. Pauli)提出：在同一原子中不可能有 4 个量子数完全相同的 2 个电子。换句话说，在同一轨道上最多只能容纳 2 个自旋方向相反的电子。

应用泡利不相容原理，可以推算出每一电子层上电子的最大容量，见表 4-2。

例 4-2　(1)写出$_3$Li 和$_{11}$Na 的电子排布式；(2)用 4 个量子数表示$_3$Li 的各能级上的电子运动状态。

解　(1)根据以上两个原理，它们的电子排布式是

$$_3\mathrm{Li}:\quad 1s^2 2s^1 \qquad\qquad _{11}\mathrm{Na}:\quad 1s^2 2s^2 2p^6 3s^1$$

(2)$_3$Li 有 3 个电子分布在 1s 和 2s 两个能级上，它们的运动状态用 4 个量子数来描述是

$$1s^2:\qquad n=1, l=0, m=0, m_s=+\frac{1}{2}$$

$$n=1, l=0, m=0, m_s=-\frac{1}{2}$$

$$2s^1:\qquad n=2, l=0, m=0, m_s=+\frac{1}{2}$$

	1s
如 He 的核外电子排布是：	↑↓
不是：	↑↑

3. 洪德规则

洪德(F. Hund)提出：在同一亚层的等价轨道上，电子将尽可能占据不同的轨道，且自旋方向相同。

	1s	2s	2p		
如 N 的核外电子排布是：	↑↓	↑↓	↑	↑	↑
不是：	↑↓	↑↓	↑↓	↑	

此外，根据光谱实验结果，又归纳出一个规律：等价轨道在全充满、半充满或全空的状态是比较稳定的，即

Hund 规则特例
- 全充满(p^6 或 d^{10} 或 f^{14})
- 半充满(p^3 或 d^5 或 f^7)
- 全　空(p^0 或 d^0 或 f^0)

较为稳定

例如：

$_{24}$Cr 的电子排布式是 $1s^2 2s^2 2p^6 3s^2 3p^6 3d^5 4s^1$；不是 $1s^2 2s^2 2p^6 3s^2 3p^6 3d^4 4s^2$。

$_{29}$Cu 的电子排布式是 $1s^2 2s^2 2p^6 3s^2 3p^6 3d^{10} 4s^1$；不是 $1s^2 2s^2 2p^6 3s^2 3p^6 3d^9 4s^2$。

为了书写方便，铬和铜原子核外电子的排布式也可简写成：

$_{24}Cr$：[Ar]$3d^5 4s^1$　　$_{29}Cu$：[Ar]$3d^{10} 4s^1$

方括号中所列稀有气体表示该原子内层的电子结构与此稀有气体原子的电子结构一样，[He]，[Ne]，[Ar]，[Kr]，[Xe]，[Rn]称为原子蕊（也称原子实），在离子的电子排布式中使用时称为离子蕊（也称离子实）。位于第一至第六周期的原子蕊或离子蕊的 He，Ne，Ar，Kr，Xe，Rn 分别为 2，10，18，36，54，86 号元素。

4.2.2 基态原子中的电子排布

表 4-3 列出了由光谱实验数据得到的原子序数 1～109 各元素基态原子中的电子排布情况。

由表 4-3 可以看出，其中绝大多数元素的电子排布与核外电子排布三大原则是一致的。但是从第五周期开始共有 15 种元素的电子排布不符合三大排布原则，其中第五周期例外的有原子序数为 41，44，45，46 的 4 种元素；第六周期例外的有原子序数为 57，58，64，65，78 的 5 种元素；第七周期例外的有原子序数为 89，90，91，92，93 和 96 的 6 种元素。对此，必须尊重事实，并在此基础上去探求更符合实际的理论解释。

4.3 原子核外电子排布与元素周期律

元素周期律是指元素的性质随着核电荷的递增而呈现周期性变化的规律。周期律产生的基础是随核电荷的递增，原子价电子排布呈现周期性变化，即价层电子构型重复着周期性变化。现从几个方面讨论元素周期律与价层电子构型的关系。

4.3.1 价层电子构型

价电子是指原子参加化学反应时，能用于成键的电子。价电子所在的亚层统称为价电子层，简称价层。原子的价层电子构型，是指价层电子的排布式，它能反映出该元素原子在电子层结构上的特征。

写出价层电子构型的步骤是：①首先写出核外电子排布式；②然后改为用原子蕊表示的简式；③最后除去前面的原子蕊，剩余部分若遇 p，d 共存，再划去 d 亚层，若无 p，d 共存，剩余部分就是价层电子构型。

例 4-3　请写出$_{16}S$和$_{52}Te$的价层电子构型。

解　$_{16}S$的电子排布简式为[Ne]$3s^2 3p^4$；

$_{52}Te$的电子排布简式为[Kr]$5s^2 4d^{10} 5p^4$；

所以　$_{16}S$的价层电子构型为 $3s^2 3p^4$；

$_{52}Te$的价层电子构型为 $5s^2 5p^4$。

表 4-3　元素基态电子排布情况

原子序数	元素	电子构型	原子序数	元素	电子构型	原子序数	元素	电子构型
1	H	$1s^{1}$	38	Sr	$[Kr]5s^{2}$	75	Re	$[Xe]4f^{14}5d^{5}6s^{2}$
2	He	$1s^{2}$	39	Y	$[Kr]4d^{1}5s^{2}$	76	Os	$[Xe]4f^{14}5d^{6}6s^{2}$
3	Li	$[He]2s^{1}$	40	Zr	$[Kr]4d^{2}5s^{2}$	77	Ir	$[Xe]4f^{14}5d^{7}6s^{2}$
4	Be	$[He]2s^{2}$	41	Nb	$[Kr]4d^{4}5s^{1}$	78	Pt	$[Xe]4f^{14}5d^{9}6s^{1}$
5	B	$[He]2s^{2}2p^{1}$	42	Mo	$[Kr]4d^{5}5s^{1}$	79	Au	$[Xe]4f^{14}5d^{10}6s^{1}$
6	C	$[He]2s^{2}2p^{2}$	43	Tc	$[Kr]4d^{5}5s^{2}$	80	Hg	$[Xe]4f^{14}5d^{10}6s^{2}$
7	N	$[He]2s^{2}2p^{3}$	44	Ru	$[Kr]4d^{7}5s^{1}$	81	Tl	$[Xe]4f^{14}5d^{10}4s^{2}6p^{1}$
8	O	$[He]2s^{2}2p^{4}$	45	Rh	$[Kr]4d^{8}5s^{1}$	82	Pb	$[Xe]4f^{14}5d^{10}4s^{2}6p^{2}$
9	F	$[He]2s^{2}2p^{5}$	46	Pd	$[Kr]4d^{10}$	83	Bi	$[Xe]4f^{14}5d^{10}4s^{2}6p^{3}$
10	Ne	$[He]2s^{2}2p^{6}$	47	Ag	$[Kr]4d^{10}5s^{1}$	84	Po	$[Xe]4f^{14}5d^{10}4s^{2}6p^{4}$
11	Na	$[Ne]3s^{1}$	48	Cd	$[Kr]4d^{10}5s^{2}$	85	At	$[Xe]4f^{14}5d^{10}4s^{2}6p^{5}$
12	Mg	$[Ne]3s^{2}$	49	In	$[Kr]4d^{10}5s^{2}5p^{1}$	86	Rn	$[Xe]4f^{14}5d^{10}4s^{2}6p^{6}$
13	Al	$[Ne]3s^{2}3p^{1}$	50	Sn	$[Kr]4d^{10}5s^{2}5p^{2}$	87	Fr	$[Rn]7s^{1}$
14	Si	$[Ne]3s^{2}3p^{2}$	51	Sb	$[Kr]4d^{10}5s^{2}5p^{3}$	88	Ra	$[Rn]7s^{2}$
15	P	$[Ne]3s^{2}3p^{3}$	52	Te	$[Kr]4d^{10}5s^{2}5p^{4}$	89	Ac	$[Rn]6d^{1}7s^{2}$
16	S	$[Ne]3s^{2}3p^{4}$	53	I	$[Kr]4d^{10}5s^{2}5p^{5}$	90	Th	$[Rn]6d^{2}7s^{2}$
17	Cl	$[Ne]3s^{2}3p^{5}$	54	Xe	$[Kr]4d^{10}5s^{2}5p^{6}$	91	Pa	$[Rn]5f^{2}6d^{1}7s^{2}$
18	Ar	$[Ne]3s^{2}3p^{6}$	55	Cs	$[Xe]6s^{1}$	92	U	$[Rn]5f^{3}6d^{1}7s^{2}$
19	K	$[Ar]4s^{1}$	56	Ba	$[Xe]6s^{2}$	93	Np	$[Rn]5f^{4}6d^{1}7s^{2}$
20	Ca	$[Ar]4s^{2}$	57	La	$[Xe]5d^{1}6s^{2}$	94	Pu	$[Rn]5f^{6}7s^{2}$
21	Sc	$[Ar]3d^{1}4s^{2}$	58	Ce	$[Xe]4f^{1}5d^{1}6s^{2}$	95	Am	$[Rn]5f^{7}7s^{2}$
22	Ti	$[Ar]3d^{2}4s^{2}$	59	Pr	$[Xe]4f^{3}6s^{2}$	96	Cm	$[Rn]5f^{7}6d^{1}7s^{2}$
23	V	$[Ar]3d^{3}4s^{2}$	60	Nd	$[Xe]4f^{4}6s^{2}$	97	Bk	$[Rn]5f^{9}7s^{2}$
24	Cr	$[Ar]3d^{5}4s^{1}$	61	Pm	$[Xe]4f^{5}6s^{2}$	98	Cf	$[Rn]5f^{10}7s^{2}$
25	Mn	$[Ar]3d^{5}4s^{2}$	62	Sm	$[Xe]4f^{6}6s^{2}$	99	Es	$[Rn]5f^{11}7s^{2}$
26	Fe	$[Ar]3d^{6}4s^{2}$	63	Eu	$[Xe]4f^{7}6s^{2}$	100	Fm	$[Rn]5f^{12}7s^{2}$
27	Co	$[Ar]3d^{7}4s^{2}$	64	Gd	$[Xe]4f^{7}5d^{1}6s^{2}$	101	Md	$[Rn]5f^{13}7s^{2}$
28	Ni	$[Ar]3d^{8}4s^{2}$	65	Tb	$[Xe]4f^{9}6s^{2}$	102	No	$[Rn]5f^{14}7s^{2}$
29	Cu	$[Ar]3d^{10}4s^{1}$	66	Dy	$[Xe]4f^{10}6s^{2}$	103	Lr	$[Rn]5f^{14}6d^{1}7s^{2}$
30	Zn	$[Ar]3d^{10}4s^{2}$	67	Ho	$[Xe]4f^{11}6s^{2}$	104	Rf	$[Rn]5f^{14}6d^{2}7s^{2}$
31	Ga	$[Ar]3d^{10}4s^{2}4p^{1}$	68	Er	$[Xe]4f^{12}6s^{2}$	105	Db	$[Rn]5f^{14}6d^{3}7s^{2}$
32	Ge	$[Ar]3d^{10}4s^{2}4p^{2}$	69	Tm	$[Xe]4f^{13}6s^{2}$	106	Sg	$[Rn]5f^{14}6d^{4}7s^{2}$
33	As	$[Ar]3d^{10}4s^{2}4p^{3}$	70	Yb	$[Xe]4f^{14}6s^{2}$	107	Bh	$[Rn]5f^{14}6d^{5}7s^{2}$
34	Se	$[Ar]3d^{10}4s^{2}4p^{4}$	71	Lu	$[Xe]4f^{14}5d^{1}6s^{2}$	108	Hs	$[Rn]5f^{14}6d^{6}7s^{2}$
35	Br	$[Ar]3d^{10}4s^{2}4p^{5}$	72	Hf	$[Xe]4f^{14}5d^{2}6s^{2}$	109	Mt	$[Rn]5f^{14}6d^{7}7s^{2}$
36	Kr	$[Ar]3d^{10}4s^{2}4p^{6}$	73	Ta	$[Xe]4f^{14}5d^{3}6s^{2}$	110	Ds	
37	Rb	$[Kr]5s^{1}$	74	W	$[Xe]4f^{14}5d^{4}6s^{2}$	111	Rg	

4.3.2 元素周期表与价层电子构型的关系

1. 主族元素与价层电子构型

主族元素价层电子构型的通式为

$ns^{1\sim2}$ 或 $ns^2np^{1\sim6}$

族数=价电子总数(等于8时为零族,即惰性元素)

周期数=价层所属能级组数

2. 副族元素与价层电子构型

副族元素价层电子构型的通式为

$(n-1)d^{1\sim10}ns^{0\sim2}$

$$\text{价电子总数}\begin{cases}1\sim7 & \text{族数}=\text{价电子总数}\\ 8,9,10 & \text{族数}=\text{Ⅷ}\\ 11,12 & \text{族数}=\text{价电子总数}-10\end{cases}$$

周期数=价层所属能级组数

3. 周期表元素分区与价层电子构型

根据价层电子构型,可将周期表中的元素划分成五个区域:

s区为ⅠA,ⅡA族元素,价层电子构型为$ns^{1\sim2}$;

p区为ⅢA~ⅦA族元素,价层电子构型为$ns^2np^{1\sim6}$;

ds区为ⅠB,ⅡB族元素,价层电子构型为$(n-1)d^{10}ns^{1\sim2}$;

d区为ⅢB~ⅦB族元素,价层电子构型为$(n-1)d^{1\sim10}ns^{0\sim2}$;

f区为镧系、锕系元素,价层电子构型为$(n-2)f^{0\sim14}(n-1)d^{0\sim2}ns^{1\sim2}$。

综上所述,原子的价层电子构型与元素周期表之间有着密切的关系。对于多数元素来说,如果知道了元素的原子序数,便可以写出该元素原子的价层电子构型,从而判断出它所在的周期和族。反之,如果已知某元素所在的周期和族,便可写出该元素原子的电子层结构,也能推知它的原子序数。

例 4-4 已知某元素在周期表中位于第5周期,ⅣA族,试写出该元素的电子排布式、名称和符号。

解 根据该元素位于第5周期可以断定,它的核外电子一定是填充在第五能级组,即5s4d5p。又根据它位于ⅣA族得知,这个主族元素的族数应等于它的最外层电子数,即$5s^25p^2$。再根据4d的能量小于5p的事实,则4d中一定充满了10个电子。所以,该元素原子的电子排布式为$[Kr]4d^{10}5s^25p^2$,该元素为锡(Sn)。

4.4 元素性质的周期性

元素性质取决于其原子的内部结构。本节结合原子核外电子层结构周期性的变化,阐述元素的一些主要性质的周期变化规律。

4.4.1 有效核电荷 Z^*

除氢以外，其他原子核外至少有两个电子，统称多电子原子。多电子原子中其余电子对指定的某电子的作用近似地看作抵消一部分核电荷对该指定电子的吸引。即核电荷由原来的 Z 变成 $(Z-\sigma)$，σ 称为屏蔽常数，$(Z-\sigma)$ 称为有效核电荷，用 Z^* 表示，即

$$Z^* = Z - \sigma$$

这种由核外其余电子抵消部分核电荷对指定电子吸引的作用称为屏蔽效应。

根据理论计算，有效核电荷 Z^* 与原子序数 Z 的关系如图 4-3 所示。由图 4-3 可以看出：①同周期，Z^* 自左向右增大；②主族元素增幅明显，副族元素增幅较小；③同族由上至下 Z^* 增大不明显。

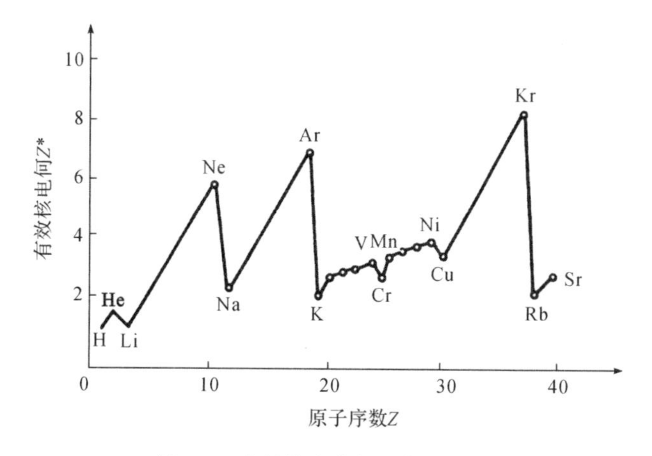

图 4-3　有效核电荷的周期性变化

4.4.2 原子半径 r

原子半径周期性变化情况见表 4-4，根据表 4-4 可以得到如下结论：① Z^* 越大，r 越小；②变化规律与 Z^* 的周期性变化相同，但方向相反。

表 4-4　元素的原子半径 r　　单位：pm

H 32																	He 93
Li 123	Be 89											B 82	C 77	N 70	O 66	F 64	Nc 112
Na 154	Mg 136											Al 118	Si 117	P 110	S 104	Cl 99	Ar 154
K 203	Ca 174	Sc 144	Ti 132	V 122	Cr 118	Mn 117	Fe 117	Co 116	Ni 115	Cu 117	Zn 125	Ga 126	Ge 122	As 121	Se 117	Br 114	Kr 169
Rb 216	Sr 191	Y 162	Zr 145	Nb 134	Mo 130	Tc 127	Ru 125	Rh 125	Pd 128	Ag 134	Cd 148	In 144	Sn 140	Sb 141	Te 137	I 133	Xe 190
Cs 235	Ba 198 △	Lu 158	Hf 144	Ta 134	W 130	Re 128	Os 126	Ir 127	Pt 130	Au 134	Hg 144	Tl 148	Pb 147	Bi 146	Po 146	At 145	Rn 220
Fr	Ra	Lr															

△

La	Ce	Pr	Nd	Pm	Sm	Eu	Gd	Tb	Dy	Ho	Er	Tm	Yb
169	165	164	164	163	162	185	162	161	160	158	158	158	170

4.4.3 电离能 I

从基态原子移去电子，需要消耗能量以克服核电荷的吸引力。单位物质的量的基态气态原子失去第一个电子成为气态一价阳离子所需要的能量称为该元素的第一电离能，以 I_1 表示，其 SI 的单位为 $kJ \cdot mol^{-1}$。

电离能的大小反映原子失电子的难易。电离能越大，原子失电子越难；反之，电离能越小，原子失电子越容易。通常用第一电离能 I_1 来衡量原子失去电子的能力。电离能的大小主要取决于有效核电荷、原子半径和电子层结构等，电离能也呈周期性的变化，见图 4-4。

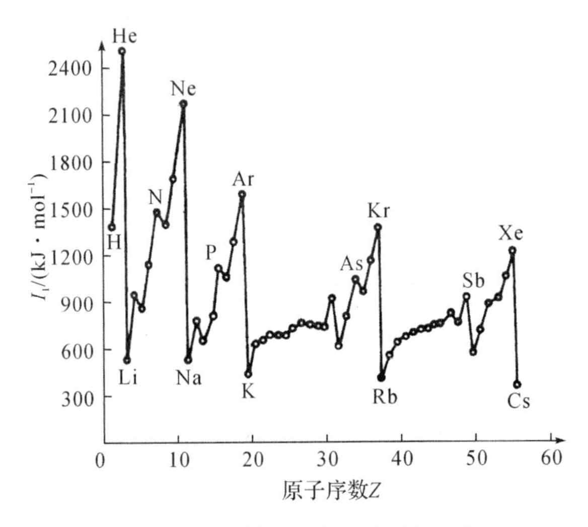

图 4-4 元素的第一电离能的周期性变化

由图 4-4 可见：①电离能 I_1 的周期变化规律和方向与 Z^* 的周期性变化相同；②曲线冒尖处是半充满特例；③同族由上至下 I_1 逐渐减少。

4.4.4 电子亲和能 Y

基态原子得到电子会放出能量。单位物质的量的基态气态原子得到一个电子成为气态一价阴离子时所放出的能量，称为电子亲和能，用符号 Y 表示，其 SI 的单位也为 $kJ \cdot mol^{-1}$。电子亲和能也有 Y_1，Y_2，…之分，通常所说的电子亲和能就是指第一电子亲和能。各元素原子的 Y_1 一般为负值，这是由于原子获得第一个电子时系统能量降低，要放出能量。

电子亲和能的大小反映原子获得电子的难易。电子亲和能越负，原子获得电子的能力越强。电子亲和能也呈周期性变化，主族元素的变化规律为：同周期从左到右，趋向更负（放能更多）；同族从上到下，趋向于零（放能更少）。

4.4.5 电负性 χ

为了综合表征原子得失电子的能力，1932 年鲍林提出了电负性概念。元素电负性是指在分子中原子吸引成键电子的能力。他指定最活泼的非金属氟的电负性为 4.0，然后通过计算得出其他元素电负性的相对值。元素电负性可用 χ 表示，χ 越大，该元素原子在分子中吸引成键电子的能力越强；反之，则越弱。主族元素 χ 的变化规律为：同周期从左到右递增；同族从上到下趋减。表 4-5 列出了鲍林的元素电负性数值。

表 4-5　电负性表

Li	Be						H					B	C	N	O	F
1.0	1.6						2.2					2.0	2.6	3.0	3.4	4.1
Na	Mg											Al	Si	P	S	Cl
0.9	1.3											1.6	1.9	2.2	2.6	3.2
K	Ca	Sc	Ti	V	Cr	Mn	Fe	Co	Ni	Cu	Zn	Ga	Ge	As	Se	Br
0.8	1.0	1.4	1.5	1.6	1.7	1.6	1.8	1.9	1.9	1.9	1.7	1.8	2.0	2.2	2.6	3.0
Rb	Sr	Y	Zr	Nb	Mo	Tc	Ru	Rh	Pd	Ag	Cd	In	Sn	Sb	Te	I
0.8	1.0	1.2	1.3	1.6	2.2	1.9	2.2	2.3	2.2	1.9	1.7	1.8	2.0	2.1	2.1	2.7
Cs	Ba	Lu	Hf	Ta	W	Re	Os	Ir	Pt	Au	Hg	Tl	Pb	Bi	Po	At
0.8	0.9	1.3	1.3	1.5	2.4	1.9	2.2	2.2	2.3	2.5	2.0	2.0	2.3	2.0	2.2	2.2
Fr	Ra															
0.7	0.9															

4.4.6　元素的金属性与非金属性

元素的电负性综合反映了原子得失电子的能力，故可以电负性作为元素金属性与非金属性的统一衡量依据。一般来说，金属的电负性小于 2，非金属的电负性则大于 2。

元素的金属性与非金属性的周期性变化规律为：同周期从左到右，非金属性增强，金属性下降；同族从上到下，金属性增强，非金属性下降。

4.4.7　元素的氧化值

最高氧化值＝族数＝价电子总数（但ⅧA 族和ⅧB 族有例外）。

第 4 章练习题

一、是非题

1. 原子轨道就是电子运动的轨道。　（　　）
2. 已有 100 多种元素的原子的核外电子结构都遵守核外电子排布三大原则。　（　　）
3. 电负性综合地表征了原子得失电子的能力。　（　　）

二、单选题

1. 下列各组元素中，有一组元素原子的第一电离能分别为 1086 kJ·mol^{-1}，1402 kJ·mol^{-1}和 1314 kJ·mol^{-1}，该组元素为(　　)。

   A. C　N　O　　B. F　Ne　Na　　C. Be　B　C　　D. S　Cl　Ar

2. 有 a,b,c 三种主族元素，a,b 两元素的阳离子和 c 元素的阴离子都有相同的电子层结构，a 的阳离子半径大于 b 的阳离子半径，则它们的原子序数的关系是(　　)。

   A. $Z_a>Z_b>Z_c$　　B. $Z_b>Z_a>Z_c$　　C. $Z_c>Z_b>Z_a$　　D. $Z_a>Z_c>Z_b$

3. 比较 O,S,As 三种元素的电负性和原子半径大小的顺序，正确的是(　　)。

   A. 电负性 O>S>As，原子半径 O<S<As

   B. 电负性 O<S<As，原子半径 O<S<As

   C. 电负性 O<S<As，原子半径 O>S>As

   D. 电负性 O>S>As，原子半径 O>S>As

三、填空题

1. 填充下表：

离子符号	价层电子构型	未成对电子数
Cr^{3+}		
Fe^{3+}		
Bi^{3+}		

2. 完成下表(不看周期表)：

价层电子构型	区	周　期	族	原子序数	最高氧化值	电负性相对大小
$4s^1$						
$3s^2 3p^5$						
$3d^3 4s^2$						
$5d^{10} 6s^1$						

3. 完成下表(不看周期表)：

原子序数 Z	电子层结构	价层电子构型	区	周　期	族	金属或非金属
	[Ne]$3s^2 3p^5$					
		$4d^5 5s^1$				
				6	ⅡB	
88						

四、简答题

1. 有A,B,C三种短周期元素。已知A,B为同一周期相邻元素,B,C属于同一主族元素,这三种元素的质子数之和为41,最外层电子数之和为19,推断A,B,C各为何种元素。

2. 试将下列原子轨道2s,5f,4d,2p,3d,6s按能量从低到高的顺序排列。

3. 写出$_{34}Se$和$_{47}Ag$的核外电子排布式。

4. 试根据原子结构理论预测:

(1)第8周期将包括多少种元素?

(2)原子核外出现第一个5g($l=4$)电子的元素的原子序数是多少?

(3)第114号元素属于哪一周期?哪一族?试写出其电子排布式。

5. 电子构型满足下列条件之一的,是哪一类或哪一种元素?

(1)具有2个p电子。

(2)有2个量子数$n=4$,$l=0$的电子,6个量子数$n=3$,$l=2$的电子。

(3)3d为全满,4s只有一个电子。

6. 有A,B,C,D四种元素,其价层电子数依次为1,2,6,7,其电子层数依次减少一层,已知D^-的电子层结构与Ar原子的相同,A和B的次外层各只有8个电子,C的次外层有18个电子。试判断这四种元素:

(1)原子半径由小到大的顺序;

(2)电负性由小到大的顺序;

(3)金属性由弱到强的顺序。

7. 某元素的原子序数为35,试回答:

(1)其原子中的电子数是多少?有几个未成对电子?

(2)其原子中填有电子的电子层、能级组、能级、轨道各有多少?价电子数有几个?

(3)该元素属于第几周期、第几族?是金属还是非金属?最高氧化值是多少?

第5章

分子结构与晶体结构

化学上把分子或晶体中相邻原子(或离子)之间强烈的相互吸引作用称为化学键。根据原子(或离子)间相互作用方式的不同,大致上把化学键分成三种基本类型:离子键、共价键、金属键。相应形成的晶体为离子晶体、原子晶体和分子晶体、金属晶体。本章主要讨论分子的形成、分子的几何构型以及分子的相互作用。

5.1 共价键理论

共价键理论分为价键理论和分子轨道理论。本章仅对价键理论作初步介绍。

5.1.1 价键理论的要点

1.原子配对原理

如在s轨道上电子自转相反的两个H原子相互吸引靠近时,发生两个1s轨道的重叠,使在两核间的概率密度增大,形成了高电子概率密度的区域(见图5-1),从而增强了核对其的吸引,同时部分抵消了两核间的排斥,此时系统能量降到最低,从而形成了稳定的化学键。

2.最大重叠原理

原子轨道重叠越多,共价键越牢固。

5.1.2 共价键特征

1.饱和性

共价键数目受限于未成对电子数,如Cl,O,N核外轨道的未成对电子数分别为1,2,3,因此,这些原子形成的氢化物为HCl,H_2O,NH_3。

2.方向性

当成键原子的两个轨道均为s轨道时,无方向性,而其他情况下都有方向性时才能最大重叠。以HCl分子中共价键的形成为例,假如Cl原子的p轨道中的p_x有一个未成对电子,H原子的s轨道中自旋方向相反的未成对电子只能沿着x轴方向与其相互靠近,才能达到原子轨道的最大重叠(见图5-2)。

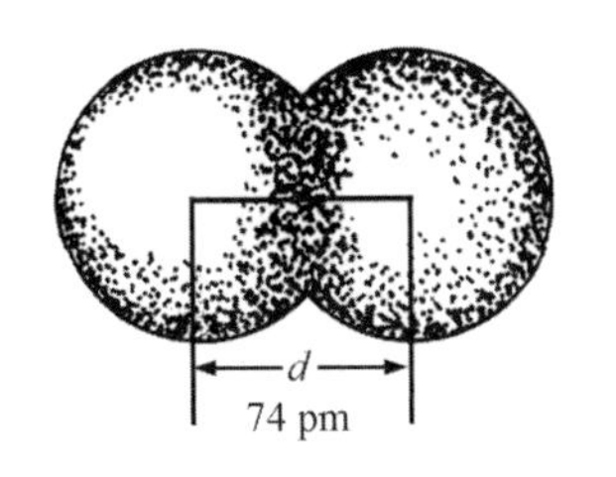

图 5-1　H_2 分子的核间距

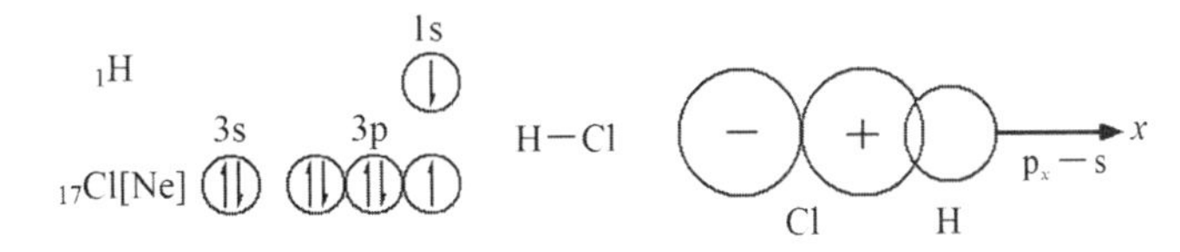

图 5-2　HCl 分子的形成

5.1.3　共价键类型

1. σ 键和 π 键

根据原子轨道重叠方式，将共价键分为 σ 键和 π 键。

(1)σ 键。原子轨道沿两原子核的连线(键轴)，以“头顶头”方式重叠，重叠部分集中于两核之间，通过并对称于键轴，这种键称为 σ 键。形成 σ 键的电子称为 σ 电子，图 5-3 所示的 H—H，H—Cl，Cl—Cl 键均为 σ 键。

(2)π 键。原子轨道垂直于两核连线，以“肩并肩”方式重叠，重叠部分在键轴的两侧并对称于与键轴垂直的平面，这样形成的键称为 π 键(见图 5-4)。形成 π 键的电子称为 π 电子。通常 π 键形成时原子轨道重叠程度小于 σ 键，故 π 键常没有 σ 键稳定，π 电子容易参与化学反应。

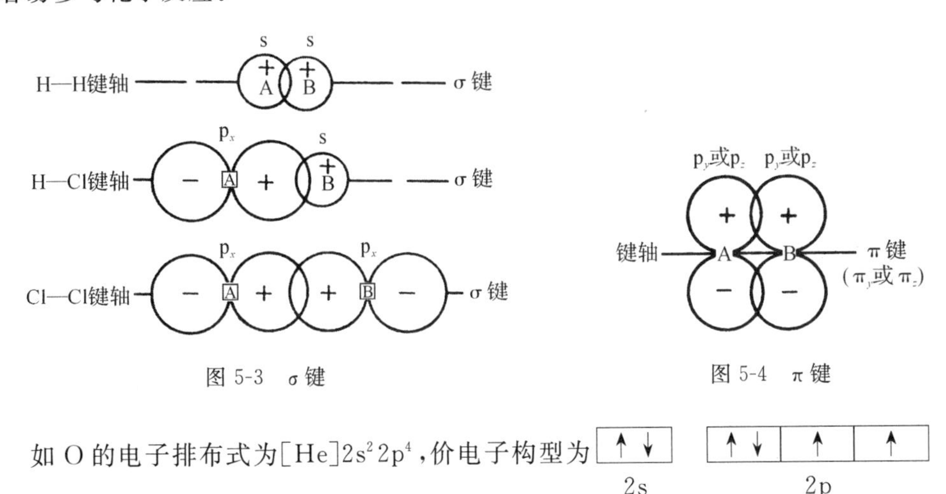

图 5-3　σ 键

图 5-4　π 键

如 O 的电子排布式为[He]$2s^2 2p^4$，价电子构型为 [↑↓] (2s) [↑↓][↑][↑] (2p)

O_2 的共价键为　$O\overset{\sigma}{\underset{\pi}{=}}O$

2. 非极性共价键和极性共价键

键的极性用离子性表示，而离子性与 Δχ(成键两元素的电负性差值)有关：Δχ 越大，离子性成分越高，键的极性越强。键的极性从弱到强排列的顺序是：

非极性共价键 < 极性共价键 < 离子键 ⟶ Δχ↑

	非极性共价键	极性共价键	离子键
Δχ:	0	0～1.7	>1.7
离子性:	0	0～50%	>50%

最典型的离子化合物 CsF 的离子性为 92%，因此，离子性为 100%的化学键实际上是不存在的。

5.1.4　配位共价键（简称配位键）

配位键的形成是由一个原子单方面提供一对电子而与另一个有空轨道的原子（或离子）共用。这种共价键称为配位键。在配位键中，提供电子对的原子称为电子给予体，接受电子对的原子称为电子接受体。配位键的符号用箭号“→”表示，箭头指向接受体。即

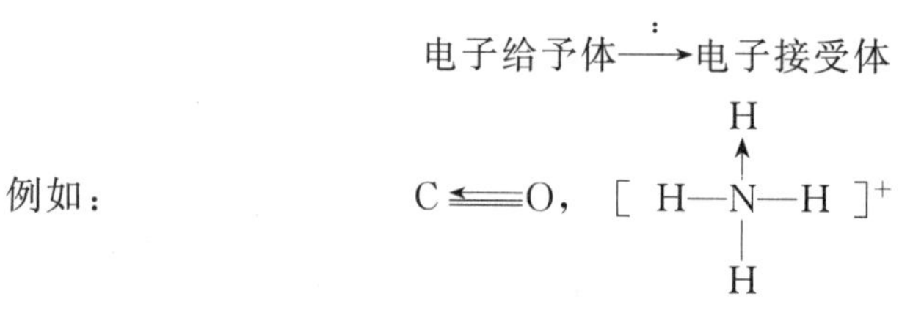

5.2　杂化轨道理论与分子几何构型

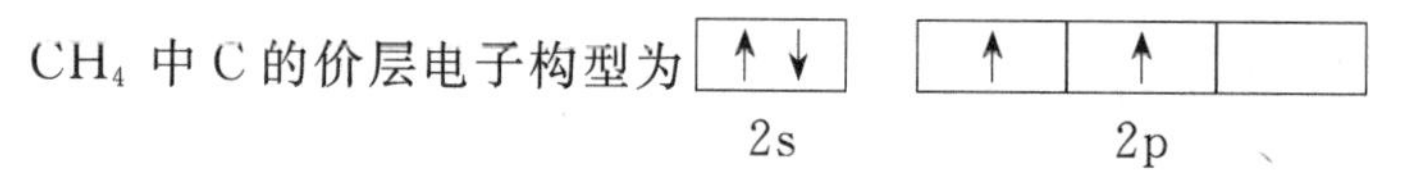

按照价键理论，CH_4 中的 C 只能形成 2 个键，而且这 2 个键应该各不相同，一个是 σ 键，一个是 π 键。但实测结果是，CH_4 中的 C 能形成 4 个 C—H 键，而且这 4 个 C—H 键的键长、键角都相同，对此价键理论无法解释，因而有人提出了杂化轨道理论。

5.2.1　杂化轨道理论概要

杂化轨道理论是鲍林于 1931 年提出的，有两个要点。

1. 电子激发

原子在成键时，价电子层上的成对电子从低能量轨道激发到高能量的空轨道，增加了未成对电子数，从而增加了共价键的数目，多成键后释放出的能量远比激发电子所需的能量多，故系统的总能量是降低的。

如 $_{80}Hg$ 的电子激发：$5d^{10}6s^2 \rightarrow 5d^{10}6s^16p^1$。

2. 轨道杂化

（激发同时）能量相近的几个原子轨道重组成相同数目的等价新轨道。

如 $_{80}Hg$ 轨道杂化后形成的 2 个等价轨道 $(sp)_1$ 和 $(sp)_2$ 各占 $\frac{1}{2}$s 和 $\frac{1}{2}$p 轨道成分，杂化轨道的成键能力比杂化前更强，使系统的总能量降低得更多。

5.2.2　杂化轨道类型与分子几何构型的关系

1. 等性杂化

杂化轨道类型与分子的几何构型有密切关系，常见的等性杂化轨道有 sp，sp^2，sp^3，

sp^3d，sp^3d^2 五种类型，见表 5-1。

表 5-1 等性杂化轨道类型与分子几何构型的关系

杂化类型	中心原子最外电子层构型	杂化后轨道	杂化轨道成分	杂化轨道构型	例子
sp	ns^2	2 个 sp 轨道	s，p 成分各占$\frac{1}{2}$	直线形	$HgCl_2$，$BeCl_2$
sp^2	ns^2np^1	3 个 sp^2 轨道	s 成分占$\frac{1}{3}$ p 成分占$\frac{2}{3}$	平面三角形	BF_3
sp^3	ns^2np^2	4 个 sp^3 轨道	s 成分占$\frac{1}{4}$ p 成分占$\frac{3}{4}$	正四面体	CH_4
sp^3d	ns^2np^3	5 个 sp^3d 轨道	s 成分占$\frac{1}{5}$ p 成分占$\frac{3}{5}$ d 成分占$\frac{1}{5}$	三角双锥	PCl_5
sp^3d^2	ns^2np^4	6 个 sp^3d^2 轨道	s 成分占$\frac{1}{6}$ p 成分占$\frac{1}{2}$ d 成分占$\frac{1}{3}$	八面体	SF_6

2. 不等性杂化

当几个能量相近的原子轨道杂化后，所形成的各杂化轨道的成分不完全相等时，即为不等性杂化。下面以 NH_3 分子的形成为例予以说明。

N 原子的价层电子构型为 $2s^22p^3$，它的 1 个 s 轨道和 3 个 p 轨道进行杂化，形成 4 个 sp^3 杂化轨道。其中 3 个杂化轨道中各有 1 个成单电子，另 1 个杂化轨道则被成对电子所占有。3 个具有成单电子的杂化轨道分别与 H 原子的 1s 轨道重叠成键，而成对电子占据的杂化轨道不参与成键，此即不等性杂化。在不等性杂化中，由于成对电子没有参与成键，这对电子叫作孤对电子，孤对电子离 N 原子较近，故其占据的杂化轨道所含 s 轨道成分较多、p 轨道成分较少，其他成键的杂化轨道则相反。由于受孤对电子同性相斥的影响，NH_3 中 N—H 共价键之间的夹角压缩到 107°18′，小于等性 sp^3 杂化的正四面体中键的夹角 109°28′，分子的几何构型为三角锥形，见图 5-5(a)。

H_2O 分子的形成与此类似，其中 O 原子也采取不等性 sp^3 杂化，只是 4 个杂化轨道中有 2 个被成对电子所占有。成键轨道所含 p 轨道成分更多，其键的夹角也更小(104°30′)，分子为角折形(或 V 形)，见图 5-5(b)。

如果键合原子不完全相同，如 $CHCl_3$ 等，也可引起中心原子轨道的不等性杂化。

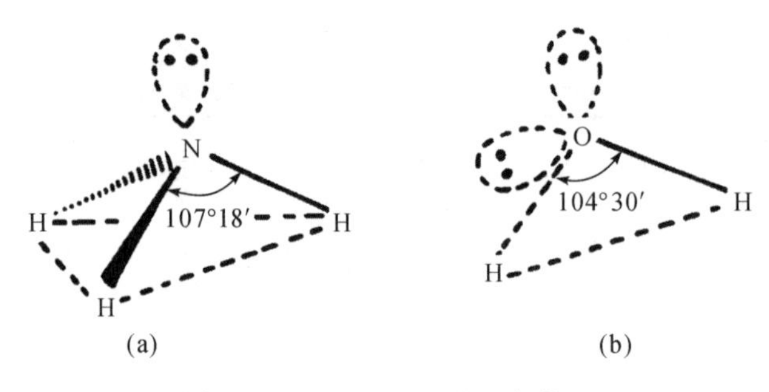

图 5-5　NH_3 和 H_2O 的几何构型

5.3　分子间力与分子晶体

分子间作用力是 1873 年由荷兰物理学家范德华(Van der Waals)首先提出的，故又称范德华力。随着人们对原子、分子结构研究的深入，认识到分子间力本质上也属于一种电性引力。为了说明这种引力的由来，先介绍分子的极性与变形性。

5.3.1　分子的极性和变形性

1. 分子的极性

分子是由原子通过化学键结合而组成的。分子有无极性显然与键的极性有关，同时还要考虑到分子的空间构型。下面列出了中性共价分子的极性与分子构型的关系：

中性共价分子
- 正、负电荷中心不重合——极性分子（$\mu>0$）
  - 异原子双原子分子，如 HCl，CO
  - 不对称多原子分子，如 H_2O，NH_3
- 正、负电荷中心重合——非极性分子（$\mu=0$）
  - 同原子双原子分子，如 H_2，O_2
  - 对称多原子分子，如 BF_3，CO_2

分子的极性常用偶极矩 μ 来衡量，μ 的大小取决于键的极性和分子的构型，μ 越大，极性越强。

例 5-1　已知 $HgCl_2$，BF_3，CH_4 都是非极性分子，而 NH_3，H_2S，H_2O 都是极性分子，由此可推出 AB_n 型分子是非极性分子的经验规律。正确的是(　　)。

A. 分子中所有原子在同一平面上　　B. A 的相对原子质量小于 B

C. 在 AB_n 分子中 A 原子最外层的电子都成键　　D. 分子中不含有氢原子

答　C。

因为 $HgCl_2$ 为直线型，BF_3 为平面正三角型，H_2S 和 H_2O 为角折型，这四个分子中所有原子在同一平面上，但 $HgCl_2$，BF_3 为非极性分子，而 H_2S 和 H_2O 为极性分子，由此否定 A；由于 CH_4 也是典型的非极性分子，而且在 CH_4 分子中 A(即碳)的相对原子质量大于 B(即氢)，由此否定 B 和 D；再分析 $HgCl_2$，BF_3，CH_4 分子结构的电子式，发现 A 原子的最外层电子都成键，而 NH_3，H_2S，H_2O 的最外层电子都未完全成键，由此确定 C。

2. 分子的变形性

非极性分子或极性分子受外电场作用而产生诱导偶极的过程，称为分子的极化(或称变形极化)。分子受极化后外形发生改变的性质，称为分子的变形性。分子在外电场作用下的变形程度(或称极化程度)，可以用极化率 α 来量度。对同类型分子而言，分子的相对质量和体积越大，α 越大。

5.3.2 分子间力

分子间力也称范德华力。气体能凝结成液体、固体表面有吸附现象、毛细管内的液面会上升、粉末可压成薄片等现象都证明范德华力的存在。范德华力一般包括下面三个部分。

1. 定向力

定向力产生于极性分子之间。当两个极性分子充分接近时，产生同极相斥、异极相吸，使分子偶极定向排列而产生的静电作用力叫作定向力(见图 5-6)。显然，分子偶极矩越大，定向力越大。

2. 诱导力

当极性分子与非极性分子充分接近时，极性分子使非极性分子变形而产生的偶极称诱导偶极。诱导偶极与固有偶极间的作用力叫作诱导力(见图 5-7)。极性分子偶极矩越大，非极性分子变形性越大，诱导力越大。当然，在极性分子之间也存在诱导力。

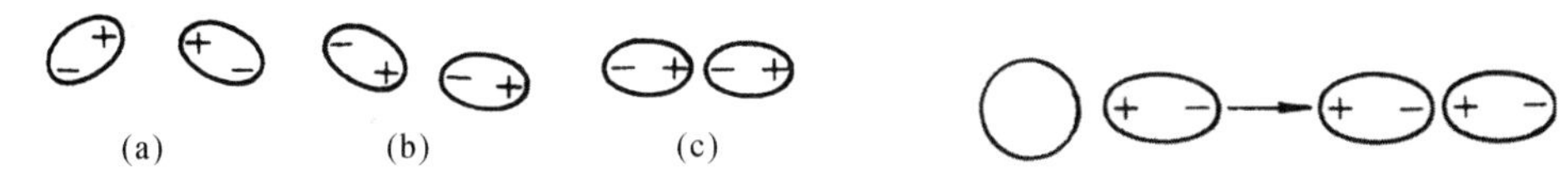

图 5-6　两个极性分子相互作用　　图 5-7　极性分子与非极性分子相互作用

3. 色散力

非极性分子之间也有相互作用，这种力与前两种力不一样，必须根据量子力学原理才能正确理解它。从量子力学导出这种力的理论公式与光色散公式相似，因此称作色散力。色散力可看作分子的瞬时偶极矩之间的相互作用。由于电子的运动和原子核的振动经常使电子云和原子核之间发生瞬间的相对位移，由此产生瞬时偶极。这种瞬时偶极会使相邻分子也产生与它相对应的瞬时诱导偶极。这些瞬时偶极与瞬时诱导偶极之间的相互作用便产生了色散力。虽然瞬时偶极存在的时间极短，但在不断地重复着，使得分子之间始终存在这种作用力。色散力的大小主要与分子的变形性有关。一般说来，分子的体积越大，其变形性越大，则色散力也越大。色散力也存在于极性分子之间。

分子间力具有以下特性：

(1)作用能量一般是几 $kJ \cdot mol^{-1}$ 到几十 $kJ \cdot mol^{-1}$，比化学键小 1～2 个数量级。

(2)它是近距离的没有方向性和饱和性的作用力，作用范围约几百 pm。

(3)在三种力中，色散力是主要的，定向力只有在极性很大的分子中才占较大的比重(见表 5-2)。

表 5-2　分子间力的分配　　单位：$kJ \cdot mol^{-1}$

作用力的类型	分子						
	Ar	Co	HI	HBr	HCl	NH_3	H_2O
定向力	0	0.0029	0.025	0.687	3.31	13.31	36.39
诱导力	0	0.0084	0.113	0.502	1.01	1.55	1.93
色散力	8.5	8.75	25.87	21.94	16.83	14.95	9.00
总计	8.5	8.76	26.02	23.13	21.25	29.81	47.32

分子间力对物质的物理化学性质，如熔点、沸点、熔化热、气化热、溶解度和黏度等有较大的影响。例如卤素 F_2，Cl_2，Br_2 和 I_2 的熔沸点随相对分子质量增大而依次升高，是因为色散力随相对分子质量增大（即分子体积增大）而增强。

5.3.3　氢键

由电负性大、半径小，且有孤对电子的原子与另一分子中半径很小又无内层电子的带正电荷的氢核以静电引力相吸，称为氢键。氢键的组成可用 X—H⋯Y 来表示，其中 X，Y 代表电负性大、半径小且有孤对电子的原子，一般是 F，O，N 等原子。X，Y 可以是不同原子，也可以是相同原子。氢键既可在同种分子或不同分子之间形成，又可在分子内形成（如在 HNO_3 或 H_3PO_4 中）。

氢键比化学键弱，但比范德华力强。与共价键相似，氢键也有饱和性和方向性：每个 X—H 只能与一个 Y 原子相互吸引形成氢键；Y 与 H 形成氢键时，尽可能采取 X—H 键键轴的方向，使 X—H⋯Y 在一直线上。如 H_2O，HF 形成的氢键：

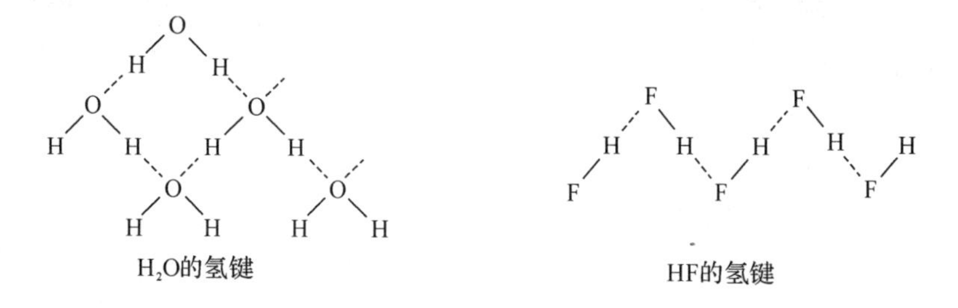

H_2O的氢键　　HF的氢键

5.4　离子键与离子晶体

5.4.1　离子键的形成和特征

1. 形成

以 NaCl 为例介绍柯塞尔理论。

(1)当 $\Delta\chi$ 较大的元素原子相互接近时，χ 较小的原子 $\xrightarrow{ne^-}$ χ 较大的原子，如 Na $\xrightarrow{e^-}$ Cl；

(2)得、失电子均在价电子层进行，χ 较小的原子$\xrightarrow{-ne}$阳离子，如 Na^+；

χ 较大的原子$\xrightarrow{+ne}$阴离子，如 Cl^-。

(3)由于静电引力，阴、阳离子相吸，但随着距离接近，斥力增大，当吸力＝斥力时，体系能量最低——形成稳定的离子键。

2. 特征

(1)无方向性：因为离子电场是球形分布的。

(2)无饱和性：因为只要空间允许，离子会尽可能多地吸引异号离子。

5.4.2　离子的结构特征

1. 离子的电子构型

阴离子构型：8 电子型——ns^2np^6，如 $F^-(2s^22p^6)$，$S^{2-}(3s^23p^6)$。

阳离子构型可分为如下五种：

(1)2 电子型——ns^2，如 $Li^+(1s^2)$，$Be^{2+}(1s^2)$。

(2)8 电子型——ns^2np^6，如 $K^+(3s^23p^6)$，$Ba^{2+}(5s^25p^6)$。

(3)18 电子型——$ns^2np^6nd^{10}$，如 $Ag^+(4s^24p^64d^{10})$，$Zn^{2+}(3s^23p^63d^{10})$，$Sn^{4+}(4s^24p^64d^{10})$。

因为　$Sn-4e^- \longrightarrow Sn^{4+}$

$[Kr]5s^24d^{10}5p^2-4e^- \longrightarrow [Kr]\ 4d^{10}=[Ar]4s^23d^{10}4p^64d^{10}$

(4)18＋2 电子型——$ns^2np^6nd^{10}(n+1)s^2$，如 $Sn^{2+}(4s^24p^64d^{10}5s^2)$，$Bi^{3+}(5s^25p^65d^{10}6s^2)$。

因为　$Bi-3e^- \longrightarrow Bi^{3+}$

$[Xe]6s^24f^{14}5d^{10}6p^3-3e^- \longrightarrow [Xe]6s^24f^{14}5d^{10}$

(5)9～17 电子型——$ns^2np^6nd^{1\sim9}$，如 Fe^{2+}，Fe^{3+}，Cu^{2+}，Pt^{2+}。

因为　$Fe-3e^- \longrightarrow Fe^{3+}$

$[Ar]4s^23d^6-3e^- \longrightarrow [Ar]4s^23d^3$

2. 离子半径 *r*

(1)$r_{阳}<r_{原}<r_{阴}$，如 $r_{Na^+}<r_{Na}$，$r_F<r_{F^-}$。

(2)同周期、同构型的阳离子，电荷越大，离子半径 r 越小。

(3)同族、同电荷的离子，从上到下，离子半径 r 增大。

(4)同元素不同电荷的阳离子，电荷越大，离子半径 r 越小。

5.5　离子极化

在离子晶体中，晶格结点上排列的是离子，阴、阳离子间强烈的静电作用会相互作为电场使彼此的原子核和电子云发生相对位移，即发生与分子极化类似的离子极化作用，从而影响离子化合物的某些性质。

5.5.1 离子在电场中的极化

离子并非刚性球体，在外电场的作用下，正极吸引核外电子云，排斥原子核，负极吸引原子核，排斥核外电子云，使离子中的电荷分布发生相对位移，离子变形，产生了诱导偶极(见图 5-8)，这种现象称为离子极化。

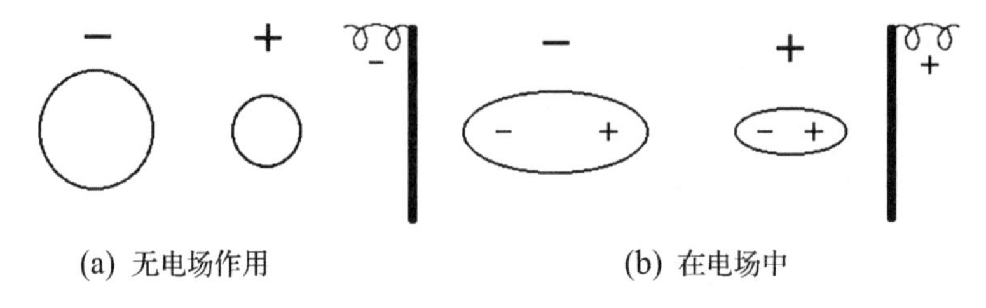

图 5-8 离子极化

影响离子极化率 α 的因素：①同族元素离子，从上到下 α 随离子半径增大而增大；②阴离子的 α 要比阳离子的大得多，说明阴离子要比阳离子容易变形。

5.5.2 离子间的相互极化

每个离子都可作为外电场，即可使其他离子变形，本身也变形。

1. 极化力

r 越小，电荷越多，极化力越强。

当 r 与电荷都相同时，极化力为 8 电子型＜9～17 电子型＜18，18＋2 电子型。

2. 变形性

8 电子型＜9～17 电子型＜18 电子型＜18＋2 电子型。

通常正离子由于带有多余的正电荷，一般其半径较小，它对相邻的负离子会产生诱导作用，使其变形极化；而负离子由于带有负电荷，一般半径较大，易被诱导极化，变形性较大。因此，在考虑离子极化作用时，一般考虑正离子对负离子极化能力的大小和负离子在正离子极化作用下变形性的大小。正离子的极化能力愈大，负离子的变形性愈大，则离子极化作用愈强。

5.5.3 离子极化对物质的结构和性质的影响

1. 对晶体键型的影响

正、负离子间的相互极化作用越强，键的离子性减弱越多。例如 Ag^+，Cd^{2+}，Hg^{2+} 与 I^-，S^{2-} 间的极化作用就很强，以至于正、负离子的电子云产生较大变形，发生了电子云的相互重叠，如图 5-9 所示。此时离子键已经转变成了共价键，离子晶体转变为共价型晶体。

2. 对溶解度的影响

离子极化作用的结果使化合物的键型从离子键向共价键过渡。根据“相似相溶”原理，离子极化的结果必然导致化合物在水中的溶解度下降。例如在卤化银 AgX 中，

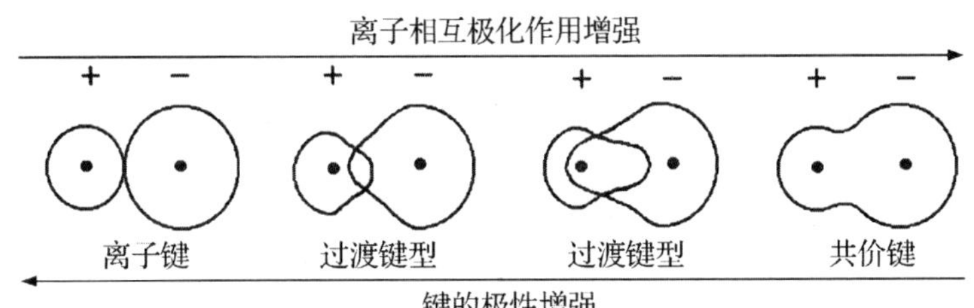

图 5-9　离子的极化

Ag^+ 为 18 电子构型，极化能力和变形性均很大，而 X^- 按 F^-，Cl^-，Br^-，I^- 的顺序离子半径依次增大，变形性也随之增大。所以除 AgF 为离子化合物溶于水外，AgCl，AgBr，AgI 均为共价化合物，并且共价程度依次增大，水中溶解度依次降低。

3. 对化合物颜色的影响

在通常情况下，如果组成化合物的两种离子都是无色的，该化合物也无色；如果其中一种离子无色，则另一种离子的颜色就是该化合物的颜色。但有时无色离子也能形成有色化合物，例如，Ag^+ 和卤素离子都是无色的，但 AgBr，AgI 却是黄色的。这与离子极化作用有关。一般化合物的极化程度越大，化合物的颜色越深。所以 AgBr 是浅黄的，而 AgI 是黄色的。无机化合物的颜色虽然不能完全归因于离子极化作用，但离子极化作用是一个重要的因素。

4. 对熔点、沸点的影响

离子之间相互极化能力越弱，化合物的共价成分依次下降，熔、沸点逐渐升高。

例 5-2　试用离子极化观点解释，为什么俗称为升汞的 $HgCl_2$ 容易升华。

答　Hg^{2+} 为 18 电子构型，极化能力与变形性都很大，$HgCl_2$ 中正、负离子的相互极化使其键具有显著的共价性，基本上为共价键型。因此，$HgCl_2$ 的熔、沸点都很低，且容易升华。

第 5 章练习题

一、是非题

1. 凡是中心原子采取 sp^3 杂化轨道成键的分子，其几何构型都是正四面体。（　　）
2. 色散作用只存在于非极性分子之间。（　　）
3. 非极性分子中有极性键。（　　）

二、单选题

1. 下列各键中极性最小的是（　　）。
   A. LiH　　B. HCl　　C. HBr　　D. HI
2. 电子构型相同的阳离子，其极化力最强的是（　　）。
   A. 高电荷和半径大的离子　　B. 高电荷和半径小的离子

C. 低电荷和半径大的离子　　D. 低电荷和半径小的离子

3. 共价键最可能存在于(　　)。

A. 金属原子之间　　B. 非金属原子之间

C. 金属原子和非金属原子之间　　D. 电负性相差很大的元素的原子之间

三、填空题

分子式	中心原子杂化轨道类型	中心原子未成键的孤对电子数	分子空间构型	键是否有极性	分子是否有极性	分子间作用力的种类
CH_4						
H_2O						
CO_2						
BF_3						

四、简答题

1. 指出下列化合物的中心原子可能采取的杂化类型,并预测其分子的几何构型。

BeH_2　　BBr_3　　SiH_4　　PH_3　　SeF_6

2. 指出下列各对分子之间存在的分子间作用力的类型(定向力、诱导力、色散力、氢键)。

苯和 CCl_4　　甲醇和 H_2O　　CO_2 和 H_2O　　HBr 和 HI

3. 指出下列化合物中哪些化合物自身能形成氢键。

BeH_2　　BBr_3　　SiH_4　　PH_3　　SeF_6

第6章

酸碱质子理论与缓冲溶液

最初，人们只单纯地限于从物质所表现出来的性质上来区分酸和碱。随着生产和科学技术的进步，人们的认识不断深化，提出了多种酸碱理论。其中比较重要的有离解理论、溶剂理论、质子理论、电子理论以及软硬酸碱概念等。中学化学关于酸碱概念的讨论都是基于离解理论，本章主要介绍水的离解与溶液的pH、酸碱的质子理论以及基于此理论提出的缓冲溶液概念。

6.1 水的离解与溶液的pH

6.1.1 水的离解平衡

水的离解非常之小，通常认为是不离解的。但是采用精确的实验方法可以测出，在25 ℃时，1 L水中有10^{-7} mol分子发生离解，离解反应如下：

	H_2O	$\rightleftharpoons$	H^+	+	OH^-
起始浓度/$mol \cdot L^{-1}$	1000/18		0		0
平衡浓度/$mol \cdot L^{-1}$	$55.55-10^{-7}$		10^{-7}		10^{-7}

$$K^{\ominus}=\frac{(c_{H^+}/c^{\ominus})(c_{OH^-}/c^{\ominus})}{c_{H_2O}/c^{\ominus}}=\frac{c'_{H^+}\cdot c'_{OH^-}}{c'_{H_2O}}$$

$$c'_{H^+}\cdot c'_{OH^-}=55.55K^{\ominus}=10^{-7}\times10^{-7}$$

令$55.55\times K^{\ominus}=K_w^{\ominus}$，则水的离子积常数$K_w^{\ominus}=10^{-14}$。

$K_w^{\ominus}=c'_{H^+}\cdot c'_{OH^-}$适用任何溶液，$K_w^{\ominus}$的值随温度升高而显著增大。

需指出，上述式子中的c'_A为系统中物种A的浓度c_A与标准浓度$c^{\ominus}$的比值，即$c'_A=c_A/c^{\ominus}$。由于$c^{\ominus}=1\ mol\cdot L^{-1}$，故$c$和$c'$数值完全相同，只是量纲不同，$c$量纲为$mol\cdot L^{-1}$，而$c'$量纲为1，或者说$c'$只是个数值。以后关于其他平衡常数的表示将经常使用这类表示方法。请注意c与c'的异同。

6.1.2 溶液的酸碱性和pH

由上所述，可以把水溶液的酸碱性和H^+，OH^-浓度的关系归纳如下：在酸性溶液中，$c'_{H^+} > 10^{-7} > c'_{OH^-}$；在中性溶液中，$c'_{H^+} = 10^{-7} = c'_{OH^-}$；在碱性溶液中，$c'_{H^+} < 10^{-7} < c'_{OH^-}$。由此可见，溶液的酸碱性由 c_{H^+} 和 c_{OH^-} 的相对大小决定。

为了方便起见，1909 年索伦森（S. P. L. Sorensen）提出用 pH 表示溶液的酸碱性。所谓 pH，就是溶液中 c'_{H^+} 的负对数：

$$pH = -\lg c'_{H^+}$$

可见，pH 越小，溶液的酸性越强；反之，pH 越大，溶液的碱性越强。溶液的酸碱性与 pH 的关系为：酸性溶液的 $pH < 7, c'_{H^+} > 10^{-7}$；中性溶液的 $pH = 7, c'_{H^+} = 10^{-7}$；碱性溶液的 $pH > 7, c'_{H^+} < 10^{-7}$。

同样，也可以用 pOH 表示溶液的酸碱度。定义为

$$pOH = -\lg c'_{OH^-}$$

因此则有

$$pH + pOH = pK_w^\ominus = 14$$

此式适用 $10^{-14}\ mol \cdot L^{-1} \leqslant c'_{H^+} \leqslant 1\ mol \cdot L^{-1}$

或 $10^{-14}\ mol \cdot L^{-1} \leqslant c'_{OH^-} \leqslant 1\ mol \cdot L^{-1}$

例 6-1 计算 $0.05\ mol \cdot L^{-1}$ HCl 溶液的 pH 和 pOH 值。

解 盐酸为强酸，在溶液中全部离解：$HCl \longrightarrow H^+ + Cl^-$

$c'_{H^+} = 0.05$

$pH = -\lg c'_{H^+} = -\lg 0.05 = 1.3$

$pOH = pK_w^\ominus - pH = 14 - 1.3 = 12.7$

6.2 酸碱质子理论

6.2.1 酸碱概念

酸碱离解理论是阿伦尼乌斯（Arrhenius）根据他的电离学说提出来的。他认为，在水中能电离出氢离子并且不产生其他阳离子的物质叫酸，在水中能电离出氢氧根离子并且不产生其他阴离子的物质叫碱，酸碱中和反应的实质是氢离子和氢氧根离子结合成水。这个理论取得了很大成功，但它的局限性也已经暴露出来。例如，气态氨与氯化氢反应迅速生成氯化铵，这个酸碱中和反应并没有水的生成。

由于阿伦尼乌斯的酸碱离解理论不能解释一些非水溶液中进行的酸碱反应问题，1923 年布朗斯特（Bronsted）和劳瑞（Lowry）分别提出了酸碱质子理论，把酸碱概念加以推广。酸碱质子理论认为，凡是能给出质子的物质都是酸，凡是能与质子结合的物质都是碱。即酸是质子的给予体，碱是质子的接受体。这样，一个酸给出质子后余下的部分自然就是碱，因为它本身就是与质子结合的。它们的关系如下：

$$酸(HB) \rightleftharpoons 碱(B) + 质子(H^+)$$

这种关系叫作酸碱的共轭关系，式中略去了 HB 和 B 可能出现的电荷。右边的碱是左边酸的共轭碱，左边的酸是右边碱的共轭酸，两者组成一个共轭酸碱对，它们只差一个质子。

例如：

$$HOAc \rightleftharpoons OAc^- + H^+$$
$$NH_4^+ \rightleftharpoons NH_3 + H^+$$
$$H_2PO_4^- \rightleftharpoons HPO_4^{2-} + H^+$$
$$HPO_4^{2-} \rightleftharpoons PO_4^{3-} + H^+$$
$$HCO_3^- \rightleftharpoons CO_3^{2-} + H^+$$
$$H_2O \rightleftharpoons HO^- + H^+$$
$$H_3O^+ \rightleftharpoons H_2O + H^+$$
$$[Al(H_2O)_6]^{3+} \rightleftharpoons [Al(H_2O)_5OH]^{2+} + H^+$$

从以上例子可以看出，酸和碱可以是中性分子，也可以是阳离子和阴离子。还可以看出，酸碱是相对的，像 HPO_4^{2-} 这样的物质，既表现为酸，也表现为碱，所以它是两性物质。同理，H_2O，HCO_3^- 等也是两性物质。

6.2.2 共轭酸碱的强弱

共轭酸碱对的离解常数 $K_a^\ominus$ 和 $K_b^\ominus$ 之间有确定的关系。以 HOAc 为例推导如下：

$$HOAc + H_2O \rightleftharpoons OAc^- + H_3O^+$$

$$K_a^\ominus = \frac{c'_{H_3O^+} \cdot c'_{OAc^-}}{c'_{HOAc}}$$

由于溶剂水的浓度是常数，所以它不出现在平衡常数式中。

HOAc 的共轭碱 OAc^- 在水溶液中的离解平衡为

$$OAc^- + H_2O \rightleftharpoons HOAc + OH^-$$

$$K_b^\ominus = \frac{c'_{HOAc} \cdot c'_{OH^-}}{c'_{OAc^-}}$$

$$K_a^\ominus \cdot K_b^\ominus = \frac{c'_{H_3O^+} \cdot c'_{OAc^-}}{c'_{HOAc}} \cdot \frac{c'_{HOAc} \cdot c'_{OH^-}}{c'_{OAc^-}} = c'_{H_3O^+} \cdot c'_{OH^-} = K_w^\ominus$$

以此类推，可以得到 n 元共轭酸碱离解常数之间的关系为

$$K_{ai}^\ominus \cdot K_{bj}^\ominus = K_w^\ominus$$

其中，$K_{ai}^\ominus$ 表示 n 元共轭酸在第 i 级离解时的离解常数，$K_{bj}^\ominus$ 表示 n 元共轭碱在第 j 级离解时的离解常数，i 与 j 两者之间的关系为 $i+j=n+1$。

例 6-2　已知 H_2CO_3 的第一级离解常数和第二级离解常数分别为 $K_{a1}^\ominus = 4.4 \times 10^{-7}$，$K_{a2}^\ominus = 4.7 \times 10^{-11}$，试问 CO_3^{2-} 是 H_2CO_3 的共轭碱吗？并计算 CO_3^{2-} 的第一级和第二级离解常数 $K_{b1}^\ominus$ 和 $K_{b2}^\ominus$。

解　H_2CO_3 的共轭碱是 HCO_3^-，而不是 CO_3^{2-}。

$$K_{b1}^\ominus = \frac{K_w^\ominus}{K_{a2}^\ominus} = \frac{1.0 \times 10^{-14}}{4.7 \times 10^{-11}} = 2.1 \times 10^{-4}$$

$$K_{b2}^\ominus = \frac{K_w^\ominus}{K_{a1}^\ominus} = \frac{1.0 \times 10^{-14}}{4.4 \times 10^{-7}} = 2.3 \times 10^{-8}$$

从酸碱离解常数关系式中可以看出，n 元酸中最强的共轭酸的离解常数（$K_{a1}^\ominus$）对应着最弱的共轭碱的离解常数（$K_{bn}^\ominus$）。共轭酸碱对的 $K_a^\ominus$ 和 $K_b^\ominus$ 只要知道其中一个就可导出

另一个。可见，酸的强度与其共轭碱的强度呈反比关系，即酸的强度愈大，其共轭碱的强度愈小；反之亦然。近年来在化学书籍和文献中常常只给出酸的 $pK_a^\ominus$ 值，因此用 $pK_a^\ominus$ 值可以统一地表示酸或碱的强度。表 6-1 列出了一些共轭酸碱对的强度次序。

酸碱质子理论认为，酸碱在溶液中所表现出来的强度，不仅与酸碱的本性有关，也与溶剂的本性有关。我们所能测定的是酸碱在一定溶剂中表现出来的相对强度，例如表 6-1 中的酸碱强度均是相对于水溶液而言的，凡强度超过 H_3O^+ 的酸，均认为是强酸或超强酸，强度超过 OH^- 的碱，均认为是强碱或超强碱。

表 6-1　共轭酸碱的强度次序

酸强度	共轭酸	$K_{ai}^\ominus$	共轭碱	$K_{bj}^\ominus$	碱强度
	$HClO_4$		ClO_4^-		
	H_2SO_4		HSO_4^-		
	HI		I^-		
	HBr		Br^-		
	HCl		Cl^-		
	HNO_3		NO_3^-		
	H_3O^+	1	H_2O	1.0×10^{-14}	
	$H_2C_2O_4$	5.4×10^{-2}	$HC_2O_4^-$	1.9×10^{-13}	
	H_2SO_3	1.3×10^{-2}	HSO_3^-	7.7×10^{-13}	
	HSO_4^-	1.0×10^{-2}	SO_4^{2-}	1.0×10^{-12}	
	H_3PO_4	7.1×10^{-3}	$H_2PO_4^-$	1.4×10^{-12}	
逐	HNO_2	7.2×10^{-4}	NO_2^-	1.4×10^{-11}	逐
	HF	6.6×10^{-4}	F^-	1.5×10^{-11}	
渐	HCOOH	1.77×10^{-4}	$HCOO^-$	5.65×10^{-11}	渐
	$HC_2O_4^-$	5.4×10^{-5}	$C_2O_4^{2-}$	1.9×10^{-10}	
减	CH_3COOH	1.75×10^{-5}	CH_3COO^-	5.71×10^{-10}	增
	H_2CO_3	4.4×10^{-7}	HCO_3^-	2.3×10^{-8}	
弱	H_2S	9.5×10^{-8}	HS^-	1.1×10^{-7}	强
	$H_2PO_4^-$	6.3×10^{-8}	HPO_4^{2-}	1.6×10^{-7}	
	HSO_3^-	6.1×10^{-8}	SO_3^{2-}	1.6×10^{-7}	
↓	HCN	6.2×10^{-10}	CN^-	1.6×10^{-5}	↓
	NH_4^+	5.8×10^{-10}	NH_3	1.7×10^{-5}	
	HCO_3^-	4.7×10^{-11}	CO_3^{2-}	2.1×10^{-4}	
	$[Ca(H_2O)_6]^{2+}$	2.69×10^{-12}	$[Ca(H_2O)_5OH]^+$	3.72×10^{-3}	
	H_2O_2	2.2×10^{-12}	HO_2^-	4.5×10^{-3}	
	HPO_4^{2-}	4.2×10^{-13}	PO_4^{3-}	2.4×10^{-2}	
	HS^-	1.3×10^{-14}	S^{2-}	7.7×10^{-1}	
	H_2O	1.0×10^{-14}	OH^-	1	
	MH_3		NH_2^-		

同一种酸或碱，如果溶于不同的溶剂，它们所表现的相对强度就不同。例如 HOAc 在水中表现为弱酸，但在液氨中表现为强酸，这是因为液氨夺取质子的能力（即碱性）比水要强得多。还有一个典型的例子是硝酸。人们多半认为它是强酸，然而在不同条件下，它可以表现为碱。如在纯硫酸中，硝酸发生如下反应：

$$HNO_3 + H_2SO_4 \rightleftharpoons H_2NO_3^+ + HSO_4^-$$

在这里 HNO_3 是一个碱，它的共轭酸是 $H_2NO_3^+$，再进一步反应，生成硝基正离子 NO_2^+，Raman 光谱已经证实了 NO_2^+ 的存在。

因此，同一物质在不同的环境（介质或溶液）中，常会引起其酸碱性的改变，这种现象进一步说明了酸碱强度的相对性。

6.2.3　酸碱反应

酸碱质子理论中的酸碱反应是酸、碱之间的质子传递。例如：

$$\underset{酸_1}{HCl} + \underset{碱_2}{NH_3} \xrightleftharpoons{} \underset{酸_2}{NH_4^+} + \underset{碱_1}{Cl^-} \quad (H^+: HCl \to NH_3)$$

这个反应无论在水溶液、苯或气相中，它的实质都是一样的。HCl 是酸，放出质子给 NH_3，然后转变成共轭碱 Cl^-；NH_3 是碱，接受质子后转变成共轭酸 NH_4^+。强碱夺取了强酸放出的质子，转化为较弱的共轭酸和共轭碱。

酸碱质子理论不仅扩大了酸碱的范围，还可以把酸碱离解作用、中和反应、水解反应等，都看作是质子传递的酸碱反应。因此，除了不发生水解的强酸强碱盐外，其他三种盐都可归入酸碱范畴，例如 NaOAc 就是一元碱，在水溶液中接受质子的平衡反应为

$$OAc^- + H_2O \rightleftharpoons HOAc + OH^-$$

水解常数即为 OAc^- 的离解常数 $K_b^\ominus$。

同样，Na_2CO_3 水解可以作为二元碱 CO_3^{2-} 的二级离解来理解：

$$CO_3^{2-} + H_2O \rightleftharpoons HCO_3^- + OH^-$$

$$HCO_3^- + H_2O \rightleftharpoons H_2CO_3 + OH^-$$

两个水解常数分别为二元碱 CO_3^{2-} 的两个离解常数 $K_{b1}^\ominus$，$K_{b2}^\ominus$。

又如 $FeCl_3$ 就是三元酸，Fe^{3+} 水解的实质就是 Fe^{3+} 在水溶液中的三级离解，三个水解常数分别为 Fe^{3+} 的三个离解常数 $K_{a1}^\ominus$，$K_{a2}^\ominus$，$K_{a3}^\ominus$。

$$Fe^{3+} + H_2O \rightleftharpoons Fe(OH)^{2+} + H^+$$

$$Fe(OH)^{2+} + H_2O \rightleftharpoons Fe(OH)_2^+ + H^+$$

$$Fe(OH)_2^+ + H_2O \rightleftharpoons Fe(OH)_3 + H^+$$

由此可见，酸碱质子理论更好地解释了酸碱反应，摆脱了酸碱必须在水中才能发生反应的局限性，解决了一些非水溶剂或气体间的酸碱反应，并把水溶液中进行的某些离子反应系统地归纳为质子传递的酸碱反应，加深了人们对酸碱和酸碱反应的认识。但是酸碱质子理论不能解释那些不交换质子而又具有酸碱性的物质，因此它还存在着一定的局限性。

6.3 缓冲溶液

6.3.1 同离子效应与盐效应

1. 同离子效应

由于加入具有相同离子的强电解质,使弱电解质离解度减小或使难溶盐溶解度降低的效应,称为同离子效应。分别说明如下:

(1)使弱电解质离解度减小

例如,在弱电解质 HAc 溶液中,加入强电解质 NaAc,由于 NaAc 全部离解成 $Na^+(aq)$和 $Ac^-(aq)$,使溶液中 $Ac^-(aq)$浓度增加,大量的 Ac^-同 H^+结合成醋酸分子,使溶液中 c_{H^+} 减小,HAc 的离解平衡向左移动,从而降低了 HAc 的离解度:

$$HAc(aq) \rightleftharpoons H^+(aq) + Ac^-(aq)$$
$$+)\quad NaAc(aq) \longrightarrow Na^+(aq) + Ac^-(aq)$$

同样,在弱碱溶液中加入弱碱盐,例如在 $NH_3 \cdot H_2O$ 中加入 NaOH 或 NH_4Cl,在 $NaHCO_3$ 中加入$(NH_4)_2CO_3$ 或 HCl 都会产生同离子效应。

(2)使难溶盐溶解度降低

例如,硫酸钡饱和溶液中,存在如下沉淀溶解平衡:

$$BaSO_4(s) \rightleftharpoons Ba^{2+} + SO_4^{2-}$$

在上述饱和溶液中加入 $BaCl_2$,由于 $BaCl_2$ 完全电离,使得溶液中 Ba^{2+} 浓度增大,$c_{Ba^{2+}} \cdot c_{SO_4^{2-}} > K_{sp}$,原来的平衡遭到破坏后而向左移动,继续析出 $BaSO_4$ 沉淀,再次建立新的平衡。因此 $BaSO_4$ 在 $BaCl_2$ 溶液中的溶解度比在纯水中要小。即加入含相同离子的强电解质 $BaCl_2$ 使难溶盐 $BaSO_4$ 的溶解度降低。同离子效应也可以降低易溶电解质的溶解度。例如,在饱和的 NaCl 溶液中加入浓盐酸或通入氯化氢气体,也可以使 NaCl 晶体析出。

2. 盐效应

加入不具有相同离子的易溶强电解质使弱电解质离解度或难溶电解质溶解度增大的现象,称为盐效应。现分别以 HAc 溶液中加入 KNO_3 溶液和 $BaSO_4$ 溶液中加入 KNO_3 溶液为例,来说明盐效应对弱电解质离解度或难溶电解质溶解度的影响。

(1)使弱电解质离解度增大

因为在已达平衡的 HAc 溶液中加入不具有相同离子的 KNO_3 溶液,KNO_3 就完全离解为 K^+ 和 NO_3^-,结果使溶液中的离子总数目骤增。由于正、负电荷的离子之间的相互吸引,H^+ 和 Ac^- 的活动性有所降低,运动变得困难。因而 H^+ 和 Ac^- 能起作用的浓度(或有效浓度)降低,促使下列平衡

$$HAc \rightleftharpoons H^+ + Ac^-$$

向右移动,从而增加了 HAc 的离解度,直至达到新的平衡为止。

(2)使难溶盐溶解度增大

同样,若在饱和 $BaSO_4$ 溶液中加入 KNO_3 溶液,结果也会使 Ba^{2+} 和 SO_4^{2-} 能起作

用的浓度(或有效浓度)降低,促使下列沉淀溶解平衡

$$BaSO_4(s) \rightleftharpoons Ba^{2+} + SO_4^{2-}$$

向右移动,从而增加了 $BaSO_4$ 的溶解度,直至达到新的平衡为止。

加入 KNO_3 对 $BaSO_4$ 溶解度影响的结果见图 6-1。

由于加入电解质的浓度和所含离子的电荷不同,盐效应也不同。外加电解质的浓度越大,离子所带电荷越多,盐效应就越显著。例如,在 $PbSO_4$ 饱和溶液中加入 Na_2SO_4 溶液,就同时存在着同离子效应和盐效应,而哪种效应占优势取决于 Na_2SO_4 的浓度。图 6-2 所示为 $PbSO_4$ 溶解度随加入的 Na_2SO_4 浓度变化的情况。

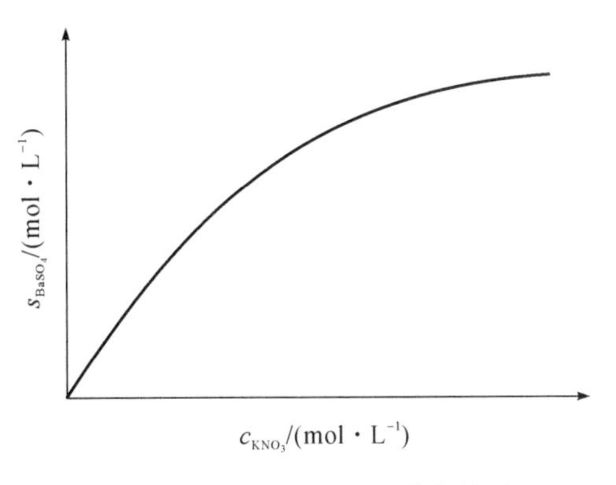

图 6-1　KNO_3 对 $BaSO_4$ 浓度关系

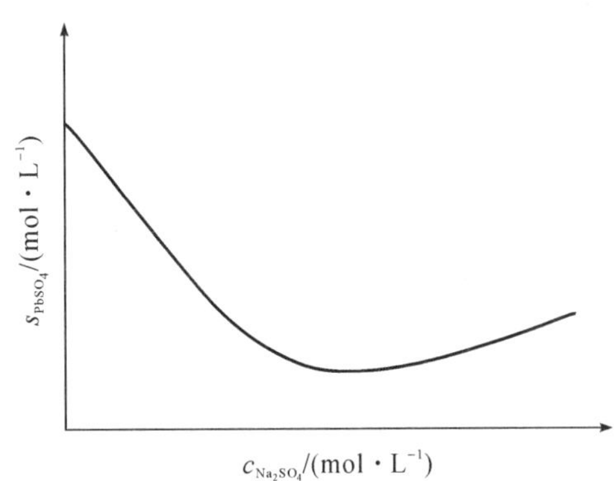

图 6-2　有相同离子存在时难溶电解质与易溶电解质浓度关系

从图 6-2 中可知,初始时由于同离子效应,使 $PbSO_4$ 溶解度降低,可是当加入的 Na_2SO_4 浓度大于一定程度时,盐效应超过同离子效应,使 $PbSO_4$ 溶解度反而逐步增大。

通过上述讨论得知:同离子效应与盐效应对沉淀溶解度的影响恰恰相反,所以进行沉淀时应避免加入过多的沉淀剂,通常沉淀剂最适合过量 20%～50%。如果沉淀的溶解度本身很小,一般来说,可以不考虑盐效应。

6.3.2　缓冲溶液

一般水溶液,常易因外界加酸、加碱或稀释而改变其原有 pH 值,但也有一类溶液的 pH 值并不因此而有什么明显变化。

溶液的这种能抵制外加少量强酸或强碱,使溶液 pH 值几乎不变的作用,称为缓冲作用。具有缓冲作用的溶液称为缓冲溶液。

1. 缓冲作用的原理

例如在 HAc-NaAc 构成的缓冲溶液中,由于 NaAc 完全离解,溶液中的 Ac^- 浓度较高;由于同离子效应,HAc 的离解度降低,以至于 HAc 浓度接近未离解时的浓度。因此,弱酸分子与弱酸根离子浓度都较高,这是 HAc-NaAc 这类缓冲溶液的特点。同样在 $NH_3 \cdot H_2O$-NH_4Cl 缓冲溶液中,也存在着较高浓度的弱碱分子与铵根离子。

缓冲溶液的缓冲作用就在于溶液中有大量的未离解的弱酸(或弱碱)分子及其相应盐离子。这种溶液中的弱酸或弱碱好比 H^+ 或 OH^- 的仓库，当外界因素引起 c_{H^+} 或 c_{OH^-} 降低时，弱酸或弱碱就离解出 H^+ 或 OH^-；当外界因素引起 c_{H^+} 或 c_{OH^-} 增加时，大量存在的弱酸盐或弱碱盐的离子便会"吃掉"增加的 H^+ 或 OH^-，从而维持溶液中 c_{H^+} 或 c_{OH^-} 基本不变。

例 6-3 试述 HAc-NaAc 缓冲溶液的缓冲作用原理。

解 HAc-NaAc 缓冲溶液的缓冲作用原理可简略表示为

加入 OH^- 会结合 H^+，但由于 HAc(大量)继续离解，可维持 H^+ 浓度近乎不变 →

$$\underset{(大量)}{HAc(aq)} \rightleftharpoons H^+(aq) + \underset{(大量)}{Ac^-(aq)}$$

← 加入 H^+，会被 Ac^-(大量)结合，而维持 H^+ 浓度近乎不变

所以，外加少量强酸或强碱，该溶液的 pH 值几乎不变。

2. 缓冲溶液的组成

根据缓冲原理，可以看出组成缓冲溶液的实质是共轭酸碱对，酸具有抵抗外来碱的作用，所以称为抗碱组分；其共轭碱具有抵抗外来酸的作用，所以称为抗酸组分。例如，组成 HAc-NaAc 缓冲溶液的缓冲对是 $HAc-Ac^-$；组成 $H_2CO_3-NaHCO_3$ 缓冲溶液的缓冲对是 $H_2CO_3-HCO_3^-$；组成 $NH_3 \cdot H_2O-NH_4Cl$ 缓冲溶液的缓冲对是 $NH_4^+-NH_3$。

例 6-4 请写出组成 $KH_2PO_4-Na_2HPO_4$ 缓冲溶液的共轭酸碱对。

解 缓冲对是 $H_2PO_4^--HPO_4^{2-}$。

3. 缓冲溶液 pH 值的计算

使用缓冲溶液时，需要计算缓冲溶液的 pH 值，以便于控制酸碱反应。根据共轭酸碱对之间的平衡，可以确定缓冲溶液的 pH 值。如果以 $c_{酸}$ 表示共轭酸的分析浓度，$c_{碱}$ 表示共轭碱的分析浓度，则

	共轭酸 $\rightleftharpoons$	H_3O^+	+ 共轭碱
起始浓度/$mol \cdot L^{-1}$	$c_{酸}$	0	$c_{碱}$
平衡浓度/$mol \cdot L^{-1}$	$c_{酸}-x$	x	$c_{碱}+x$

那么共轭酸离解反应的标准平衡常数 $K_a^\ominus$ 为

$$K_a^\ominus = \frac{x(c_{碱}+x)}{c_{酸}-x}$$

因为 $$c_{酸}-x \approx c_{酸}, \quad c_{碱}+x \approx c_{碱}$$

所以 $$K_a^\ominus = \frac{x \cdot c_{碱}}{c_{酸}}$$

将上式两边取负对数，并经整理后即得

$$pH = -\lg c_{H_3O^+} = -\lg x = pK_a^\ominus - \lg \frac{c_{酸}}{c_{碱}} \tag{6-1}$$

式(6-1)为缓冲溶液的 pH 值计算式，它说明缓冲溶液的 pH 值与 $pK_a^\ominus$ 及 $c_{酸}/c_{碱}$

的比值有关，而与缓冲溶液的总体积无关，所以，稀释时缓冲溶液也能保持 pH 值基本不变。每种缓冲溶液都有一定的缓冲能力。缓冲能力的大小取决于 $c_{酸}$、$c_{碱}$ 浓度及其比值的大小。当 $c_{酸}$、$c_{碱}$ 浓度较大，且 $c_{酸}/c_{碱}$ 接近于 1 时，缓冲能力较大。当 $c_{酸}/c_{碱}=1$ 时，缓冲能力最大，此时 $pH=pK_a^{\ominus}$。当 $c_{酸}/c_{碱}$ 较大（或较小）时，溶液的缓冲能力较低，一般缓冲溶液的 $c_{酸}/c_{碱}$ 在 0.1～10。因此缓冲溶液的缓冲范围为

$$pH=pK_a^{\ominus}\pm 1$$

为了使缓冲溶液的缓冲能力比较显著，在选择和配制一定 pH 值的缓冲溶液时，只要选择 $pK_a^{\ominus}$ 与需要的 pH 值相近的共轭酸碱对，然后通过调节共轭酸碱对的浓度比在 0.1～10 即可达到要求。

例 6-5　将 2.0 mol · L^{-1}的 HAc 与 2.0 mol · L^{-1}的 NaAc 溶液等体积混合。

（1）计算此缓冲溶液的 pH 值；

（2）将 10 mL 0.1mol · L^{-1} 的 HCl 溶液加到上述 90 mL 溶液中，计算所得溶液的 pH 值；

（3）将 10 mL 0.1mol · L^{-1} 的 NaOH 溶液加到上述 90 mL 溶液中，计算所得溶液的 pH 值。

解　（1）等体积混合后的各物质的初始浓度为

$$c_{HAc}=1.0\ mol\cdot L^{-1},\quad c_{Ac^-}=1.0\ mol\cdot L^{-1}$$

因为组成该缓冲溶液的共轭酸碱对是 $HAc\text{-}Ac^-$，所以

$$c_{酸}=c_{HAc}=1.0\ mol\cdot L^{-1},\quad c_{碱}=c_{Ac^-}=1.0\ mol\cdot L^{-1}$$

查表得 $K_a^{\ominus}=1.75\times10^{-5}$，由式（6-1）得

$$pH=pK_a^{\ominus}-\lg\frac{c_{酸}}{c_{碱}}=-\lg(1.75\times10^{-5})-\lg\frac{1.0}{1.0}=5-\lg1.75=4.76$$

（2）首先，计算加入 HCl 后，由于体积改变，所导致的各物质的初始浓度为

$$c_{酸}=\frac{90}{100}\times1.0=0.9(mol\cdot L^{-1})$$

$$c_{碱}=\frac{90}{100}\times1.0=0.9(mol\cdot L^{-1})$$

$$c_{HCl}=\frac{10}{100}\times0.1=0.01(mol\cdot L^{-1})$$

其次，考虑加入 HCl 后，由于 H^+(aq)与 Ac^-(aq)全部结合生成 HAc（因为溶液中有大量的 Ac^-），所以 HAc 和 Ac^- 的总浓度为

$$c_{酸}=0.9+0.01=0.91(mol\cdot L^{-1})$$

$$c_{碱}=0.9-0.01=0.89(mol\cdot L^{-1})$$

代入式（6-1）得

$$pH=pK_a^{\ominus}-\lg\frac{c_{酸}}{c_{碱}}=-\lg(1.75\times10^{-5})-\lg\frac{0.91}{0.89}=5-\lg1.75-\lg1.02=4.75$$

与（1）的结果比较，pH 值只降低了 0.01。

(3)用同样办法,求出加入 NaOH 后的各物质浓度为

$$c_{酸}=0.9-0.01=0.89(\mathrm{mol}\cdot\mathrm{L}^{-1})$$

$$c_{碱}=0.9+0.01=0.91(\mathrm{mol}\cdot\mathrm{L}^{-1})$$

$$\mathrm{pH}=\mathrm{p}K_{\mathrm{a}}^{\ominus}-\lg\frac{c_{酸}}{c_{碱}}=-\lg(1.75\times10^{-5})-\lg\frac{0.89}{0.91}=5-\lg1.75+\lg1.02=4.77$$

与(1)的结果比较,pH 值只增加了 0.01。

由上述计算可知,缓冲溶液确实能抵抗少量酸或碱而保持自身 pH 值基本不变。但是若在纯水中加入少量酸或碱,则 pH 值变化很大。例如,在 90 mL 水中加入 10 mL 0.1 $\mathrm{mol}\cdot\mathrm{L}^{-1}$盐酸时,水的 pH 值由 7 变成 2,改变了 5 个单位。

例 6-6 在 1.0 L 浓度为 0.10 $\mathrm{mol}\cdot\mathrm{L}^{-1}$的氨水溶液中加入 0.050 mol 的 $(NH_4)_2SO_4$ 固体。(1)问该溶液的 pH 值为多少?(2)将该溶液平均分成两份,在每份溶液中各加入 1.0 mL 1.0 $\mathrm{mol}\cdot\mathrm{L}^{-1}$的 HCl 和 NaOH 溶液,问 pH 值各为多少?

解 (1)设加入 0.050 mol 的$(NH_4)_2SO_4$ 固体后,溶液的体积不变,则

$$c_{NH_3}=0.10\ \mathrm{mol}\cdot\mathrm{L}^{-1},\quad c_{(NH_4)_2SO_4}=0.050\ \mathrm{mol}\cdot\mathrm{L}^{-1}$$

因为组成该缓冲溶液的共轭酸碱对是 NH_4^+-NH_3,所以

$$c_{酸}=c_{NH_4^+}=0.050\times2=0.10(\mathrm{mol}\cdot\mathrm{L}^{-1}),\quad c_{碱}=c_{NH_3}=0.10\ (\mathrm{mol}\cdot\mathrm{L}^{-1})$$

查得 NH_3 的 $K_{\mathrm{b}}^{\ominus}=1.8\times10^{-5}$,那么 NH_4^+ 的 $K_{\mathrm{a}}^{\ominus}=\dfrac{1.0\times10^{-14}}{1.8\times10^{-5}}=5.56\times10^{-10}$。

由式(6-1)得

$$\mathrm{pH}=\mathrm{p}K_{\mathrm{a}}^{\ominus}-\lg\frac{c_{酸}}{c_{碱}}=-\lg(5.56\times10^{-10})-\lg\frac{0.10}{0.10}=10-\lg5.56=9.25$$

(2)加入 HCl 后,发生反应 $NH_3+H^+ = NH_4^+$,使 NH_4^+ 浓度增加而 NH_3 浓度降低,即

$$c_{酸}=(0.50\times0.10+0.001\times1.0)/0.501=0.102(\mathrm{mol}\cdot\mathrm{L}^{-1})$$

$$c_{碱}=(0.50\times0.10-0.001\times1.0)/0.501=0.098(\mathrm{mol}\cdot\mathrm{L}^{-1})$$

$$\begin{aligned}\mathrm{pH}&=\mathrm{p}K_{\mathrm{a}}^{\ominus}-\lg\frac{c_{酸}}{c_{碱}}=-\lg(5.56\times10^{-10})-\lg\frac{0.102}{0.098}\\&=10-\lg5.56-\lg1.04=9.24\end{aligned}$$

加入 NaOH 后,发生反应 $NH_4^+ + OH^- = NH_3\cdot H_2O$,使 NH_4^+ 浓度降低而 NH_3 浓度增加,即

$$c_{酸}=(0.50\times0.10-0.001\times1.0)/0.501=0.098(\mathrm{mol}\cdot\mathrm{L}^{-1})$$

$$c_{碱}=(0.50\times0.10+0.001\times1.0)/0.501=0.102(\mathrm{mol}\cdot\mathrm{L}^{-1})$$

$$\begin{aligned}\mathrm{pH}&=\mathrm{p}K_{\mathrm{a}}^{\ominus}-\lg\frac{c_{酸}}{c_{碱}}=-\lg(5.56\times10^{-10})-\lg\frac{0.098}{0.102}\\&=10-\lg5.56+\lg1.04=9.27\end{aligned}$$

例 6-7 欲配制 NH_3 的浓度为 0.10 $\mathrm{mol}\cdot\mathrm{L}^{-1}$,pH=9.8 的缓冲溶液 1.0 L,需 6.0 $\mathrm{mol}\cdot\mathrm{L}^{-1}$氨水多少毫升和固体氯化铵多少克?已知氯化铵的摩尔质量为 53.5 $\mathrm{g}\cdot\mathrm{mol}^{-1}$。

解　查得 NH_3 的 $K_b^\ominus=1.8\times10^{-5}$，那么 NH_4^+ 的 $K_a^\ominus=\dfrac{1.0\times10^{-14}}{1.8\times10^{-5}}=5.56\times10^{-10}$。

将已知数据代入　　$pH=pK_a^\ominus-\lg\dfrac{c_{酸}}{c_{碱}}$

得　　$$9.8=-\lg(5.56\times10^{-10})-\lg\frac{c_{NH_4^+}}{0.10}=9-\lg5.56-c_{NH_4^+}$$

求得　　$$c_{NH_4^+}=0.0285\ mol\cdot L^{-1}$$

所以，加入 NH_4Cl 的量为 $0.0285\ mol\cdot L^{-1}\times1.0\ L\times53.5\ g\cdot mol^{-1}=1.52\ g$；

氨水用量为 $1000\ mL\times\dfrac{0.10\ mol\cdot L^{-1}}{6.0\ mol\cdot L^{-1}}=17.0\ mL$。

4. 缓冲溶液的应用

缓冲溶液在工业、农业、生物、医学及化学等方面都有很重要的应用。例如，在半导体工业中，常用 HF 和 NH_4F 混合腐蚀液除去硅片表面的氧化物(SiO_2)；电镀金属器件用的电镀液常用缓冲溶液控制其 pH 值。又如，在土壤中，由于含有 H_2CO_3-$NaHCO_3$ 和 NaH_2PO_4-Na_2HPO_4 以及其他有机酸及其盐组成的复杂的缓冲体系，才能使土壤维持一定的 pH 值，从而保证了植物的正常生长。再如，人体血液的酸碱度能经常保持恒定(pH=7.4±0.05)的原因，固然主要是由于各种排泄器官将过多的酸、碱物质排出体外，但也是血液中具有多种缓冲体系的缘故。人体血液中的主要缓冲体系有 H_2CO_3-$NaHCO_3$ 和 NaH_2PO_4-Na_2HPO_4 等，由于这些缓冲体系的相互制约，才保证了人体正常生理活动在相对稳定的酸碱度下进行。如果酸碱度突然发生改变，就会引起“酸中毒”或“碱中毒”症。一般 pH 值改变超过 0.4 单位，人就会有生命危险。

第 6 章练习题

一、是非题

1. 某一元酸越强，则其共轭碱越弱。　(　　)
2. 缓冲溶液中加入少量强酸或强碱，pH 值完全不变。　(　　)
3. AgCl 在纯水中的溶解度要大于在 NaCl 中的溶解度。　(　　)

二、单选题

1. 下列物质既是酸又是碱的是(　　)。

A. $[Al(H_2O)_6]^{3+}$　B. HS^-　C. CO_3^{2-}　D. HAc

2. 下列弱酸及其共轭碱较适合配制 pH 值为 9 的缓冲溶液的是(　　)。

A. HCOOH，$K_a^\ominus=1.77\times10^{-4}$　B. HAc，$K_a^\ominus=1.75\times10^{-5}$

C. H_2CO_3，$K_a^\ominus=4.4\times10^{-7}$　D. NH_4^+，$K_a^\ominus=5.56\times10^{-10}$

3. 欲使 $CaCO_3$ 溶解度增大，应加入强电解质(　　)。

A. $Ca(NO_3)_2$　B. $BaCl_2$　C. Na_2CO_3　D. $Ca(OH)_2$

4. 欲使 H_2CO_3 离解度减少，应加入强电解质(　　)。

A. $Ca(NO_3)_2$　　B. $BaCl_2$　　C. Na_2CO_3　　D. $Ca(OH)_2$

5. 下列两种溶液等体积混合，可以配成缓冲溶液的是(　　)。

A. 0.5 $mol \cdot L^{-1}$ HCl 和 1.0 $mol \cdot L^{-1}$ NaOH

B. 1.0 $mol \cdot L^{-1}$ HCl 和 0.5 $mol \cdot L^{-1}$ NaOH

C. 0.5 $mol \cdot L^{-1}$ HCl 和 1.0 $mol \cdot L^{-1}$ NH_3

D. 1.0 $mol \cdot L^{-1}$ HCl 和 0.5 $mol \cdot L^{-1}$ NH_3

三、填空题

1. 在 HAc 溶液中分别加入下列物质时，对它的离解度和溶液的 pH 值有何影响？

物质	NaAc	HCl	NaOH	KNO_3
离解度变化				
pH 值变化				

2. 在 KH_2PO_4-Na_2HPO_4 缓冲溶液中加入少量强碱时，溶液中的________与之结合并生成________，使______的离解平衡向右移动，继续离解出________仍与________结合，致使溶液中的 pH 值几乎不变，因而________在这里起了抗碱的作用。

3. 缓冲溶液的缓冲能力与共轭酸碱对的________________和________________有关。

四、简答题

1. 已知三元弱碱 $Fe(OH)_3$ 的三个离解常数分别为 $K_{b1}^{\ominus}$，$K_{b2}^{\ominus}$ 和 $K_{b3}^{\ominus}$，试写出水溶液中 Fe^{3+} 的共轭碱及其第二级离解常数 $K_{a2}^{\ominus}$ 与相应碱离解常数的关系式。

2. 下列物质哪些是酸？哪些是碱？哪些是两性物质？为什么？试写出它们的共轭酸或共轭碱。

HAc　Ac^-　NH_3　NH_4^+　$H_2C_2O_4$　$HC_2O_4^-$　$[Al(H_2O)_6]^{3+}$　$C_2O_4^{2-}$

3. 试述 H_2CO_3-$NaHCO_3$ 缓冲溶液的缓冲作用原理。

五、计算题

1. 计算 0.03 $mol \cdot L^{-1}$ HCl 溶液与 0.01 $mol \cdot L^{-1}$ NaOH 溶液等体积混合后溶液的 pH 值和 pOH 值。

2. 计算 pH=2.0 的溶液与 pH=9 的溶液等体积混合后溶液的 pH 值和 pOH 值。

3. 用酸碱反应方程式来表示 KCN 的水解，并计算出其水解常数。

4. 静脉血液中由于溶解了 CO_2 建立了下列平衡：

$$H_2CO_3 \rightleftharpoons H^+ + HCO_3^-$$

上述反应是维持血液 pH 值稳定的缓冲对之一，假如血液的 pH=7.40，那么缓冲对 $c_{H_2CO_3}/c_{HCO_3^-}$ 应为多少？

5. 取 50 mL 0.10 mol·L^{-1}某一元弱酸溶液，与 20 mL 0.10 mol·L^{-1} KOH 溶液相混合，将混合液稀释至 100 mL，测得此溶液的 pH 值为 5.25，求此一元弱酸的解离常数。

6. (1)将 0.60 mol·L^{-1} NaOH 50 mL 和 0.450 mol·L^{-1} $(NH_4)_2SO_4$ 100 mL 混合，计算所得溶液的 pH 值。(2)若在上述溶液中加入 1.0 mL 2.0 mol·L^{-1}的 HCl，问 pH 值有何变化?

7. 在 20 mL 0.10 mol·L^{-1} HAc 溶液中加入 10 mL 0.10 mol·L^{-1} KOH 溶液，试计算混合溶液的 pH 值。

第7章

酸碱平衡与酸碱滴定法

酸碱滴定法是以酸碱反应为基础的滴定分析方法，是滴定分析中广泛应用的方法之一。由于酸碱滴定法的基础是酸碱平衡，因此本章首先介绍溶液中酸碱平衡的基本理论，然后学习酸碱滴定法的基本原理及应用。

7.1 溶液中酸碱平衡的处理方法

酸碱溶液中平衡型体之间存在三大平衡关系：①物料(质量)平衡；②电荷平衡；③质子平衡。本章在酸度的计算中，用质子平衡对酸碱平衡进行处理，方法最简单、最常用。下面分别介绍这些方法。

7.1.1 物料平衡

在平衡状态下，化学体系中某一组分的分析浓度等于该组分各种型体平衡浓度之和。

例 7-1 有 0.10 mol·L^{-1} HAc 溶液，其物料平衡式为

$$C_{HAc}=c_{HAc}+c_{Ac^-}=0.10(mol\cdot L^{-1})$$

例 7-2 有 0.20 mol·L^{-1} $NaHCO_3$ 溶液，其物料平衡式为

$$c_{Na^+}=C_{NaHCO_3}=c_{H_2CO_3}+c_{HCO_3^-}+c_{CO_3^{2-}}=0.20(mol\cdot L^{-1})$$

例 7-3 有 0.50 mol·L^{-1} NaOH 溶液，其物料平衡式为

$$C_{NaOH}=c_{Na^+}=c_{OH^-}=0.50(mol\cdot L^{-1})$$

例 7-4 有 0.50 mol·L^{-1} HCl 溶液，其物料平衡式为

$$C_{HCl}=c_{Cl^-}=c_{H^+}=0.50(mol\cdot L^{-1})$$

例 7-5 有 0.20 mol·L^{-1} NH_4Cl 溶液，其物料平衡式为

$$C_{NH_4Cl}=c_{Cl^-}=c_{NH_4^+}+c_{NH_3}=0.20(mol\cdot L^{-1})$$

7.1.2 电荷平衡

处于平衡状态的水溶液是电中性的，即溶液中荷正电质点所带正电荷的总数与荷负电质点所带负电荷的总数相等。

例 7-6　有 0.10 mol・L^{-1} HAc 溶液，其电荷平衡式为

$$c_{H^+} = c_{Ac^-} + c_{OH^-}$$

对多价阳(阴)离子，平衡浓度各项中还有相应的系数，其值为相应离子的价数。

例 7-7　有 0.10 mol・L^{-1} $NaHCO_3$ 溶液，其电荷平衡式为

$$c_{Na^+} + c_{H^+} = c_{OH^-} + c_{HCO_3^-} + 2c_{CO_3^{2-}}$$

7.1.3　质子平衡

酸碱反应的实质是质子的转移。酸碱反应达到平衡时，酸失去的质子数与碱得到的质子数相等，其数学表达式为质子条件式。常用零水准法列出质子条件式，其步骤为：

(1)选择适当的基准态物质(零水准)，基准态物质通常是溶液中大量存在并参与质子转移的物质。

(2)根据质子转移数相等的数量关系写出质子条件式。

例 7-8　写出 HCOOH，NH_3，NaAc，NH_4NO_3，NaH_2PO_4 水溶液的质子条件。

解　(1)

零水准	得 1 个质子	失 1 个质子
HCOOH	/	$COOH^-$
H_2O	$H_3O^+(H^+)$	OH^-

质子条件：$c_{H^+} = c_{COOH^-} + c_{OH^-}$

(2)

零水准	得 1 个质子	失 1 个质子
NH_3	NH_4^+	/
H_2O	$H_3O^+(H^+)$	OH^-

质子条件：$c_{NH_4^+} + c_{H^+} = c_{OH^-}$

(3)

零水准	得 1 个质子	失 1 个质子
Ac^-	HAc	/
H_2O	$H_3O^+(H^+)$	OH^-

质子条件：$c_{HAc} + c_{H^+} = c_{OH^-}$

(4)

零水准	得 1 个质子	失 1 个质子
NH_4^+	/	NH_3
H_2O	$H_3O^+(H^+)$	OH^-

质子条件：$c_{H^+} = c_{NH_3} + c_{OH^-}$

(5)

零水准	得 1 个质子	失 1 个质子	失 2 个质子
NaH_2PO_4	H_3PO_4	HPO_4^{2-}	PO_4^{3-}
H_2O	$H_3O^+(H^+)$	OH^-	/

质子条件：$c_{H_3PO_4} + c_{H^+} = c_{HPO_4^{2-}} + c_{OH^-} + 2c_{PO_4^{3-}}$

除了零水准法的质子平衡外，也可以根据物料平衡和电荷平衡得出质子条件。

例 7-9 试用质子平衡和物料、电荷平衡这两种方法列出 Na_2CO_3 的质子条件。

解 (1)质子平衡(零水准)法

零水准	得 1 个质子	得 2 个质子	失 1 个质子
CO_3^{2-}	HCO_3^-	H_2CO_3	/
H_2O	$H_3O^+(H^+)$	/	OH^-

$$\text{质子条件}: c_{HCO_3^-} + c_{H^+} + 2c_{H_2CO_3} = c_{OH^-}$$

(2)物料、电荷平衡法

物料平衡：$c_{Na_2CO_3} = \frac{1}{2}c_{Na^+} = c_{H_2CO_3} + c_{HCO_3^-} + c_{CO_3^{2-}}$ (1)

电荷平衡：$c_{Na^+} + c_{H^+} = c_{HCO_3^-} + 2c_{CO_3^{2-}} + c_{OH^-}$ (2)

式(1)×2－式(2)得：$c_{HCO_3^-} + c_{H^+} + 2c_{H_2CO_3} = c_{OH^-}$

7.2 弱酸、弱碱的离解平衡

7.2.1 一元弱酸、弱碱的离解平衡

1. 离解度 α

定义：
$$\alpha = \frac{\text{弱电解质已离解浓度}}{\text{弱电解质起始浓度}} \times 100\%$$

由于离解要吸热，所以离解度 α 的大小与温度、浓度均有关。一般情况下，随着温度的升高，离解度随之增大；而随着浓度的升高，离解度却反而降低。

由于酸、碱的标准平衡常数 $K_a^\ominus$，$K_b^\ominus$ 的大小与浓度无关，因此，更多采用离解常数 $K_a^\ominus$，$K_b^\ominus$ 来定量表示弱电解质的离解程度。

2. 离解度与离解常数的关系

离解度与离解常数之间有一定的关系。以一元弱酸 HA 为例，设 HA 的起始浓度为 c，离解度为 α，推导如下：

	HA	$\rightleftharpoons$	H^+	+	A^-
起始浓度	c		0		0
平衡浓度	$c(1-\alpha)$		$c\alpha$		$c\alpha$

代入平衡常数表达式中有

$$K_a^\ominus = \frac{c'_{H^+} \cdot c'_{A^-}}{c'_{HA}} = \frac{c'\alpha \cdot c'\alpha}{c'(1-\alpha)} = \frac{c'\alpha^2}{1-\alpha}$$

当电解质很弱，即对应的 $K_a^\ominus$ 较小，小到 $c/K_a^\ominus > 500$ 时，电解质的离解度很小，可以认为 $1-\alpha \approx 1$，对上式作近似计算得以下简式：

$$K_a^\ominus = c'\alpha^2$$

$$\alpha = \sqrt{\frac{K_a^\ominus}{c'}}$$

从以上离解度 α 与离解常数 $K_a^\ominus$ 的关系式中可看出：当浓度越稀时，离解度越大，该关系称为稀释定律。

7.2.2　一元弱酸、弱碱水溶液的 pH 值计算

物料平衡和电荷平衡反映了 c_{H^+} 与水溶液中其他共存分子或离子浓度的关系，而其他分子或离子浓度可用 $K_a^\ominus$ 和 C_a（或 $K_b^\ominus$ 和 C_b）表示，故利用物料平衡和电荷平衡可求得水溶液中的 c_{H^+}。

设一元弱酸为 HB，分析浓度为 C_a，则其物料平衡式为

$$C'_a = c_{HB} + c_{B^-} \tag{7-1}$$

电荷平衡式为

$$c_{H^+} = c_{B^-} + c_{OH^-} \tag{7-2}$$

因为以上两式共有 c_{H^+}，c_{OH^-}，c_{HB}，c_{B^-} 四个变量，所以还需要增加水的离解和一元弱酸 HB 的离解两个平衡式才能算出 c_{H^+}，增加的两个平衡式为

$$K_a^\ominus = \frac{c'_{H^+} \cdot c'_{B^-}}{c'_{HB}} \tag{7-3}$$

$$K_w^\ominus = c'_{H^+} \cdot c'_{OH^-} \tag{7-4}$$

根据以上四个方程组可得含 c_{H^+} 的一元三次方程：

$$(c'_{H^+})^3 + K_a^\ominus (c'_{H^+})^2 - (K_w^\ominus + K_a^\ominus \cdot C'_a) \cdot c'_{H^+} - K_a^\ominus \cdot K_w^\ominus = 0 \tag{7-5}$$

对此一元三次方程，若是采用计算机求解，只要编个简单程序，输入酸的分析浓度、各级离解常数和水的离子积常数，计算机马上就能给出答案，解得 c'_{H^+}。

如果不用计算机处理，考虑到一元三次方程求解较繁，可采用近似公式或最简公式。下面分别讨论使用近似公式、最简公式计算的不同条件。

1. 近似式

当 $C'_a \cdot K_a^\ominus \geqslant 20K_w^\ominus$ 时，可忽略水的离解，于是电荷平衡式(7-2)可近似为

$$c'_{H^+} = c'_{B^-} \tag{7-2$'$}$$

根据式(7-1)，(7-2)，(7-3)，(7-4)得到的是含 c'_{H^+} 的一元二次方程：

$$(c'_{H^+})^2 + K_a^\ominus (c'_{H^+} - C'_a) = 0 \tag{7-6}$$

2. 最简式

当 $C'_a \cdot K_a^\ominus \geqslant 20K_w^\ominus$，且 $C'_a \cdot K_a^\ominus \geqslant 500$ 时，水和酸的离解均可忽略。

已知当忽略水的离解时，求 c'_{H^+} 的式子可写成式(7-6)，又当忽略酸的离解时，有

$$C'_a - c'_{H^+} \approx C'_a \quad 即 \quad c'_{H^+} - C'_a = -C'_a$$

代入式(7-6)得

$$(c'_{H^+})^2 = K_a^\ominus \cdot C'_a$$

$$c'_{H^+} = \sqrt{K_a^\ominus \cdot C'_a}$$

同法处理，可得计算一元弱碱水溶液中 c'_{OH^-} 的精确式、近似式、最简式，只需将相应一元弱酸计算公式中的 C'_a，$K_a^\ominus$ 和 c'_{H^+} 换之以 C'_b，$K_b^\ominus$ 和 c'_{OH^-} 代入即可。

例 7-10　甲酸的 $K_a^\ominus = 1.76 \times 10^{-4}$，计算 0.0250 mol·L^{-1} 甲酸水溶液的 pH 值。

解　$C'_a \cdot K_a^\ominus = 0.0250 \times 1.76 \times 10^{-4} = 4.4 \times 10^{-6} > 20K_w^\ominus$　水的离解可以忽略；

$C'_a/K_a^\ominus = 0.0250/1.76\times10^{-4} = 142 < 500$　酸的离解不能忽略。

所以，采用近似式计算：

$(c'_{H^+})^2 + K_a^\ominus \cdot c'_{H^+} - K_a^\ominus \cdot C'_a = (c'_{H^+})^2 + 1.76\times10^{-4} c'_{H^+} - 4.4\times10^{-6} = 0$

解得　$c'_{H^+} = 2.01\times10^{-3}$

$pH = -\lg c'_{H^+} = -\lg(2.01\times10^{-3}) = 3 - \lg 2.01 = 2.70$

例 7-11　求 0.10 mol·L^{-1}氨水溶液的 pH 值（$K_{NH_3}^\ominus = 1.8\times10^{-5}$）

解　$C'_b \cdot K_b^\ominus = 0.10\times1.8\times10^{-5} = 1.8\times10^{-6} > 20K_w^\ominus$　水的离解可以忽略；

$C'_b/K_b^\ominus = 0.10/1.8\times10^{-5} = 5.6\times10^3 > 500$　碱的离解可以忽略。

所以，采用最简式计算：

$c_{OH^-} = \sqrt{K_b^\ominus \cdot C'_b} = \sqrt{1.8\times10^{-5}\times0.10} = 1.34\times10^{-3}$

$pOH = -\lg c'_{OH^-} = -\lg(1.34\times10^{-3}) = 3 - \lg 1.34 = 2.87$

$pH = 14 - 2.87 = 11.13$

7.2.3　多元弱酸、弱碱水溶液的 pH 值计算

多元弱酸或弱碱在水中的离解是分步进行的。例如，二元弱酸氢硫酸分两步离解：

第一步离解　　$H_2S \rightleftharpoons H^+ + HS^-$

第二步离解　　$HS^- \rightleftharpoons H^+ + S^{2-}$

与以上两步离解相对应的两个离解平衡式分别为

$$K_{a1}^\ominus = \frac{c'_{H^+} \cdot c'_{HS^-}}{c'_{H_2S}} \tag{7-7}$$

$$K_{a2}^\ominus = \frac{c'_{H^+} \cdot c'_{S^{2-}}}{c'_{HS^-}} \tag{7-8}$$

在水溶液中除了由这两步离解能给出 H^+ 外，水本身的离解也能给出 H^+，相应的水的离解平衡式为

$$K_w^\ominus = c'_{H^+} \cdot c'_{OH^-} \tag{7-9}$$

在式(7-7)，(7-8)，(7-9)三个离解平衡式中除了 $K_{a1}^\ominus, K_{a2}^\ominus, K_w^\ominus$ 三个常数外，还有 $c'_{H^+}, c'_{OH^-}, c'_{H_2S}, c'_{HS^-}, c'_{S^{2-}}$ 五个变数，无法解出 c'_{H^+}，因此还需设法增加两个公式才能解出 c'_{H^+}。增加的两个公式就是 H_2S 水溶液的物料平衡式和电荷平衡式：

物料平衡式　　$C'_{H_2S} = c'_{H_2S} + c'_{HS^-} + c'_{S^{2-}}$　　(7-10)

电荷平衡式　　$c'_{H^+} = c'_{HS^-} + 2c'_{S^{2-}} + c'_{OH^-}$　　(7-11)

式(7-10)中的 C'_{H_2S}表示 H_2S 水溶液的标准分析浓度，根据式(7-7)，(7-8)，(7-9)，(7-10)，(7-11)五个方程式可以导出用 $K_{a1}^\ominus, K_{a2}^\ominus, K_w^\ominus, C'_{H_2S}$表示的求解 c'_{H^+} 的一元五次方程。推导过程较复杂，况且最后导出的一元五次方程除非采用计算机处理，否则很难精确求解，有兴趣者不妨去推导一下。这里不再给出具体的计算 H_2S 水溶液 pH 值的一元五次方程，只是介绍近似处理方法。

1. 近似为一元酸

若 $C'_{H_2S} \cdot K_{a1}^\ominus \geqslant 100K_{a2}^\ominus$，可以忽略酸的第二级离解，将 H_2S 水溶液视作一元弱酸，按前述方法来计算其 pH 值。

2. 近似为一元酸又忽略水的离解

若 $C'_{H_2S}\cdot K^{\ominus}_{a1}\geqslant 100K^{\ominus}_{a2}$，且有 $C'_{H_2S}\cdot K^{\ominus}_{a1}\geqslant 20K^{\ominus}_{w}$，可以将 H_2S 水溶液视作忽略水的离解的一元弱酸，采用下式来计算其 pH 值：

$$(c'_{H^+})^2+K^{\ominus}_{a1}\cdot c'_{H^+}-K^{\ominus}_{a1}\cdot C'_{H_2S}=0$$

3. 近似为一元酸又忽略水和酸本身的离解

若 $C'_{H_2S}\cdot K^{\ominus}_{a1}\geqslant 100K^{\ominus}_{a2}$，且有 $C'_{H_2S}\cdot K^{\ominus}_{a1}\geqslant 20K^{\ominus}_{w}$ 和 $C'_{H_2S}\cdot K^{\ominus}_{a1}\geqslant 500$，可按类似于计算一元弱酸 pH 值的最简式来处理，即

$$c'_{H^+}=\sqrt{K^{\ominus}_{a1}\cdot C'_{H_2S}}$$

例 7-12　室温时 H_2CO_3 饱和溶液的浓度约为 0.04 mol·L^{-1}，求此溶液的 pH 值。（查得 $K^{\ominus}_{1\,H_2CO_3}=4.4\times10^{-7}$，$K^{\ominus}_{2\,H_2CO_3}=4.7\times10^{-11}$）

解　$C'_{H_2CO_3}\cdot K^{\ominus}_{1\,H_2CO_3}=0.04\times4.4\times10^{-7}$

$=1.76\times10^{-8}>100K^{\ominus}_{2\,H_2CO_3}=4.7\times10^{-9}$

$C'_{H_2CO_3}\cdot K^{\ominus}_{1\,H_2CO_3}=1.76\times10^{-8}>20K^{\ominus}_{w}=2\times10^{-13}$

$C'_{H_2CO_3}/K^{\ominus}_{H_2CO_3}=0.04/4.4\times10^{-7}=9.1\times10^{4}>500$

所以　$c'_{H^+}=\sqrt{K^{\ominus}_{1\,H_2CO_3}\cdot C'_{H_2CO_3}}=\sqrt{1.76\times10^{-8}}=1.33\times10^{-4}$

$pH=4-\lg1.33=3.9$

例 7-13　求 0.20 mol·L^{-1} $H_2C_2O_4$ 溶液的 pH 值，已知 $K^{\ominus}_{1\,H_2C_2O_4}=5.4\times10^{-2}$，$K^{\ominus}_{2\,H_2C_2O_4}=5.4\times10^{-5}$。

解　$C'_{H_2C_2O_4}\cdot K^{\ominus}_{1\,H_2C_2O_4}=1.1\times10^{-2}>100K^{\ominus}_{2\,H_2C_2O_4}=5.4\times10^{-3}$

$C'_{H_2C_2O_4}\cdot K^{\ominus}_{1\,H_2C_2O_4}=1.1\times10^{-2}>20K^{\ominus}_{w}=2\times10^{-13}$

$C'_{H_2C_2O_4}/K^{\ominus}_{1\,H_2C_2O_4}=0.20/5.4\times10^{-2}=3.7<500$

因此，采用公式 $(c'_{H^+})^2+K^{\ominus}_{1\,H_2C_2O_4}\cdot c'_{H^+}-K^{\ominus}_{1\,H_2C_2O_4}\cdot C'_{H_2C_2O_4}=0$，即

$$(c'_{H^+})^2+5.4\times10^{-2}\cdot c'_{H^+}-1.1\times10^{-2}=0$$

解得　$c'_{H^+}=8.13\times10^{-2}$

$pH=2-\lg8.13=1.1$

采用类似方法进一步可以推知，在计算 n 元弱酸（假设写成 H_nA）水溶液的 pH 值时，有 $K^{\ominus}_{a1}$，$K^{\ominus}_{a2}$，…，$K^{\ominus}_{a(n-1)}$，$K^{\ominus}_{an}$ 和 $K^{\ominus}_{w}$ 共 $(n+1)$ 个常数，还有 c'_{H^+}，c'_{OH^-}，c'_{H_nA}，$c'_{H_{n-1}A^-}$，…，$c'_{HA^{(n-1)-}}$，$c'_{A^{n-}}$ 共 $(n+3)$ 个变数，因此总共需要列出 $(n+3)$ 个平衡方程式才能解出 c'_{H^+}。这 $(n+3)$ 个平衡方程式分别由 n 元弱酸的 n 个逐级离解平衡式、一个水的离解平衡式以及 n 元弱酸水溶液的一个物料平衡式和一个电荷平衡式组成。通过这 $(n+3)$ 个平衡式，最后可以导出用 $K^{\ominus}_{a1}$，$K^{\ominus}_{a2}$，…，$K^{\ominus}_{a(n-1)}$，$K^{\ominus}_{an}$，$K^{\ominus}_{w}$ 和 C'_{H_nA} 表示的求解 c'_{H^+} 的一元高次方程。对于高次方程，若是利用计算机，很快就能解出答案。如果不用计算机处理，可以根据 n 元弱酸相关常数的具体情况，参照以上近似处理方法，计算出 n 元弱酸水溶液的 c'_{H^+}，再换算成 pH 值。

至于多元弱碱（假设写成 $M(OH)_n$）水溶液的 pH 计算，可以先按共轭酸碱离解常数之间的关系，将各级碱离解常数 $K^{\ominus}_{b1}$，$K^{\ominus}_{b2}$，…，$K^{\ominus}_{b(n-1)}$，$K^{\ominus}_{bn}$ 换算成各级酸离解常数 $K^{\ominus}_{a1}$，$K^{\ominus}_{a2}$，…，$K^{\ominus}_{a(n-1)}$，$K^{\ominus}_{an}$，再将碱的标准分析浓度 $C'_{M(OH)_n}$ 替换为酸的标准分析浓度

C'_{H_nA}代入公式中，最终视作多元弱酸来计算其水溶液的 pH 值。

7.3 水溶液中酸碱组分不同型体的分布

在弱酸(碱)的平衡体系中，一种物质可能以多种型体存在。各存在型体的浓度称为平衡浓度，各平衡浓度之和称为总浓度或分析浓度。某一型体浓度占分析浓度的分数，称该型体的分布分数，用 δ 表示。

例如磷酸溶液中的 HPO_4^{2-} 型体的分布分数用 $\delta_{HPO_4^{2-}}$ 表示，定义为

$$\delta_{HPO_4^{2-}}=c_{HPO_4^{2-}}/C_{H_3PO_4}$$

又如碳酸溶液中的 H_2CO_3 型体的分布分数用 $\delta_{H_2CO_3}$ 表示，定义为

$$\delta_{H_2CO_3}=c_{H_2CO_3}/C_{H_2CO_3}$$

各存在型体的平衡浓度随溶液中 H^+ 浓度的改变而改变。分布分数 δ 的大小能定量说明溶液中各种存在型体的分布情况。知道了分布分数，可以求出酸碱溶液各型体的平衡浓度。这是十分有用的。

n 元弱酸(碱)共有$(n+1)$种型体。现以 H_2CO_3，H_3PO_4 为例，在表 7-1 中列出多元弱酸各型体与分析浓度之间的关系。

表 7-1 多元弱酸各型体与分析浓度之间的关系

酸名称	元　数	型体数	型　体	分析浓度(C_a)组成
H_2CO_3	2	3	H_2CO_3	$C_{H_2CO_3}=c_{H_2CO_3}+c_{HCO_3^-}+c_{CO_3^{2-}}$
			HCO_3^-	
			CO_3^{2-}	
H_3PO_4	3	4	H_3PO_4	$C_{H_3PO_4}=c_{H_3PO_4}+c_{H_2PO_4^-}+c_{HPO_4^{2-}}+c_{PO_4^{3-}}$
			$H_2PO_4^-$	
			HPO_4^{2-}	
			PO_4^{3-}	

7.3.1 一元弱酸的分布

设一元弱酸为 HA，并用 C'_{HA}表示 HA 的标准分析浓度，c'_{HA}，c'_{A^-} 分别表示 HA，A^- 的标准平衡浓度。

1. 分布分数的计算

根据分布分数和离解平衡常数的定义：

$$\delta_{HA}=\frac{c'_{HA}}{C'_{HA}}=\frac{c'_{HA}}{c'_{HA}+c'_{A^-}}=\frac{1}{1+c'_{A^-}/c'_{HA}}=\frac{1}{1+K_a^{\ominus}/c'_{H^+}}$$

故

$$\delta_{HA}=\frac{c'_{H^+}}{c'_{H^+}+K_a^{\ominus}}$$

同理可得
$$\delta_{A^-}=\frac{K_a^{\ominus}}{c'_{H^+}+K_a^{\ominus}}$$

显然，各存在型体分布分数之和等于 1，即 $\delta_{HA}+\delta_{A^-}=1$。

2. 分布曲线

分布分数 δ 与溶液 pH 值之间的关系曲线称为分布曲线。例如以 pH 值为横坐标，以 δ_{HAc}，δ_{Ac^-} 为纵坐标作图，得到的曲线称为 HAc 的分布曲线（见图 7-1）。

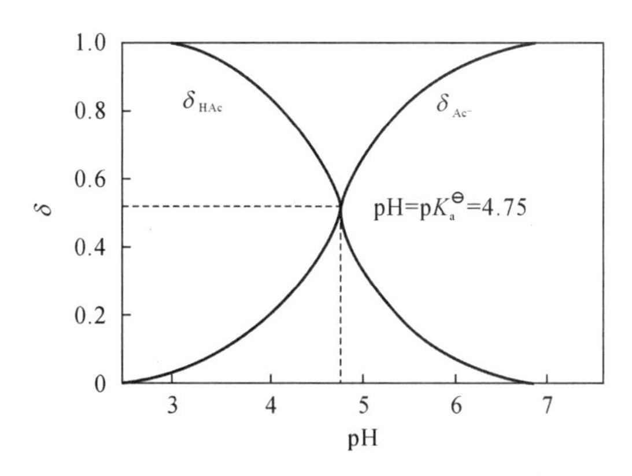

图 7-1　醋酸溶液中各种存在型体的分布分数与溶液 pH 值的关系曲线

从图 7-1 中可以看出：当 pH<$pK_a^{\ominus}$ 时，HAc 为主要存在型体；当 pH>$pK_a^{\ominus}$ 时，Ac^- 为主要存在型体；当 pH=$pK_a^{\ominus}$ 时，HAc 与 Ac^- 各占一半，两种型体的分布分数均为 0.5。

7.3.2　二元弱酸的分布

设二元弱酸为 H_2A，并用 C'_{H_2A} 表示 H_2A 的标准分析浓度，c'_{H_2A}，c'_{HA^-}，$c'_{A^{2-}}$ 表示 H_2A 三种存在型体的标准平衡浓度。

1. 分布分数的计算

根据分布分数和离解平衡常数的定义：

$$\delta_{H_2A}=\frac{c'_{H_2A}}{C'_{H_2A}}=\frac{c'_{H_2A}}{c'_{H_2A}+c'_{HA^-}+c'_{A^{2-}}}=\frac{1}{1+\frac{c'_{HA^-}}{c'_{H_2A}}+\frac{c'_{A^{2-}}}{c'_{H_2A}}}$$

$$=\frac{1}{1+K_{a1}^{\ominus}/c'_{H^+}+K_{a1}^{\ominus}K_{a2}^{\ominus}/(c'_{H^+})^2}=\frac{(c'_{H^+})^2}{(c'_{H^+})^2+K_{a1}^{\ominus}c'_{H^+}+K_{a1}^{\ominus}K_{a2}^{\ominus}}$$

同理可得
$$\delta_{HA^-}=\frac{K_{a1}^{\ominus}c'_{H^+}}{(c'_{H^+})^2+K_{a1}^{\ominus}c'_{H^+}+K_{a1}^{\ominus}K_{a2}^{\ominus}}$$

$$\delta_{A^{2-}}=\frac{K_{a1}^{\ominus}K_{a2}^{\ominus}}{(c'_{H^+})^2+K_{a1}^{\ominus}c'_{H^+}+K_{a1}^{\ominus}K_{a2}^{\ominus}}$$

2. 分布曲线

例如以 pH 值为横坐标，以 $\delta_{H_2C_2O_4}$，$\delta_{HC_2O_4^-}$，$\delta_{C_2O_4^{2-}}$ 为纵坐标作图，得到的曲线称为 $H_2C_2O_4$ 的分布曲线（见图 7-2）。

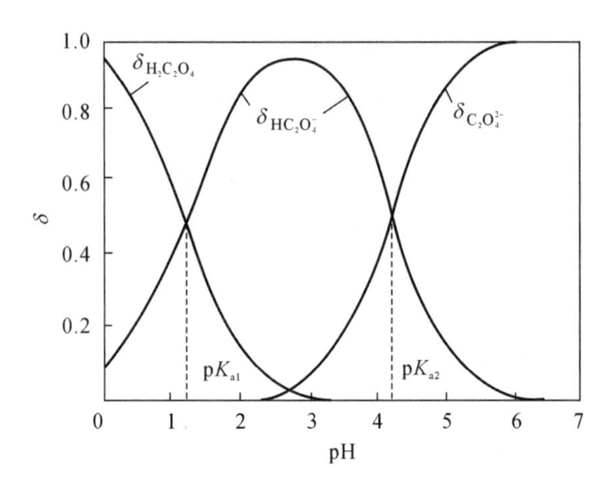

图 7-2 草酸溶液中各种存在型体的分布分数与溶液 pH 值的关系曲线

由图 7-2 中可以看出：当 pH<p$K_{a1}^{\ominus}$时，$H_2C_2O_4$ 为主要存在型体；当 pH>p$K_{a2}^{\ominus}$时，$C_2O_4^{2-}$ 为主要存在型体；当 p$K_{a1}^{\ominus}$<pH<p$K_{a2}^{\ominus}$时，$HC_2O_4^-$ 为主要存在型体。

分布曲线很直观地反映存在型体与溶液 pH 值的关系，在选择反应条件时，可以按所需组分查图，即可得到相应的 pH 值。例如，欲测定 Ca^{2+}，采用 $C_2O_4^{2-}$ 为沉淀剂，反应时，溶液的 pH 值应维持在多少？从图 7-2 可知，在 pH≥5.0 时，$C_2O_4^{2-}$ 为主要存在型体，有利于沉淀形成，所以应使溶液的 pH≥5.0。

例 7-14 计算 pH=4.0 时，5×10^{-2} mol · L^{-1}酒石酸（以 H_2A 表示）溶液中酒石酸根离子的浓度。

解 查得，酒石酸的 p$K_{a1}^{\ominus}$=3.04，p$K_{a2}^{\ominus}$=4.37，则

$$\delta_{A^{2-}}=\frac{K_{a1}^{\ominus}K_{a2}^{\ominus}}{(c'_{H^+})^2+K_{a1}^{\ominus}c'_{H^+}+K_{a1}^{\ominus}K_{a2}^{\ominus}}$$

$$=\frac{10^{-3.04}\times10^{-4.37}}{(10^{-4.0})^2+10^{-3.04}\times10^{-4.0}+10^{-3.04}\times10^{-4.37}}=0.28$$

所以 $$c_{A^{2-}}=C_{H_2A}\cdot\delta_{A^{2-}}=0.05\times0.28=0.014(\text{mol}\cdot\text{L}^{-1})$$

7.3.3 三元弱酸的分布

设三元弱酸为 H_3A，并用 C'_{H_3A}表示 H_3A 的标准分析浓度，c'_{H_3A}，$c'_{H_2A^-}$，$c'_{HA^{2-}}$，$c'_{A^{3-}}$表示 H_3A 四种存在型体的标准平衡浓度。

1. 分布分数的计算

根据分布分数和离解平衡常数的定义，同理可推出 δ_{H_3A}，$\delta_{H_2A^-}$，$\delta_{HA^{2-}}$，$\delta_{A^{3-}}$的计算式，其中 H_3A 的分布分数为

$$\delta_{H_3A}=\frac{(c'_{H^+})^3}{(c'_{H^+})^3+K_{a1}^{\ominus}(c'_{H^+})^2+K_{a1}^{\ominus}K_{a2}^{\ominus}c'_{H^+}+K_{a1}^{\ominus}K_{a2}^{\ominus}K_{a3}^{\ominus}}$$

A^{3-}的分布分数为

$$\delta_{A^{3-}}=\frac{K_{a1}^{\ominus}K_{a2}^{\ominus}K_{a3}^{\ominus}}{(c'_{H^+})^3+K_{a1}^{\ominus}(c'_{H^+})^2+K_{a1}^{\ominus}K_{a2}^{\ominus}c'_{H^+}+K_{a1}^{\ominus}K_{a2}^{\ominus}K_{a3}^{\ominus}}$$

因为 $\delta_{A^{3-}}=c_{A^{3-}}/C_{H_3A}$，再根据 A^{3-} 的分布分数式，容易推得：在多元酸的分析浓度 C_{H_nA} 一定时，溶液中的氢离子浓度 c'_{H^+} 越大，酸根离子的浓度 $c_{A^{n-}}$ 就越低，这种现象称为酸效应。酸效应影响程度的大小，可用酸效应系数 $\alpha_{A(H)}$ 来衡量：

$$\alpha_{A(H)}=C_{H_nA}/c_{A^{n-}}$$

显然，$\alpha_{A(H)}$ 是分布分数 δ_A 的倒数。即 $\alpha_{A(H)}=1/\delta_A$。

至于酸效应系数 $\alpha_{A(H)}$ 的应用，在后面介绍配位滴定法时会提到。

2. 分布曲线

例如以 pH 值为横坐标，以 $\delta_{H_3PO_4}$，$\delta_{H_2PO_4^-}$，$\delta_{HPO_4^{2-}}$，$\delta_{PO_4^{3-}}$ 为纵坐标作图，得到的曲线称为 H_3PO_4 的分布曲线（见图 7-3）。

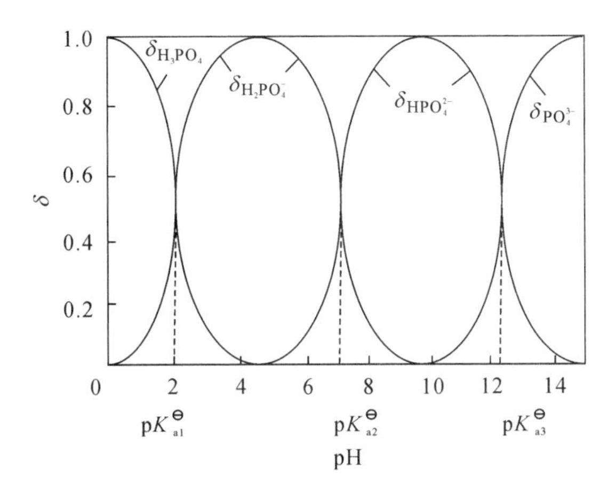

图 7-3　磷酸溶液中各种存在型体的分布分数与溶液 pH 的关系曲线

需要指出：在 pH＝4.7 时，$H_2PO_4^-$ 型体占 99.4％；同样，当 pH＝9.8 时，HPO_4^{2-} 型体占绝对优势，为 99.5％。

7.4　酸碱指示剂

7.4.1　酸碱指示剂的作用原理

酸碱指示剂一般是有机弱酸型或有机弱碱型，它们的共轭酸碱对具有不同的结构，因而呈现不同颜色。现以有机弱酸型指示剂（用 HIn 表示）为例阐明酸碱指示剂的作用原理。

HIn 在水溶液中存在着离解平衡：

$$HIn \rightleftharpoons H^+ + In^-$$

离解出的两种型体 HIn 和 In^-，如果它们呈现出的颜色不同，并分别以酸色和碱色称之，那么从 HIn 的离解平衡式中可以看出，当溶液的 pH 值增大（即 H^+ 离子的浓度下降）时，HIn 的离解平衡向右移动，In^- 型体的浓度随之增大，此时溶液的颜色向碱色转化；当溶液的 pH 值降低（即 H^+ 离子的浓度增大）时，HIn 的离解平衡向左移动，HIn

型体的浓度随之增大，此时溶液的颜色向酸色转化。

例如，酚酞是有机弱酸型指示剂，它的酸色为无色，碱色为红色，因此，酚酞在 pH 值较小的酸性溶液中呈无色，而在 pH 值较大的碱性溶液中呈红色。又如，甲基橙是有机弱碱型指示剂，它的酸色为红色，碱色为黄色，因此，甲基橙在 pH 值较小的酸性溶液中呈红色，而在 pH 值较大的碱性溶液中呈黄色。

7.4.2 变色范围

设弱酸型指示剂 HIn 的离解常数为 K_{HIn}，则

$$K_{HIn}=\frac{c'_{H^+}\ c'_{In^-}}{c'_{HIn}} \quad 即 \quad \frac{c'_{H^+}}{K^{\ominus}_{HIn}}=\frac{c'_{HIn}}{c'_{In^-}}$$

当人的眼睛对酸色与碱色的敏感程度差别不大时，浓度高出 10 倍以上的物质颜色就能掩盖低浓度物质的颜色。由此，可以推得以下结论：

当$\frac{c'_{H^+}}{K^{\ominus}_{HIn}}=1$，即 $pH=pK_{HIn}$时，$\frac{c_{HIn}}{c_{In^-}}=1$，溶液呈中间色；

当$\frac{c'_{H^+}}{K^{\ominus}_{HIn}}>10$，即 $pH=pK_{HIn}-1$ 时，$\frac{c_{HIn}}{c_{In^-}}>10$，溶液呈酸色；

当$\frac{c'_{H^+}}{K^{\ominus}_{HIn}}<\frac{1}{10}$，即 $pH=pK_{HIn}+1$ 时，$\frac{c_{HIn}}{c_{In^-}}<\frac{1}{10}$，溶液呈碱色。

若在一根数轴上以 pH 为单位，在不同区域标以不同颜色，则酸碱指示剂的理论变色范围可以用图 7-4 表示。

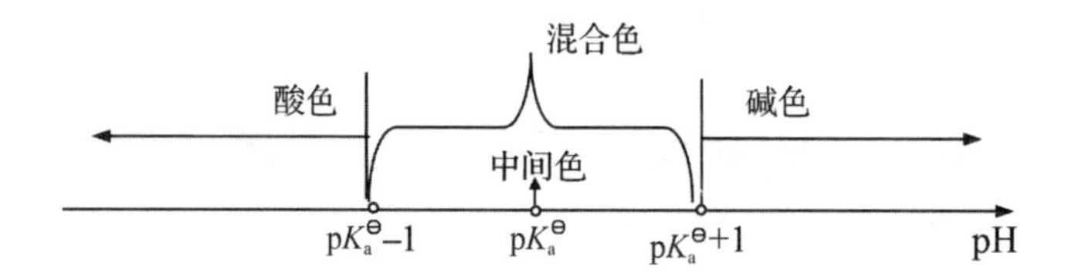

图 7-4 酸碱指示剂的理论变色范围

当溶液的 pH 值由 $pK^{\ominus}_a-1$ 变到 $pK^{\ominus}_a+1$ 时，就能看到指示剂经过混合色的过渡，由酸色变为碱色。由此可见，指示剂的理论变色范围是

$$pH=pK^{\ominus}_a\pm1$$

不同指示剂的 $pK^{\ominus}_a$ 不同，它们的理论变色范围也各不相同。

现将常用酸碱指示剂及其变色范围列于表 7-2 中。

表 7-2 几种常用的酸碱指示剂

指示剂	变色范围	颜色		变色点	浓度	用量
	pH	酸色	碱色	pH		滴/10 mL
百里酚蓝	1.2～2.8	红	黄	1.65	0.1%的 20%乙醇溶液	1～2
甲基黄	2.9～4.0	红	黄	3.25	0.1%的 90%乙醇溶液	1

续表

指示剂	变色范围	颜色		变色点	浓度	用量
	pH	酸色	碱色	pH		滴/10 mL
甲基橙	3.1～4.4	红	黄	3.4	0.05%的水溶液	1
溴酚蓝	3.0～4.6	黄	紫	4.1	0.1%的 20%乙醇或其钠盐水溶液	1
溴甲酚绿	3.8～5.4	黄	蓝	4.9	0.1%的乙醇溶液	1
甲基红	4.4～6.2	红	黄	5.1	0.1%的 60%乙醇或其钠盐水溶液	1
溴百里酚蓝	6.2～7.6	黄	蓝	7.3	0.1%的 20%乙醇或其钠盐水溶液	1
中性红	6.8～8.0	红	黄橙	7.4	0.1%的 60%乙醇溶液	1
酚红	6.7～8.4	黄	红	8.0	0.1%的 60%乙醇或其钠盐水溶液	1
酚酞	8.0～10.0	无	红	9.1	0.5%的 90%乙醇溶液	1～2
百里酚酞	9.4～10.6	无	蓝	10.0	0.1%的 90%乙醇溶液	1～2

酸碱指示剂的理论变色范围是两个 pH 单位，在变色点上 $pH=pK_a^{\ominus}$。但是实际上，酸碱指示剂的变色范围并不都如此。从表 7-2 中所列的几种常用酸碱指示剂看，实际变色范围往往是少于两个 pH 单位，并且变色点上的 pH 值基本不等于 $pK_a^{\ominus}$。这是由于人的眼睛对不同颜色的敏感程度不同，加上两种颜色相互掩盖的结果。例如，甲基橙的 $pK_a^{\ominus}=3.4$，那么它的理论变色点应是 pH=3.4，理论变色范围应是 2.4～4.4，但实际变色点是 pH=3.75，实际变色范围是 3.1～4.4。这是因为人眼对红色比对黄色更为敏感，酸色（红色）的浓度只要大于碱色（黄色）的两倍，就能观察出酸色（红色），即 pH=3.1 时，$c'_{H^+}=7.9\times10^{-4}$，$\frac{c'_{HIn}}{c'_{In^-}}=\frac{c'_{H^+}}{K_{HIn}^{\ominus}}=\frac{7.9\times10^{-4}}{4.0\times10^{-4}}=2$。

7.5　一元酸碱的滴定

7.5.1　强碱滴定强酸

以 0.1000 mol・L^{-1} NaOH 滴定 20.00 mL 0.1000 mol・L^{-1} HCl 为例，请算出整个滴定过程中溶液 pH 值的变化情况，并画出滴定曲线。

1. 滴定过程 pH 值的计算

经分析，整个滴定过程显然可以分成四个阶段，各阶段的 pH 值计算如下：

(1)滴定前

因为 $C_{HCl}=0.1000$ mol・L^{-1}，而 HCl 是强酸，所以 $c_{H^+}=C_{HCl}=0.1000$ mol・L^{-1}，pH=1.0。

(2)滴定开始至化学计量点前

$$c_{H^+}=\text{剩余的 }C_{HCl}=\frac{n_{\text{剩余HCl}}}{V_{\text{总}}}=\frac{n_{\text{原有HCl}}-n_{\text{反应HCl}}}{V_{\text{总}}}$$

$$=\frac{20.00\times0.1000-0.1000\times V_{NaOH}}{V_{HCl}+V_{NaOH}}=\frac{0.1000\times(20.00-V_{NaOH})}{20.00+V_{NaOH}}$$

当 $V_{NaOH}=19.80$ 时，$c_{H^+}=\frac{0.1000\times0.20}{39.80}=5.0\times10^{-4}(mol\cdot L^{-1})$，pH=3.3。

当 $V_{NaOH}=19.98$ 时，$c_{H^+}=\frac{0.1000\times0.20}{39.80}=5.0\times10^{-5}(mol\cdot L^{-1})$，pH=4.3。

(3)化学计量点时

由于生成了强酸强碱盐 NaCl，所以溶液的 pH=7.0。

(4)化学计量点后

$$c_{OH^-}=\text{过量的 }C_{NaOH}=\frac{n_{\text{加入NaOH}}-n_{\text{反应NaOH}}}{V_{\text{总}}}$$

$$=\frac{0.1000\times V_{NaOH}-20.00\times0.1000}{V_{NaOH}+V_{HCl}}=\frac{0.1000\times(V_{NaOH}-20.00)}{20.00+V_{NaOH}}$$

当 $V_{NaOH}=20.02$ 时，$c_{OH^-}=\frac{0.1000\times0.02}{40.02}=5.0\times10^{-5}(mol\cdot L^{-1})$，pOH=4.3，pH=9.7。

当 $V_{NaOH}=20.20$ 时，$c_{OH^-}=\frac{0.1000\times0.2}{40.20}=5.0\times10^{-4}(mol\cdot L^{-1})$，pOH=3.3，pH=10.7。

现将以上四个阶段的计算结果列于表 7-3 中。

表 7-3　0.1000 mol·L⁻¹ NaOH 溶液滴定 20.00 mL 0.1000 mol·L⁻¹ HCl 溶液的 pH 值

加入 NaOH 溶液		剩余 HCl 溶液的体积 V/mL	过量 NaOH 溶液的体积 V/mL	pH		
滴定度(a%)	V/mL					
0	0.00	20.00		1.00		
90.0	18.00	2.00		2.28		
99.0	19.80	0.20		3.30		
99.9	19.98	0.02		4.30	A	滴定突跃
100.0	20.00	0.00		7.00		
100.1	20.02		0.02	9.70	B	
101.0	20.20		0.20	10.70		
110.0	22.00		2.00	11.70		
200.0	40.00		20.00	12.50		

说明：滴定度(a%)$=\frac{\text{滴定剂加入的物质的量}}{\text{待测物起始的物质的量}}\times100\%$。

2. 强碱滴定强酸的滴定曲线

以滴定剂的加入量 V 为横坐标，对应的 pH 值为纵坐标所绘制的 pH-V 关系曲线，称为酸碱滴定曲线。根据表 7-3 绘制的曲线，称为强碱滴定强酸的滴定曲线(见图 7-5)。

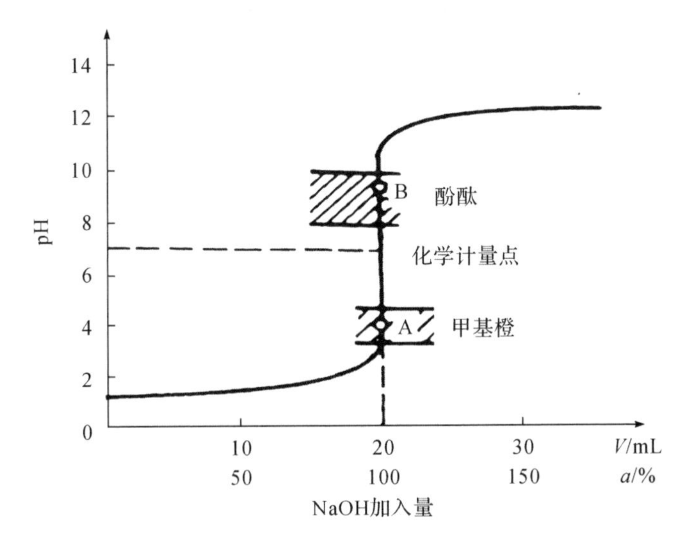

图 7-5　0.1000 mol・L^{-1} NaOH 滴定 20.00 mL 0.1000 mol・L^{-1} HCl 的滴定曲线

从图 7-5 可见，滴定开始时曲线比较平坦，这是因为溶液中还存在着较多的 HCl，酸度较大。随着 NaOH 不断滴入，HCl 的量逐渐减少，pH 值逐渐增大。当滴定至只剩下 0.1% HCl，即剩余 0.02 mL HCl 时，pH＝4.3，再继续滴入 1 滴滴定剂(大约 0.04 mL)，即中和剩余的半滴 HCl 后，仅过量 0.02 mL NaOH，而溶液的 pH 值从 4.3 急剧升高到 9.7。因此，1 滴溶液就使溶液 pH 值增加 5 个多 pH 单位，从表 7-3 和图 7-5 的 A 至 B 点可知，在化学计量点前后 0.1%，滴定曲线上急剧上升的线段，称为滴定突跃。

指示剂的选择要以滴定突跃为依据。对于在 pH＝4.3～9.7 内变色的，如甲基橙、甲基红、酚酞、溴百里酚蓝、苯酚红等，均能作为此类滴定的指示剂。例如，若采用甲基橙为指示剂，当滴定至甲基橙由红色变为黄色时，溶液的 pH 值约为 4.4，这时加入 NaOH 的量与化学计量点时应加入量的差值不足 0.02 mL，终点误差小于 0.1%，符合滴定分析的要求。若改用酚酞为指示剂，溶液呈微红色时 pH 值略大于 8.0，此时 NaOH 的加入量超过化学计量点时应加入的量也不到 0.02 mL，终点误差也小于 －0.1%，仍然符合滴定分析的要求。因此，指示剂的选择原则是：变色范围全部或部分处于滴定突跃范围内的指示剂，都能够准确地指示终点。可见，指示剂的变色范围越窄，越容易插入滴定突跃范围内，有利于提高指示剂变色的灵敏度。

3. 酸碱浓度与滴定突跃的关系

在以上滴定中，酸、碱浓度均为 0.1000 mol・L^{-1}，如果改变酸、碱溶液的浓度，化学计量点的 pH 值仍然是 7.0，但滴定突跃的长短却不同，如图 7-6 所示。

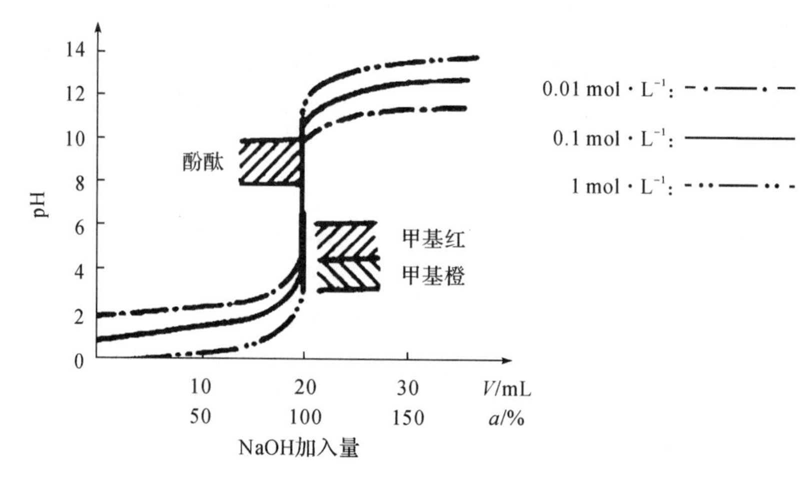

图 7-6　不同浓度 NaOH 溶液滴定不同浓度 HCl 溶液的滴定曲线

从图 7-6 可知，滴定剂溶液的浓度越大，则化学计量点附近的滴定突跃就越大，可供选择的指示剂就越多。

7.5.2　强碱滴定弱酸

以 0.1000 mol · L^{-1} NaOH 滴定 20.00 mL 0.1000 mol · L^{-1} HAc 为例，请算出整个滴定过程中溶液 pH 值的变化情况，并画出滴定曲线。

1. 滴定过程 pH 值的计算

(1)滴定前

$$c_{H^+}=\sqrt{C_{HOAc}K^{\ominus}_{HOAc}}=\sqrt{0.1000\times1.8\times10^{-5}}=1.35\times10^{-3}(mol\cdot L^{-1})$$

所以

$$pH=2.87$$

(2)化学计量点前

因为组成了 HAc-Ac^- 的缓冲溶液，所以

$$pH=pK^{\ominus}_{HOAc}+\lg\frac{c_{OAc^-}}{c_{HOAc}}=4.75+\lg\frac{0.1000\times V_{NaOH}}{20.00\times0.1000-0.1000\times V_{NaOH}}$$

$$=4.75+\lg\frac{V_{NaOH}}{20.00+V_{NaOH}}$$

例如：当 $V_{NaOH}=19.80$ 时，$pH=4.75+\lg\frac{19.80}{0.2}=6.74$；

当 $V_{NaOH}=19.98$ 时，$pH=4.75+\lg\frac{19.98}{0.02}=7.7$。

(3)化学计量点时

$$c_{OH^-}=\sqrt{c_{OAc^-}K^{\ominus}_{OAc^-}}=\sqrt{0.05\times\frac{K^{\ominus}_w}{K^{\ominus}_{HOAc}}}=\sqrt{\frac{0.05\times10^{-14}}{1.8\times10^{-5}}}=5.3\times10^{-6}(mol\cdot L^{-1})$$

$$pOH=5.28,\quad pH=8.72$$

(4)化学计量点后

计算方法与强碱滴定强酸相同。

现将以上四个阶段的计算结果列于表 7-4 中。

表 7-4　0.1000 mol·L^{-1}NaOH 溶液滴定 20.00 mL 0.1000 mol·L^{-1} HAc 溶液的 pH 值

加入 NaOH 溶液		剩余 HCl 溶液的体积 V/mL	过量 NaOH 溶液的体积 V/mL	pH
滴定度 a%	V/mL			
0	0.00	20.00		2.87
50.0	10.00	10.00		4.74
90.0	18.00	2.00		5.70
99.0	19.80	0.20		6.74
99.9	19.98	0.02		7.70 A
100.0	20.00	0.00		8.72 滴定突跃
100.1	20.02		0.02	9.70 B
101.0	20.20		0.20	10.70
110.0	22.00		2.00	11.70
200.0	40.00		20.00	12.50

2. 强碱滴定弱酸的滴定曲线

根据表 7-4 绘制的曲线，称为强碱滴定弱酸的滴定曲线，见图 7-7 中的Ⅰ线。

从图 7-7 可见，化学计量点前 pH 变化较缓是因为构成了 HAc-NaAc 缓冲溶液；滴定突跃范围为 pH＝7.70～9.70，比强碱滴定强酸的滴定突跃小很多，可供选择的指示剂减少，此时甲基橙已不能作为指示剂；化学计量点时，溶液呈碱性(pH＝8.72)，是因为生成物 NaAc 属于碱。当算出化学计量点的 pH 值时，也可以根据指示剂的变色点尽可能接近化学计量点的原则来选择指示剂。

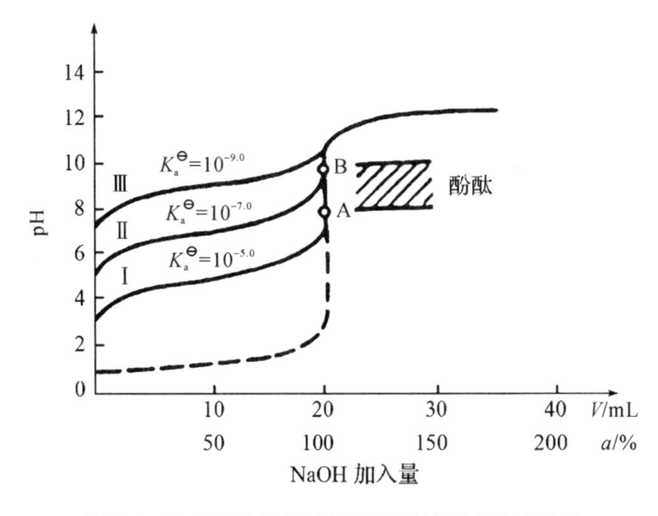

图 7-7　NaOH 溶液滴定不同弱酸溶液的滴定曲线

同浓度强碱滴定不同弱酸时，弱酸的 $K_a^{\ominus}$ 越小，滴定突跃范围就越小，见图 7-7 中的Ⅱ线和Ⅲ线。在强碱浓度和弱酸浓度都不同时，强碱滴定弱酸的滴定突跃范围大小取决于弱酸的浓度(C_a)与强度($K_a^\ominus$)的乘积,C_a 与 $K_a^\ominus$ 的乘积越大,则滴定突跃就越大。如果 C_a 与 $K_a^\ominus$ 的乘积过小,就会因滴定突跃太小而找不到合适的指示剂,以致无法进行准确的酸碱滴定。通常认为,强碱能够直接、准确滴定弱酸的判据是:$C_a \cdot K_a^\ominus \geqslant 10^{-8}$。

7.5.3 强酸滴定弱碱

pH 值计算与强碱滴定弱酸相似,化学计量点时溶液呈酸性(pH=5.28),滴定曲线与强碱滴定弱酸呈反向对称(见图 7-8)。

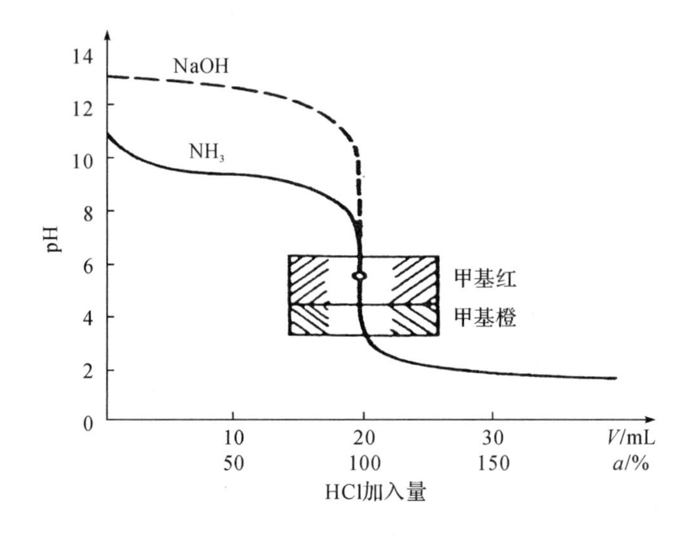

图 7-8 0.1000 mol·L^{-1} HCl 滴定 20.00 mL 0.1000 mol·L^{-1} NH_3 的滴定曲线

此时,变色点处在 pH=5.28 附近的指示剂较为适合,如甲基红、甲基橙等,而酚酞已不适合;作为直接、准确滴定的判据为:$C_b \cdot K_b^\ominus \geqslant 10^{-8}$。

7.6 多元酸碱的滴定

7.6.1 多元酸的滴定

相对一元酸碱而言,多元酸碱是分步离解的,滴定多元酸碱应考虑的问题要多一些。

例如,除了要计算化学计量点时的 pH 值和怎样选择指示剂外,还要考虑滴定反应也能分步进行吗?能准确滴定至哪一级?下面分别讨论之。

1. 直接滴定判断

多元酸能否准确滴定?滴定反应能否分步?需要同时考虑到两个方面:

(1)如果多元酸分析浓度用 C_a,第 i 级离解常数用 $K_{ai}^\ominus$ 表示,则 $C_a \cdot K_{ai}^\ominus \geqslant 10^{-8}$ 时,第 i 个化学计量点能直接、准确滴定。

(2)当 $K_{ai}^\ominus / K_{a(i+1)}^\ominus \geqslant 10^4$ 时,第 i 级离解与第 $i+1$ 级离解的滴定反应能分步。

例 7-15 试判断 NaOH 溶液滴定 0.2000 mol·L^{-1} H_3PO_4 时的直接滴定和滴定分步情况。

解 H_3PO_4 的三级离解及其相应平衡常数如下：

$H_3PO_4 \rightleftharpoons H^+ + H_2PO_4^-$ $K_{a1}^{\ominus}=7.5\times10^{-3}$ $pK_{a1}^{\ominus}=2.12$

$H_2PO_4^- \rightleftharpoons H^+ + HPO_4^{2-}$ $K_{a2}^{\ominus}=6.3\times10^{-8}$ $pK_{a2}^{\ominus}=7.20$

$HPO_4^{2-} \rightleftharpoons H^+ + PO_4^{3-}$ $K_{a3}^{\ominus}=4.4\times10^{-13}$ $pK_{a3}^{\ominus}=12.36$

对直接滴定的判断结论是：

$C_aK_{a1}^{\ominus}=0.2000\times7.5\times10^{-3}=1.5\times10^{-3}>10^{-8}$ 第 1 个化学计量点能直接滴定；

$C_aK_{a2}^{\ominus}=0.2000\times6.3\times10^{-8}=1.3\times10^{-8}>10^{-8}$ 第 2 个化学计量点能直接滴定；

$C_aK_{a3}^{\ominus}=0.2000\times4.4\times10^{-13}=8.8\times10^{-14}<10^{-8}$ 第 3 个化学计量点不能直接滴定。

对滴定分步的判断结论是：

$K_{a1}^{\ominus}/K_{a2}^{\ominus}=7.5\times10^{-3}/6.3\times10^{-8}=1.2\times10^{5}>10^{4}$ 第 1 个与第 2 个滴定反应能分步；

$K_{a2}^{\ominus}/K_{a3}^{\ominus}=6.3\times10^{-8}/4.4\times10^{-13}=1.4\times10^{5}>10^{4}$ 第 2 个与第 3 个滴定反应能分步。

例 7-16 试判断 NaOH 溶液滴定 0.1000 mol·L^{-1} $H_2C_2O_4$ 时的直接滴定和滴定分步情况。

解 查得二元酸 $H_2C_2O_4$ 的两个离解平衡常数分别为

$K_{a1}^{\ominus}=5.9\times10^{-2}$， $K_{a2}^{\ominus}=6.4\times10^{-6}$

对直接滴定的判断结论是：

$C_aK_{a1}^{\ominus}=0.1000\times5.9\times10^{-2}=5.9\times10^{-3}>10^{-8}$ 第 1 个化学计量点能直接滴定；

$C_aK_{a2}^{\ominus}=0.1000\times6.4\times10^{-5}=6.4\times10^{-6}>10^{-8}$ 第 2 个化学计量点能直接滴定。

对滴定分步的判断结论是：

$K_{a1}^{\ominus}/K_{a2}^{\ominus}=5.9\times10^{-2}/6.4\times10^{-5}=9.2\times10^{2}<10^{4}$ 第 1 个与第 2 个滴定反应不能分步，即只有当两步解离的 H^+ 全被中和后，才出现一个滴定突跃。

2. 滴定曲线和指示剂选择

以 NaOH 溶液滴定 H_3PO_4 为例的滴定曲线见图 7-9。

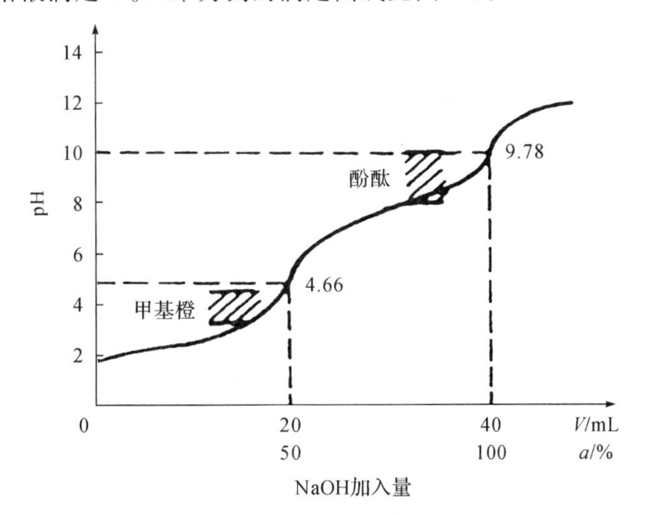

图 7-9 NaOH 溶液滴定 H_3PO_4 溶液的滴定曲线

第一化学计量点的 pH 值计算：

$$c'_{H^+}=\sqrt{K^{\ominus}_{a1}K^{\ominus}_{a2}}=\sqrt{7.5\times10^{-3}\times6.3\times10^{-8}}=2.17\times10^{-5}$$

pH=4.66

第二化学计量点的 pH 值计算：

$$c'_{H^+}=\sqrt{K^{\ominus}_{a2}K^{\ominus}_{a3}}=\sqrt{6.3\times10^{-8}\times4.4\times10^{-13}}=1.66\times10^{-10}$$

pH=9.78

根据变色点应尽可能接近化学计量点的原则，选择指示剂的结果是：对于第一化学计量点最好选用溴甲酚绿（稍推迟），若用甲基橙则终点出现偏早；对于第二化学计量点最好选用百里酚酞（稍推迟），若用酚酞则终点出现偏早。

7.6.2 多元碱的滴定

1. 直接滴定判断

同时考虑 $\begin{cases} C_b\cdot K^{\ominus}_{bi}\geqslant10^{-8} & \text{第 } i \text{ 个化学计量点能直接滴定；} \\ K^{\ominus}_{bi}/K^{\ominus}_{b(i+1)}\geqslant10^{4} & \text{第 } i \text{ 个与第 } i+1 \text{ 个滴定反应能分步。} \end{cases}$

例如用 HCl 滴定 0.2000 mol·L^{-1}的 Na_2CO_3，已知 Na_2CO_3 的离解平衡如下：

$$CO_3^{2-}+H_2O \rightleftharpoons HCO_3^-+OH^- \qquad K^{\ominus}_{b1}=K^{\ominus}_w/K^{\ominus}_{a2}=1.8\times10^{-4}$$

$$HCO_3^-+H_2O \rightleftharpoons H_2CO_3+OH^- \qquad K^{\ominus}_{b2}=K^{\ominus}_w/K^{\ominus}_{a1}=2.4\times10^{-8}$$

因为：$C_b\cdot K^{\ominus}_{b1}=0.2000\times1.8\times10^{-4}=3.6\times10^{-5}>10^{-8}$ 第 1 个化学计量点能准确滴定；

$C_b\cdot K^{\ominus}_{b2}=0.2000\times2.4\times10^{-8}=4.8\times10^{-9}<10^{-8}$ 第 2 个化学计量点滴定准确度较差；

$K^{\ominus}_{b1}/K^{\ominus}_{b2}=1.8\times10^{-4}/2.4\times10^{-8}=7.5\times10^{3}<10^{4}$ 第 1 个与第 2 个滴定勉强能分步。

HCl 溶液滴定 Na_2CO_3 溶液的滴定曲线如图 7-10 所示。

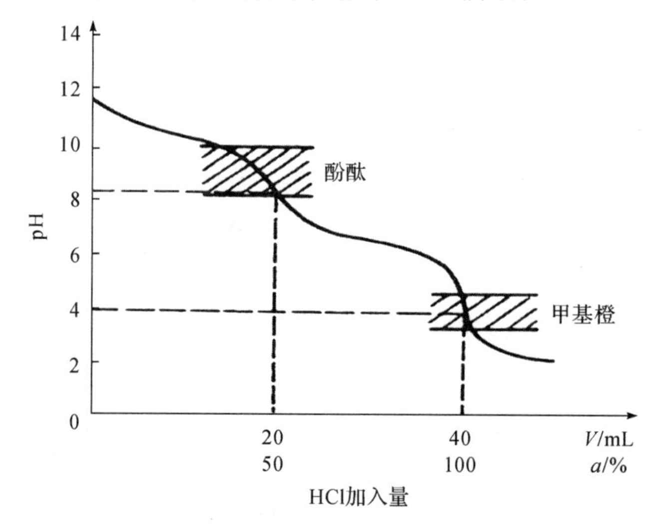

图 7-10 HCl 溶液滴定 Na_2CO_3 溶液的滴定曲线

从图 7-10 可见，到达第 1 个化学计量点时，生成 $NaHCO_3$，属于两性物质。此时 pH 值可按下式计算：

$$c'_{H^+}=\sqrt{K_{a1}^{\ominus}K_{a2}^{\ominus}}=\sqrt{4.2\times10^{-7}\times5.6\times10^{-11}}=4.85\times10^{-9}$$

$$pH=8.32$$

到达第 2 个化学计量点时，产物为 $H_2CO_3(CO_2+H_2O)$，其饱和溶液的浓度约为 0.04 $mol\cdot L^{-1}$，有

$$c'_{H^+}=\sqrt{C_aK_{a1}^{\ominus}}=\sqrt{0.04\times4.2\times10^{-7}}=1.3\times10^{-4}$$

$$pH=3.89$$

2. 指示剂选择

根据指示剂选择的原则，上述情况第 1 个化学计量点可选用酚酞作为指示剂，第 2 个化学计量点宜选择甲基橙作为指示剂。

7.7　酸碱滴定法结果计算示例

1. 待测物的物质的量 n_A 与滴定剂的物质的量 n_B 的关系

在滴定分析法中，设待测物质 A 与滴定剂 B 直接发生作用，则反应式如下：

$$aA+bB\rightleftharpoons cC+dD$$

当达到化学计量点时，a mol 的 A 物质恰好与 b mol 的 B 物质作用完全，则 n_A 与 n_B 之比等于它们的化学计量数之比，即

$$n_A:n_B=a:b$$

故

$$n_A=\frac{a}{b}n_B \tag{7-12}$$

例如，采用基准物质无水 Na_2CO_3 标定 HCl 溶液的浓度时，反应式为

$$2HCl+Na_2CO_3\rightleftharpoons2NaCl+H_2CO_3$$

根据式(7-12)得到

$$n_{HCl}=\frac{2}{1}n_{Na_2CO_3}=2n_{Na_2CO_3}$$

待测物溶液的体积为 V_A，浓度为 C_A，到达化学计量点时消耗了浓度为 C_B 的滴定剂的体积为 V_B，则

$$n_A=\frac{m_A}{M_A}=C_AV_A=\frac{a}{b}C_BV_B$$

2. 计算示例

例 7-17　用硼砂($Na_2B_4O_7\cdot10H_2O$)标定 HCl 溶液(大约浓度为 0.1 $mol\cdot L^{-1}$)，希望用去的 HCl 溶液为 25 mL 左右，应称取硼砂多少克？

解　因为滴定反应为

$$Na_2B_4O_7\cdot10H_2O+2HCl=4H_3BO_3+2NaCl+5H_2O$$

$$m_{硼砂}=\frac{a}{b}V_{HCl}C_{HCl}M_{硼砂}=\frac{1}{2}\times25\times10^{-3}\times0.1\times381.4=0.4768\approx0.5(g)$$

例 7-18 发烟硫酸($SO_3+H_2SO_4$)1.000 g,需 0.5710 mol·L^{-1}的 NaOH 标准溶液 35.90 mL 才能中和。求试样中两组分的质量分数。

解 因为滴定反应为

$$SO_3+2NaOH = Na_2SO_4+H_2O$$

$$H_2SO_4+2NaOH = Na_2SO_4+2H_2O$$

设试样中含 SO_3 的质量为 x g,则

$$\frac{x}{80.06}=\frac{a}{b}V_{NaOH(SO_3)}\cdot C_{NaOH}=\frac{1}{2}\times V_{NaOH(SO_3)}\times 0.5710 \quad (1)$$

$$\frac{1.000-x}{98.08}=\frac{a}{b}V_{NaOH(H_2SO_4)}\cdot C_{NaOH}=\frac{1}{2}\times V_{NaOH(H_2SO_4)}\times 0.5710 \quad (2)$$

式(1)+式(2)得

$$\frac{x}{80.06}+\frac{1.000-x}{98.08}=\frac{1}{2}\times 35.90\times 10^{-3}\times 0.5710$$

解得

$$x=0.02342(g)$$

所以

$$\omega_{SO_3}=\frac{0.02342}{1.000}\times 100\%=2.342\%,\quad \omega_{H_2SO_4}=97.66\%$$

例 7-19 准确称取硼酸试样 0.5004 g 于烧杯中,加沸水使其溶解,加入甘露醇使之强化。然后用 0.2501 mol·L^{-1} NaOH 标准溶液滴定,酚酞为指示剂,耗去 NaOH 溶液 32.16 mL。计算试样中以 H_3BO_3 和 B_2O_3 表示的质量分数。(硼酸的 $K_a^{\ominus}=5.7\times 10^{-10}$,不能用 NaOH 直接滴定。用甘露醇强化后形成硼酸-甘露醇配合物,该配合物为一元酸,其 $K_a^{\ominus}=5.5\times 10^{-5}$,故能用 NaOH 来直接滴定)

解

$$\omega_{H_3BO_3}=\frac{C_{NaOH}V_{NaOH}M_{H_3BO_3}}{m_s}\times 100\%$$

$$=\frac{0.2501\times 32.16\times 10^{-3}\times 61.83}{0.5004}\times 100\%=99.38\%$$

$$\omega_{B_2O_3}=\frac{M_{B_2O_3}}{2M_{H_3BO_3}}\times\omega_{H_3BO_3}=\frac{69.62}{2\times 61.83}\times 99.38\%=55.95\%$$

例 7-20 有一碱液,已知其相对密度为 1.200,其中可能含 NaOH 和 Na_2CO_3,也可能含 Na_2CO_3 和 $NaHCO_3$。现取试样 1.00 mL,加适量水后再加酚酞指示剂,用 0.3000 mol·L^{-1} HCl 标准溶液滴定至酚酞变色时,消耗 HCl 溶液 28.40 mL。再加入甲基橙指示剂,继续用同浓度的 HCl 滴定至甲基橙变色为终点,又消耗 HCl 溶液3.60 mL。问此碱液是何混合物,并计算各组分的质量分数。已知 $M_{NaOH}=40.01$ g·mol^{-1},$M_{Na_2CO_3}=106.0$ g·mol^{-1}, $M_{NaHCO_3}=84.01$ g·mol^{-1}。

解 可能发生的滴定反应是:

$Na_2CO_3+HCl = NaHCO_3+NaCl$ (酚酞变色)

$NaHCO_3+HCl = CO_2+H_2O+NaCl$ (甲基橙变色)

$NaOH+HCl = NaCl+H_2O$ (酚酞变色)

设 V_1 是以酚酞为指示剂时消耗 HCl 溶液的体积;V_2 是以甲基橙为指示剂时又耗去 HCl 溶液的体积。据此可推知:

只含 NaOH 时， $V_1>0, V_2=0$；

只含 $NaHCO_3$ 时， $V_1=0, V_2>0$；

只含 Na_2CO_3 时， $V_1=V_2$；

含 NaOH 和 Na_2CO_3 时， $V_1>V_2$；

含 Na_2CO_3 和 $NaHCO_3$ 时， $V_1<V_2$。

现 $V_1>V_2$，说明此碱液是 NaOH 和 Na_2CO_3 的混合物，它们的质量分数可分别计算如下：

$$\omega_{Na_3CO_3}=\frac{0.3000\times3.60\times10^{-3}\times106.0}{1.200\times1.00}\times100\%=9.54\%$$

$$\omega_{NaOH}=\frac{0.3000\times(28.40-3.60)\times10^{-3}\times40.01}{1.200\times1.00}\times100\%=24.81\%$$

第7章练习题

一、是非题

1. 强碱滴定强酸的滴定突跃范围取决于溶液的浓度。 （ ）
2. 酸碱指示剂在酸性溶液中呈酸色，在碱性溶液中呈碱色。 （ ）
3. 酸碱指示剂的实际变色范围往往少于两个 pH 单位。 （ ）

二、单选题

1. 溴甲酚绿的酸式色为黄色，碱式色为蓝色，在 pH=4.5 的溶液中呈绿色。那么溴甲酚绿的实际变色范围可能是（ ）。

   A. pH=1.8～3.4　　B. pH=3.8～5.4

   C. pH=5.8～7.4　　D. pH=7.8～9.4

2. 酸碱指示剂一般是有机弱酸或有机弱碱，它在溶液中的颜色变化主要取决于（ ）。

   A. 指示剂的离解度　　B. 指示剂的浓度

   C. 溶液的酸碱度　　D. 溶液的温度

3. 下列一元弱酸溶液，能用强碱直接准确滴定的是（ ）。

   A. 10^{-1} mol・L^{-1} 硼酸（$K_a^{\ominus}=5.7\times10^{-10}$）

   B. 10^{-2} mol・L^{-1} 苯酚（$K_a^{\ominus}=1.1\times10^{-10}$）

   C. 10^{-3} mol・L^{-1} 亚硝酸（$K_a^{\ominus}=4.6\times10^{-4}$）

   D. 10^{-4} mol・L^{-1} 苯甲酸（$K_a^{\ominus}=6.2\times10^{-5}$）

4. Na_2CO_3 的质子条件是（ ）。

   A. $2c_{H_2CO_3}+c_{HCO_3^-}+c_{H^+}=c_{OH^-}$　　B. $c_{H_2CO_3}+c_{HCO_3^-}+c_{H^+}=c_{OH^-}$

   C. $2c_{H_2CO_3}+c_{HCO_3^-}+c_{OH^-}=c_{H^+}$　　D. $c_{H_2CO_3}+c_{HCO_3^-}+c_{OH^-}=c_{H^+}$

5. 25 ℃时 0.050 mol・L^{-1} 一元弱酸溶液的离解度为 2%，此浓度下该酸溶液的

pH 为(　　)。

A. 1　　B. 2　　C. 3　　D. 4

三、填空题

1. 弱电解质浓度越稀，离解度越________，该关系称为________定律。

2. 在多元酸的分析浓度 C_{H_nA} 一定时，溶液中的氢离子浓度 c_{H^+} 越________，酸根离子的浓度 $c_{A^{n-}}$ 就越________，这种现象称为________。

3. 强碱滴定弱酸的滴定突跃范围大小取决于________与________的乘积，当其乘积________时，强碱能够直接、准确滴定弱酸。

四、简答题

1. 写出 Na_2S，$KHSO_4$ 水溶液的质子条件。

2. 试用质子平衡和物料、电荷平衡这两种方法列出 $(NH_4)_2HPO_4$ 的质子条件。

3. 某指示剂 HIn 的 $K^{\ominus}_{HIn}=10^{-4}$，则该指示剂的理论变色点和变色范围是多少？

4. 用 0.01000 $mol \cdot L^{-1}$ HNO_3 溶液滴定 20.00 mL 0.01000 $mol \cdot L^{-1}$ NaOH 溶液时，化学计量点附近的滴定突跃为多少？在这种滴定中应选用何种指示剂指示终点？

5. 试判断用强碱溶液滴定下列酸性溶液时的直接滴定和滴定分步情况：

(1)0.05000 $mol \cdot L^{-1}$ 的砷酸($pK^{\ominus}_{a1}=2.24$，$pK^{\ominus}_{a2}=6.96$，$pK^{\ominus}_{a3}=11.50$)；

(2)0.01000 $mol \cdot L^{-1}$ 的酒石酸($pK^{\ominus}_{a1}=3.04$，$pK^{\ominus}_{a2}=4.37$)；

(3)0.1000 $mol \cdot L^{-1}$ 的丙二酸($pK^{\ominus}_{a1}=2.65$，$pK^{\ominus}_{a2}=5.28$)；

(4)0.2000 $mol \cdot L^{-1}$ 的 $CaCl_2$($Ca(OH)_2$ 的 $pK^{\ominus}_{b1}=11.57$，$pK^{\ominus}_{b2}=12.6$)。

6. 有某三元酸，其 $pK^{\ominus}_{a1}=2$，$pK^{\ominus}_{a2}=6$，$pK^{\ominus}_{a3}=12$。用 NaOH 溶液滴定时，第 1 个和第 2 个化学计量点的 pH 值分别为多少？两个化学计量点附近有无滴定突跃？可选用何种指示剂指示终点？能否直接滴定至酸的质子全部被中和？

五、计算题

1. 设 0.10 $mol \cdot L^{-1}$ 氢氰酸(HCN)溶液的离解度为 0.0079%，试求此时溶液的 pH 值和 HCN 的离解常数 $K^{\ominus}_a$。

2. 求 0.10 $mol \cdot L^{-1}$ 氢氟酸水溶液的 pH 值($K^{\ominus}_{HF}=6.8\times10^{-4}$)。

3. 求 0.10 $mol \cdot L^{-1}$ 羟氨水溶液的 pH 值($K^{\ominus}_{NH_2OH}=9.1\times10^{-9}$)。

4. 室温下 H_2S 饱和溶液的浓度约为 0.1$mol \cdot L^{-1}$，求此溶液的 pH 值，已知 H_2S 的 $K^{\ominus}_{a1}=9.5\times10^{-8}$，$K^{\ominus}_{a2}=1.3\times10^{-14}$)。

5. 试求 0.20 $mol \cdot L^{-1}$ 烟碱水溶液的 pH 值，已知烟碱的 $K^{\ominus}_{b1}=7.6\times10^{-4}$，$K^{\ominus}_{b2}=9.5\times10^{-9}$。

6. 欲使分析浓度为 0.1000 $mol \cdot L^{-1}$ 的 HAc 溶液中 Ac^- 的浓度达到 0.064 $mol \cdot L^{-1}$，应将溶液的 pH 值调节到多少？

7. 测得分析浓度为 0.025 $mol \cdot L^{-1}$ 的甲酸(HCOOH)溶液的 pH 值为 2.69，试求

甲酸的标准离解常数 $K_a^\ominus$。

8. 某弱酸型指示剂的 $pK_a^\ominus=4.1$，它的酸色为红色，碱色为紫色，当酸色浓度大于碱色浓度的 12.6 倍时，碱色被掩盖，只观察到红色；而紫色要掩盖红色，碱色浓度只要大于酸色浓度 3.2 倍即可。试求该指示剂的实际变色范围。

9. 计算下列滴定中化学计量点的 pH 值，并指出选用何种指示剂指示终点：

(1) $0.2000\ mol \cdot L^{-1}$ NaOH 滴定 20.00 mL $0.2000\ mol \cdot L^{-1}$ HCl；

(2) $0.2000\ mol \cdot L^{-1}$ HCl 滴定 20.00 mL $0.2000\ mol \cdot L^{-1}$ NH_3；

(3) $0.2000\ mol \cdot L^{-1}$ HNO_3 滴定 50.00 mL $0.1000\ mol \cdot L^{-1}$ HAc。

10. 0.1044 g 未知一元弱酸样品需要 22.10 mL $0.0500\ mol \cdot L^{-1}$ NaOH 中和。试求未知酸的分子量。用上述碱滴定该酸，加入 11.05 mL 碱后，溶液的 pH 值为 4.89。求该酸的 $K_a^\ominus$。

11. 用 $0.1000\ mol \cdot L^{-1}$ NaOH 溶液滴定 $0.2000\ mol \cdot L^{-1}$ $K_a^\ominus=1.0\times10^{-6}$ 的弱酸溶液，达到化学计量点时 pH 值为多少？甲基黄($pK_a^\ominus=3.3$)、溴百里酚蓝($pK_a^\ominus=7.3$)、酚酞($pK_a^\ominus=9.1$)三者指示剂中选用何者最合适？

12. 某混合物含有 Na_2CO_3，还可能含有 NaOH 或 $NaHCO_3$，同时含有惰性杂质。今取试样 1.500 g，溶解在新煮沸除去 CO_2 的水中，用酚酞作指示剂，以 $0.5000\ mol \cdot L^{-1}$ H_2SO_4 溶液滴定时，需要 30.50 mL。若同溶液中再加入甲基橙作指示剂，需要 $0.5000\ mol \cdot L^{-1}$ H_2SO_4 溶液 2.50 mL，求试样的百分组成。

13. 称取 0.3280 g $H_2C_2O_4 \cdot 2H_2O$ 标定 NaOH 溶液，消耗 V_{NaOH} 25.78 mL，求 C_{NaOH} 为多少？

14. 铁矿试样重 0.1562 g，溶于热浓盐酸，铁被还原为 Fe^{2+}，用浓度为 $0.01214\ mol \cdot L^{-1}$ 的 $K_2Cr_2O_7$ 溶液滴定，用去 20.32 mL，计算试样中铁的百分含量以及用 FeO，Fe_3O_4 表示的百分含量。(滴定反应为 $6Fe^{2+}+Cr_2O_7^{2-}+14H^+ = 6Fe^{3+}+2Cr^{3+}+7H_2O$)

15. 已知试样可能含有 Na_3PO_4，NaH_2PO_4 和 Na_2HPO_4 的混合物，同时含有惰性杂质。试样重 2.00 g，当用甲基橙作指示剂，以 $0.500\ mol \cdot L^{-1}$ HCl 溶液滴定时，需要 32.0 mL。同样重量的试样，当用酚酞作指示剂时，需要 $0.500\ mol \cdot L^{-1}$ HCl 溶液 12.0 mL，求试样的百分组成。

第 8 章

沉淀溶解平衡与沉淀滴定法

在含有难溶电解质固体的饱和溶液中，存在着固体与由它解离的离子间的平衡，这是一种多相离子平衡，常称为沉淀溶解平衡。由于沉淀滴定法的基础是难溶电解质的沉淀溶解平衡，首先就需要研究难溶电解质的沉淀溶解平衡，认识沉淀的生成、溶解和转化的规律。

8.1 沉淀溶解平衡

8.1.1 溶度积

1. 溶度积定义

以难溶电解质 A_mB_n 的沉淀溶解平衡为例：

$$A_mB_n \rightleftharpoons mA^{n+} + nB^{m-}$$

溶度积 $K_{sp}^{\ominus}$的定义是：

$$K_{sp}^{\ominus} = (c'_{A^{n+}})^m \cdot (c'_{B^{m-}})^n$$

其中，$c'_{A^{n+}}$ 与 $c'_{B^{m-}}$ 分别为难溶电解质解离出来的阳离子 A^{n+} 与阴离子 B^{m-} 的平衡浓度。例如：

AgCl 的 $K_{sp}^{\ominus} = c'_{Ag^+} \cdot c'_{Cl^-}$；

Ag_2CrO_4 的 $K_{sp}^{\ominus} = (c'_{Ag^+})^2 \cdot c'_{CrO_4^{2-}}$；

$Ca_3(PO_4)_2$ 的 $K_{sp}^{\ominus} = (c'_{Ca^{2+}})^3 \cdot (c'_{PO_4^{3-}})^2$。

2. 溶度积与溶解度的关系

溶度积 $K_{sp}^{\ominus}$与难溶电解质 A_mB_n 的溶解度 s 的关系为

$$K_{sp}^{\ominus}(A_mB_n) = m^m \cdot n^n \cdot s^{m+n}$$

以上关系式不适用于下面三种情况：

(1)难溶弱电解质和形成离子对的难溶电解质，如 $Cl_3C_6H_2OH$ 和 $CaSO_4$。

(2)显著水解的难溶电解质，如 PbS。

(3)不同类型的难溶电解质不能直接用 $K_{sp}^{\ominus}$ 来比较溶解度。对于两种难溶电解质 A_mB_n 和 C_pD_q，若 $m+n$ 与 $p+q$ 相同，则这两种难溶电解质属于相同类型，如 $Mn(OH)_2$ 与 Ag_2CrO_4；否则，属于不同类型，如 AgCl 与 Ag_2CrO_4。

例 8-1　已知 25 ℃时，AgCl 的溶解度为 1.92×10^{-3} g・L^{-1}，试求该温度下 AgCl 的溶度积。

解　首先需将溶解度单位由 g・L^{-1} 换算成 mol・L^{-1}。

已知 AgCl 的摩尔质量为 143.4 g・mol^{-1}，设 AgCl 溶解度为 s mol・L^{-1}，则

$$s=\frac{1.92\times10^{-3}}{143.4}=1.34\times10^{-5}(\mathrm{mol\cdot L^{-1}})$$

$$K_{sp}^{\ominus}(\mathrm{AgCl})=1^1\cdot1^1\cdot s^{1+1}=s^2=(1.34\times10^{-5})^2=1.8\times10^{-10}$$

例 8-2　已知室温下 Ag_2CrO_4 的溶度积为 1.1×10^{-12}，试求 Ag_2CrO_4 在水中的溶解度(以 mol・L^{-1} 表示)。

解　设 Ag_2CrO_4 的溶解度为 s mol・L^{-1}，因此

$$s=\sqrt[3]{K_{sp}^{\ominus}(\mathrm{Ag_2CrO_4})/(2^2\cdot1^1)}=\sqrt[3]{1.1\times10^{-12}/4}=6.5\times10^{-5}(\mathrm{mol\cdot L^{-1}})$$

3. 溶度积规则

将难溶电解质溶液中阳离子和阴离子的标准浓度(不管它们的来源)代入 $K_{sp}^{\ominus}$ 表达式，得到的乘积称为离子积，用 Q 表示，把 Q 和 $K_{sp}^{\ominus}$ 相比较，可以判断沉淀-溶解反应进行的方向。

(1)$Q>K_{sp}^{\ominus}$，溶液呈过饱和状态，有沉淀从溶液中析出，直到溶液呈饱和状态。

(2)$Q<K_{sp}^{\ominus}$，溶液呈不饱和状态，无沉淀析出。若系统中原来有沉淀，则沉淀开始溶解，直到溶液饱和。

(3)$Q=K_{sp}^{\ominus}$，溶液为饱和状态，沉淀和溶解都处于动态平衡。

此即溶度积规则，它是判断沉淀的生成和溶解的重要依据。

8.1.2　沉淀的生成

1. 生成沉淀的条件

根据溶度积规则，在难溶电解质溶液中生成沉淀的条件是 $Q>K_{sp}^{\ominus}$。

例 8-3　向 0.50 L 的 0.10 mol・L^{-1}的氨水中加入等体积 0.50 mol・L^{-1}的 $MgCl_2$，问：(1)是否有 $Mg(OH)_2$ 沉淀生成？(2)欲控制 $Mg(OH)_2$ 沉淀不产生，问至少需加入多少克固体 NH_4Cl(设加入固体 NH_4Cl 后溶液体积不变)？

解　(1)$c'_{Mg^{2+}}=0.25$，　$c'_{NH_3}=0.05$

$$c'_{OH^-}=\sqrt{K_b^{\ominus}(\mathrm{NH_3})\cdot c'_{NH_3}}=\sqrt{1.8\times10^{-5}\times0.05}=9.5\times10^{-4}$$

$$\begin{aligned}Q&=c'_{Mg^{2+}}\cdot(c'_{OH^-})^2\\&=0.25\times(9.5\times10^{-4})^2\\&=2.3\times10^{-7}>K_{sp}^{\ominus}(\mathrm{Mg(OH)_2})=1.8\times10^{-11}\end{aligned}$$

故有 $Mg(OH)_2$ 沉淀析出。

(2)$Mg(OH)_2(s) \rightleftharpoons Mg^{2+}+2OH^-$　　$K_{sp}^{\ominus}(\mathrm{Mg(OH)_2})=c'_{Mg^{2+}}\cdot(c'_{OH^-})^2$

不使 $Mg(OH)_2$ 沉淀的最大 OH^- 浓度为

$$c'_{OH^-}=\sqrt{K_{sp}^{\ominus}(\mathrm{Mg(OH)_2})/c'_{Mg^{2+}}}=8.5\times10^{-6}$$

由于加入 NH_4^+ 后与 NH_3 形成了缓冲溶液，根据缓冲溶液计算 pOH 的公式：

$$pOH = pK_b^{\ominus} + \lg \frac{c'_{NH_4^+}}{c'_{NH_3}}$$

即 $$c_{NH_4^+} = 0.11(mol \cdot L^{-1})$$

所以 $$m_{NH_4Cl} = 0.11 \times 1.0 \times 53.5 = 5.9(g)$$

2. 沉淀的完全程度

严格地说,由于溶液中沉淀-溶解平衡总是存在的,一定温度下 $K_{sp}^{\ominus}$ 为常数,故溶液中没有哪一种离子的浓度会等于零。换句话说,没有一种沉淀反应是绝对完全的。通常认为残留在溶液中的离子浓度小于 1×10^{-6} mol·L^{-1}时,沉淀就达完全,即该离子被认为已除尽。

例 8-4 欲使例 8-3 的 Mg^{2+} 沉淀完全,问:(1)需将溶液的 pH 值调节到什么范围?(2)或者原氨水浓度至少需达到多少?

解 (1)OH^- 过量可使 Mg^{2+} 多沉淀,那么 OH^- 的最小浓度为

$$c'_{OH^-} = \sqrt{K_{sp}^{\ominus}(Mg(OH)_2)/c'_{Mg^{2+}}} = \sqrt{1.8 \times 10^{-11}/1 \times 10^{-6}} = 4.24 \times 10^{-3}$$

$$pOH = 3 - \lg 4.24 = 2.37, \quad pH = 14 - 2.37 = 11.63$$

(2)$c'_{OH^-} = \sqrt{K_b^{\ominus}(NH_3) \cdot c'_{NH_3}}$

则 $$c'_{NH_3} = \frac{(c'_{OH^-})^2}{K_b^{\ominus}(NH_3)} = \frac{(4.24 \times 10^{-3})^2}{1.8 \times 10^{-5}} = 1.0$$

所以混合前的 $c_{NH_3} = 1.0 \times 2 = 2.0(mol \cdot L^{-1})$。

答 欲使 Mg^{2+} 沉淀完全,必须使溶液的 pH≥11.63;或者使混合前 NH_3 的浓度≥2.0 mol·L^{-1}。

8.2 沉淀滴定法

沉淀滴定法是以沉淀反应为基础的滴定分析方法,能生成沉淀的化学反应不少,但适用于沉淀滴定法的沉淀反应并不多。能用于沉淀滴定法进行定量分析的反应,必须具备下列条件:①沉淀反应必须迅速、定量地完成;②沉淀物的溶解度必须很小;③有适当方法指示滴定终点;④沉淀的吸附现象应不妨碍终点的确定。

由于受这些条件的限制,能用于沉淀滴定法的反应就不多了。目前应用最多的是生成难溶银盐的反应。例如:

$$Ag^+ + X^- \longrightarrow AgX\downarrow \qquad (X^- 为 Cl^-, Br^-, I^-)$$

$$Ag^+ + SCN^- \longrightarrow AgSCN\downarrow$$

利用生成难溶银盐反应的测定方法称为银量法。根据确定终点所用指示剂不同,银量法分为莫尔法、福尔哈德法和法扬斯法三种。

8.2.1 莫尔法

以硝酸银为标准溶液,用铬酸钾为指示剂,在中性或弱碱性溶液中直接测定氯化物或溴化物含量的银量法,称为莫尔法(Mohr method)。

1. 原理

以测定 Cl^- 为例说明此法的原理。

如图 8-1 所示，$AgNO_3$ 要与溶液中的 Cl^- 和 CrO_4^{2-} 反应形成沉淀：

$$Ag^+ + Cl^- \longrightarrow AgCl\downarrow（白）$$

$$2Ag^+ + CrO_4^{2-} \longrightarrow Ag_2CrO_4\downarrow（砖红）$$

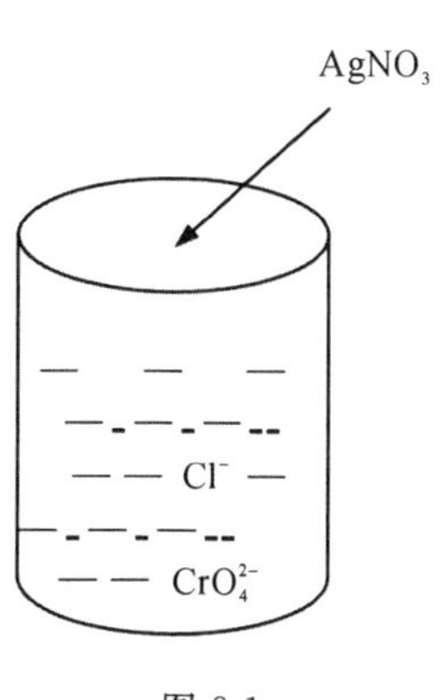

图 8-1

因为 $S_{AgCl} < S_{Ag_2CrO_4}$，所以滴定开始至化学计量点前，Ag^+ 先与 Cl^- 生成 AgCl 沉淀，此时溶液呈白色沉淀，而不与 CrO_4^{2-} 生成 Ag_2CrO_4 沉淀，因为此时 Ag^+ 浓度较低，小于产生溶解度较大的 Ag_2CrO_4 沉淀所需的 Ag^+ 浓度。但对溶解度较小的 AgCl来说，Ag^+ 浓度已达到了产生 AgCl 沉淀所需的浓度。

例 8-5　某溶液同时含有 Cl^- 和 CrO_4^{2-}，它们的浓度分别为 $C_{Cl^-} = 0.010\ mol \cdot L^{-1}$，$C_{CrO_4^{2-}} = 0.10\ mol \cdot L^{-1}$。当逐滴加入 $AgNO_3$ 时，首先生成何种沉淀？当第二种离子开始沉淀时，第一种离子的浓度为多少？

解　(1)AgCl 开始沉淀时有 $c_{Ag^+} \cdot c_{Cl^-} = K_{sp}^{\ominus}(AgCl)$，则

$$c_{Ag^+} = \frac{K_{sp}^{\ominus}(AgCl)}{c_{Cl^-}} = \frac{1.56\times10^{-10}}{0.010} = 1.56\times10^{-8}(mol \cdot L^{-1})$$

Ag_2CrO_4 开始沉淀时有 $(c_{Ag^+})^2 \cdot c_{CrO_4^{2-}} = K_{sp}^{\ominus}(Ag_2CrO_4)$，则

$$c_{Ag^+} = \sqrt{\frac{K_{sp}^{\ominus}(Ag_2CrO_4)}{c_{CrO_4^{2-}}}} = \sqrt{\frac{9.0\times10^{-12}}{0.10}} = 9.49\times10^{-6}(mol \cdot L^{-1})$$

所以 AgCl 先沉淀。

(2)CrO_4^{2-} 开始沉淀时有

$$c_{Cl^-} = \frac{K_{sp}^{\ominus}(AgCl)}{c_{Ag^+}} = \frac{1.56\times10^{-10}}{9.49\times10^{-6}} = 1.60\times10^{-5}(mol \cdot L^{-1})$$

如果再继续加 $AgNO_3$，则两种沉淀同时形成。终点时，Ag_2CrO_4 沉淀开始生成，溶液呈砖红色沉淀。

2. 条件

(1)指示剂用量

指示剂 CrO_4^{2-} 的浓度必须合适。若浓度太大或太小，都会影响滴定的准确度。

例 8-6　莫尔法测 Cl^- 时，理论上指示剂的最佳浓度为多少？过大或过小对滴定有何影响？

解　化学计量点时，Cl^- 与 Ag^+ 恰好完全反应，这时有 $c_{Ag^+} = c_{Cl^-}$。

因为　$c_{Ag^+} \cdot c_{Cl^-} = K_{sp}^{\ominus}(AgCl)$

所以　$c_{Ag^+} = K_{sp}^{\ominus}(AgCl) = 1.56\times10^{-10}$

$$c_{CrO_4^{2-}} = \frac{K_{sp}^{\ominus}(Ag_2CrO_4)}{c_{Ag^+}^2} = \frac{9.0\times10^{-12}}{1.56\times10^{-10}} = 5.8\times10^{-2}(mol \cdot L^{-1})$$

答　指示剂的理论最佳浓度为 $5.8\times10^{-2}\ mol \cdot L^{-1}$。

如果 $\begin{cases} c_{CrO_4^{2-}} > 5.8\times10^{-2}\ mol\cdot L^{-1} & 终点提早，结果偏低； \\ c_{CrO_4^{2-}} < 5.8\times10^{-2}\ mol\cdot L^{-1} & 终点推迟，结果偏高。 \end{cases}$

但由于 CrO_4^{2-} 在溶液中呈黄色，为减少对终点颜色的妨碍，所以实际浓度略小于理论浓度，为 $5.0\times10^{-3}\ mol\cdot L^{-1}$。

由上可知，如果 CrO_4^{2-} 的浓度略小于 $5.8\times10^{-2}\ mol\cdot L^{-1}$，终点就会相应地稍微推迟，但对最后测定结果的影响是否完全如此，请同学们自己考虑。

(2)溶液的酸碱度

滴定应在中性或微碱性介质中进行。若酸度过高，CrO_4^{2-} 将因酸效应致使其浓度降低，导致 Ag_2CrO_4 沉淀出现过迟甚至不沉淀；但若溶液的碱性太强，又将生成 Ag_2O 沉淀，故适宜的酸度范围为 pH=6.5～10.5。若试液中有铵盐存在，测定的准确度会降低。实验证明，当 $c_{NH_4^+}<0.05\ mol\cdot L^{-1}$ 时，控制溶液的 pH 值在 6.5～7.2 范围内滴定可得到满意的结果。当 $c_{NH_4^+}>0.15\ mol\cdot L^{-1}$ 时，则仅仅通过控制溶液酸度已不能消除其影响，此时须在滴定前将大量铵盐除去。

因为在 pH<6.5 的酸性溶液中，H^+ 浓度增大，会使平衡

$$2CrO_4^{2-} + 2H^+ \rightleftharpoons 2HCrO_4^- \rightleftharpoons Cr_2O_7^{2-} + H_2O$$

向右移动，使得 CrO_4^{2-} 的浓度降低，从而终点推迟。

而在 pH>10.5 的强碱性溶液中，反应

$$2Ag^+ + 2OH^- = 2AgOH\downarrow \rightarrow Ag_2O\downarrow + H_2O$$

发生，使滴定反应失去意义。

若在 pH>7.2 的铵碱性溶液中，平衡 $NH_4^+ \rightleftharpoons NH_3 + H^+$ 向右移，生成的 NH_3 与 AgCl 和 Ag_2CrO_4 形成配合物而溶解，即

$$AgCl + 2NH_3 = [Ag(NH_3)_2]^+ + Cl^-$$

$$Ag_2CrO_4 + 4NH_3 = 2[Ag(NH_3)_2]^+ + CrO_4^{2-}$$

使得滴定无法进行。

(3)预先分离干扰离子

当试样中存在有与 Ag^+ 或 CrO_4^{2-} 生成沉淀的阳离子或阴离子时，必须预先分离这些有干扰的阳离子或阴离子。例如，干扰的阳离子有 Ba^{2+}，Pb^{2+}，Cu^{2+}，Co^{2+} 和 Ni^{2+} 等；干扰的阴离子有 PO_4^{3-}，AsO_4^{3-}，SO_3^{2-}，S^{2-}，CO_3^{2-} 和 CrO_4^{2-} 等。

(4)滴定时充分振摇

在滴定时充分振摇的目的是使被 AgCl 吸附的 Cl^- 释放出来。莫尔法不能测定 I^- 和 SCN^- 就是因为 I^- 和 SCN^- 被 AgI 和 AgSCN 吸附太牢。

8.2.2 福尔哈德法

以 SCN^- 为标准溶液，用铁铵矾($NH_4Fe(SO_4)_2\cdot12H_2O$)为指示剂，在酸性溶液中测定 Ag^+ 或卤离子含量的银量法，称为福尔哈德法(Volhard method)。

1. 直接滴定法

用直接滴定法测定 Ag^+ 的原理如下：

终点前　$SCN^- + Ag^+ \xlongequal{} AgSCN\downarrow$（白色）　　溶液呈白色

终点后　$\begin{cases} SCN^- + Ag^+ \xlongequal{} AgSCN\downarrow（白色） \\ Fe^{3+} + 6SCN^- \xlongequal{} [Fe(SCN)_6]^{3-}（红色） \end{cases}$　　溶液呈淡红色

条件是：

(1)在滴定时，溶液的酸度一般控制在 0.1～1 $mol \cdot L^{-1}$。若酸度过低，则 Fe^{3+} 易水解。

(2)因为$[Fe(SCN)_6]^{3-}$在高温下易分解，红色消失，所以，滴定应在常温下进行。

(3)在滴定时应充分振摇，因为 SCN^- 被 AgSCN 吸附较牢。

2. 返滴定法

在含有卤素离子的 HNO_3 溶液中，加入过量的 $AgNO_3$，以铁铵矾为指示剂，用 NH_4SCN 标准溶液返滴定过量的 $AgNO_3$。

由于滴定是在 HNO_3 介质中进行的，许多弱酸盐如 PO_4^{3-}，AsO_4^{3-}，S^{2-} 等都不干扰卤素离子的测定，因此该法选择性高。

8.2.3　法扬斯法

以 $AgNO_3$ 为标准溶液，用吸附指示剂（有色有机物，其阴离子能被胶粒吸附而发生颜色变化）为指示剂，测定 Cl^- 含量的银量法，称为法扬斯法（Fajans method）。

法扬斯法的滴定原理为：在化学计量点之前，溶液中 Cl^- 过量，AgCl 沉淀吸附 Cl^- 而使沉淀胶粒带负电荷，这时吸附指示剂的阴离子不能被胶粒吸附，溶液呈现指示剂阴离子的颜色。在化学计量点之后，溶液中有过剩的 Ag^+，这时 AgCl 沉淀吸附 Ag^+ 使沉淀胶粒带正电荷（$AgCl \cdot Ag^+$），它将强烈地吸附指示剂阴离子，使指示剂结构改变而发生颜色变化。

第8章练习题

一、是非题

1. 莫尔法在滴定过程中应轻缓摇动溶液，以防沉淀溶解。（　　）
2. 有铵盐存在时，莫尔法不能在弱碱性溶液中进行。（　　）
3. 采用莫尔法滴定时，若 K_2CrO_4 指示剂的浓度为 0.10 $mol \cdot L^{-1}$，会使终点推迟，结果偏高。（　　）

二、单选题

1. 福尔哈德法的指示剂是（　　）。

A. 铬酸钾　　B. 重铬酸钾　　C. 铁铵矾　　D. 吸附指示剂

2. 莫尔法要求的介质条件是(　　)。

A. 酸性溶液　　B. 碱性溶液　　C. 中性或弱酸性溶液　D. 中性或弱碱性溶液

3. 莫尔法要严格控制指示剂 K_2CrO_4 的用量，一般最适宜的浓度约为(　　)。

A. 5×10^{-1} mol·L^{-1}　　B. 5×10^{-2} mol·L^{-1}

C. 5×10^{-3} mol·L^{-1}　　D. 5×10^{-4} mol·L^{-1}

三、填空题

1. 银量法按照________不同而分为________法、________法和________法三种。

2. 莫尔法滴定 Cl^- 的原理是：标准溶液________滴定过程中首先生成______色的________沉淀，当滴定到化学计量点时，滴定剂再稍过量立即生成________色的________沉淀，从而指示出终点。

四、计算题

1. 根据 $AgIO_3$ 和 Ag_2CrO_4 的溶度积，通过计算说明：(1)哪一种化合物的溶解度(mol·L^{-1})大；(2)在 0.010 mol·L^{-1} $AgNO_3$ 溶液中，哪一种的溶解度(mol·L^{-1})大。

2. 25 ℃时，腈纶纤维生产中的某种回收溶液中 $c_{SO_4^{2-}}$ 为 6.0×10^{-4} mol·L^{-1}。若在 40.0 L 该溶液中，加入 0.010 mol·L^{-1} $BaCl_2$ 溶液 10.0 L，是否能生成 $BaSO_4$ 沉淀？如果有沉淀生成，问能生成 $BaSO_4$ 多少克？最后溶液中 $c_{SO_4^{2-}}$ 是多少？

3. 某溶液中 Zn^{2+} 浓度为 0.10 mol·L^{-1}，如果不断将 H_2S 气体通入溶液中，使溶液中的 H_2S 始终处于饱和状态，并有 ZnS 沉淀不断生成。计算 ZnS 沉淀开始析出时溶液的 pH 值和 Zn^{2+} 沉淀完全时溶液的最低 pH 值。

4. 欲除去溶液中的 Ba^{2+}，常加入 SO_4^{2-} 作为沉淀剂。问溶液中 Ba^{2+} 在下面两种情况下是否沉淀完全？

(1)将 0.10 L 0.020 mol·L^{-1} $BaCl_2$ 与 0.10 L 0.020 mol·L^{-1} Na_2SO_4 溶液混合；

(2)将 0.10 L 0.020 mol·L^{-1} $BaCl_2$ 与 0.10 L 0.040 mol·L^{-1} Na_2SO_4 溶液混合。

5. 已知某溶液中含有 0.10 mol·L^{-1} Ni^{2+} 和 0.10 mol·L^{-1} Fe^{3+}，试问在什么 pH 范围能达到将这两种离子分离的目的。

6. 试比较下列两种不同的洗涤 $BaSO_4$ 沉淀的方法，对 $BaSO_4$ 沉淀的损失分别影响如何？

(1)用 0.10 L 蒸馏水；　　(2)用 0.10 L 的 0.010 mol·L^{-1} H_2SO_4。

7. 粗制 $CuSO_4\cdot5H_2O$ 晶体中常含有杂质 Fe^{2+}。在提纯 $CuSO_4$ 时，为了除去 Fe^{2+}，常加入少量 H_2O_2，使 Fe^{2+} 氧化为 Fe^{3+}，然后再加少量碱至溶液 pH=4.00。假设溶液中 $c_{Cu^{2+}}=0.50$ mol·L^{-1}，$c_{Fe^{2+}}=0.010$ mol·L^{-1}，试通过计算解释：

(1)为什么必须将 Fe^{2+} 氧化为 Fe^{3+} 后再加入碱？

(2)在 pH=4.00 时能否达到将 Fe^{3+} 除尽而 $CuSO_4$ 不损失的目的？

8. 称取含 NaCl 和 NaBr 的试样 0.3760 g，溶解后用 0.1043 mol·L^{-1} 的 $AgNO_3$ 溶液滴定，消耗 21.11 mL；另取同样质量的试样，溶解后，加过量 $AgNO_3$ 溶液，得到的沉淀经过滤、洗涤，干燥后称重为 0.4020 g。计算试样中 NaCl 和 NaBr 的质量分数。

9. 某试样含有 $KBrO_3$，KBr 和惰性物质。称取 1.000 g 溶解后配制于 100 mL 容量瓶中。吸取 25.00 mL，于 H_2SO_4 介质中用 NaS_2O_3 将 BrO_3^- 还原至 Br^-，然后调至中性，用莫尔法测定 Br^-，用去 0.1010 mol·L^{-1} $AgNO_3$ 10.51 mL。另吸取 25.00 mL 用 H_2SO_4 酸化后加热除去 Br_2，再调至中性，用上述 $AgNO_3$ 溶液滴定过剩 Br^- 时用去 3.25 mL。计算试样中 $KBrO_3$ 和 KBr 的含量。

第 9 章

氧化还原平衡与氧化还原滴定法

氧化还原反应是化学反应的基本类型之一。氧化还原反应的本质是反应过程中电子的转移使某些元素的氧化值发生了变化。这类反应涉及面很广，并和电化学有密切联系，对于制取新物质、获得能源（化学热能和电能）都具有重要意义。氧化还原滴定法是以氧化还原反应为基础的滴定分析法。氧化还原滴定法能直接或间接测定许多无机物和有机物。本章在原电池的基础上，引出电极电势这一重要概念，作为比较氧化剂和还原剂相对强弱、判断氧化还原反应的依据，并介绍元素电势图及其应用。最后介绍几种主要氧化还原滴定法的基本原理和应用。

9.1 氧化还原反应的基本概念

9.1.1 氧化值

氧化值是指某元素一个原子的荷电数，用$+x$或$-x$表示，还可以是分数。如：

$$\overset{2}{\underset{\uparrow}{Ca}}\ \overset{1}{\underset{\uparrow}{H}}\ \overset{5}{\underset{\uparrow}{P}}\ \overset{-2}{\underset{\uparrow}{O_4}} \qquad \overset{8/3}{\underset{\uparrow}{Fe_3}}\ \overset{-2}{\underset{\uparrow}{O_4}}$$

氧化值计算原则：①单质为 0；②H 一般为 1（在金属氢化物中为-1），O 一般为-2（在过氧化物中为-1）；③在单原子离子中等于离子所带的电荷数，在多原子离子中各元素氧化值的代数和等于离子团的电荷数；④在中性分子中各元素氧化值的代数和为 0。

例 9-1 计算 $K_2Cr_2O_7$，Fe_3O_4 中 Cr 及 Fe 的氧化值。

解 $2\,Cr+7\times(-2)=-2$ 　　　　$Cr=6$

$3\,Fe+4\times(-2)=0$ 　　　　$Fe=8/3$

9.1.2 氧化还原电对

氧化还原电对简称电对。电对中氧化值较大的物种为氧化型，用 O 表示，氧化值较小的物种为还原型，用 R 表示。因此，通常用 O/R 表示电对。在任何一个氧化还原反应中至少含有两个电对。如：

在 $Fe+Cu^{2+} \longrightarrow Fe^{2+}+Cu$ 的反应中，含有 Fe^{2+}/Fe 和 Cu^{2+}/Cu 两个电对。

在 $KMnO_4+S \longrightarrow MnO_2+K_2SO_4$ 的反应中，含有 MnO_4^-/MnO_2 和 SO_4^{2-}/S 两个电对。

9.1.3 常见的氧化剂和还原剂

氧化剂中应含有高氧化态的元素；相反，还原剂中必含有低氧化态的元素。若元素处于中间氧化态，则既可作氧化剂又可作还原剂，视与其作用的物质及反应条件而定。如 H_2O_2 与 I^- 作用时，H_2O_2 作为氧化剂而被还原成 H_2O，氧的氧化值由 -1 降至 -2；而 H_2O_2 与 $KMnO_4$ 作用时，则 H_2O_2 作为还原剂而被氧化成 O_2，氧的氧化值由 -1 升至 0。

常见的氧化剂、还原剂及其产物列于表 9-1。

9.1.4 氧化还原反应方程式的配平

氧化还原反应往往比较复杂，参加反应的物质也比较多，配平这类反应方程式不像其他反应那样容易，所以有必要介绍一下氧化还原方程式的配平方法。

配平氧化还原方程式的常用方法有两种：氧化值法和半反应法。氧化值法比较简便，人们乐于选用；半反应法却能更清楚地反映水溶液中氧化还原反应内在的本质。

1. 氧化值法

以 HClO 把 Br_2 氧化成 $HBrO_3$ 而本身被还原成 HCl 为例，说明氧化值法配平的步骤。

(1)在箭号左边写反应物的化学式，右边写生成物的化学式。

$$HClO+Br_2 \longrightarrow HBrO_3+HCl$$

(2)计算氧化剂中原子氧化值的降低值及还原剂中原子氧化值的升高值，并根据氧化值降低总值和升高总值必须相等的原则，找出氧化剂和还原剂前面的化学计量数。

$$\begin{array}{lllll} Cl: & +1 \longrightarrow -1 & \text{氧化值降低 } 2(\downarrow 2) & \times 5 \\ 2Br: & 2(0 \longrightarrow +5) & \text{氧化值升高 } 10(\uparrow 10) & \times 1 \end{array}$$

$$5HClO+Br_2 \longrightarrow HBrO_3+HCl$$

(3)配平除氢和氧元素外各种元素的原子数（先配平氧化值有变化元素的原子数，后配平氧化值没有变化元素的原子数）。

$$5HClO+Br_2 \longrightarrow 2HBrO_3+5HCl$$

表 9-1　常见的氧化剂、还原剂及其在酸性介质中的产物

氧化剂		还原剂	
(1)活泼非金属单质		(1)活泼金属单质和 H_2	
氧化剂	产物	还原剂	产物
X_2^*	X^-	M^{**}	M^{2+}
O_2	H_2O	H_2	H^+

续表

氧化剂		还原剂	
(2)元素具有高氧化值的物种		(2)元素具有低氧化值的物种	
氧化剂	产物	还原剂	产物
XO_n^- (n=1,2,3,4)	X	I^-	I_2
MnO_4^- ***	Mn^{2+}	S^{2-}	S,SO_4^{2-}
$Cr_2O_7^{2-}$	Cr^{3+}	Sn^{2+}	Sn^{4+}
$S_2O_8^{2-}$	SO_4^{2-}	Fe^{2+}	Fe^{3+}
$NaBiO_3$	Bi^{3+}		
PbO_2	Pb^{2+}		
MnO_2	Mn^{2+}		
Fe^{3+}	Fe^{2+}		
(3)元素具有中间氧化值的物种		(3)元素具有中间氧化值的物种	
氧化剂	产物	还原剂	产物
H_2O	H_2O	H_2O_2	O_2
H_2SO_3	S	SO_3^{2-}	SO_4^{2-}
HNO_2	NO	HNO_2	NO
		$H_2C_2O_4$	CO_2
(4)氧化性酸		(4)还原性酸	
氧化剂	产物	还原剂	产物
浓 H_2SO_4	SO_2,S,H_2S	H_2S	S,SO_4^{2-}
浓 HNO_3	NO_2,NO	HX	X_2
稀 HNO_3	NO,N_2O,NH_4^+		
王水	NO		

注:* X=Cl,Br,I,下同。

** M 为"金属电位序"在 H_2 以前的活泼金属。

*** MnO_4^-(紫红色)在酸性介质中被还原成 Mn^{2+}(浅粉红色);在近中性介质中被还原成 MnO_2(棕色);在强碱性介质中被还原成 MnO_4^{2-}(绿色)。

(4)配平氢,并找出参加反应(或生成)水的分子数。

$$5HClO+Br_2+H_2O \longrightarrow 2HBrO_3+5HCl$$

(5)最后核对氧,确定该方程式是否配平。

等号两边都有 6 个氧原子,证明上面的方程式确已配平。

例 9-2 配平下列反应方程式

$$Cu_2S+HNO_3 \longrightarrow Cu(NO_3)_2+H_2SO_4+NO$$

解

$$\begin{array}{llll|l} 2Cu: & 2(+1 & +2) & \uparrow 2 \\ S: & -2 & +6 & \uparrow 8 \end{array}\Big\}\uparrow 10 \quad \times 3$$

$$\begin{array}{llll} N: & +5 & +2 & \downarrow 3 \end{array} \quad \times 10$$

$$3Cu_2S+10HNO_3 \longrightarrow 6Cu(NO_3)_2+3H_2SO_4+10NO$$

上面方程式中元素 Cu 和 S 的原子数都已配平,对于 N 原子,发现生成 6 个

$Cu(NO_3)_2$，还需消耗 12 个 HNO_3，于是 HNO_3 的系数变为 22。

$$3Cu_2S+22HNO_3 \longrightarrow 6Cu(NO_3)_2+3H_2SO_4+10NO$$

配平 H，找出 H_2O 的分子数：

$$3Cu_2S+22HNO_3 = 6Cu(NO_3)_2+3H_2SO_4+10NO+8H_2O$$

最后核对方程式两边氧原子数，可知方程式确已配平。

例 9-3　配平下列反应式

$$P_4+KOH \longrightarrow PH_3+KH_2PO_4$$

解　从反应式可以看出，P_4 中部分磷原子氧化值升高，部分磷原子氧化值降低，即 P_4 在同一反应中既作氧化剂又作还原剂。这类反应称歧化反应(或自氧化还原反应)。对于这类反应，确定氧化值的变化后，从逆反应着手配平较为方便。

$$\begin{array}{llllll} P(KH_2PO_4): & +5 & \longrightarrow & 0 & \downarrow 5 & \times 3 \\ P(PH_3): & -3 & \longrightarrow & 0 & \uparrow 3 & \times 5 \end{array}$$

$$P_4+KOH \longrightarrow 5PH_3+3KH_2PO_4$$

配平　P，K：$2P_4+3KOH \longrightarrow 5PH_3+3KH_2PO_4$

配平　H，O：$2P_4+3KOH+9H_2O \longrightarrow 5PH_3+3KH_2PO_4$

例 9-4　配平下列反应式

$$Fe(CrO_2)_2+Na_2CO_3+O_2 \longrightarrow Na_2CrO_4+Fe_2O_3+CO_2$$

解

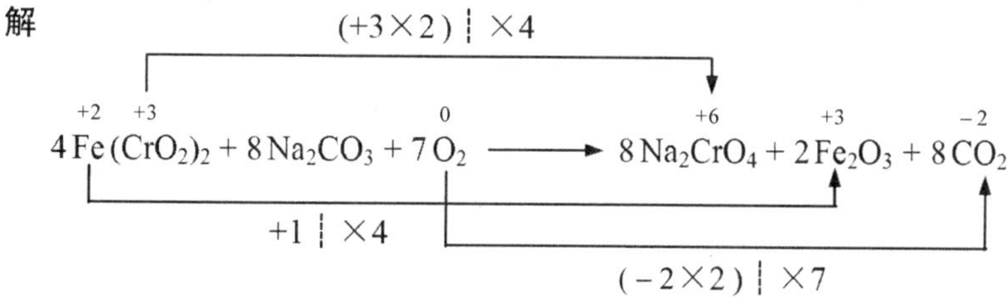

例 9-5　配平下列反应式

$$Cl_2+KOH \longrightarrow KCl+KClO_3$$

解

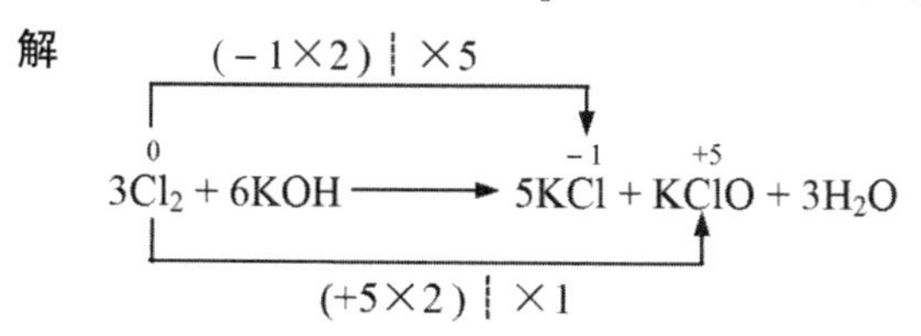

2. 半反应法

任何氧化还原反应都可以看作由两个半反应组成，一个半反应代表氧化，另一个半反应代表还原。例如钠与氯直接化合生成 NaCl 的反应的两个半反应为

氧化半反应：　$2Na \longrightarrow 2Na^{+}+2e^{-}$

还原半反应：　$Cl_2+2e^{-} \longrightarrow 2Cl^{-}$

这样的方程式叫作离子-电子方程式，所以半反应法配平也叫离子-电子法配平。

半反应法配平的一般步骤如下：

(1)根据实验事实或反应规律先将反应物、生成物写成一个没有配平的离子反应方程式。

(2)再将上述反应分解为两个半反应，并分别加以配平，使每一半反应的原子数和电荷数相等。

这一步的关键是原子数的平衡，而原子数平衡的关键又在 O 原子数的平衡。配平半反应时，在已使氧化值有变化的元素的原子数相等后，如果 O 原子数不同，可以根据介质的酸碱性，分别在半反应方程式中加 H^+，加 OH^- 或加 H_2O，并利用水的解离平衡使反应式两边的 O 原子数目相等。不同介质条件下配平 O 原子的经验规则见表 9-2。

表 9-2　配平氧原子的经验规则

介质条件	比较方程式两边氧原子数	配平时左边应加入物质	生成物
酸性	左边多 n 个 O	$2n$ 个 H^+	n 个 H_2O
	左边少 n 个 O	n 个 H_2O	$2n$ 个 H^+
中性或碱性	左边多 n 个 O	n 个 H_2O	$2n$ 个 OH^-
	左边少 n 个 O	$2n$ 个 OH^-	n 个 H_2O

至于 H 原子数的平衡比较简单。如果是酸性介质，哪一边 H 原子数少，就在哪一边添上相同数目的 H^+；如果是中性或碱性介质，哪一边 H 原子数多，就在哪一边添上相同数目的 OH^-，然后在另一边加上相同数目的 H_2O 来平衡。

(3)根据得失电子数相等的原则，以适当系数分别乘以两个半反应，然后相加就得到一个配平了的离子反应方程式。

(4)如果要写出分子反应方程式，可以根据实际参与反应的物质，添加适合的阳离子或阴离子，必要时还可引入不参与反应并尽量不新增元素的酸或碱，将离子反应式改为分子反应式。

例 9-6　配平下列反应方程式

$$FeS_2 + HNO_3 \longrightarrow Fe_2(SO_4)_3 + H_2SO_4 + NO_2$$

解

$$\begin{cases} FeS_2 \longrightarrow Fe^{3+} + SO_4^{2-} \\ NO_3^- \longrightarrow NO_2 \end{cases}$$

$$8H_2O + FeS_2 \longrightarrow Fe^{3+} + 2SO_4^{2-} + 16H^+ + 15e^- \qquad (1)$$

$$2H^+ + NO_3^- + e^- \longrightarrow NO_2 + H_2O \qquad (2)$$

式(1)+式(2)×15 得

$$FeS_2 + 14H^+ + 15NO_3^- \longrightarrow Fe^{3+} + 2SO_4^{2-} + 15NO_2 + 7H_2O$$

$$FeS_2 + 14HNO_3 + NO_3^- \longrightarrow \frac{1}{2}Fe_2(SO_4)_3 + \frac{1}{2}SO_4^{2-} + 15NO_2 + 7H_2O$$

$$2FeS_2 + 30HNO_3 = Fe_2(SO_4)_3 + H_2SO_4 + 30NO_2 + 14H_2O$$

例 9-7　配平下列反应方程式

$$Cl_2 + NaOH \longrightarrow NaCl + NaClO_3$$

解

$$2e^- + Cl_2 \longrightarrow 2Cl^- \qquad (1)$$

$$12OH^- + Cl_2 \longrightarrow 2ClO_3^- + 6H_2O + 10e^- \quad (2)$$

式(1)×5+式(2)得

$$5Cl_2 + 12OH^- + Cl_2 \longrightarrow 10Cl^- + 2ClO_3^- + 6H_2O$$
$$3Cl_2 + 6OH^- \longrightarrow 5Cl^- + ClO_3^- + 3H_2O$$
$$3Cl_2 + 6NaOH = 5NaCl + NaClO_3 + 3H_2O$$

9.2　氧化还原反应与原电池

9.2.1　原电池的组成

现以图 9-1 所示的铜锌原电池为例，说明原电池的组成及原理。

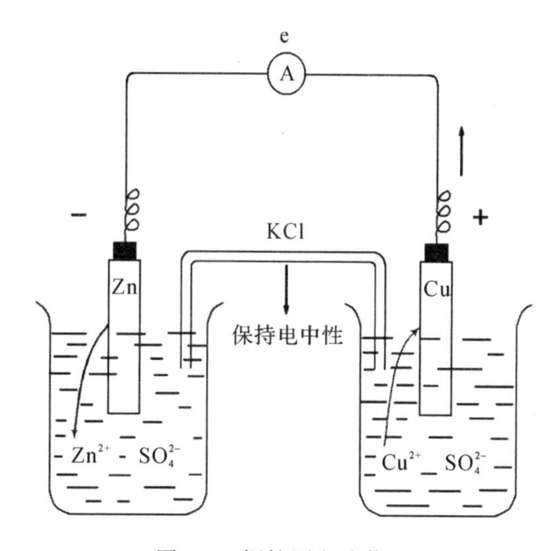

图 9-1　铜锌原电池装置

氧化反应(半反应) $Zn \longrightarrow Zn^{2+} + 2e^-$，还原反应(半反应) $Cu^{2+} + 2e^- \longrightarrow Cu$；Zn 片电子多余，Cu 片电子缺少；负极(电子流出)，正极(电流方向)。

为何是 Zn 转变为 Zn^{2+}，Cu^{2+} 转变为 Cu，那么方向可否相反呢？我们在 9-3 节中再讨论。

铜锌原电池装置可以用电池符号来表示：

$$(-)Zn|Zn^{2+}(c_1) \| Cu^{2+}(c_2)|Cu(+)$$

9.2.2　原电池的电动势

正、负两极间的电势差，称为原电池的电动势，用 E 表示。在标准状态下测得的 E 称为标准电动势，用 $E^\ominus$ 表示。

9.3 电极电势

9.3.1 标准电极电势及其测定

已知各电极的电势，容易计算电势差。目前只能测得相对电极电势，现介绍如下。

1. 标准氢电极

标准氢电极的电极电势用 $E^{\ominus}_{298.15\ K}(H^+/H_2)$表示，人为规定

$$E^{\ominus}_{298.15\ K}(H^+/H_2)=0(V)$$

2. 标准电极电势 $E^{\ominus}$(O/R)的测定

将某标准电极与标准氢电极组成原电池测定 $E^{\ominus}$(O/R)，根据电流方向判断出正、负极后，按 $E^{\ominus}=E^{\ominus}_{+}-E^{\ominus}_{-}$求得 $E^{\ominus}$(O/R)。

例 9-8 测得原电池(－)$Zn|Zn^{2+}(1\ mol\cdot L^{-1})\parallel H^+(1\ mol\cdot L^{-1})|H_2(100\ kPa)|Pt$(＋)的 $E^{\ominus}=0.763(V)$，试求 Zn^{2+}/Zn 电极的电极电势。

解 $E^{\ominus}=E^{\ominus}_{+}-E^{\ominus}_{-}=E^{\ominus}(H^+/H_2)-E^{\ominus}(Zn^{2+}/Zn)$

所以 $E^{\ominus}(Zn^{2+}/Zn)=0-0.763=-0.763(V)$

部分电对的电极电势可按此方法直接测得，通常还可用甘汞电极来代替标准氢电极来间接测得。一些主要电对的标准电极电势见表 9-3，更多的请见附表 3。

表 9-3 一些主要电对的标准电极电势(298.15 K，在酸性溶液中)

氧化型＋ne^- ⇌ 还原型	$E^{\ominus}_{A}$/V
$Li^+ + e^- \rightleftharpoons Li$	－3.045
$Na^+ + e^- \rightleftharpoons Na$	－2.714
$Mg^{2+} + 2e^- \rightleftharpoons Mg$	－2.37
$Zn^{2+} + 2e^- \rightleftharpoons Zn$	－0.763
$Fe^{2+} + 2e^- \rightleftharpoons Fe$	－0.44
$Sn^{2+} + 2e^- \rightleftharpoons Sn$	－0.136
$Pb^{2+} + 2e^- \rightleftharpoons Pb$	－0.126
$2H^+ + 2e^- \rightleftharpoons H_2$	0
$Cu^{2+} + 2e^- \rightleftharpoons Cu$	0.337
$I_2 + 2e^- \rightleftharpoons 2I^-$	0.5345
$Ag^+ + e^- \rightleftharpoons Ag$	0.799
$Br_2 + 2e^- \rightleftharpoons 2Br^-$	1.065
$Cl_2 + 2e^- \rightleftharpoons 2Cl^-$	1.36
$MnO_4^- + 8H^+ + 5e^- \rightleftharpoons Mn^{2+} + 4H_2O$	1.51
$F_2 + 2e^- \rightleftharpoons 2F^-$	2.87

(左侧箭头向下：氧化型的氧化能力增强；右侧箭头向上：还原型的还原能力增强)

9.3.2　影响电极电势的因素

1. 能斯特(Nernst)方程式

设电极反应为 $b\mathrm{O}+ze=a\mathrm{R}$,则该电对的电极电势:

$$E=E^{\ominus}+\frac{RT}{zF}\ln\frac{(c'_{\mathrm{O}})^b}{(c'_{\mathrm{R}})^a}$$

式中,R 为气体常数;T 为绝对温度;F 为法拉第常数(96486 C·mol^{-1})。

可见,影响 E 的因素有:①电对本性(决定了 $E^{\ominus}$,z);②反应温度 T;③氧化型物质与还原型物质的浓度,即 c'_{O}与 c'_{R_0}将各常数代入,T 定为 25 ℃,ln 转化成 lg 得

$$E=E^{\ominus}+\frac{0.0592}{z}\cdot\lg\frac{(c'_{\mathrm{O}})^b}{(c'_{\mathrm{R}})^a}\qquad(\text{单位:V})$$

例 9-9　试写出下列电对的 Nernst 方程式。

(1)Fe^{3+}/Fe^{2+};　(2)Cl_2/Cl^-;　(3)$Cr_2O_7^{2-}/Cr^{3+}$(酸性介质)。

解　(1)$Fe^{3+}+e^-=Fe^{2+}$

$$E=E^{\ominus}(Fe^{3+}/Fe^{2+})+\frac{0.0592}{1}\cdot\lg\frac{c'_{Fe^{3+}}}{c'_{Fe^{2+}}}=0.771+0.0592\cdot\lg\frac{c'_{Fe^{3+}}}{c'_{Fe^{2+}}}(\mathrm{V})$$

(2)$Cl_2+2e^-=2Cl^-$

$$E=E^{\ominus}(Cl_2/Cl^-)+\frac{0.0592}{2}\ \lg\cdot\frac{p'_{Cl_2}}{(c'_{Cl^-})^2}=1.36+0.0296\ \lg\frac{p'_{Cl_2}}{(c'_{Cl^-})^2}(\mathrm{V})$$

(3)$Cr_2O_7^{2-}+14H^++6e^-=2Cr^{3+}+7H_2O$

$$E=E^{\ominus}(Cr_2O_7^{2-}/Cr^{3+})+\frac{0.0592}{6}\ \lg\frac{c'_{Cr_2O_7^{2-}}\cdot(c'_{H^+})^{14}}{(c'_{Cr^{3+}})^2}$$

$$=1.33+0.009871\cdot\lg\frac{c'_{Cr_2O_7^{2-}}\cdot(c'_{H^+})^{14}}{(c'_{Cr^{3+}})^2}$$

应用 Nernst 方程式时,应注意以下问题:如果组成电对的物质为固体或纯液体,则它们的浓度不列入 Nernst 方程式中;如果是气体则用相对压力 p'表示;如果在电极反应中,除氧化剂和还原剂外,还有参加电极反应的其他物质如 H^+,OH^-存在,则应把这些物质的浓度也表示在 Nernst 方程式中。

2. 有关 Nernst 方程式的计算

例 9-10　计算电对 MnO_4^-/Mn^{2+}在 $c_{H^+}=1.00$ mol·L^{-1}和 $c_{H^+}=1.00\times10^{-3}$mol·L^{-1}时的电极电势(假设 MnO_4^- 和 Mn^{2+}的浓度都为 1.00 mol·L^{-1})。

解　$MnO_4^-+8H^++5e^-=Mn^{2+}+4H_2O$

$$E=E^{\ominus}(MnO_4^-/Mn^{2+})+\frac{0.592}{5}\cdot\lg\frac{c'_{MnO_4^-}\cdot(c'_{H^+})^8}{c'_{Mn^{2+}}}=1.51+\frac{0.0592}{5}\cdot\lg(c'_{H^+})^8(\mathrm{V})$$

当 $c_{H^+}=1.00$ mol·L^{-1}时,$E=1.51+\frac{0.0592}{5}\cdot\lg(1.00)^8=1.51(\mathrm{V})$;

当 $c_{H^+}=1.00\times10^{-3}$mol·L^{-1}时,$E=1.51+\frac{0.0592}{5}\cdot\lg(1.00\times10^{-3})^8=1.23(\mathrm{V})$。

9.4 电极电势的应用

9.4.1 氧化剂和还原剂的相对强弱

$E^{\ominus}(O/R)$越大，氧化剂(O)的氧化性越强，还原剂(R)的还原性越弱；$E^{\ominus}(O/R)$越小，氧化剂(O)的氧化性越弱，还原剂(R)的还原性越强。

例 9-11 根据标准电极电势，在下列各电对中找出最强的氧化剂和最强的还原剂，并列出各氧化型物种的氧化能力和各还原型物种的还原能力强弱的次序。

MnO_4^-/Mn^{2+}　　　I_2/I^-　　　Fe^{3+}/Fe^{2+}

解 因为 $E^{\ominus}(MnO_4^-/Mn^{2+}) > E^{\ominus}(Fe^{3+}/Fe^{2+}) > E^{\ominus}(I_2/I^-)$

(1.51 V)　　　(0.771 V)　　　(0.535 V)

所以氧化剂(O)的氧化性 $MnO_4^- > Fe^{3+} > I_2$，最强氧化剂为 MnO_4^-；还原剂(R)的还原性 $I^- > Fe^{2+} > Mn^{2+}$，最强还原剂为 I^-。

9.4.2 氧化还原反应进行的方向

E 值大的氧化态(O)氧化 E 值小的还原态(R)。

例 9-12 判断 $2Fe^{3+} + Cu \xlongequal{} 2Fe^{2+} + Cu^{2+}$ 反应进行的方向。

解 因为 $E^{\ominus}(Fe^{3+}/Fe^{2+}) = 0.771\ V > E^{\ominus}(Cu^{2+}/Cu) = 0.337\ V$，
所以应该是 Fe^{3+} 氧化 Cu，即反应向右进行。

例 9-13 判断 $SnCl_4 + Hg_2Cl_2 \xlongequal{} SnCl_2 + 2HgCl_2$ 反应进行的方向。

解 因为 $E^{\ominus}(Sn^{4+}/Sn^{2+}) = 0.154\ V < E^{\ominus}(Hg^{2+}/Hg_2Cl_2) = 0.63\ V$，
所以应该是 Hg^{2+} 氧化 Sn^{2+}，即反应向左进行。

9.4.3 氧化还原反应进行的程度

1. 氧化还原反应的平衡常数 $K^{\ominus}$ 与标准电极电势 $E^{\ominus}$ 的关系

$$\lg K^{\ominus} = \frac{Z \cdot E^{\ominus}}{0.0592} = \frac{Z}{0.0592}(E_+^{\ominus} - E_-^{\ominus})$$

可见，$E^{\ominus}$ 越大，即电极电势的差值$(E_+^{\ominus} - E_-^{\ominus})$越大，$K^{\ominus}$ 也越大。$K^{\ominus}$ 能判断氧化还原反应程度。

2. $K^{\ominus}$ 与 $E^{\ominus}$ 关系之互算

例 9-14 求 $Zn + Cu^{2+} \xlongequal{} Zn^{2+} + Cu$ 反应的 $K^{\ominus}$。

解 $E_+^{\ominus} = E^{\ominus}(Cu^{2+}/Cu) = 0.337\ V$

$E_-^{\ominus} = E^{\ominus}(Zn^{2+}/Zn) = -0.763\ V$

$$\lg K^{\ominus} = \frac{Z \cdot E^{\ominus}}{0.0592} = \frac{Z}{0.0592}(E_+^{\ominus} - E_-^{\ominus}) = \frac{2[0.337 - (-0.763)]}{0.0592} = 37.2$$

所以　$K^{\ominus} = 1.58 \times 10^{37}$

例 9-15　已知 $E^{\ominus}(AgCl/Ag)=0.2223\ V$，$E^{\ominus}(Ag^+/Ag)=0.799\ V$，求 AgCl 的 $K_{sp}^{\ominus}$。

解　AgCl/Ag 电对的电极反应为 $AgCl+e^-=Ag+Cl^-$

Ag^+/Ag 电对的电极反应为 $Ag^++e^-=Ag$

组成的电池反应为 $Ag^++Cl^-=AgCl$

$$\lg K^{\ominus}=\frac{Z}{0.0592}(E_+^{\ominus}-E_-^{\ominus})=\frac{0.799-0.2223}{0.0592}=9.74$$

$$K^{\ominus}=5.495\times10^9$$

所以　$$K_{sp}^{\ominus}=\frac{1}{K^{\ominus}}=\frac{1}{5.495\times10^9}=1.8\times10^{-10}$$

9.4.4　元素电势图及其应用

许多元素具有多种氧化态，各种氧化态物种又可以组成不同的电对。如果将元素不同的氧化态按氧化值由高到低的顺序排成一横行，在相邻两个物种间用直线连接表示一个电对，并在直线上标明此电对的标准电极电势值，由此构成的图称为元素电势图。例如：

$O_2+2H^++2e^-=H_2O_2$　　$E^{\ominus}=0.682\ V$

$H_2O_2+2H^++2e^-=2H_2O$　　$E^{\ominus}=1.77\ V$

$O_2+4H^++2e^-=2H_2O$　　$E^{\ominus}=1.229\ V$

$$E_A^{\ominus}/V:\ O_2\xrightarrow{0.682}H_2O_2\xrightarrow{1.77}H_2O\quad(O_2\to H_2O:\ 1.229)$$

同样，$$E_B^{\ominus}/V:\ O_2\xrightarrow{-0.076}HO_2^-\xrightarrow{0.87}OH^-\quad(O_2\to OH^-:\ 0.401)$$

$E_A^{\ominus}$ 与 $E_B^{\ominus}$ 中的右下角 A 与 B 各表示酸性介质与碱性介质。那么，可以写出氧在碱性介质中的三个电极反应为

$O_2+H_2O+2e^-=HO_2^-+OH^-$　　$E^{\ominus}=-0.076\ V$

$HO_2^-+H_2O+2e^-=3OH^-$　　$E^{\ominus}=0.87\ V$

$O_2+2H_2O+4e^-=4OH^-$　　$E^{\ominus}=0.401\ V$

较之标准电极电势表，元素电势图显得更加简明、综合、形象、直观。应用元素电势图可以判断能否发生歧化反应，如

歧化反应：$2Cu^+=Cu+Cu^{2+}$　　相应的 $E_A^{\ominus}/V$：　$Cu^{2+}\xrightarrow{0.159}Cu^+\xrightarrow{0.520}Cu$

逆歧化反应：$Hg+Hg^{2+}=Hg_2^{2+}$　　相应的 $E_A^{\ominus}/V$：　$Hg^{2+}\xrightarrow{0.920}Hg_2^{2+}\xrightarrow{0.793}Hg$

所以当 $E_{右}^{\ominus}>E_{左}^{\ominus}$ 时，发生歧化反应，如 $E^{\ominus}(Cu^+/Cu)>E^{\ominus}(Cu^{2+}/Cu^+)$；当 $E_{右}^{\ominus}<E_{左}^{\ominus}$ 时，发生逆歧化反应，如 $E^{\ominus}(Hg^{2+}/Hg_2^{2+})>E^{\ominus}(Hg_2^{2+}/Hg)$。

9.5 氧化还原滴定法

9.5.1 氧化还原滴定法概述

在滴定分析中,氧化还原滴定法应用较为广泛。但是,氧化还原反应是在溶液中氧化剂和还原剂之间的电子转移,反应机理比较复杂,除主反应外,经常可能发生各种副反应,使反应物之间不是定量进行,而且反应速率一般较慢。因此,对氧化还原反应必须选择适当的条件,使之符合滴定分析的基本要求。

在氧化还原滴定法中是以氧化剂或还原剂作为标准溶液,习惯上分为高锰酸钾($KMnO_4$)法、重铬酸钾($K_2Cr_2O_7$)法、碘法等滴定方法。各种滴定方法都有其特点和应用范围。表 9-4 归纳了常用氧化还原滴定的条件和方法。

表 9-4 常用的氧化还原滴定的条件和方法

方 法	滴定剂	指示剂	滴定条件	还原产物	配 制	基准物质
$KMnO_4$ 法	$KMnO_4$	自身	强酸性	Mn^{2+}	间接法	$Na_2C_2O_4$
			弱酸性、中性、弱碱性	MnO_2		
			强碱性	MnO_4^{2-}		
$K_2Cr_2O_7$ 法	$K_2Cr_2O_7$	外加	酸性	Cr^{3+}	直接法	
直接碘法	I_3^-	自身或淀粉	酸性	I^-	间接法	As_2O_3 或 $Na_2S_2O_3$ 比较
间接碘法	$Na_2S_2O_3$	淀粉(近终点时加)	中性或弱酸性	I_2	间接法	$K_2Cr_2O_7$,KIO_3,$KBrO_3$

1. 高锰酸钾法

高锰酸钾法是以 $KMnO_4$ 作作标准溶液进行滴定的方法。

测定依据: $MnO_4^- + 8H^+ + 5e^- = Mn^{2+} + 4H_2O$ $E^\ominus = 1.51$ V

由于 $E^\ominus$ 值很大,$KMnO_4$ 是强氧化剂,可测定许多还原性物质,用返滴定法和间接滴定法还可测定一些氧化性或无氧化还原性的物质。滴定测定的条件,以测定双氧水中 H_2O_2 含量为例说明。

$$2KMnO_4 + 5H_2O_2 + 3H_2SO_4 = 2MnSO_4 + 5O_2 + K_2SO_4 + 8H_2O$$

滴定反应需在酸性条件下进行。只能用 H_2SO_4 酸化,而不能用 HNO_3 和 HCl 溶液酸化。$KMnO_4$ 作为自身指示剂。

$KMnO_4$ 标准溶液的制备:不能直接配制,必须配制后用基准物质标定。常用基准物质有 $Na_2C_2O_4$,$H_2C_2O_4 \cdot 2H_2O$,$(NH_4)_2SO_4 \cdot FeSO_4 \cdot 6H_2O$ 等。例如用 $C_2O_4^{2-}$ 标定 $KMnO_4$ 的反应为

$$2MnO_4^- + 5C_2O_4^{2-} + 16H^+ = 2Mn^{2+} + 10CO_2 \uparrow + 8H_2O$$

2. 重铬酸钾法

重铬酸钾法是以 $K_2Cr_2O_7$ 作为标准溶液进行滴定的方法。

测定依据：　$Cr_2O_7^{2-}+14H^{+}+6e^{-}=\!=\!=2Cr^{3+}+7H_2O$　　$E^{\ominus}=1.33\ V$

$K_2Cr_2O_7$ 法与 $KMnO_4$ 法相比有如下特点：①$K_2Cr_2O_7$ 易提纯、较稳定，在 140～150 ℃干燥后，可作为基准物质直接配制标准溶液；②$K_2Cr_2O_7$ 标准溶液非常稳定，可以长期保存在密闭容器内，溶液浓度不变；③在室温下，$K_2Cr_2O_7$ 不与 Cl^- 反应，故可以在 HCl 介质中作滴定剂；④$K_2Cr_2O_7$ 法需外加指示剂。

3. 碘量法

碘量法是以 I_2 的氧化性和 I^- 的还原性为基础的滴定分析方法。

基本反应　　$I_2+2e^{-}=\!=\!=2I^{-}$　　　　$E^{\ominus}=0.5345\ V$

由于 $E^{\ominus}$ 值居中，利用 I_2 的氧化性可测定较强还原性物质如维生素 C，SO_3^{2-}，Sn 等，这种方法称为直接碘量法或碘滴定法；而利用 I^- 还原性可测定强氧化性物质，如 ClO_3^-，$Cr_2O_7^{2-}$，MnO_2，Cu^{2+} 等，这种方法称为间接碘量法或滴定碘法。间接碘量法先将过量的 I^- 加入被测的强氧化性物质中，待定量地析出 I_2 后，再用 $Na_2S_2O_3$ 标准溶液滴定 I_2。

间接碘量法的滴定反应为

$$I_2+2S_2O_3^{2-}=\!=\!=2I^{-}+S_4O_6^{2-}$$

碘标准溶液的制备：用升华碘可直接配制 I_2 标准溶液。但一般都不直接配制，而是标定。I_2 在水中溶解度小，加入 KI 可增大溶解度。标定 I_2 溶液的一级标准物质为 As_2O_3，也可用 $Na_2S_2O_3$ 标准溶液标定。

用 As_2O_3 标定的反应为

$$2I_2+As_2O_3+6OH^{-}=\!=\!=4I^{-}+4H^{+}+2AsO_4^{3-}+H_2O$$

标定反应在碱性条件下进行。若用 $Na_2S_2O_3$ 标准溶液标定，则首先用一级标准物质 $K_2Cr_2O_7$ 标定此溶液。

通常可外加淀粉作为指示剂，也可利用 I_2 作为自身指示剂。

9.5.2　氧化还原滴定法计算示例

1. 滴定度及其与物质的量的浓度 C_B 的关系

滴定度分为自身滴定度和相对滴定度两种，单位均为 $g\cdot mL^{-1}$。自身滴定度用 T_B 表示，是指 1 mL 滴定剂溶液中所含溶质 B 的质量；相对滴定度用 $T_{A/B}$ 表示，是指 1 mL 滴定剂溶液相当于待测物质的质量。

在生产实际中，对大批试样进行某组分的例行分析，若用 $T_{A/B}$ 表示就很方便。如果滴定剂的消耗体积为 V_B mL，则被测物质的质量 m 为

$$m=T_{A/B}V_B$$

(1)自身滴定度 T_B 与 C_B 的关系为 $C_B=\dfrac{T_B\times1000}{M_B}$。

(2)相对滴定度 $T_{A/B}$ 与 C_B 的关系为 $T_{A/B}=\dfrac{a}{b}C_BM_A\times10^{-3}$。

相对滴定度的推导过程如下：设滴定反应为

$$aA+bB=cC+dD$$

因为

$$\frac{m_A}{M_A}=\frac{a}{b}C_B\cdot V_B$$

当 $V_B=1\ mL=10^{-3}\ L$ 时，$m_A=T_{A/B}$，即 $\frac{T_{A/B}}{M_A}=\frac{a}{b}C_B\cdot 10^{-3}$，经移项后即推得上述相对滴定度 $T_{A/B}$ 与 C_B 的关系式。

2. 计算示例

例 9-16 称取基准物质 $Na_2C_2O_4$ 0.1500 g 溶解在强酸性溶液中，然后用 $KMnO_4$ 标准溶液滴定，到达终点时用去 20.00 mL，计算 $KMnO_4$ 溶液的浓度。

解 滴定反应为

$$2MnO_4^-+5C_2O_4^{2-}+16H^+\rightleftharpoons 2Mn^{2+}+10CO_2+8H_2O$$

由上述反应式可知

$$n_{KMnO_4}=\frac{2}{5}n_{Na_2C_2O_4}$$

求得

$$C_{KMnO_4}V_{KMnO_4}=\frac{2}{5}\times\frac{m_{Na_2C_2O_4}}{M_{Na_2C_2O_4}}$$

$$C_{KMnO_4}=\frac{2}{5}\times\frac{m_{Na_2C_2O_4}}{M_{Na_2C_2O_4}V_{KMnO_4}}=\frac{2}{5}\times\frac{0.1500}{134.00\times 20.00\times 10^{-3}}=0.02239(mol\cdot L^{-1})$$

例 9-17 称取 0.5000 g 石灰石试样，溶解后，沉淀为 CaC_2O_4，经过滤、洗涤溶于 H_2SO_4 中，用 0.02020 $mol\cdot L^{-1}$ $KMnO_4$ 标准溶液滴定，到达终点时消耗了 35.00 mL $KMnO_4$ 溶液，计算试样中 Ca 的质量分数。

解 沉淀反应是

$$Ca^{2+}+C_2O_4^{2-}\rightleftharpoons CaC_2O_4\downarrow$$

溶解、滴定反应分别是

$$CaC_2O_4+2H^+\rightleftharpoons Ca^{2+}+H_2C_2O_4$$

$$2MnO_4^-+5C_2O_4^{2-}+16H^+\rightleftharpoons 2Mn^{2+}+10CO_2+8H_2O$$

由上述反应可知

$$5Ca\Leftrightarrow 5CaC_2O_4\Leftrightarrow 5C_2O_4^{2-}\Leftrightarrow 2MnO_4^-$$

所以

$$\frac{1}{5}n_{Ca}=\frac{1}{2}n_{KMnO_4}$$

求得

$$n_{Ca}=\frac{5}{2}n_{KMnO_4}$$

$$\omega_{Ca}=\frac{\frac{5}{2}\times C_{KMnO_4}V_{KMnO_4}M_{Ca}}{m}\times 100\%$$

$$=\frac{\frac{5}{2}\times 0.02020\times 35.00\times 10^{-3}\times 40.08}{0.5000}\times 100\%=14.17\%$$

第 9 章练习题

一、是非题

1. 电极电势 $E^{\ominus}$ 的值与电极反应中的计量数无关。（　　）
2. 氧化性物质和还原性物质都可以用碘法来测定。（　　）
3. 重铬酸钾法不能在碱性条件下进行滴定。（　　）

二、单选题

1. 氧化还原滴定法中使用的下列标准溶液，可采用直接法配制的是（　　）。
   A. $KMnO_4$ 溶液　B. $K_2Cr_2O_7$ 溶液　C. I_2 溶液　D. $Na_2S_2O_3$ 溶液
2. 对于 $KMnO_4$ 与 $H_2C_2O_4$ 的反应，随着反应的进行，反应速率越来越快，随后，由于反应物浓度越来越低，反应速率又逐渐降低，这是因为（　　）。
   A. $KMnO_4$ 浓度逐渐降低有利反应加快进行
   B. $H_2C_2O_4$ 浓度逐渐降低有利反应加快进行
   C. 生成的 Mn^{2+} 具有催化作用
   D. 生成的 CO_2 具有催化作用
3. $K_2Cr_2O_7$ 是一种强氧化剂，将它作为氧化还原滴定剂的酸度条件是（　　）。
   A. 碱性　B. 中性　C. 酸性　D. 任何条件均可
4. I_2 溶液的准确浓度可用 $Na_2S_2O_3$ 标准溶液比较滴定而求得，也可用以下基准物质来标定（　　）。
   A. As_2O_3　B. As_2S_3　C. Al_2O_3　D. Al_2S_3
5. 高锰酸钾法可用来测定（　　）。
   A. 氧化性物质　B. 还原性物质　C. 非氧化还原性物质　D. 以上三类所有物质
6. 间接碘法可以测定（　　）。
   A. 电极电位比 $E^{\ominus}(I_2/I^-)$ 大的氧化性物质
   B. 电极电位比 $E^{\ominus}(I_2/I^-)$ 大的还原性物质
   C. 电极电位比 $E^{\ominus}(I_2/I^-)$ 小的氧化性物质
   D. 电极电位比 $E^{\ominus}(I_2/I^-)$ 小的还原性物质

三、填空题

1. 氧化还原滴定法习惯上分为 $KMnO_4$ 法、________法、碘法等滴定方法，其中碘法一般采用外加________作为指示剂。

2. 用 $Na_2S_2O_3$ 标准溶液滴定 I_2 溶液，必须在________性和________性溶液中进行，其滴定反应为______________________。

四、反应式配平

1. 用氧化值法配平下列氧化还原反应方程式：

(1)□ $Cu(NO_3)_2 \longrightarrow$ □ $CuO+$ □ NO_2+ □ O_2；

(2)□ $P+$ □ $CuSO_4 \longrightarrow$ □ Cu_3P+ □ H_3PO_4+ □ H_2SO_4；

(3)□ SO_2+ □ $I_2 \longrightarrow$ □ H_2SO_4+ □ HI；

(4)□ FeS_2+ □ $O_2 \longrightarrow$ □ Fe_3O_4+ □ SO_2；

(5)□ $KMnO_4+$ □ H_2O_2+ □ $H_2SO_4 \longrightarrow$ □ K_2SO_4+ □ $MnSO_4+$ □ O_2；

(6)□ $KI+$ □ KIO_3+ □ $H_2SO_4 \longrightarrow$ □ I_2+ □ K_2SO_4。

2. 用半反应法配平下列氧化还原反应方程式：

(1)□ As_2O_3+ □ $HNO_3 \longrightarrow$ □ H_3AsO_4+ □ NO；

(2)□ ClO^-+ □ $[Cr(OH)_4]^- \longrightarrow$ □ Cl^-+ □ CrO_4^{2-}；

(3)□ $Al+$ □ $NO_3^- \longrightarrow$ □ $[Al(OH)_4]^-+$ □ NH_3；

(4)□ $CrO_2^{2-}+$ □ H_2O_2+ □ $OH^- \longrightarrow$ □ CrO_4^{2-}；

(5)□ $K_2MnO_4 \longrightarrow$ □ $KMnO_4+$ □ MnO_2+ □ KOH；

(6)□ MnO_4^-+ □ $Fe^{2+} \longrightarrow$ □ $Fe^{3+}+$ □ Mn^{2+}。

五、简答题

1. 宇宙飞船上用的是氢-氧燃料电池，其电池反应为：

$$2H_2(g)+O_2(g) \rightleftharpoons 2H_2O \qquad (1)$$

电极反应在碱性溶液中进行，定出该电池反应的两个半反应，并确定正、负极。

2. 试写出下列电对的 Nernst 方程式。

(1) $MnO_2/Mn(OH)_2$（碱性介质）；　(2) O_2/H_2O；　(3) ClO_3^-/Cl^-。

3. 先查出下列半反应的 $E^{\ominus}$ 值：

$$MnO_4^- + 8H^+ + 5e^- \rightleftharpoons Mn^{2+} + 4H_2O$$

$$Ce^{4+} + e^- \rightleftharpoons Ce^{3+}$$

$$Fe^{2+} + 2e^- \rightleftharpoons Fe$$

$$Ag^+ + e^- \rightleftharpoons Ag$$

然后回答下列问题：

(1) 上列物质中，哪一个是最强的氧化剂？哪一个是最强的还原剂？

(2) 上列物质中，哪些可把 Fe^{2+} 还原成 Fe？

(3) 上列物质中，哪些可把 Ag 氧化成 Ag^+？

4. 根据标准电极电势，判断下列反应能否进行：

$$I_2 + 2Fe^{2+} \rightleftharpoons 2Fe^{3+} + 2I^-$$

5. 根据下列元素电势图讨论：

$E_A^\ominus/V$：　$Cu^{2+} \xrightarrow{0.159} Cu^{+} \xrightarrow{0.520} Cu$　　　$Ag^{2+} \xrightarrow{1.98} Ag^{+} \xrightarrow{0.799} Ag$

$E_A^\ominus/V$：　$Sn^{4+} \xrightarrow{0.154} Sn^{2+} \xrightarrow{-0.136} Sn$　　　$Au^{3+} \xrightarrow{1.50} Au^{+} \xrightarrow{1.68} Au$

(1)Cu^{+}，Ag^{+}，Sn^{2+}，Au^{+} 离子哪些能发生歧化反应？

(2)各物种在空气中的稳定性如何(注意氧气的存在)？

6. 氧化还原滴定中，可用哪些方法检测终点？氧化还原指示剂的变色原理和选择原则与酸碱指示剂有何异同？

7. 常用的氧化还原滴定法有哪些？各种方法的原理及特点是什么？

8. 若 $c_{Cr_2O_7^{2-}} = c_{Cr^{3+}} = 1.0\ mol \cdot L^{-1}$，$p_{Cl_2} = 100\ kPa$，下列情况下能否利用反应

$$K_2Cr_2O_7 + 14HCl \longrightarrow 2CrCl_3 + 3Cl_2 + 2KCl + 7H_2O$$

来制备氯气？(1)盐酸浓度为 $0.10\ mol \cdot L^{-1}$；(2)盐酸浓度为 $12\ mol \cdot L^{-1}$。

六、计算题

1. 计算半反应 $PbO_2(s) + 4H^{+}(1.00\ mol \cdot L^{-1}) + 2e^{-} = Pb^{2+}(0.10\ mol \cdot L^{-1}) + 2H_2O$ 的电极电势。

2. 计算 25 ℃ 时，反应 $Pb^{2+} + Sn = Pb + Sn^{2+}$ 的平衡常数；如果反应开始时，$c_{Pb^{2+}} = 2.0\ mol \cdot L^{-1}$，平衡时 $c_{Pb^{2+}}$ 和 $c_{Sn^{2+}}$ 各为多少？

3. 计算下列氧化还原反应的标准平衡常数：

(1)$Fe + 2Fe^{3+} \rightleftharpoons 3Fe^{2+}$；

(2)$3ClO^{-} + 2Fe(OH)_3 + 4OH^{-} \rightleftharpoons 3Cl^{-} + 2FeO_4^{2-} + 5H_2O$；

(3)$3Cu + 2NO_3^{-} + 8H^{+} \rightleftharpoons 3Cu^{2+} + 2NO + 4H_2O$。

4. 判断反应 $Pb^{2+} + Sn = Pb + Sn^{2+}$ 能否在下列条件下进行：

(1)$c_{Pb^{2+}} = c_{Sn^{2+}} = 1.0\ mol \cdot L^{-1}$；

(2)$c_{Pb^{2+}} = 0.10\ mol \cdot L^{-1}$，$c_{Sn^{2+}} = 2.0\ mol \cdot L^{-1}$。

5. 从铁、镍、铜、银四种金属及其盐溶液($c_{盐} = 1.0\ mol \cdot L^{-1}$)中选出两种，组成一个具有最大电动势的原电池，写出其电池符号。

6. 298 K 时，在 Fe^{3+}，Fe^{2+} 的混合溶液中加入 NaOH 时，有 $Fe(OH)_3$，$Fe(OH)_2$ 沉淀生成(假设无其他反应发生)。当沉淀反应达到平衡时，保持 $c_{OH^{-}} = 1.0\ mol \cdot L^{-1}$，求 $E(Fe^{3+}/Fe^{2+})$ 为多少？

7. 计算电对 MnO_4^{-}/Mn^{2+} 在 $c_{MnO_4^{-}} = 0.10\ mol \cdot L^{-1}$，$c_{Mn^{2+}} = 1.0\ mol \cdot L^{-1}$，以及 $c_{H^{+}} = 0.10\ mol \cdot L^{-1}$ 时的电极电势。在这样的条件下，MnO_4^{-} 能否将 Cl^{-}，Br^{-} 和 I^{-} 氧化？假定溶液中 Cl^{-}，Br^{-} 和 I^{-} 的浓度均为 $1.0\ mol \cdot L^{-1}$。

8. 今有只含 As_2O_3 和 As_2O_5 及惰性杂质的混合物，将其溶于碱液后再调节成中性，此溶液需用 $0.02500\ mol \cdot L^{-1}$ 的 I_2 溶液 21.00 mL 滴定至终点。然后再将所得溶液酸化，加入过量 KI，析出的 I_2 需 $0.07500\ mol \cdot L^{-1}$ 的 $Na_2S_2O_3$ 溶液 30.00 mL 才能反应完全。求混合物中 As_2O_3 和 As_2O_5 的总量。

9. 已知 $K_2Cr_2O_7$ 标准溶液的浓度为 $0.01667\ mol \cdot L^{-1}$。计算它对 Fe，$Fe_2O_3$，

$FeSO_4 \cdot 7H_2O$的滴定度各为多少？

10. 称取铁矿试样 0.3029 g，溶解并将 Fe^{3+} 还原成 Fe^{2+}，以 0.01643 $mol \cdot L^{-1}$ $K_2Cr_2O_7$ 标准溶液滴定至终点时共消耗 35.14 mL，计算试样中 Fe 的质量分数和 Fe_2O_3 的质量分数。

11. 称取 0.1082 g $K_2Cr_2O_7$，溶解后，酸化并加入过量 KI，生成的 I_2 需用21.98 mL $Na_2S_2O_3$ 溶液滴定。问 $Na_2S_2O_3$ 溶液的浓度为多少？

第 10 章

配位平衡与配位滴定法

配位滴定法是以配位反应为基础的滴定分析方法，是广泛应用于测定金属离子的方法之一。由于配位滴定法的基础是配位化合物和配位平衡，因此本章首先介绍配位化合物的概念和溶液中配位平衡的基本理论，然后学习配位滴定法的基本原理及应用。

10.1　配位化合物的基本概念

配位化合物简称配合物，也称络合物，如$[Ag(NH_3)_2]Cl$，$[Cu(NH_3)_4]SO_4$ 等。配位化合物数量很多，对配位化合物的研究已发展成一个主要的化学分支——配位化学，并广泛应用于工业、农业、生物、医药等领域。配位化学的研究成果，促进了分析技术、配位催化、电镀工艺以及原子能、火箭等尖端技术的发展。对配位化合物性质和结构的研究，加深和丰富了人们对元素化学性质、元素周期系的认识，推动了化学键和分子结构等理论的发展。总之，配位化合物在整个化学领域中具有极为重要的理论和实践意义。本节将从配位化合物的基本概念出发，对其有关化学问题作一初步介绍。

10.1.1　配合物的组成

配合物一般分内界和外界两部分，内界又分为形成体和配位体两部分，组成如下：

配合物 {
- 内界——又称内层（配离子）{ 形成体；配位体 }
- 外界——又称外层（反离子）

}

1. 形成体

形成体又称中心离子或原子，通常是金属离子或原子以及高氧化值的非金属元素，它位于配合物的中心位置，是配合物的核心。如$[Cu(NH_3)_4]^{2+}$中的 Cu(Ⅱ)，$Ni(CO)_4$ 中的 Ni 原子，$[SiF_6]^{2-}$中的 Si(Ⅳ)。

2. 配位体

配位体简称配体，是与形成体以配位键结合的阴离子或中性分子。例如$[Cu(NH_3)_4]^{2+}$中的 NH_3 分子，$[Fe(CN)_6]^{3-}$中的 CN^-离子。

3. 配位原子

配位原子是指在配体中能给出孤对电子的原子，如 NH_3 中的 N，CN^- 中的 C，H_2O 和 OH^- 中的 O 等原子。常见的配位原子主要是周期表中电负性较大的非金属元素，如 N，O，S，C 以及 F，Cl，Br，I 等原子。

4. 配位体齿数

配位体齿数是指配位体中含配位原子的数目。配体分为单齿配体和多齿配体。单齿配体只含一个配位原子且与中心离子或原子形成一个配位键，其组成比较简单，往往是一些无机物等；多齿配体含两个或两个以上配位原子，它们与中心离子或原子可以形成多个配位键，其组成常较复杂，多数是有机分子。表 10-1 列出了一些常见的配体。

表 10-1 一些常见的配体

配体类型	实例						
单齿配体	H_2O :	: NH_3	: F^-	: Cl^-	: I^-	$[:C{\equiv}N]^-$	$[:OH]^-$
	水	氨	氟	氯	碘	氰根离子	羟基
多齿配体	H_2C-CH_2，$H_2\ddot{N}$　$\ddot{N}H_2$ 乙二胺(en)	$[(O=)(\ddot{O}^-)C-C(=O)(\ddot{O}^-)]^{2-}$ 草酸根(ox)	$[(\ddot{O}^-)(O=)C-CH_2]_2\ddot{N}-CH_2-CH_2-\ddot{N}[CH_2-C(=O)(\ddot{O}^-)]_2$ $^{4-}$ 乙二胺四乙酸根离子(EDTA)				

5. 配位数

配位数是指在配合物中与中心离子成键的配位原子数目。要注意的是，配位数是指配位原子的总数，而不是配体总数。即由单齿配体形成的配合物，中心离子的配位数等于配体个数，而含有多齿配体时，则不能仅从与中心离子结合的配体个数来确定配位数。对某一中心离子来说，常有一特征配位数，最常见的配位数为 4 和 6，如 Cu^{2+}，Zn^{2+}，Hg^{2+}，Co^{2+}，Ni^{2+} 等离子的特征配位数为 4；Fe^{2+}，Fe^{3+}，Co^{3+}，Al^{3+}，Cr^{3+}，Ca^{2+} 等离子的特征配位数为 6；另外还有 Ag^+，Cu^+，Au^+ 等离子的特征配位数为 2。特征配位数是中心离子形成配合物时的代表性配位数，并非是唯一的配位数。如 Ni^{2+} 等离子就既能形成配位数为 4，也能形成配位数为 6 的配合物。

6. 配离子的电荷

中心离子的电荷与配体的电荷的代数和即为配离子的电荷。例如在 $[CoCl(NH_3)_5]Cl_2$ 中，配离子 $[CoCl(NH_3)_5]^{2+}$ 的电荷为 $3\times1+(-1)\times1+0\times5=+2$。也可根据配合物呈电中性的特性简便地由外界离子的电荷来确定配离子电荷。例如 $[Cu(NH_3)_4]SO_4$ 的外界为 SO_4^{2-}，据此可知配离子的电荷为 +2。

10.1.2 配合物的命名

配合物的命名服从无机化合物命名的一般原则，大体归纳有如下规则。

(1)配合物为配离子化合物，命名时阴离子在前，阳离子在后。若为配位阳离子化合物，则叫“某化某”或“某酸某”；若为配位阴离子化合物，则配阴离子与外界阳离子之间用“酸”字连接。

(2)内界的命名顺序为：配体个数——配体名称——合——中心离子或原子(氧化值)，书写时配体前用汉字标明其个数，中心离子后面的括号中用罗马数字标明其氧化值。

(3)当配体不止一种时，不同配体之间用圆点(・)分开，配体顺序为：阴离子配体在前，中性分子配体在后；无机配体在前，有机配体在后；同类配体的名称，按配位原子元素符号的英文字母顺序排列。

表 10-2 列出了一些配合物的命名实例。

表 10-2　配合物命名实例

化学式	名　称	分　类
$[Co(NH_3)_6]Cl_3$	三氯化六氨合钴(Ⅲ)	配位酸
$[CoCl(NH_3)_3(H_2O)_2]Cl_2$	二氯化氯・三氨・二水合钴(Ⅲ)	
$K_4[Fe(CN)_6]$	六氰合铁(Ⅱ)酸钾	
$K[FeCl_2(ox)(en)]$	二氯・草酸根・乙二胺合铁(Ⅲ)酸钾	
$H[AuCl_4]$	四氯合金(Ⅲ)酸	配位酸
$H_2[PtCl_6]$	六氯合铂(Ⅳ)酸	
$[Ag(NH_3)_2]OH$	氢氧化二氨合银(Ⅰ)	配位碱
$[Ni(NH_3)_4](OH)_2$	二氢氧化四氨合镍(Ⅱ)	
$[CoCl_3(NH_3)_3]$	三氯・三氨合钴(Ⅲ)	中性配合物
$[Cr(OH)_3(H_2O)(en)]$	三羟・水・乙二胺合铬(Ⅲ)	

有些配合物有其习惯沿用的名称，不一定符合命名规则，如 $K_4[Fe(CN)_6]$称亚铁氰化钾(黄血盐)；$H_2[PtCl_6]$称氯铂酸；$H_2[SiF_6]$称氟硅酸等。

10.2　配位化合物的结构

1928 年，鲍林把杂化轨道理论应用于配合物中，提出了配合物的价键理论：在配合物中，形成体的中心离子或原子有空的价电子轨道，可以接受由配位体的配位原子提供的孤对电子而形成配位键；在形成配合物时，中心离子或原子所提供的空轨道必须进行杂化，形成各种类型的杂化轨道，从而使配合物具有一定的空间构型。

配合物中的配位键可以表示如下：

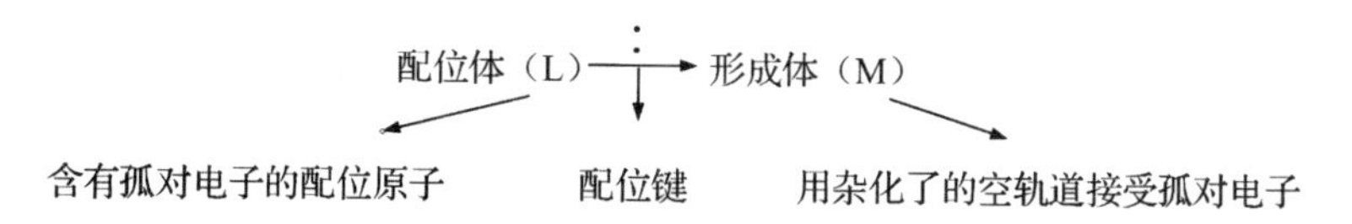

10.2.1 杂化轨道和配合物的空间构型

根据价键理论，配合物的不同空间构型是由中心离子采用不同的杂化轨道与配体配位的结果。中心离子的杂化轨道除了前面讲过的 sp，sp^2，sp^3 杂化轨道外，还有 d 轨道参与杂化。现对常见不同配位数的配合物分别讨论如下。

1. 二配位的配离子

配位数为 2 的配离子均为直线形构型，现以$[Ag(NH_3)_2]^+$为例讨论。

Ag^+的价电子轨道中的电子分布为

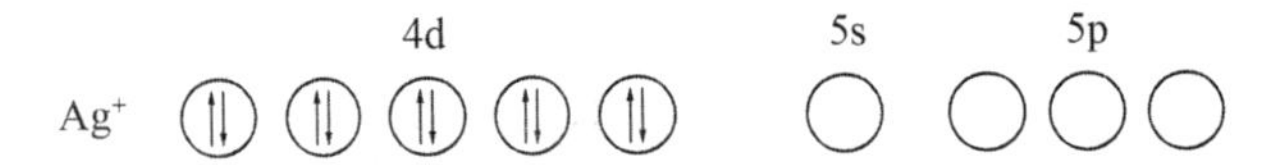

其中 4d 轨道已全充满，而 5s 和 5p 轨道能量相近，且是空的。当Ag^+和 2 个NH_3分子形成配离子时，将提供 1 个 5s 轨道和 1 个 5p 轨道来接受 2 个NH_3中 N 上的孤对电子。因此在$[Ag(NH_3)_2]^+$配离子中的Ag^+采用 sp 杂化轨道与NH_3形成配位键，空间构型为直线形（见表 10-3）。

$[Ag(NH_3)^2]^+$的中心离子Ag^+的价电子轨道中的电子分布为

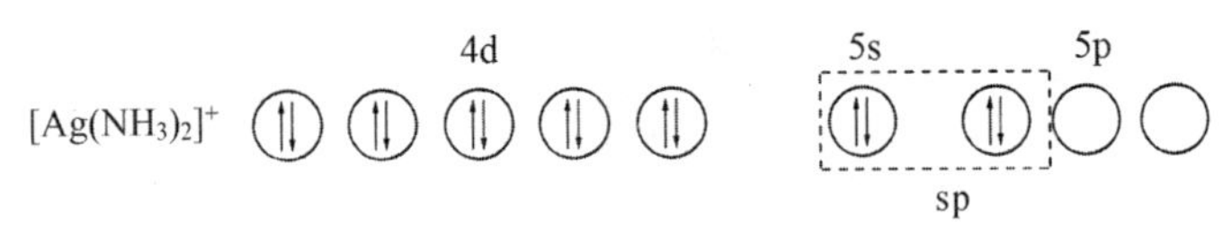

2. 四配位的配离子

配位数为 4 的配离子的空间构型有正四面体和平面正方形两种。现以$[Ni(NH_3)_4]^{2+}$和$[Ni(CN)_4]^{2-}$为例来讨论。

Ni^{2+}的价电子轨道中的电子分布为

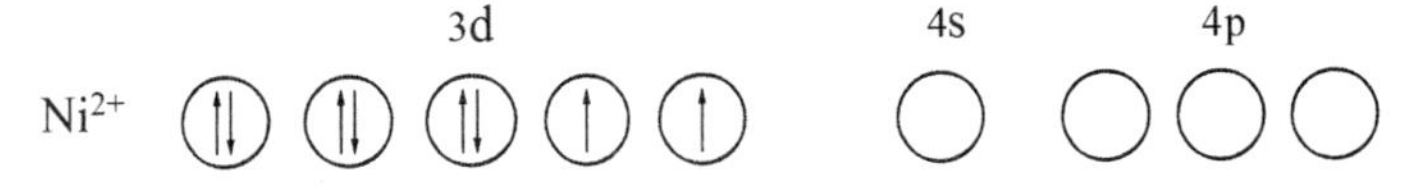

Ni^{2+}的外层 d 电子组态为$3d^8$，有空的且能量相近的 4s，4p 轨道，可以进行杂化构成 4 个sp^3杂化轨道，用来接受 4 个NH_3中 N 原子提供的孤对电子。由于 4 个sp^3杂化轨道指向正四面体的四个顶点，所以$[Ni(NH_3)_4]^{2+}$配离子具有正四面体构型（见表 10-3）。

$[Ni(NH_3)^4]^{2+}$的中心离子Ni^{2+}的价电子轨道中的电子分布为

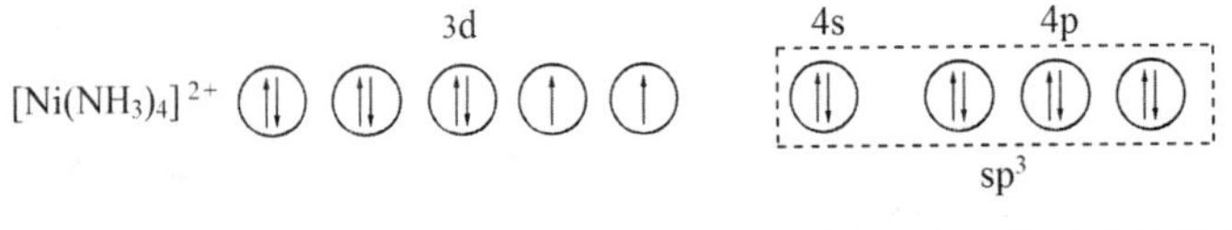

$[Ni(CN)_4]^{2-}$配离子的形成情况却有所不同，当 4 个 CN^- 接近 Ni^{2+} 时，Ni^{2+} 中的 2 个未成对电子合并到 1 个 d 轨道上，空出 1 个 3d 轨道与 1 个 4s 轨道、2 个 4p 轨道进行杂化，构成 4 个 dsp^2 杂化轨道用来接受 CN^- 中 C 原子提供的孤对电子。由于 4 个 dsp^2 杂化轨道指向平面正方形的四个顶点，所以$[Ni(CN)_4]^{2-}$具有平面正方形构型（见表 10-3）。

$[Ni(CN)_4]^{2-}$的中心离子 Ni^{2+} 的价电子轨道中的电子分布为

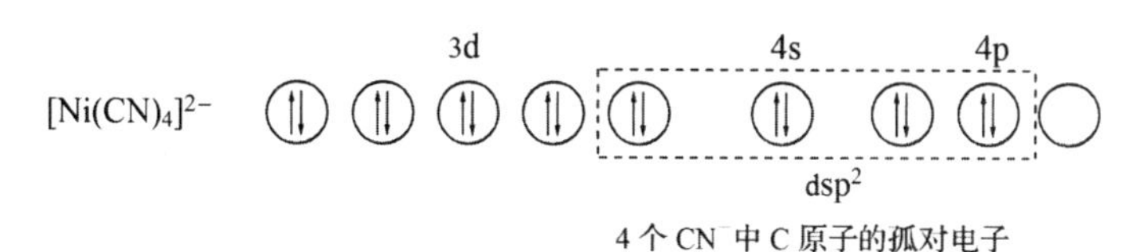

在 Ni^{2+} 的外电子层中，有 2 个自旋方向相同的未成对电子，实验表明，它具有顺磁性，但当 Ni^{2+} 与 4 个 CN^- 形成$[Ni(CN)_4]^{2-}$配离子后却具有反磁性。由此可见，配合物中未成对电子数越少，其顺磁性就越弱。若配位后没有未成对电子，就变成反磁性物质。物质顺磁性强弱常以磁矩 μ 表示，与未成对电子数（n）有如下的近似关系：

$$\mu=\sqrt{n(n+2)}$$

式中：μ 以玻尔磁子（BM）为单位。$n=1\sim5$ 时的磁矩估算值如下：

n	1	2	3	4	5
μ/BM	1.73	2.83	3.87	4.90	5.92

3. 六配位的配离子

配位数为 6 的配离子的空间构型为正八面体。现以$[FeF_6]^{3-}$和$[Fe(CN)_6]^{3-}$为例来讨论。

实验测得$[FeF_6]^{3-}$与 Fe^{3+} 有相同的磁矩为 5.98 BM，说明配离子中仍保留有 5 个未成对电子，具有顺磁性。这是因为 Fe^{3+} 利用外层的 1 个 4s 轨道、3 个 4p 轨道和 2 个 4d 轨道形成 sp^3d^2 杂化轨道与 6 个配体 F^- 成键。由于 6 个 sp^3d^2 杂化轨道指向八面体的六个顶点，所以$[FeF_6]^{3-}$配离子为正八面体构型（见表 10-3）。

Fe^{3+} 的价电子轨道中的电子分布为

3d　4s　4p　4d

Fe^{3+} ↑ ↑ ↑ ↑ ↑ ○ ○○○ ○○○○○

$[FeF_6]^{3-}$的中心离子 Fe^{3+} 的价电子轨道中的电子分布为

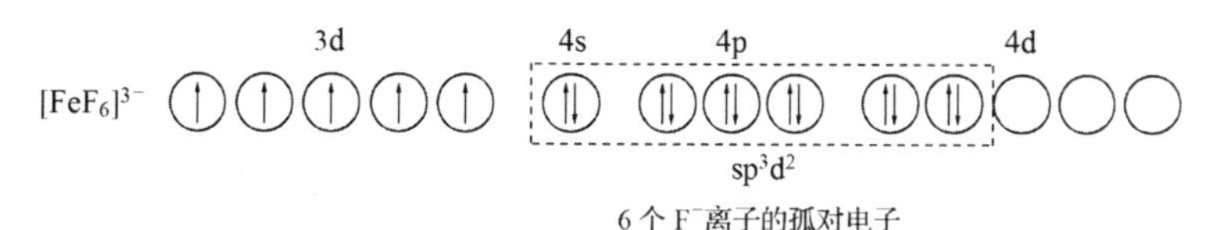

$[Fe(CN)_6]^{3-}$配离子的实验值为 2.0 BM，说明配离子中未成对电子数减少。这是因为在 6 个 CN^- 配体的影响下，Fe^{3+} 3d 轨道的 5 个电子中有 4 个电子成对、1 个电子未成对，空出 2 个 3d 轨道，加上外层 1 个 4s 轨道和 3 个 4p 轨道进行杂化，构成 6 个 d^2sp^3 杂化轨道与 6 个配体 CN^- 成键。所以$[Fe(CN)_6]^{3-}$也为正八面体构型（见表 10-3）。

$[Fe(CN)_6]^{3-}$的中心离子 Fe^{3+} 的价电子轨道中的电子分布为

10.2.2 外轨型配合物和内轨型配合物

在配离子$[Ni(NH_3)_4]^{2+}$，$[FeF_6]^{3-}$中，中心离子 Ni^{2+}，Fe^{3+} 采用外层轨道即 ns，np 或 ns，np，nd 轨道进行杂化，配体的孤对电子好像简单地“投入”中心离子的外层轨道，这样形成的配合物称为外轨型配合物。在配离子$[Ni(CN)_4]^{2-}$，$[Fe(CN)_6]^{3-}$中，中心离子 Ni^{2+}，Fe^{3+} 均采用内层的 d 轨道即$(n-1)$d，ns，np 轨道进行杂化，配体的电子好像“插入”了中心离子的内层轨道，这样形成的配合物称为内轨型配合物。

表 10-3 列出了常见配位数的配离子的杂化轨道类型与配离子空间构型的关系。

表 10-3 杂化轨道与配合物空间构型的关系

配位数	空间构型	配合物	杂化方式	配离子类型
2	直线形 180°	$[Ag(NH_3)_2]^+$，$[Cu(NH_3)_2]^+$，$[Ag(CN)]^-$，$[AgBr_2]^-$	sp	外轨型
3	平面三角形 120°	$[HgI_3]^-$，$[CuCl_3]^-$	sp^2	外轨型
4	正四面体 109°28′	$[BeF_4]^{2-}$，$[HgCl_4]^{2-}$，$[Zn(NH_3)_4]^{2+}$	sp^3	外轨型
	平面正方形	$[AuCl_4]^-$，$[Pt(NH_3)_2Cl_2]$，$[PdCl_4]^{2-}$，$[Ni(CN)_4]^{2-}$	dsp^2	内轨型

续表

配位数	空间构型	配合物	杂化方式	配离子类型
5	四方锥	$[SbCl_5]^{2-}$,$[TiF_5]^{2-}$	p^3sd d^4s	外轨型
	三角双锥 (90°, 120°)	$[CuCl_5]^{3-}$,$Fe(CO)_5$, $[Ni(CN)_5]^{3-}$	dsp^3	内轨型
6	八面体 (90°)	$[Co(NH_3)_6]^{3+}$,$[Fe(CN)_6]^{3-}$ $[SiF_6]^{2-}$,$[AlF_6]^{3-}$,$[PtCl_6]^{3-}$	d^2sp^3 sp^3d^2	内轨型 外轨型

由于$(n-1)$d 轨道比 nd 轨道的能量低,所以一般内轨型配合物中的配位键的共价性较强、离子性较弱,比外轨型配合物稳定,在水溶液中较难解离为简单离子。内轨型配合物因中心离子的电子构型发生改变,未成对电子数减少,甚至电子完全成对,磁矩降低甚至为零,呈反磁性。外轨型配合物中的配位键的共价性较弱、离子性较强,在水溶液中比内轨型配合物容易解离。外轨型配合物的中心离子仍保持原有的电子构型,未成对电子数不变,磁矩较大。

综上所述,用实验方法测得配合物的磁矩,根据 $\mu=\sqrt{n(n+2)}$可以推算未成对的电子数 n。由此可进一步推算出中心离子在形成配合物时提供了哪些价电子轨道接受配体的孤对电子,这些轨道又可能采取什么杂化方式。这就为我们判断一个配合物属内轨型还是外轨型提供了一个有效的方法。

例 10-1　实验测得$[Fe(H_2O)_6]^{3+}$的磁矩 $\mu=5.88$ BM,试据此数据推测配离子:(1)空间构型;(2)未成对电子数;(3)中心离子杂化轨道类型;(4)属内轨型还是外轨型配合物。

解　(1)由题给出配离子的化学式可知该配离子为六配位、正八面体空间构型。

(2)按 $\mu=\sqrt{n(n+2)}=5.88$ BM,可解得 $n=4.96$,非常接近 5,一般按求得的 n 取其最接近的整数,即为未成对电子数。所以$[Fe(H_2O)_6]^{3+}$中的未成对电子数应为 5。

(3)根据未成对电子数为 5,对$[Fe(H_2O)_6]^{3+}$而言,这 5 个未成对电子必然自旋平行分占 Fe^{3+}离子的 5 个 d 轨道,所以中心离子只能采取 sp^3d^2 杂化轨道来接受 6 个配

体 H_2O 中氧原子提供的孤对电子，其外电子层结构为

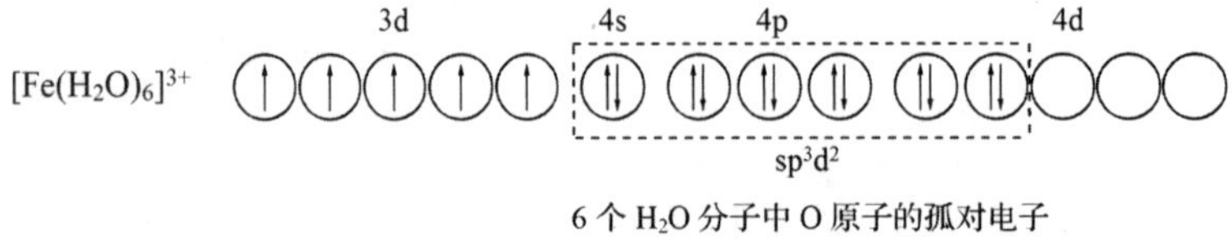

$[Fe(H_2O)_6]^{3+}$ 3d ↑ ↑ ↑ ↑ ↑ 4s ⇅ 4p ⇅ ⇅ ⇅ 4d ⇅ ⇅ ○ ○ ○

sp^3d^2

6 个 H_2O 分子中 O 原子的孤对电子

(4)配体的孤对电子进入中心离子的 sp^3d^2 杂化轨道，所以是外轨型配合物。

鲍林的价键理论成功地说明了配合物的结构、磁性和稳定性。但有其局限性，主要表现在价键理论仅着重考虑配合物的中心离子轨道的杂化情况，而没有考虑到配体对中心离子的影响。因此在说明配合物的一系列性质，如一些配离子的特征颜色、内轨型和外轨型配合物产生的原因时，价键理论无法做出合理的解释。因而后来又发展产生了晶体场理论、配位场理论。但配合物的价键理论比较简单，通俗易懂，对初步掌握配合物结构仍是一个较为重要的理论。

10.3 螯合物与 EDTA

10.3.1 螯合物

1. 螯合物的结构

具有环状结构，配位体为多齿的配合物称为螯合物。配位原子隔 2～3 个原子的五元环、六元环最稳定。例如，乙酰丙酮基等配位剂可形成六元环螯合物：

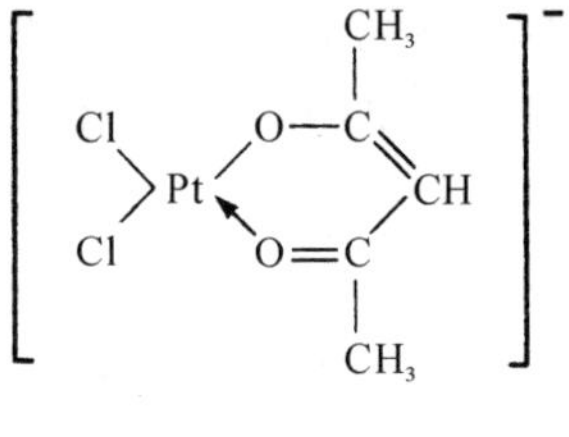

$[PtCl_2(CH_3COCHCOCH_3)]^-$

Cu²⁺ 与双齿配体氨基乙酸形成的螯合物具有两个五元环：

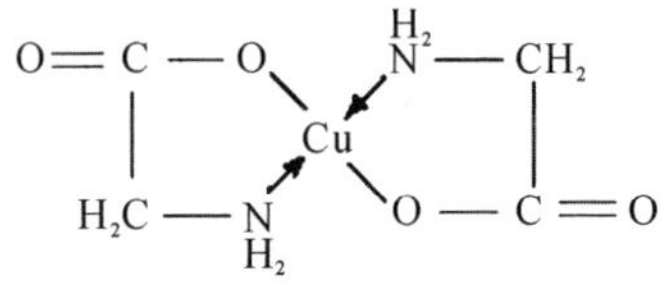

二氨基乙酸合铜(Ⅱ)

Ca^{2+} 与六齿配体乙二胺四乙酸形成的螯合物具有五个五元环：

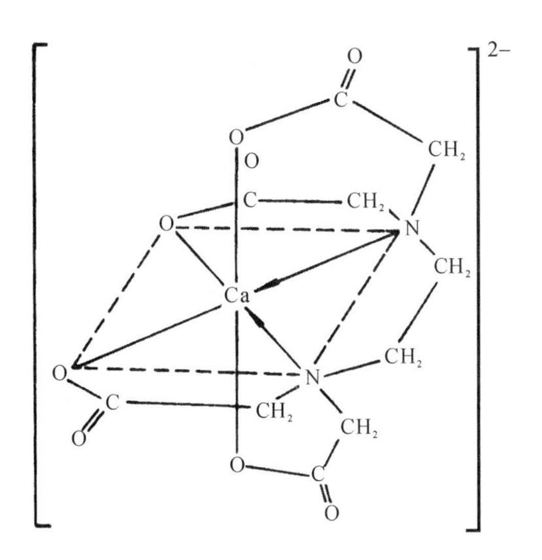

2. 螯合物的特性

(1)在中心离子相同、配位原子相同的情况下，螯合物要比一般配合物稳定。

(2)螯合物中所含的环越多其稳定性越高。故乙二胺四乙酸为配体形成的螯合物都较稳定。

(3)某些螯合物呈特征的颜色，可用于金属离子的定性鉴定或定量测定。

10. 3. 2　EDTA

1. EDTA 的概念

一类含有以氨基二乙酸基团[$-N(CH_2COOH)_2$]为基体的有机配位体统称为氨羧配位体。其中乙二胺四乙酸是最为重要的氨羧配位体，简称为 EDTA。

乙二胺四乙酸的结构式为

$$\begin{array}{ccccc} HOOCCH_2 & & & & CH_2COOH \\ & \diagdown & & \diagup & \\ & N & -CH_2-CH_2- & N & \\ & \diagup & & \diagdown & \\ HOOCCH_2 & & & & CH_2COOH \end{array}$$

乙二胺四乙酸的简式为 H_4Y。

2. EDTA 的性质

(1)乙二胺四乙酸二钠盐

由于 H_4Y 只有离解出的酸根 Y^{4-} 能与金属离子直接配位，故常用溶解度较大的乙二胺四乙酸二钠盐($Na_2H_2Y \cdot 2H_2O$)来代替 EDTA，一般也简称为 EDTA。

(2)EDTA 的双偶极离子结构与不同 pH 值下的主要存在型体

双偶极离子结构：

$$\begin{array}{ccccc} HOOCCH_2 & & & & CH_2COO^- \\ & \diagdown & & \diagup & \\ & \overset{+}{\underset{H}{N}} & -CH_2-CH_2- & \overset{+}{\underset{H}{N}} & \\ & \diagup & & \diagdown & \\ {}^-OOCCH_2 & & & & CH_2COOH \end{array}$$

双偶极离子结构的 EDTA 再接受两个质子便转变成六元酸 H_6Y^{2+}，在水溶液中以 H_6Y^{2+}，H_5Y^{+}，H_4Y，H_3Y^{-}，H_2Y^{2-}，HY^{3-}，Y^{4-} 七种型体存在，在不同 pH 值下的主要存在型体列于表 10-4 中。

表 10-4　不同 pH 值时 EDTA 的主要存在型体

pH	<1	1～1.6	1.6～2	2～2.7	2.7～6.2	6.2～10.3	>10.3
主要存在型体	H_6Y^{2+}	H_5Y^{+}	H_4Y	H_3Y^{-}	H_2Y^{2-}	HY^{3-}	Y^{4-}

可见酸度越低，Y^{4-} 的分布分数越大，EDTA 的配位能力越强。

由于 EDTA 有 6 个配位原子，所以 EDTA 与大多数金属离子形成 1∶1 型的螯合物；若金属离子本身有颜色，那么与 EDTA 形成螯合物后颜色加深。

10.4　配位化合物在水溶液中的状况

10.4.1　配位平衡

1. 配位平衡常数

例如，阳配离子：$[Cu(NH_3)_4]^{2+} \underset{\text{配位}}{\overset{\text{离解}}{\rightleftharpoons}} Cu^{2+} + 4NH_3$

阴配离子：$[Fe(CN)_6]^{4-} \underset{\text{配位}}{\overset{\text{离解}}{\rightleftharpoons}} Fe^{2+} + 6CN^{-}$

上述两式的标准平衡常数分别为

$$K_d^{\ominus} = \frac{c'_{Cu^{2+}}(c'_{NH_3})^4}{c'_{[Cu(NH_3)_4]^{2+}}} \qquad K_d^{\ominus} = \frac{c'_{Fe^{2+}}(c'_{CN^-})^6}{c'_{[Fe(CN)_6]^{4-}}}$$

$K_d^{\ominus}$ 越大，表示配离子越易离解，即越不稳定，所以 $K_d^{\ominus}$ 也可用 $K_{\text{不稳}}^{\ominus}$ 表示。

上述两式的逆反应表示配离子的稳定性，其平衡常数若用 $K_{\text{稳}}^{\ominus}$ 表示，则分别为

$$K_{\text{稳}}^{\ominus} = \frac{c'_{[Cu(NH_3)_4]^{2+}}}{c'_{Cu^{2+}}(c'_{NH_3})^4} \qquad K_{\text{稳}}^{\ominus} = \frac{c'_{[Fe(CN)_6]^{4-}}}{c'_{Fe^{2+}}(c'_{CN^-})^6}$$

如果 $K_{\text{稳}}^{\ominus}$ 用 β 表示，显然有 $\beta = \frac{1}{K_{\text{不稳}}^{\ominus}}$。

2. β 的应用

（1）比较同类型配合物的稳定性

例 10-2　查得 $[Ag(NH_3)_2]^{+}$ 的 $\lg\beta = 7.34$，$[Ag(CN)_2]^{-}$ 的 $\lg\beta = 18.74$，问两者哪个易离解？

解　因为 $[Ag(CN)_2]^{-}$ 的 $\lg\beta > [Ag(NH_3)_2]^{+}$ 的 $\lg\beta$，

所以　　$[Ag(NH_3)_2]^{+}$ 易离解。

注意：$[Cu(CN)_4]^{3-}$ 的 $\lg\beta = 30.00$，$[Fe(CN)_6]^{4-}$ 的 $\lg\beta = 35.00$，但是由于这两者配离子属于不同类型，因此不能直接用 $\lg\beta$ 来比较它们的稳定性。

(2)组分浓度计算

例 10-3　室温下,将 0.010 mol 的 $AgNO_3$ 固体溶解于 1.0 L 浓度为 0.030 $mol \cdot L^{-1}$ 的氨水中(设体积不变),求生成 $[Ag(NH_3)_2]^+$ 后溶液中 Ag^+ 和 NH_3 的浓度($[Ag(NH_3)_2]^+$ 的 $\beta = 1.7 \times 10^7$)。

解　设 $[Ag(NH_3)_2]^+$ 离解掉 x mol,则

$$[Ag(NH_3)_2]^+ \rightleftharpoons Ag^+ + 2NH_3$$

平衡/($mol \cdot L^{-1}$)　$0.010 - x$　　y　　$0.010 + z$

由于 $[Ag(NH_3)_2]^+$ 是分步离解的,显然 $x \neq y, z \neq 2y$。但是 $[Ag(NH_3)_2]^+$ 离解度很小,可近似认为

$$0.010 - x = 0.010, \quad 0.010 + z = 0.010$$

所以

$$\frac{1}{\beta} = \frac{c'_{Ag^+}(c'_{NH_3})^2}{c'_{[Ag(NH_3)_2]^+}} = \frac{y \times 0.010^2}{0.010} = \frac{1}{1.7 \times 10^7}$$

解得

$$y = c'_{Ag^+} = 5.9 \times 10^{-6}$$

所以

$$c_{Ag^+} = 5.9 \times 10^{-6}\ mol \cdot L^{-1}, \quad c_{NH_3} = 0.010\ mol \cdot L^{-1}$$

例 10-4　室温下,将 0.020 $mol \cdot L^{-1}$ 的 $CuSO_4$ 溶液与浓度为 0.28 $mol \cdot L^{-1}$ 的氨水等体积混合,求达成配位平衡后,$c_{Cu^{2+}}$,c_{NH_3} 和 $c_{[Cu(NH_3)_4]^{2+}}$ 各为多少?($[Cu(NH_3)_4]^{2+}$ 的 $\beta = 4.3 \times 10^{13}$)

解　$c_{Cu^{2+}} = 0.010\ mol \cdot L^{-1}$,$c_{NH_3} = 0.14\ mol \cdot L^{-1}$,可见是 NH_3 过量,于是:

离解前:　$c_{[Cu(NH_3)_4]^{2+}} = 0.010\ mol \cdot L^{-1}$

剩余:　$c_{NH_3} = 0.14 - 4 \times 0.010 = 0.10(mol \cdot L^{-1})$

设 $[Cu(NH_3)_4]^{2+}$ 离解掉 x $mol \cdot L^{-1}$,则

$$[Cu(NH_3)_4]^{2+} \rightleftharpoons Cu^{2+} + 4NH_3$$

平衡/($mol \cdot L^{-1}$)　$0.010 - x$　　y　　$0.1 + z$

经近似处理,得

$$\frac{1}{\beta} = \frac{c'_{Cu^{2+}}(c'_{NH_3})^4}{c'_{[Cu(NH_3)_4]^{2+}}} = \frac{y \times (0.1)^4}{0.010} = \frac{1}{4.3 \times 10^{13}}$$

解得

$$y = 2.3 \times 10^{-12}$$

所以

$$c_{Cu^{2+}} = 2.3 \times 10^{-12}\ mol \cdot L^{-1}$$

10.4.2　配位平衡的移动

1. 配位平衡与酸效应

在配位体为弱酸根的配离子中加入 H^+(或降低 pH 值),会促使配位体与 H^+ 结合形成稳定的弱酸,从而降低配位体与形成体配位的能力,这种现象称为酸效应。

影响酸效应的因素有:①溶液的 pH 值;②配位体形成的弱酸的 $K_a^\ominus$ 值。当 pH 值越低,$K_a^\ominus$ 值越小时,配位体浓度减少越明显,配位离解平衡有利于向离解方向进行,此时配位体与形成体配位的能力也越差,酸效应更加明显(或者说,配离子越易离解)。

例如 F^- 与 Fe^{3+} 配位形成 $[FeF_6]^{3-}$ 时,加入的 H^+ 与 F^- 反应生成 HF,进而产生酸

效应。

$$\begin{array}{c} Fe^{3+} + 6F^- \rightleftharpoons [FeF_6]^{3-} \\ + \\ H^+ \\ \Updownarrow \\ HF(弱酸) \end{array}$$

又如 EDTA 中的 Y^{4-} 与金属离子 M^{n+} 配位形成配离子 $[MY]^{-(4-n)}$ 时，加入的 H^+ 与 Y^{4-} 之间发生副反应生成 HY^{3-}，H_2Y^{2-}，H_3Y^-，H_4Y，H_5Y^+ 或 H_6Y^{2+} 等六种 EDTA 酸式型体中的几种，使 EDTA 参加主反应的能力下降。酸效应影响 EDTA 参加主反应能力的程度可用酸效应系数 $\alpha_{Y(H)}$ 来衡量：

$$\alpha_{Y(H)} = \frac{[Y]'}{[Y]}$$

式中，$[Y]'$ 为 EDTA 的总浓度；$[Y]$ 为 EDTA 中游离的 Y 的浓度。

显然，$\alpha_{Y(H)}$ 是分布分数 δ_Y 的倒数，即

$$\alpha_{Y(H)} = \frac{[Y]+[HY]+\cdots+[H_6Y]}{[Y]} = \frac{1}{\delta_Y} = \frac{(c'_{H^+})^6}{K_{a1}K_{a2}K_{a3}K_{a4}K_{a5}K_{a6}} + \frac{(c'_{H^+})^5}{K_{a2}K_{a3}K_{a4}K_{a5}K_{a6}} + \frac{(c'_{H^+})^4}{K_{a3}K_{a4}K_{a5}K_{a6}} + \frac{(c'_{H^+})^3}{K_{a4}K_{a5}K_{a6}} + \frac{(c'_{H^+})^2}{K_{a5}K_{a6}} + \frac{c'_{H^+}}{K_{a6}} + 1$$

pH 值越小，酸效应越严重，$\alpha_{Y(H)}$（或 $\lg\alpha_{Y(H)}$）值越大。当 pH>12 时，EDTA 几乎没有受到酸效应影响，酸效应系数达到最小值，即 $\alpha_{Y(H)}=1$ 或 $\lg\alpha_{Y(H)}=0$，此时 EDTA 的配位能力最强；当 pH≤12 时，EDTA 受到不同程度酸效应的影响，此时 $\lg\alpha_{Y(H)}>0$。不同 pH 值时的 $\lg\alpha_{Y(H)}$ 值见表 10-5。

表 10-5 不同 pH 值时的 $\lg\alpha_{Y(H)}$ 值

pH	$\lg\alpha_{Y(H)}$	pH	$\lg\alpha_{Y(H)}$	pH	$\lg\alpha_{Y(H)}$
0.0	23.64	3.4	9.70	6.8	3.55
0.4	21.32	3.8	8.85	7.0	3.32
0.8	19.08	4.0	8.44	7.5	2.78
1.0	18.01	4.4	7.64	8.0	2.27
1.4	16.02	4.8	6.84	8.5	1.77
1.8	14.27	5.0	6.45	9.0	1.28
2.0	13.51	5.4	5.69	9.5	0.83
2.4	12.19	5.8	4.98	10.0	0.45
2.8	11.09	6.0	4.65	11.0	0.07
3.0	10.06	6.4	4.06	12.0	0.01

例 10-5 计算 pH=5 时 EDTA 的酸效应系数。若此时 EDTA 各种存在形式的总浓度为 0.02 mol·L^{-1},则[Y^{4-}]为多少?

解 pH=5 时,[H^+]=10^{-5}。查表得 EDTA 六种酸式型体的 $K_{a1}\sim K_{a6}$ 分别为 $10^{-0.9}$,$10^{-1.6}$,$10^{-2.07}$,$10^{-2.75}$,$10^{-6.24}$,$10^{-10.34}$,代入 $\alpha_{Y(H)}$ 的计算公式得

$$\alpha_{Y(H)}=\frac{10^{-30}}{10^{-0.9-1.6-2.07-2.75-6.24-10.34}}+\frac{10^{-25}}{10^{-1.6-2.07-2.75-6.24-10.34}}+$$

$$\frac{10^{-20}}{10^{-2.07-2.75-6.24-10.34}}+\frac{10^{-15}}{10^{-2.75-6.24-10.34}}+\frac{10^{-10}}{10^{-6.24-10.34}}+\frac{10^{-5}}{10^{-10.34}}+1$$

$$=10^{-6.1}+10^{-2.0}+10^{1.4}+10^{4.33}+10^{6.58}+10^{5.34}+1=10^{6.60}$$

$$[Y^{4-}]=\frac{[Y]_{总}}{\alpha_{Y(H)}}=\frac{0.02}{10^{6.60}}=7\times10^{-9}(\text{mol}\cdot\text{L}^{-1})$$

2. 配位平衡与沉淀效应

在配离子中加入沉淀剂,沉淀剂与配离子中游离出来的金属离子结合后,形成难溶物,降低了溶液中游离金属离子的浓度,从而促使配离子离解,这种现象称为沉淀效应。

例如在[$Ag(NH_3)_2$]$^+$配离子中加入 I^-,I^- 与[$Ag(NH_3)_2$]$^+$中游离出来的 Ag^+ 结合生成 AgI 沉淀,产生的沉淀效应降低了[$Ag(NH_3)_2$]$^+$的稳定性。

$$Ag^+ + 2NH_3 \rightleftharpoons [Ag(NH_3)_2]^+$$

+

I^-(沉淀剂)

⇃↾

AgI(难溶物)

影响沉淀效应的因素有:①沉淀剂的加入量;②生成难溶物的 $K_{sp}^{\ominus}$。其关系为:沉淀剂加入量越多,生成难溶物的 $K_{sp}^{\ominus}$ 越小,沉淀效应越明显。

例 10-6 计算在 1 L 6.0 mol·L^{-1}氨水中能溶解多少摩尔的 AgCl 固体。

解 AgCl 在氨水中存在如下两个平衡:

$$AgCl(s) \rightleftharpoons Ag^+ + Cl^-$$

$$Ag^+ + 2NH_3 \rightleftharpoons [Ag(NH_3)_2]^+$$

$$x \qquad 2x \qquad\qquad x$$

将两个平衡合并得到的配位溶解平衡为

$$AgCl(s)+2NH_3 \rightleftharpoons [Ag(NH_3)_2]^+ + Cl^-$$

其标准平衡常数为

$$K^{\ominus}=\frac{c'_{[Ag(NH_3)_2]^+}c'_{Cl^-}}{(c'_{NH_3})^2}=\frac{c'_{[Ag(NH_3)_2]^+}c'_{Cl^-}c'_{Ag^+}}{(c'_{NH_3})^2c'_{Ag^+}}=K_{稳}^{\ominus}\times K_{sp}^{\ominus}$$

查得[$Ag(NH_3)_2$]$^+$配离子的 $K_{稳}^{\ominus}=1.12\times10^7$,AgCl 的 $K_{sp}^{\ominus}=1.8\times10^{-10}$,所以

$$K^{\ominus}=1.12\times10^7\times1.8\times10^{-10}=2.0\times10^{-3}$$

设在 6.0 mol·L^{-1}氨水中能溶解 x mol 的 AgCl,那么平衡时各成分的浓度分别为

$$c'_{[Ag(NH_3)_2]^+}=x,\quad c'_{Cl^-}=x,\quad c'_{NH_3}=6-2x$$

则

$$2.0\times10^{-3}=\frac{x^2}{(6-2x)^2}$$

解得 $x=0.25\ \text{mol}$

3. 配位平衡与氧化还原效应

在配离子中加入还原剂，还原剂能将配离子中游离出来的金属离子还原成金属原子，使得配离子因金属离子浓度降低而离解增大，这种现象称为氧化还原效应。

例如在$[CuCl_2]^-$配离子中加入还原剂，$[CuCl_2]^-$中游离出来的Cu^+从还原剂中得到一个电子被还原为金属Cu，产生的氧化还原效应降低了$[CuCl_2]^-$的稳定性。

$$[CuCl_2]^- \rightleftharpoons Cu^+ + 2Cl^-$$
$$+$$
$$e^-$$
$$\Updownarrow$$
$$Cu$$

影响氧化还原效应的因素有：①还原剂的加入量；②金属离子与金属原子电对M^{n+}/M的$E^\ominus$值。由于$E^\ominus$是还原电势，其值越大M^{n+}越易被还原，因此，氧化还原效应与配离子稳定性的关系为：还原剂的加入量和M^{n+}/M的$E^\ominus$值越大，氧化还原效应越明显；反之，$E^\ominus$值越小，配离子越稳定。参见下列$\lg\beta$，$E^\ominus$的比较数据：

		$\lg\beta$	$E^\ominus/V$
$Cu^+ + e^-$	Cu		$+5.21$
$[CuCl_2]^- + e^-$	$Cu + 2Cl^-$	5.50	$+0.20$
$[CuBr_2]^- + e^-$	$Cu + 2Br^-$	5.89	$+0.17$
$[CuI_2]^- + e^-$	$Cu + 2I^-$	8.85	0.00
$[Cu(CN)_2]^- + e^-$	$Cu + 2CN^-$	16.0	-0.68

4. 配位平衡与配位效应

配离子中加入另一配位体，与配离子离解出来的金属离子配位转化成另一配离子，从而使金属离子参加主反应能力降低的现象，称为配位效应。

例如在$[Fe(SCN)_6]^{3-}$配离子中加入F^-，F^-与配离子中游离出来的金属离子Fe^{3+}配合形成另一配离子$[FeF_6]^{3-}$，促使原配离子$[Fe(SCN)_6]^{3-}$离解，而降低Fe^{3+}与SCN^-的配位能力。

$$[Fe(SCN)_6]^{3-} \rightleftharpoons Fe^{3+} + 6SCN^-$$
$$+$$
$$F^-$$
$$\Updownarrow$$
$$[FeF]^{2+} \xrightleftharpoons{F^-} [FeF_2]^+ \xrightleftharpoons{F^-} \cdots \xrightleftharpoons{F^-} [FeF_6]^{3-}$$

设金属离子M与主配体K配合时，外加另一配体L产生配位效应，那么未与主配体K配位的金属离子，除游离的M外，还有ML，ML_2，…，ML_n等，以$[M']$表示未与K配位的金属离子总浓度，$[M]$为游离金属离子浓度，则

$$[M'] = [M] + [ML] + [ML_2] + \cdots + [ML_n]$$

由于 L 与 M 配位使[M]降低，影响 M 与 K 的主反应，其影响可用配位效应系数 $\alpha_{M(L)}$ 表示：

$$\alpha_{M(L)}=\frac{[M']}{[M]}=\frac{[M]+[ML]+[ML_2]+\cdots+[ML_n]}{[M]} \tag{10-1}$$

$\alpha_{M(L)}$ 表示未与 K 配位的金属离子的各种形式的总浓度是游离金属离子浓度的多少倍。当 $\alpha_{M(L)}=1$ 时，$[M']=[M]$，表示金属离子没有发生副反应。$\alpha_{M(L)}$ 值越大，副反应越严重。

若用 $k_1, k_2, \cdots, k_n$ 表示配合物 ML_n 的各级稳定常数，即

配位平衡	各级稳定常数
$M+L \rightleftharpoons ML$	$k_1=\frac{[ML]}{[M][L]}$
$ML+L \rightleftharpoons ML_2$	$k_2=\frac{[ML_2]}{[ML][L]}$
⋮	⋮
$ML_{n-1}+L \rightleftharpoons ML_n$	$k_n=\frac{[ML_n]}{[ML_{n-1}][L]}$

将 k 的关系式代入式(10-1)，并整理得：

$$\alpha_{M(L)}=1+\beta_1[L]+\beta_2[L]^2+\cdots+\beta_n[L]^n \tag{10-2}$$

式中，β_i 为累积稳定常数，定义为：$\beta_1=k_1, \beta_2=k_1 k_2, \cdots, \beta_n=k_1 k_2 \cdots k_n$。

可见，L 的浓度越大以及与 M 配位的能力越强，配位效应越严重，其 $\alpha_{M(L)}$ 值越大，越不利于主反应的进行。

总之，以上四种效应对配位平衡影响的程度，取决于两类竞争反应的相对强弱。强弱对比越明显，转化越完全。实际转化率介于 0～100%，但不会恰好为 0 或 100%。

例 10-7　在 pH=11.00 的 Zn^{2+} 的氨溶液中，$[NH_3]=0.10\ mol\cdot L^{-1}$，求 $\alpha_{Zn(NH_3)}$。

解　查表得 $Zn\text{-}NH_3$ 各级配合物的 $\lg\beta$ 值分别为 2.37，4.81，7.31，9.46，代入式(10-2)得

$$\begin{aligned}\alpha_{Zn(NH_3)}&=1+10^{2.37}\times10^{-1.00}+10^{4.81}\times10^{-2.00}+10^{7.31}\times10^{-3.00}+10^{9.46}\times10^{-4.00}\\&=1+10^{1.37}+10^{2.81}+10^{4.31}+10^{5.46}=3.1\times10^5\end{aligned}$$

10.4.3　条件稳定常数

定义条件稳定常数为

$$K'_{MY}=\frac{[MY]}{[M'][Y']}$$

若仅考虑酸效应，则该式变为

$$K'_{MY}=\frac{[MY]}{[M][Y']}=\frac{K_{MY}}{\alpha_{Y(H)}} \tag{10-3}$$

例 10-8 设只考虑酸效应，计算 pH＝2.0 和 pH＝5.0 时 ZnY 的 K'_{ZnY}。

解 (1)查表得，$\lg K_{ZnY}=16.50$；pH＝2.0 时，$\lg\alpha_{Y(H)}=13.51$，所以

$$\lg K'_{ZnY}=16.50-13.51=2.99,\quad K'_{ZnY}=10^{2.99}$$

(2)查表得，pH＝5.0 时，$\lg\alpha_{Y(H)}=6.45$，所以

$$\lg K'_{ZnY}=16.50-6.45=10.05,\quad K'_{ZnY}=10^{10.05}$$

计算表明，在 pH＞2.0 时，ZnY 不稳定。

10.5 配位滴定法

以配位反应为基础的滴定分析方法称为配位滴定法。利用氨羧配位体进行配位滴定的方法称为氨羧配位滴定法。由于乙二胺四乙酸(即 EDTA)是目前最常用、最有效的氨羧配位体，因此本节专门介绍以 EDTA 为配体的氨羧配位滴定法。

10.5.1 配位滴定法原理

1. 滴定曲线

以 EDTA 加入量为横坐标，对应的 pM(即 $-\lg C_M$)值为纵坐标所绘制的曲线构成滴定曲线。若以 0.01 mol·L^{-1} EDTA 滴定 0.01 mol·L^{-1} Ca^{2+} 为例，其滴定曲线见图10-1。

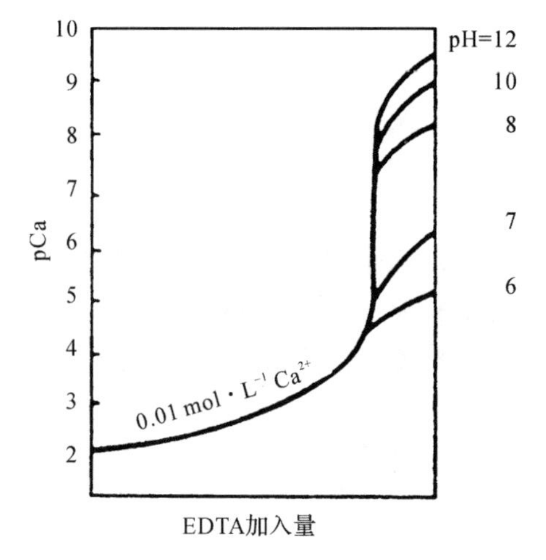

图 10-1 0.01 mol·L^{-1} EDTA 滴定 0.01 mol·L^{-1} Ca^{2+} 的滴定曲线

由图 10-1 可以推知，配位滴定的滴定突跃大小取决于：

(1)配合物的条件稳定常数——K'_{MY}；

(2)金属离子的起始浓度——C_M。

EDTA 可以准确测定单一金属离子的条件是：

$$\lg(C_M K'_{MY})\geqslant 6 \qquad (10\text{-}4)$$

2. 滴定金属离子的最小 pH 值

设金属离子的起始浓度 C_M 为 0.01 mol·L^{-1}，副反应仅考虑酸效应，则根据式(10-2)和式(10-3)可求得准确测定单一金属离子的最小 pH 值：

$$\lg C_M+\lg K'_{MY}=\lg(10^{-2})+\lg K_{MY}-\lg\alpha_{Y(H)}\geqslant 6$$

$$\lg\alpha_{Y(H)}\leqslant \lg K_{MY}-8$$

例 10-9 Zn^{2+} 的起始浓度为0.01 mol·L^{-1}，求用 EDTA 滴定 Zn^{2+} 的最小 pH 值(已知 $\lg K_{ZnY}=16.50$)。

解 $\lg\alpha_{Y(H)}\leqslant\lg K_{ZnY}-8=16.50-8=8.5$

查表 10-5 得，欲使 $\lg\alpha_{Y(H)}\leqslant 8.5$，pH 值应大于 4.0。

所以 EDTA 滴定 Zn^{2+} 的最小 pH 值为 4.0。

10.5.2　金属指示剂

1. 金属指示剂的作用原理

金属指示剂是一些有机配位剂，能同金属离子 M 形成有色（Ⅰ色）配合物 MIn，其颜色与游离指示剂本身颜色（Ⅱ色）不同。例如铬黑 T 在 pH＝8～11 时本身呈蓝色，与 Ca^{2+}，Mg^{2+}，Zn^{2+} 等金属离子形成红色配合物；又如 XO（二甲酚橙）在 pH＝1～3.5 时本身呈亮黄色，与 Bi^{3+}，Th^{4+} 结合形成红色配合物。

在 EDTA 滴定中，金属指示剂的作用原理可以简述如下：加入的少量金属指示剂 In 与少量 M 形成配合物 MIn，此时溶液呈Ⅰ色；随后滴入的 EDTA 逐步与 M 配合形成 MY（Ⅲ色），此时溶液呈（Ⅰ＋Ⅲ）色；当游离的 M 被反应完毕，再稍过量的 Y 将夺取 MIn 中的 M，使指示剂游离出来（$MIn + Y \longrightarrow MY + In$），此时溶液变为（Ⅱ＋Ⅲ）色以表示终点的到达。

2. 金属指示剂必须具备的条件

（1）金属离子与指示剂形成配合物（MIn）的颜色与指示剂（In）的颜色有明显区别，且 In 与 M 的反应灵敏、快速。这样终点变化才明显，易于眼睛判断。

（2）指示剂与金属离子配合物的溶解度要大，以防止指示剂僵化。同时指示剂应比较稳定，便于贮藏和使用。

（3）金属离子与指示剂形成的配合物应有足够的稳定性才能测定低浓度的金属离子。通常要求 $\lg K_{MIn} \geqslant 4$，以免终点提前。

（4）指示剂与金属离子配合物的稳定性应小于 Y^{4-} 与金属离子所生成配合物的稳定性，通常要求 $\lg K_{MY} - \lg K_{MIn} \geqslant 2$。这样在接近化学计量点时，$Y^{4-}$ 才能较迅速地夺取与指示剂结合的金属离子，以免终点推迟甚至终点观察不到。

第 10 章练习题

一、是非题

1. 在配位滴定法中，EDTA 是一种最为重要的氨羧配位体。　（　　）
2. 金属指示剂与金属离子配位的能力必须比 EDTA 弱。　（　　）
3. 配位效应会使金属离子参加主反应的能力增强。　（　　）

二、单选题

1. 有关 EDTA 性质的叙述错误的是（　　）。
   A. EDTA 也是六元有机弱酸
   B. 与大多数金属离子形成 1∶1 型的配合物
   C. 与金属离子配位后都形成颜色更深的配合物
   D. 与金属离子形成的配合物大多数溶于水

2. EDTA 在水溶液中以七种型体存在，其中能与金属离子直接配位的型体是(　　)。

A. H_3Y^-　　B. H_2Y^{2-}　　C. HY^{3-}　　D. Y^{4-}

3. 在配位滴定中对配位平衡影响较大的副反应是(　　)。

A. 水解效应和酸效应　　B. 配位效应和酸效应

C. 水解效应和配位效应　　D. 干扰离子副反应

4. 酸效应系数 $\alpha_{Y(H)}$ 对配位滴定主反应影响的叙述，正确的是(　　)。

A. pH 值增大，$\alpha_{Y(H)}$ 值增大，主反应能力增强

B. pH 值增大，$\alpha_{Y(H)}$ 值增大，主反应能力减弱

C. pH 值减少，$\alpha_{Y(H)}$ 值增大，主反应能力增强

D. pH 值减少，$\alpha_{Y(H)}$ 值增大，主反应能力减弱

5. 金属离子配位效应的强弱主要取决于(　　)。

A. 其他配位体的浓度及其与被测金属离子的配位能力

B. 其他配位体的浓度及其与其他金属离子的配位能力

C. 其他金属离子的浓度及其与 EDTA 的配位能力

D. 其他金属离子的浓度及其与其他配位体的配位能力

6. 已知 NiY 的稳定常数 $\lg K_{NiY}=18.6$，在 pH＝3.0 时的条件稳定常数 $\lg K'_{NiY}=10.6$，可求得在 pH＝3.0 时的酸效应系数 $\alpha_{Y(H)}$ 为(　　)。

A. 10^3　　B. 10^8　　C. 10^{10}　　D. 10^{18}

7. 在酸性溶液中游离的二甲酚橙呈黄色，与 Bi^{3+} 形成的配合物呈红色，而 EDTA 与 Bi 形成的 BiY 呈无色。那么以二甲酚橙为指示剂用 EDTA 滴定 Bi^{3+}，达到终点时溶液的颜色变化是(　　)。

A. 黄色变为红色　　B. 黄色变为无色　　C. 红色变为黄色　　D. 红色变为无色

8. 较之 MY 的稳定性，如果 MIn 的稳定性太差，此时金属指示剂可能会出现(　　)。

A. 提前变色现象　　B. 封闭现象　　C. 僵化现象　　D. 氧化变质现象

三、填空题

1. EDTA 滴定水的总硬度时，可采用______作指示剂，终点时溶液从______色变为______色。

2. 配位滴定中，滴定突跃的大小取决于____________________和____________________。

四、简答题

1. 指出下列配合物的形成体、配体、配位数、配离子电荷数(列表表示)。

(1)$[Cu(NH_3)_4](OH)_2$；　(2)$Na_3[Ag(S_2O_3)_2]$；　(3)$[PtCl_2(NH_3)_2]$；

(4)$Ni(CO)_4$；　(5)$[CoCl(NH_3)(en)_2]Cl_2$；　(6)$Na_2[SiF_6]$。

2. 命名下列配离子或配合物。

(1) $[PtCl_5(NH_3)]^-$；　(2) $(NH_4)_2[FeCl_5 \cdot (H_2O)]$；　(3) $Co(NO_2)_3(NH_3)_3$；

(4) $Fe_4[Fe(CN)_6]_3$；　(5) $[Co(NH_3)_5 \cdot H_2O]^{3+}$；　(6) $[Ni(CO)_4]$；

(7) $[Al(OH)_2 \cdot (H_2O)_4]_2SO_4$。

3. 写出下列配合物的化学式或名称。

(1)硫酸四氨合铜(Ⅱ)；　(2)四硫氰・二氨合铬(Ⅲ)酸铵；

(3) $[Ag(NH_3)_2]OH$；　(4) $H_2[SiF_6]$。

4. 已知下列配合物的磁矩，画出它们中心离子的价层电子分布，并指出其空间构型。这些配合物中哪个是内轨型？哪个是外轨型？

配合物	$[Co(H_2O)_6]^{2+}$	$[Fe(C_2O_4)_3]^{3-}$	$[CoY]^-$
μ/BM	4.3	5.75	0

5. 查得 $[Cd(CN)_4]^{2-}$ 的 $\beta=7.1\times10^{18}$，$[Zn(CN)_4]^{2-}$ 的 $\beta=7.8\times10^{16}$，问这两个配离子哪个更稳定？

五、计算题

1. 室温下，0.010 mol 的 $AgNO_3$ 溶在 1.0L 氨水中，由实验测得，Ag^+ 的浓度为 1.21×10^{-3} mol・L^{-1}。求氨水的最初浓度是多少？

2. (1)将 0.100 mol・L^{-1} Ni^{2+} 溶液与等体积的 2.0 mol・L^{-1} $NH_3 \cdot H_2O$ 混合，计算溶液中 Ni^{2+} 和 $[Ni(NH_3)_6]^{2+}$ 的浓度。(2)将 0.100 mol・L^{-1} Ni^{2+} 溶液与等体积的 2.0 mol・L^{-1} 乙二胺(en)溶液混合，计算溶液中 Ni^{2+} 和 $[Ni(en)_3]^{2+}$ 的浓度。与(1)题所得结果进行比较后，可得出什么结论。

3. 根据 EDTA 的各级离解常数，计算 pH=10.0 时的 $\lg\alpha_{Y(H)}$ 值。

4. Cu^{2+} 的起始浓度为 0.01 mol・L^{-1}，求用 EDTA 滴定 Cu^{2+} 的最小 pH 值(已知 $\lg K_{CuY}=18.80$)。

5. 试通过计算比较 AgI 在 1 L 6.0 mol・L^{-1} 氨水中和在 1 L 0.01 mol・L^{-1} KCN 溶液中的溶解效应。

6. 在反应 $2Fe^{3+}+2I^- \longrightarrow 2Fe^{2+}+I_2$ 中，若加入 CN^-，问新反应 $2[Fe(CN)_6]^{3-}+2I^- \longrightarrow 2Fe(CN)_6]^{4-}+I_2$ 能否进行？

7. 查得 $K_d^\ominus[HgCl_4]^{2-}=8.52\times10^{-16}$，$K_d^\ominus[HgI_4]^{2-}=1.48\times10^{-30}$，求下列配离子转化反应平衡常数：

$$[HgCl_4]^{2-}+4I^- \rightleftharpoons [HgI_4]^{2-}+4Cl^-$$

8. 在 0.10 mol・L^{-1} 的 Al^{3+} 溶液中，加入 F^- 形成 $[AlF_6]^{3-}$。如果反应达平衡时，溶液中的 F^- 浓度为 0.01 mol・L^{-1}，求游离的 Al^{3+} 浓度。

9. 用配位滴定法测定氯化锌($ZnCl_2$)的含量。称取 0.2500 g 试样，溶于水后稀释到 250.0 mL，吸取 25.00 mL，在 pH=5～6 时，用二甲酚橙作指示剂，用 0.01024 mol・L^{-1} EDTA 标准溶液滴定，用去 17.61 mL。计算试样中 $ZnCl_2$ 的质量分数。

第 11 章

p 区元素及其重要化合物

自然界万物竞发，种类无穷。在地壳、海洋、大气中存在着各种各样的元素，包括金属、非金属和稀有气体，由这些元素组成的化合物又有千万种。但是组成万物基础的化学元素并非无限，迄今已发现的有 118 种，其中 94 种存在于自然界，94 号以后的 20 多种元素都由人工合成，它们的数量少，稳定性差，目前多数只具有科学研究价值。

p 区元素指周期表中ⅢA～ⅦA 族，包括了全部的非金属元素。本章主要介绍这些元素的单质和主要化合物的制备、性质和变化规律，以及它们的主要用途。

11.1 卤族元素

卤族元素或卤素指ⅦA 族元素，它包括氟(F)、氯(Cl)、溴(Br)、碘(I)、砹(At)五个元素。卤素是成盐元素的意思，因为这些元素与碱金属形成的化合物是典型的盐。卤素中砹是人工合成元素，它以微量短暂地存在于镭、锕、钍等天然放射系的蜕变产物中。对它的性质知道较少，本节不予讨论。

11.1.1 卤素单质

卤素的价层电子构型为 ns^2np^5，只要获得一个电子就能成为稳定的 8 电子构型。因此，和同周期元素相比较，卤素的非金属性最强。卤素单质的熔点、沸点、原子半径等都随原子序数的增大而增大，表 11.1 列出了卤素的一些主要性质。

1. 物理性质

在卤素分子内原子间以共价键结合，而在分子间仅存在色散力，随着分子量的增大，分子的变形性增大，分子间的色散力也逐渐增强。因此，卤素单质的密度、熔点、沸点、临界温度、临界压力和汽化热等物理性质按 F→Cl→Br→I 的顺序依次增大。

由于卤素分子是非极性分子，因此较难溶于水，而易溶于有机溶剂如乙醇、乙醚、氯仿、四氯化碳等。实验室中为了能获得较大浓度的碘水溶液，通常将碘溶于 KI，HI，或其他碘化物溶液，形成 I_3^-：

$$I^- + I_2 \rightleftharpoons I_3^-$$

表 11-1　卤族元素的主要性质

性　质	氟(F)	氯(Cl)	溴(Br)	碘(I)
原子序数	9	17	35	53
价层电子构型	$2s^2 2p^5$	$3s^2 3p^5$	$4s^2 4p^5$	$5s^2 5p^5$
主要氧化值	－1	－1,＋1,＋3,＋5,＋7	－1,＋1,＋3,＋5,＋7	－1,＋1,＋3,＋5,＋7
常温下状态	浅黄色气体	黄绿色气体	红棕色液体	紫黑色固体
熔点/℃	－219.7	－100.99	－7.3	113.5
沸点/℃	－188.2	－34.03	58.75	184.34
原子半径/pm	64	99	114.2	133.3
X^- 离子半径/pm	136	181	195	216
第一电离能 $I_1/(kJ \cdot mol^{-1})$	1681.0	1251.1	1139.9	1008.4
电负性 χ	4.1	3.2	3.0	2.7

当 I^- 负离子接近 I_2 分子易使它极化产生诱导偶极，进一步形成配离子 I_3^- 而使得 I^- 的溶解度增大。此处，已知的还有 Br_3^-，Cl_3^-，I_5^- 等。

2. 化学性质

卤素具有相似性：卤素都具有强氧化性，均能与金属、非金属、水和碱溶液反应。还具有递变性：随着原子序数的增加，卤素的氧化性逐渐减弱。F_2 是最强的氧化剂，氧化性递变顺序为

$$F_2 > Cl_2 > Br_2 > I_2$$

(1)卤素与金属反应

例如，F_2 能与所有的金属直接化合；Cl_2 与少数金属不能直接化合，有些反应需要加热；Br_2 和 I_2 要在较高温度下才能与某些金属化合。又如 F_2，Cl_2，Br_2 均能将铁氧化为正三价的铁盐，而铁与 I_2 反应生成碘化亚铁(FeI_2)。

(2)卤素与非金属反应

卤素单质与氢气化合生成卤化氢的反应见表 11-2。

卤素与其他非金属反应的情况和卤素与氢气的反应情况相类似，活泼性从 F_2 到 I_2 明显减弱。

表 11-2 卤素单质与 H_2 的反应

反应式	反应条件	化合条件	气态氢化物稳定性	反应特点
$F_2+H_2 \rightleftharpoons 2HF$	冷暗处就能爆炸化合		很稳定	很剧烈
$Cl_2+H_2 \rightleftharpoons 2HCl$	混合光照 不混合点燃	强光爆炸 苍白色火焰	稳定 稳定	两种条件，两种现象
$Br_2+H_2 \rightleftharpoons 2HBr$	500 ℃加热	缓慢化合	较稳定	难反应
$I_2+H_2 \rightleftharpoons 2HI$	持续加热	更缓慢化合，同时分解	不稳定	很难反应，可逆

注：氢气在氯气中燃烧时的现象为：苍白色的火焰，且瓶口出现白雾。

(3)卤素与水和碱反应

卤素与水可发生两类反应：

$$X_2+H_2O \rightleftharpoons 2H^+ +2X^- +\frac{1}{2}O_2\uparrow \tag{1}$$

$$X_2+H_2O \rightleftharpoons H^+ +X^- +HXO \tag{2}$$

F_2 与水的反应主要按式(1)进行，能激烈地放出 O_2。Cl_2 与水主要按式(2)发生歧化反应，生成盐酸和次氯酸，后者在日光照射下可以分解出 O_2：

$$Cl_2+H_2O \rightleftharpoons HCl+HClO$$

$$2HClO \xrightarrow{光} 2HCl+O_2\uparrow$$

Br_2 和 I_2 与纯水的反应极不明显，只是在碱性溶液中才能显著地发生类似式(2)的歧化反应：

$$Br_2+2KOH \longrightarrow KBr+KBrO+H_2O$$

$$I_2+6NaOH \rightleftharpoons 5NaI+NaIO_3+3H_2O$$

(4)卤素间的置换反应

氧化性强的卤素能将氧化性较弱的卤素从其卤化物中置换出来。例如：

$$Cl_2+2KBr \rightleftharpoons 2KCl+Br_2$$

$$Cl_2+2KI \rightleftharpoons 2KCl+I_2$$

这就是从晒盐后的苦卤中生产溴，或由海藻灰中提取碘的反应。实验室也常用此氯化法获取溴和碘，但制碘时 Cl_2 需控制适量，过多的 Cl_2 会将 I_2 进一步氧化为 HIO_3。

不过，应注意的是 F_2 与其他卤化物的水溶液反应，只能从水中置换出氧气，不能置换出其他卤素单质，但可以从熔融态的其他卤化物中置换出卤素单质。

此外，还可以发生另一类置换反应。例如：

$$\frac{1}{2}I_2+ClO_3^- \longrightarrow IO_3^- +\frac{1}{2}Cl_2\uparrow$$

$$\frac{1}{2}Br_2+ClO_3^- \longrightarrow BrO_3^- +\frac{1}{2}Cl_2\uparrow$$

11.1.2　卤化氢

1. 卤化氢的制取

实验室里卤化氢可由卤化物与高沸点酸(如 H_2SO_4,H_3PO_4)反应制取。

$$CaF_2 + H_2SO_4(浓) \longrightarrow CaSO_4 + 2HF(g)$$

$$NaCl + H_2SO_4(浓) \xrightarrow{\triangle} NaHSO_4 + HCl(g)$$

但 HBr 和 HI 不能用浓 H_2SO_4 制取,因为浓 H_2SO_4 会氧化它们,得不到纯的 HBr 和 HI。

$$2HBr + H_2SO_4(浓) \longrightarrow SO_2(g) + 2H_2O + Br_2$$

$$8HI + H_2SO_4(浓) \longrightarrow H_2S(g) + 4H_2O + 4I_2$$

如果用非氧化性的 H_3PO_4 代替 H_2SO_4,则可制得 HBr 和 HI。

$$NaX + H_3PO_4 \rightleftharpoons NaH_2PO_4 + HX(g)$$

也可用磷和 Br_2 或 I_2 反应生成 PBr_3 或 PI_3,后者遇水立即水解成亚磷酸和 HBr 或 HI。

$$2P + 3X_2 + 6H_2O = 2H_3PO_3 + 6HX$$

上述两个反应中 X=Br,I。

2. 卤化氢的性质

卤化氢都是具有刺激性臭味的无色气体。卤化氢的性质随原子序数增加呈现规律性的变化(见图 11-1,其中 HF 因生成氢键,使得熔、沸点比 HCl 的高)。卤化氢的水溶液称氢卤酸,除氢氟酸是弱酸外,其他皆为强酸。但是氢氟酸却表现出一些独特的性质,例如它可与 SiO_2 反应:

$$SiO_2 + 4HF = SiF_4(g) + 2H_2O$$

可利用这一性质来刻蚀玻璃或溶解各种硅酸盐。氢氟酸也可用来溶解普通强酸不能溶解的 Ti,Zr,Hf 等金属。这一特性与 F^- 半径特别小有关,因 F^- 可与一些半径小、电荷高的离子如 Ti^{4+},Zr^{4+},Hf^{4+} 等形成稳定的配离子$[MF_6]^{2-}$。

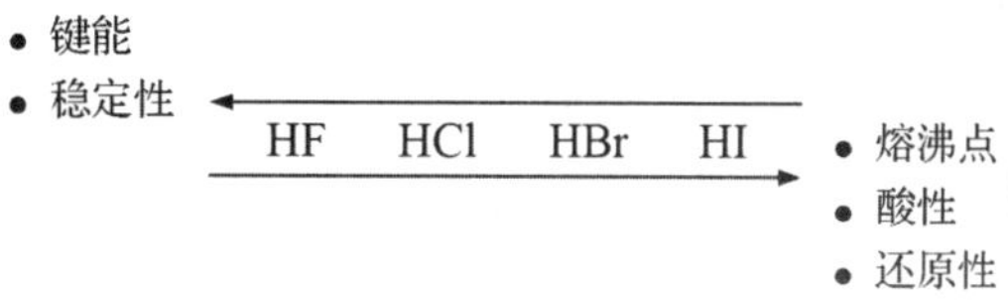

图 11-1　HX 性质的递变规律

11.1.3　卤化物

卤化物可分为离子型卤化物和共价型卤化物两类。卤素与碱金属、碱土金属所形成的是离子型卤化物,卤素和非金属及与氧化值较高的金属所形成的是共价型卤化物。下面着重讨论卤化物的溶解性和水解性这两种性质。

1. 卤化物的溶解性

大多数金属氯化物易溶于水,而 AgCl,Hg_2Cl_2,$PbCl_2$ 难溶于水。金属氟化物与其他卤化物不同,碱土金属的氟化物(特别是 CaF_2)难溶于水,而碱土金属的其他卤化物却易溶于水。AgF 易溶于水,而银的其他卤化物则不溶于水。

金属卤化物在溶于水的同时,除少数活泼金属卤化物外,还会发生不同程度的水解而产生沉淀,应引起注意。但是非金属卤化物在水溶液中,除 CCl_4 和 SF_6 不水解外,一般以发生水解为主。

2. 卤化物的水解性

非金属卤化物水解大致可分成两种类型：

(1)生成非金属含氧酸和卤化氢，如 BCl_3，$SiCl_4$，PCl_5，AsF_5 等。

(2)生成非金属氢化物和卤素含氧酸，如 NCl_3，OCl_2 等。

例 11-1 用反应式来表示下列反应过程：

(1)PCl_5 水解制 H_3PO_4；　　(2)NCl_3 水解。

解 (1)$PCl_5+4H_2O = 5HCl+H_3PO_4$

(2)$NCl_3+3H_2O = NH_4ClO+2HClO$

11.1.4 卤素的含氧酸及含氧酸盐

1. 卤素的含氧酸

卤素含氧酸有多种形式，见表 11-3。

表 11-3 卤素含氧酸

名称	卤素的氧化态	氯	溴	碘
次卤酸	+1	HClO*	HBrO*	HIO*
亚卤酸	+3	$HClO_2$*	$HBrO_2$*	—
卤酸	+5	$HClO_3$*	$HBrO_3$*	HIO_3
高卤酸	+7	$HClO_4$	$HBrO_4$*	HIO_4，H_5IO_6

注：* 表示仅存在于溶液中。

含氧酸的酸性可用 ROH 规律加以判断。

含氧酸都含有 R—O—H 结构，其中 R 代表含氧酸的中心原子。R—O—H 可看成由 R^{n+}，O^{2-}，H^+ 三种离子组成(n 代表中心离子的电荷数)，由于 R—O—H 在水中有两种离解方式：

$$\underset{\text{酸式离解}}{RO^- + H^+} \longleftarrow R—O—H \longrightarrow \underset{\text{碱式离解}}{R^+ + OH^-}$$

R—O—H 究竟是进行酸式离解还是碱式离解，与阳离子的极化作用有关。卡特利奇(G. H. Cartledge)提出以“离子势”来衡量阳离子极化作用的强弱：

$$离子势(\Phi)=\frac{阳离子电荷(Z)}{阳离子半径(r)}$$

在 R—O—H 中，若 R^{n+} 的 Φ 值大，其极化作用强，氧原子的电子云将偏向 R，使 O—H 键极性增强，则 R—O—H 按酸式离解；若 R^{n+} 的 Φ 值小，R—O 键的极性强，则 R—O—H 按碱式离解。Φ 值越大，含氧酸的酸性越强。根据这样的规律，对于氯的含氧酸从 $HClO \rightarrow HClO_2 \rightarrow HClO_3 \rightarrow HClO_4$，随着中心原子 R 氧化值的升高，$R^{n+}$ 电荷的增多和半径的减少，酸性依次增加。其他元素的含氧酸也有类似规律。

由 ROH 规律还可得出另外两条结论：

(1)在同一周期中，不同元素的含氧酸酸性自左向右逐渐增强。例如：

$$H_2SiO_3 < H_3PO_4 < H_2SO_4 < HClO_4$$

(2)在同一主族中，不同元素的含氧酸酸性自上而下逐渐减弱。例如：

$$HClO_3 > HBrO_3 > HIO_3$$

在卤素的含氧酸及其盐中，以氯的含氧酸最重要。氯的含氧酸热稳定性和氧化性变化有如下规律：

• 氧化性增强 ←

$HClO$　　$HClO_2$*　　$HClO_3$　　$HClO_4$

→ • 热稳定性增强

* $HClO_2$ 有些例外，氧化性大于 HClO，热稳定性小于 HClO。

这是因为在氯的含氧酸中，随着氯的氧化值的增加，氯和氧之间化学键数目增加，因此热稳定性增加，氧化性减弱。

次氯酸是很弱的酸，只能存在于稀溶液中，且性质不稳定。它有三种分解方式：

$$2HClO \xlongequal{\text{光}} 2HCl + O_2$$

$$2HClO \xlongequal{\text{脱水剂}} Cl_2O + H_2O$$

$$3HClO \xlongequal{\triangle} 2HCl + HClO_3$$

这三种分解方式可以同时各自独立进行，称为平行反应。它们的相对速度取决于反应条件。HClO 是强的氧化剂和漂白剂，具有杀菌和漂白能力。漂白粉是 Cl_2 与 $Ca(OH)_2$ 反应所得的混合物：

$$2Cl_2 + 3Ca(OH)_2 = Ca(ClO)_2 + CaCl_2 \cdot Ca(OH)_2 \cdot H_2O + H_2O$$

漂白粉的漂白作用就是基于 ClO^- 的氧化性。而氯之所以有漂白作用，就是由于它和水作用生成次氯酸，干燥氯是没有漂白能力的。

$HClO_3$ 是强酸，也是强氧化剂。它能把 I_2 氧化成 HIO_3，而本身的还原产物取决于其用量。

$$2HClO_3(\text{过量}) + I_2 = 2HIO_3 + Cl_2$$

$$5HClO_3 + 3I_2(\text{过量}) + 3H_2O = 6HIO_3 + 5HCl$$

$HClO_3$ 与 HCl 反应可放出 Cl_2：

$$HClO_3 + 5HCl = 3Cl_2 + 3H_2O$$

$HClO_4$ 是最强的无机酸，其稀溶液比较稳定，氧化能力不及 $HClO_3$，但浓 $HClO_4$ 溶液是强的氧化剂，与有机物质接触会发生爆炸，使用时必须十分小心。

2. 卤素的含氧酸盐

$KClO_3$ 是最重要的氯酸盐，将氯气通入热碱溶液，就可制得：

$$3Cl_2 + 6KOH = KClO_3 + 5KCl + 3H_2O$$

在有催化剂存在时，$KClO_3$ 受热分解为 KCl 和 O_2；若无催化剂，则发生歧化反应。

$$4KClO_3 \xlongequal{\triangle} 3KClO_4 + KCl$$

固体 $KClO_3$ 是强氧化剂。它与易燃物质，如碳、硫、磷或有机物质混合后，一受撞击即引起爆炸着火，因此 $KClO_3$ 常用来制造炸药、火柴和烟花等。$KClO_3$ 的中性溶液不显氧化性，不能氧化 KI，但酸化后，即可将 I^- 氧化成单质 I_2。

高氯酸盐是氯的含氧酸盐中最稳定的，高氯酸盐受热时都能分解为氯化物和氧气：

$$KClO_4 \xlongequal{\triangle} KCl + 2O_2\uparrow$$

因此，固态高氯酸盐在高温下是一个强氧化剂，但氧化能力比氯酸盐弱，所以高氯酸盐用于制造较为安全的炸药。高氯酸镁和高氯酸钡是很好的吸水剂和干燥剂。

例 11-2 以食盐为原料制备下列各物质，写出过程中的主要反应式：

$NaClO$　　$Ca(ClO)_2$　　$KClO_4$　　HCl

解 $2NaCl + 3H_2SO_4(\text{浓}) + MnO_2 \xlongequal{} 2NaHSO_4 + MnSO_4 + Cl_2\uparrow + 2H_2O$

$$Cl_2 + 2NaOH \xlongequal{} NaClO + NaCl + H_2O$$

$$2Cl_2 + 3Ca(OH)_2 \xlongequal{} Ca(ClO)_2 + CaCl_2 \cdot Ca(OH)_2 \cdot H_2O + H_2O$$

$$3Cl_2 + 6KOH(\text{热}) \xlongequal{} KClO_3 + 5KCl + 3H_2O$$

$$4KClO_3 \xlongequal{\triangle} 3KClO_4 + KCl$$

$$NaCl + H_2SO_4(\text{浓}) \xlongequal{} NaHSO_4 + HCl$$

11.2 氧、硫

氧族元素指ⅥA 族元素，它包括氧(O)、硫(S)、硒(Se)、碲(Te)、钋(Po)五个元素。其中氧是地壳中含量最多的元素，约占总质量的 48.6%；硫在地壳中的含量只有 0.052%，居元素丰度第 16 位，但在自然界的分布很广。

元素在地壳中的存在形式比较复杂，只有少数能以单质形式存在，例如，氧族元素中只有氧和硫能以单质形式存在，其余均为化合物。化合物主要有氧化物和硫化物两大类。地质学上称前者为亲石元素，后者为亲硫元素。硒、碲是稀有元素，钋是放射性元素，本节主要介绍氧、硫两种元素。

11.2.1 氧族元素单质

1. 氧族元素的通性

氧族元素的基本性质列于表 11-4。

表 11-4 氧族元素的一些基本性质

性　质	氧(O)	硫(S)	硒(Se)	碲(Te)
价层电子构型	$2s^2 2p^4$	$3s^2 3p^4$	$4s^2 4p^4$	$5s^2 5p^4$
原子半径/pm	66	104	117	137
M^{2-} 离子半径/pm	140	184	198	221
熔点/℃	−218.6	112.8	221	450
沸点/℃	−183.0	444.6	685	1009

续表

性　质	氧(O)	硫(S)	硒(Se)	碲(Te)
电负性 χ	3.5	2.5	2.4	2.1
第一电离能 I_1/(kJ·mol^{-1})	1314	999.6	940.9	869.3
主要氧化值	−2	−2,+2,+4,+6	−2,+2,+4,+6	−2,+2,+4,+6

从表 11-4 可以看出,氧族元素的性质变化趋势与卤素相似。氧族元素的金属性、原子半径、离子半径、熔点、沸点随原子序数增加而增大;电负性、电离能随原子序数增加而减小。

氧族元素原子的价层电子构型均为 ns^2np^4,有获得 2 个电子达到稀有气体稳定结构的趋势。当氧族元素原子和其他元素化合时,如果电负性相差很大,则可以有电子的转移。例如,氧可以和大多数金属元素形成二元离子化合物,硫、硒、碲只能和低价态的金属形成离子型化合物。当氧族元素和高价态的金属或非金属化合时,所生成的化合物主要为共价化合物。

氧和硫的性质相似,都活泼。氧能与许多元素直接化合,生成氧化物;硫也能与氢、卤素及几乎所有的金属起作用,生成相应的卤化物和硫化物。不仅氧和硫的单质的化学性质相似,它们的对应化合物的性质也有很多相似之处。

2. 氧与硫单质的结构

氧与硫单质熔、沸点相差很大,这是由于氧原子半径小而引起成键方式不同。

氧和硫原子的价层都有 2 个单电子,都可形成 2 个键,所以它们的单质有两种键合方式:一种是两个原子之间以双键相连而形成双原子的小分子;另一种是多个原子之间以单键相连形成多原子的“大分子”。氧单质是以小分子 O_2,硫单质是以“大分子”S_8 形式存在的,它们单质的分子结构分别为:

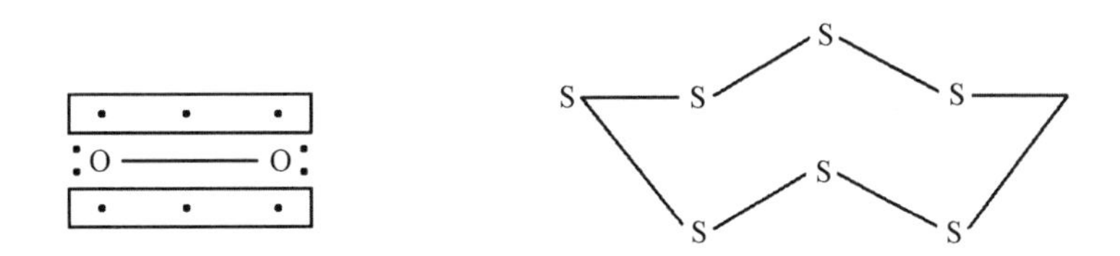

O_2 分子结构式中 $\boxed{\cdot\quad\cdot\quad\cdot}$ 表示由 3 个电子构成的 π 键,称为 3 电子 π 键。简式表明 O_2 分子中存在三键,即一个 σ 键和两个 3 电子 π 键。每个 3 电子 π 键中有 1 个未成对电子,2 个 π 键则有 2 个未成对电子,并且自旋平行,致使 O_2 表现出顺磁性。

3. 氧族元素的同素异形体

氧族元素单质都有同素异形体。例如,氧有 O_2 和 O_3(臭氧),硫有斜方硫、单斜硫和弹性硫等。O_3 在地面附近的大气层中含量极少,而在大气层的最上层,由于太阳对大气中的氧气的强烈辐射作用,形成了一层臭氧层。臭氧层能吸收太阳光的紫外辐射,成为保护地球上生命免受太阳辐射的天然屏障。

臭氧分子的构型为V形，如图11-2所示。中心氧原子以2个sp^2杂化轨道与另外两个氧原子形成σ键，第三个sp^2杂化轨道被孤对电子所占有。此外，中心氧原子的未参与杂化的p轨道上有一对孤对电子，两端的氧原子与其平行的p轨道上各有一个电子，它们之间形成垂直于分子平面的三中心四电子大π键，用Π_3^4表示。

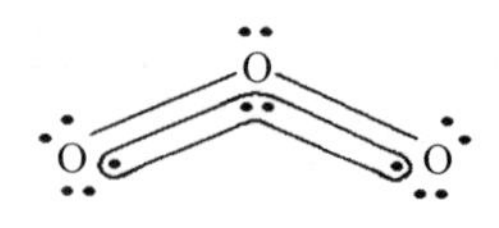

图11-2 臭氧分子构型

臭氧是淡蓝色的气体，有鱼腥味。臭氧极不稳定，在常温下缓慢分解：

$$2O_3(g) \longrightarrow 3O_2(g)$$

二氧化锰的存在可加速臭氧的分解。

臭氧的另一个重要性质就是它的强氧化性，它在酸性溶液中的电极电势如下：

$$O_3 + 2H^+ + 2e^- \longrightarrow O_2 + H_2O \qquad E^{\ominus} = 2.01\ V$$

利用O_3将KI氧化成I_2的反应可以测定臭氧的含量。

$$O_3 + 2KI + H_2O = I_2 + O_2 + 2KOH$$

臭氧氧化不易导致二次污染，因此臭氧可用作消毒剂，用来净化废气、废水。

单斜硫和斜方硫的分子都是S_8，它们只是晶体中分子排列不同而已。弹性硫为S_8环断开后，相互聚合成长链的大分子，这些长链相互绞结，因而使其具有弹性。

例11-3 写出臭氧把潮湿的硫氧化成硫酸和在酸性溶液中臭氧将Ag^+盐氧化成Ag^{2+}盐的反应式。

解

$$3O_3 + S + H_2O = H_2SO_4 + 3O_2$$

$$O_3 + 2H^+ + 2Ag^+ = O_2 + 2Ag^{2+} + H_2O$$

11.2.2 氧族元素的氢化物

1. 过氧化氢

(1)过氧化氢的分子结构

过氧化氢的分子式为H_2O_2。H_2O_2分子中两个氧原子连在一起，一般结构式可表示为H—O—O—H，其中—O—O—称为过氧键。在气态时，H_2O_2的空间结构如图11-3所示，两个氧原子都以sp^3杂化轨道成键，除相互连接成过氧键—O—O—外，还各与一个氢原子相连。两个氢原子像在半展开书本的两页纸上，两面的夹角为111.5°，氧原子在书的夹缝上，键角∠OOH为94.8°。

(2)过氧化氢的物理性质

纯的过氧化氢是无色的黏稠液体，分子间有氢键，由于极性比水强，在固态和液态时分子缔合程度比水大，所以沸点比水高，为150 ℃。过氧化氢可以与水以任意比例互溶，通常所用的双氧水为含H_2O_2 30%的水溶液。

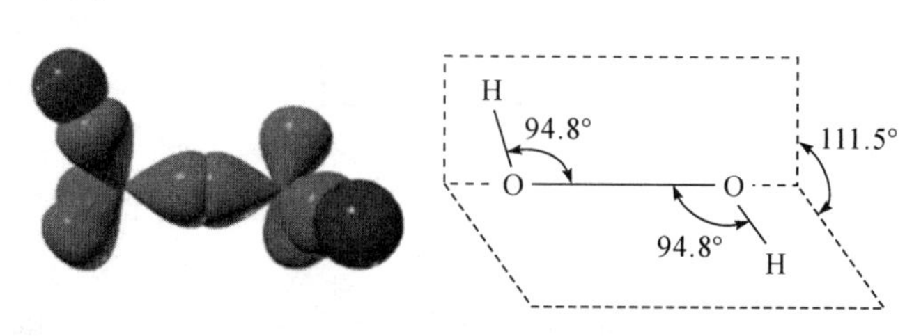

图11-3 H_2O_2分子的结构

(3)过氧化氢的化学性质

过氧化氢的化学性质主要表现为对热的不稳定性、弱酸性和氧化还原性。

①对热的不稳定性。高纯度的 H_2O_2 在低温下比较稳定,分解作用比较平稳。当加热到 426 K 以上,发生爆炸性分解:

$$2H_2O_2(g) \longrightarrow 2H_2O + O_2(g)$$

因此,H_2O_2 应贮存在棕色瓶中,置于阴凉处。

②弱酸性。过氧化氢是一种二元弱酸,在水溶液中按下式离解:

$$H_2O_2 \rightleftharpoons H^+ + HO_2^- \qquad K_{a1}^{\ominus} = 2.2\times10^{-12}$$

$$HO_2^- \rightleftharpoons H^+ + O_2^{2-}\text{(过氧离子)}$$

H_2O_2 的 $K_{a2}^{\ominus}$ 更小。H_2O_2 作为酸,可以与一些碱反应生成盐,例如:

$$H_2O_2 + Ba(OH)_2 \longrightarrow BaO_2 + 2H_2O$$

③氧化还原性。在 H_2O_2 分子中氧的氧化值为 −1,处于中间价态,所以它既有氧化性又有还原性。例如,在酸性溶液中可将 I^- 氧化为 I_2,可将 Fe^{2+} 氧化为 Fe^{3+}:

$$H_2O_2 + 2I^- + 2H^+ \rightleftharpoons I_2 + 2H_2O$$

$$2Fe^{2+} + H_2O_2 + 2H^+ \rightleftharpoons 2Fe^{3+} + 2H_2O$$

在碱性溶液中,可把$[Cr(OH)_4]^-$氧化为 CrO_4^{2-}:

$$2[Cr(OH)_4]^- + 3H_2O_2 + 2OH^- \rightleftharpoons 2CrO_4^{2-} + 8H_2O$$

过氧化氢还可将黑色的 PbS 氧化为白色的 $PbSO_4$:

$$PbS + 4H_2O_2 \rightleftharpoons PbSO_4 + 4H_2O$$

过氧化氢的还原性较弱,只有在遇到比它更强的氧化剂时才显示出其还原性。例如:

$$2KMnO_4 + 5H_2O_2 + 3H_2SO_4 \rightleftharpoons 2MnSO_4 + 5O_2 + K_2SO_4 + 8H_2O$$

$$H_2O_2 + Cl_2 \rightleftharpoons 2HCl + O_2$$

过氧化氢也是一种不造成二次污染的氧化剂,所以常用作杀菌剂、漂白剂等。注意:浓度稍大的双氧水会灼伤皮肤,使用时应格外小心。

2. 硫化氢和氢硫酸

H_2S 是一种无色、有臭味的有毒气体,当空气中含有 0.1%的 H_2S 时会引起头晕,大量吸入会造成死亡,经常接触 H_2S 则会引起慢性中毒。所以在制取和使用 H_2S 时要注意通风。

硫化氢微溶于水,其水溶液称为氢硫酸。20 ℃时,1 体积水约可溶解 2.6 体积的硫化氢,所得溶液的浓度约为 0.1 $mol\cdot L^{-1}$。

氢硫酸是一个很弱的二元酸,分两级离解:

$$H_2S \rightleftharpoons H^+ + HS^- \qquad K_{a1}^{\ominus} = 1.07\times10^{-7}$$

$$HS^- \rightleftharpoons H^+ + S^{2-} \qquad K_{a2}^{\ominus} = 1.26\times10^{-13}$$

故

$$K_{a1}^{\ominus}\cdot K_{a2}^{\ominus} = \frac{[H^+]^2[S^{2-}]}{[H_2S]} = 1.35\times10^{-20}$$

上式表明溶液中硫离子浓度的大小与氢离子浓度的平方成正比,在定性分析中可通过控制溶液的酸碱度来控制$[S^{2-}]$,使溶解度不同的硫化物沉淀分离。

H_2S中硫的氧化值最低，为-2，它有较强的还原性。例如：

$$H_2S+4Cl_2+4H_2O \rightleftharpoons 8HCl+H_2SO_4$$

H_2S在空气中放置，就被氧化而析出游离硫：

$$2H_2S+O_2 \rightleftharpoons 2S\downarrow+2H_2O$$

硫化物与盐酸作用，放出H_2S气体，它可使醋酸铅试纸变黑，这也是鉴别S^{2-}的方法之一：

$$S^{2-}+2H^+ \rightleftharpoons H_2S\uparrow$$

$$Pb(Ac)_2+H_2S \rightleftharpoons PbS\downarrow(黑)+2HAc$$

例 11-4 在Pb^{2+}及Mn^{2+}为$0.1mol\cdot L^{-1}$的溶液中，通入H_2S至饱和，欲采用沉淀方式使Pb^{2+}与Mn^{2+}分离，应控制溶液的pH值在什么范围？（已知H_2S的$K_{a1}^{\ominus}=5.7\times10^{-8}$，$K_{a2}^{\ominus}=1.2\times10^{-15}$；$K_{sp}^{\ominus}(PbS)=8.0\times10^{-28}$，$K_{sp}^{\ominus}(MnS)=1.4\times10^{-15}$）

解 饱和H_2S溶液的$c_{H_2S}=0.10\ mol\cdot L^{-1}$，$Pb^{2+}$沉淀完全时$S^{2-}$的浓度为

$$c_{S^{2-}}=\frac{K_{sp}^{\ominus}(PbS)}{10^{-6}}=\frac{8.0\times10^{-28}}{10^{-6}}=8.0\times10^{-22}(mol\cdot L^{-1})$$

此时S^{2-}的分布分数为

$$\delta_{S^{2-}}=\frac{8.0\times10^{-22}}{0.1}=8.0\times10^{-21}$$

再根据 $$\delta_{S^{2-}}=\frac{K_{a1}^{\ominus}\cdot K_{a2}^{\ominus}}{(c_{H^+})^2+K_{a1}^{\ominus}c_{H^+}+K_{a1}^{\ominus}K_{a2}^{\ominus}}$$

$$=\frac{5.7\times10^{-8}\times1.2\times10^{-15}}{(c_{H^+})^2+c_{H^+}\times5.7\times10^{-8}+5.7\times10^{-8}\times1.2\times10^{-15}}=8.0\times10^{-21}$$

可求得 $c_{H^+}=0.093\ mol\cdot L^{-1}$， $pH=1.0$

Mn^{2+}开始沉淀时S^{2-}的浓度为

$$c_{S^{2-}}=\frac{K_{sp}^{\ominus}(MnS)}{c_{Mn^{2+}}}=\frac{1.4\times10^{-14}}{0.1}=1.4\times10^{-14}(mol\cdot L^{-1})$$

此时S^{2-}的分布分数为

$$\delta_{S^{2-}}=\frac{1.4\times10^{-14}}{0.1}=1.4\times10^{-13}$$

同样根据 $$\delta_{S^{2-}}=\frac{K_{a1}^{\ominus}\cdot K_{a2}^{\ominus}}{(c_{H^+})^2+K_{a1}c_{H^+}+K_{a1}^{\ominus}K_{a2}^{\ominus}}$$

$$=\frac{5.7\times10^{-8}\times1.2\times10^{-15}}{c_{H^+}^2+c_{H^+}\times5.7\times10^{-8}+5.7\times10^{-8}\times1.2\times10^{-15}}=1.4\times10^{-13}$$

可求得 $c_{H^+}=2.2\times10^{-4}\ mol\cdot L^{-1}$， $pH=4-\lg2.2=3.7$

答 欲使Pb^{2+}沉淀完全，而Mn^{2+}不沉淀，应控制溶液的pH值在$1.0<pH<3.7$范围。

11.2.3 硫的重要含氧化合物

硫能形成多种氧化物和含氧酸。本节主要介绍硫的含氧酸及其盐，硫的含氧酸除硫酸和焦硫酸外，多数只能存在于溶液中，但盐却比较稳定。表11-5列出了一些主要

类型的硫的含氧酸及其盐。

下面讨论硫的几种重要的含氧酸及其盐。

表 11-5　硫的含氧酸及其盐

硫的氧化值	酸的名称	化学式	结构式	存在形式（代表物）
+2	硫代硫酸	$H_2S_2O_3$	S ↑ HO—S—OH ↓ O	盐 （$Na_2S_2O_3$）
+3	连二亚硫酸	$H_2S_2O_4$	O　O ↑　↑ HO—S—S—OH	盐 （$Na_2S_2O_4$）
+4	亚硫酸	H_2SO_3	O ↑ HO—S—OH	酸溶液、盐 （Na_2SO_3）
+4	焦亚硫酸	$H_2S_2O_5$	O ↑ HO—S—O—S—OH ↓ O	酸溶液、盐 （$Na_2S_2O_5$）
+6	硫酸	H_2SO_4	O ↑ HO—S—OH ↓ O	酸、盐 （Na_2SO_4）
+6	焦硫酸	$H_2S_2O_7$	O　　O ↑　　↑ HO—S—O—S—OH ↓　　↓ O　　O	酸、盐 （$Na_2S_2O_7$）
+7	过二硫酸	$H_2S_2O_8$	O　　　O ↑　　　↑ HO—S—O—O—S—OH ↓　　　↓ O　　　O	酸溶液、盐 （$Na_2S_2O_8$）
+8	过一硫酸	H_2SO_5	O ↑ H—O—O—S—OH ↓ O	酸溶液、盐 （Na_2SO_5）

1. 亚硫酸及其盐

二氧化硫溶于水，部分与水作用生成亚硫酸：

$$SO_2 + H_2O \rightleftharpoons H_2SO_3$$

H_2SO_3 很不稳定，仅存在于溶液中，它是一个中强酸，在溶液中分步离解：

$$H_2SO_3 \rightleftharpoons H^+ + HSO_3^- \qquad K_{a1}^{\ominus}=1.54\times10^{-2}$$

$$HSO_3^- \rightleftharpoons H^+ + SO_3^{2-} \qquad K_{a2}^{\ominus}=1.02\times10^{-7}$$

亚硫酸可形成两类盐，即正盐和酸式盐，如 Na_2SO_3，$Ca(HSO_3)_2$ 等。

由于在二氧化硫、亚硫酸及其盐中，硫的氧化值为+4，所以既有氧化性，也有还原性，但以还原性为主，只有遇到强还原剂时，才表现氧化性。例如：

$$2H_2S+2H^+ + SO_3^{2-} \rightleftharpoons 3S\downarrow + 3H_2O$$

还原性以亚硫酸盐为最强，其次为亚硫酸，二氧化硫最弱。空气中的 O_2 可氧化亚硫酸及亚硫酸盐：

$$2H_2SO_3+O_2 \rightleftharpoons 2H_2SO_4$$

$$2Na_2SO_3+O_2 \rightleftharpoons 2Na_2SO_4$$

因此，保存亚硫酸或亚硫酸盐时，应防止空气进入。在实际工作中使用的 Na_2SO_3 溶液，其有效成分几乎是逐日下降。如果要求准确度高，须在使用前重新测定其含量。

此外，亚硫酸和亚硫酸盐还易迅速被强氧化剂所氧化，例如：

$$H_2O+Cl_2+Na_2SO_3 \rightleftharpoons 2NaCl+H_2SO_4$$

SO_3^{2-} 能使 I_2-淀粉溶液的蓝色褪去。在 Na_2SO_3 的悬浮液中通入 SO_2，即得焦亚硫酸钠($Na_2S_2O_5$)，它也是工业上常用的还原剂。

2. 硫酸及其盐

纯浓硫酸是无色透明的油状液体，其工业品因含杂质而发浑或呈浅黄色。市售 H_2SO_4 有含量为92%和98%两种规格，密度分别为1.82 g·cm^{-3}和1.84 g·cm^{-3}(常温)。浓硫酸吸收 SO_3 就得到发烟硫酸：

$$H_2SO_4+xSO_3 \rightleftharpoons H_2SO_4\cdot xSO_3$$

加水稀释发烟硫酸，就可得任何浓度的硫酸。

(1)浓硫酸的吸水性和溶解热

浓硫酸有强烈的吸水作用，同时放出大量的热。据研究，H_2SO_4 和水能形成一系列水合物，如 $H_2SO_4\cdot H_2O$，$H_2SO_4\cdot 2H_2O$，$H_2SO_4\cdot 6H_2O$ 等。它不仅能吸收游离水，还能从含有H和O元素的有机物(如棉布、糖、油脂)中按 H_2O 的组成夺取水。例如：

$$xC_2H_5OH+H_2SO_4(浓) \longrightarrow xC_2H_4+H_2SO_4\cdot xH_2O \qquad x=1,2,6,8$$

$$xC_{12}H_{22}O_{11}+11H_2SO_4(浓) \longrightarrow 12xC+11H_2SO_4\cdot xH_2O$$

因此，浓 H_2SO_4 能使有机物碳化。基于 H_2SO_4 的吸水性，其可用作干燥剂。

浓 H_2SO_4 与水混合时，由于形成水合物而放出大量的热，可使水局部沸腾而飞溅，所以稀释浓硫酸时，只能在搅拌下将浓硫酸慢慢倒入水中，切不可将水倒入浓硫酸中。浓硫酸能严重灼伤皮肤，万一误溅，应先用软布或纸轻轻沾去，再用大量水冲洗，最后用2%小苏打水或稀氨水浸泡片刻。

(2)浓硫酸的氧化性

浓 H_2SO_4 属于中等强度的氧化剂，但在加热时几乎能氧化所有的金属和一些非金属。它的还原产物一般是 SO_2，若遇活泼金属，会析出S，甚至生成 H_2S。例如：

$$C+2H_2SO_4 \xlongequal{\triangle} CO_2+2SO_2+2H_2O$$
$$Cu+2H_2SO_4 \xlongequal{} CuSO_4+SO_2+2H_2O$$
$$3Zn+4H_2SO_4 \xlongequal{} 3ZnSO_4+S+4H_2O$$
$$4Zn+5H_2SO_4 \xlongequal{} 4ZnSO_4+H_2S+4H_2O$$
$$2P+5H_2SO_4 \xlongequal{} 2H_3PO_4+5SO_2\uparrow+2H_2O$$

(3)酸性

硫酸是二元酸中酸性最强的酸，稀硫酸能完全解离为 H^+ 和 HSO_4^-，但第二步电离并不完全，HSO_4^- 只相当于中强酸：

$$HSO_4^- \rightleftharpoons H^+ + SO_4^{2-} \qquad K_{a2}^{\ominus}=1.2\times10^{-2}$$

所以硫酸能生成两类盐：正盐和酸式盐。除碱金属和氨能得到酸式盐外，其他金属只能得到正盐。酸式硫酸盐和大多数硫酸盐都易溶于水，但 $PbSO_4$，$CaSO_4$ 等难溶于水，而 $BaSO_4$ 几乎不溶于水也不溶于酸。因此，常用可溶性的钡盐溶液鉴定溶液中是否存在 SO_4^{2-}。

硫酸是化学工业最重要的产品之一，它的用途极广。硫酸大量用以制造化肥，也大量用于炸药生产、石油炼制上。硫酸还用来制造其他各种酸、各种矾类及颜料、染料等。

3. 过硫酸盐

过硫酸盐是过氧化氢（H—O—O—H）中的 H 被磺基（—SO_3H）所取代的衍生物（见图 11-4）。

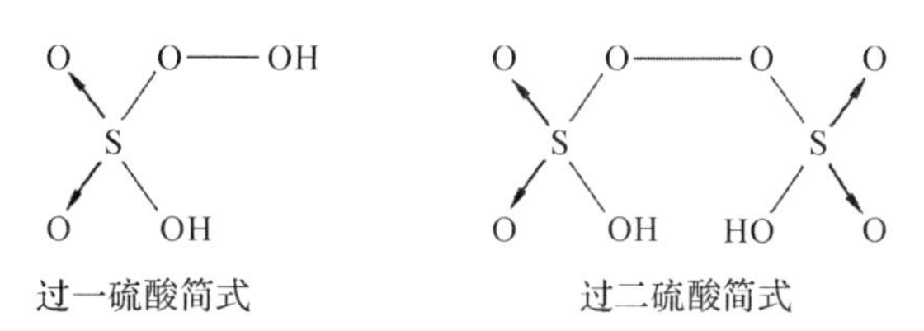

图 11-4　两种过硫酸简式

以上两个酸都不稳定，常用它们的盐的形式，如 $K_2S_2O_8$ 或 $(NH_4)_2S_2O_8$ 来表示。$S_2O_8^{2-}$ 是强氧化剂，在 Ag^+ 催化下，将 Mn^{2+} 氧化成 MnO_4^-：

$$2Mn^{2+}+5S_2O_8^{2-}+8H_2O \longrightarrow 2MnO_4^-+10SO_4^{2-}+16H^+$$

4. 硫代硫酸盐

硫代硫酸钠常含结晶水，$Na_2S_2O_3\cdot5H_2O$ 俗名海波或大苏打。它是无色晶体，无臭，有清凉带苦的味道，易溶于水，在潮湿的空气中易潮解，在干燥空气中易风化。

$Na_2S_2O_3$ 晶体热稳定性高，但在酸性溶液中易分解：

$$S_2O_3^{2-}+2H^+ \xlongequal{} H_2O+S\downarrow+SO_2\uparrow$$

在中性或碱性水溶液中 $Na_2S_2O_3$ 很稳定，且易作为配位体形成配位化合物。如在 $Na_2S_2O_3$ 溶液中滴加 $AgNO_3$ 溶液，刚开始有局部白色沉淀生成，稍加振荡沉淀消失，形成了配位化合物，反应如下：

$$S_2O_3^{2-}+2Ag^+ \xlongequal{} Ag_2S_2O_3\downarrow(\text{白色})$$
$$Ag_2S_2O_3+3S_2O_3^{2-} \xlongequal{} 2[Ag(S_2O_3)_2]^{3-}$$

$Na_2S_2O_3$ 还具有还原性，是中等强度的还原剂，例如：

$$Na_2S_2O_3 + 4Cl_2 + 5H_2O = Na_2SO_4 + H_2SO_4 + 8HCl$$

$$2Na_2S_2O_3 + I_2 = 2NaI + Na_2S_4O_6$$

因此 $Na_2S_2O_3$ 在纺织、造纸等工业中用作除氯剂；$Na_2S_2O_3$ 还原 I_2 生成连四硫酸钠（$Na_2S_4O_6$）的反应在定量分析中可用于定量测碘。

$Na_2S_2O_3$ 的应用非常广泛，除了上述应用外，在照相业中作定影剂，在采矿业中用来从矿石中萃取银，在三废治理中用于处理含 CN^- 的废水，在医药行业中用作重金属、砷化物、氰化物的解毒剂。另外，它还应用于制革、电镀、饮水净化等方面，也是分析化学中常用的试剂。

5. 焦硫酸盐

酸式硫酸盐受热可以生成焦硫酸盐，例如：

$$2KHSO_4 \xrightarrow{\triangle} K_2S_2O_7 + H_2O$$

焦硫酸盐极易吸潮，遇水又水解成酸式硫酸盐（上式的逆过程），故须密闭保存。$K_2S_2O_7$ 可用作分析试剂和助溶剂。例如，某些金属氧化物矿如 Al_2O_3，Cr_2O_3 等，它们既不溶于水，也不溶于酸、碱溶液，但可与 $K_2S_2O_7$ 共溶，生成可溶性硫酸盐。

例 11-5　试用最简单的方法区分硫化物、亚硫酸盐、硫代硫酸盐和硫酸盐溶液。

解

溶液	加盐酸	加 I_2-淀粉溶液	加 $AgNO_3$
S^{2-}	$H_2S\uparrow$（可使醋酸铅试纸变黑）		
SO_3^{2-}	无 $H_2S\uparrow$	蓝色褪去	白色↓振荡不消失
$S_2O_3^{2-}$	无 $H_2S\uparrow$	蓝色褪去	白色↓振荡消失
SO_4^{2-}	无 $H_2S\uparrow$	蓝色不褪	

11.3　氮族元素

氮族元素属ⅤA族，包括氮（N）、磷（P）、砷（As）、锑（Sb）、铋（Bi）五种元素。氮族元素的价层电子构型为 ns^2np^3，电负性不及卤族和氧族元素，所以本族元素形成氧化值为正的化合物的趋势比较明显，化合物主要是共价型的，而且原子愈小，形成共价键的趋势愈大。

氮主要以单质形式存在于大气中；磷主要以磷酸盐形式分布在地壳中；砷、锑、铋是亲硫元素，它们在自然界中主要以硫化物矿形式存在。

11.3.1　氮及其重要化合物

1. 氮

氮气是无色、无臭、无味的气体，沸点为 −195.8℃，微溶于水。氮分子是双原子分子，两个氮原子以三键结合，其中一个 σ 键、两个 π 键，N≡N 键的键能非常大（946 kJ・mol^{-1}），所以 N_2 是最稳定的双原子分子，表现出高的化学惰性，常被用作保护气体。

常温下氮气的性质极不活泼，但在一定条件下能直接与氢或氧化合：

$$N_2 + 3H_2 \xrightarrow[\text{催化剂}]{\text{高温、高压}} 2NH_3$$

$$N_2 + O_2 \xlongequal{\text{放电}} 2NO$$

加热时氮气也可以与活泼金属Li，Ca，Mg，Al等反应，生成离子型金属氮化物。

2.氨和铵盐

(1)氨

氮原子以三个不等性杂化的sp^3轨道与氢原子成键，形成三角锥形结构，如图11-5所示。

图11-5 NH_3分子的结构

NH_3是氮的重要化合物，几乎所有含氮化合物都可以由它来制取。工业上在高温、高压和催化剂存在下，由N_2和H_2合成。在实验室中，用铵盐和碱的反应来制备：

$$2NH_4Cl + Ca(OH)_2 = CaCl_2 + 2NH_3\uparrow + 2HCl$$

NH_3是无色气体，有特殊刺激性气味，溶于水呈碱性。氨的化学性质活泼，能与许多物质发生反应。氨的化学性质主要有以下三方面。

①氧化还原反应。氨分子中的N处于最低氧化值−3，体现了氨的强还原性。在一定条件下，可被氧化剂氧化成氮气或氧化值更高的氮的化合物。例如，氨在纯氧中燃烧：

$$4NH_3 + 3O_2 = 2N_2 + 6H_2O$$

在铂催化剂作用下，NH_3还可进一步氧化为一氧化氮：

$$4NH_3 + 5O_2 \xrightarrow[\text{Pt}]{800\ ℃} 4NO + 6H_2O$$

此反应是工业上制造硝酸的基础反应。

常温下，氨能与许多强氧化剂(如Cl_2，H_2O_2，$KMnO_4$等)直接作用。

②加合反应。氨与水通过氢键形成氨的水合物$NH_3 \cdot H_2O$，即氨水。氨水溶液中存在下列平衡：

$$NH_3 + H_2O \rightleftharpoons NH_3 \cdot H_2O \rightleftharpoons NH_4^+ + OH^- \qquad K_b^{\ominus} = 1.8\times10^{-5}$$

氨水溶液呈弱碱性，主要原因与氨分子结构有关。氨分子具有孤对电子，可以作为电子对给予体与水中H^+的1s空轨道以配位键结合成NH_4^+，游离出OH^-。

$$\mathrm{H:\overset{\displaystyle H}{\underset{\displaystyle H}{\ddot{\underset{\cdot\cdot}{N}}}}:} + H^+ \longrightarrow \left[\mathrm{H:\overset{\displaystyle H}{\underset{\displaystyle H}{\ddot{\underset{\cdot\cdot}{N}}}}:\rightarrow H}\right]^+$$

氨分子亦能和酸(如HCl，H_2SO_4等)中的H^+加合而成NH_4^+。此外还可以与Ag^+，Cu^{2+}等离子加合而形成$[Ag(NH_3)_2]^+$，$[Cu(NH_3)_4]^{2+}$等配离子。

③取代反应。在一定条件下，氨分子中的氢原子可依次被取代，生成一系列氨的衍生物。例如，金属钠可与氨发生如下反应：

$$2NH_3 + 2Na \xlongequal{350\ ℃} 2NaNH_2 + H_2$$

生成氨基化钠，还可生成亚氨基（$>$NH）的衍生物，如 Ag_2NH；氮化物（$\equiv$N），如 Li_3N。

(2)铵盐

铵盐一般为无色晶体，绝大多数易溶于水，在水中都有一定程度的水解，水解反应为：

$$NH_4^+ + H_2O \rightleftharpoons NH_3 \cdot H_2O + H^+$$

当铵盐与强碱作用时，不论是溶液还是固体，都能产生 NH_3，根据 NH_3 的特殊气味和它对石蕊试剂的反应，即可验证氨。

固体铵盐的热稳定性差，铵盐的热分解情况因组成铵盐的酸的性质不同而异。难挥发性酸组成的铵盐，加热时只有氨挥发掉，酸则留在容器中，例如：

$$(NH_4)_2SO_4 \xlongequal{} NH_3\uparrow + NH_4HSO_4$$

挥发性酸组成的铵盐，加热时氨与酸一起挥发：

$$NH_4Cl \xlongequal{\triangle} NH_3\uparrow + HCl\uparrow$$

氧化性酸组成的铵盐，加热分解出的氨被氧化性酸氧化成 N_2 和 N_2O，例如：

$$NH_4NO_3 \xlongequal{200\ ℃} N_2O\uparrow + 2H_2O$$

温度更高时，则以另一种方式分解，并放出大量的热：

$$2NH_4NO_3 \xlongequal{300\ ℃} 2N_2(g) + O_2(g) + 4H_2O(g) \qquad \Delta H^{\ominus} = -236.1\ kJ \cdot mol^{-1}$$

由于反应产生大量气体和热量，如果反应在密封容器中进行，会引起爆炸。因此硝酸铵可用于制造炸药。另外，铵盐都可用作化学肥料。

3. 氮的氧化物、含氧酸及其盐

(1)氮的氧化物

氮可以形成多种氧化物，最主要的是 NO 和 NO_2。一氧化氮是无色气体，它在水中的溶解度较小，而且与水不发生反应。常温下 NO 很容易氧化为 NO_2：

$$2NO + O_2 \xlongequal{} 2NO_2$$

二氧化氮是红棕色气体，具有特殊臭味并有毒，NO_2 与水反应生成硝酸和一氧化氮：

$$3NO_2 + H_2O \xlongequal{} 2HNO_3 + NO$$

工业废气、燃料燃烧以及汽车尾气中都有 NO 及 NO_2。NO_2 能与空气中的水分发生反应生成硝酸，对人体、金属和植物都有害。目前处理废气中氮的氧化物的方法之一是用碱液吸收：

$$NO + NO_2 + 2NaOH \xlongequal{} 2NaNO_2 + H_2O$$

(2)亚硝酸及其盐

亚硝酸(HNO_2)是一种较弱的酸，$K^{\ominus} = 7.2 \times 10^{-4}$，它只能以冷的稀溶液存在，浓度稍大或微热，立即分解：

$$2HNO_2 \longrightarrow H_2O + NO\uparrow + NO_2\uparrow$$

在亚硝酸中，N的氧化值为+3，处于N的中间氧化态，所以既有氧化性又有还原性。有关的电极电势为：$E^{\ominus}(HNO_2/NO)=1.00\ V$，$E^{\ominus}(NO_3^-/HNO_2)=0.94\ V$。可见，在酸性溶液中$HNO_2$以氧化性为主。例如，$HNO_2$与$I^-$，$Fe^{2+}$的反应：

$$2I^- + 2HNO_2 + 2H^+ \longrightarrow I_2 + 2NO\uparrow + 2H_2O$$

$$Fe^{2+} + HNO_2 + H^+ \longrightarrow Fe^{3+} + NO\uparrow + H_2O$$

前一反应能定量进行，可用来测定亚硝酸盐的含量。

HNO_2虽不稳定，但它的盐却相当稳定。$NaNO_2$和KNO_2是两种常用的盐。当亚硝酸盐遇到了强氧化剂时，可被氧化成硝酸盐。例如：

$$5KNO_2 + 2KMnO_4 + 3H_2SO_4 \longrightarrow 2MnSO_4 + 5KNO_3 + K_2SO_4 + 3H_2O$$

$$KNO_2 + Cl_2 + H_2O \longrightarrow KNO_3 + 2HCl$$

必须注意，固体亚硝酸盐与有机物接触，易引起燃烧和爆炸；亚硝酸盐有毒，且是当今公认的强致癌物之一。

(3)硝酸及其盐

硝酸是工业上重要的三酸（盐酸、硫酸、硝酸）之一。它是制造化肥、炸药、染料、人造纤维、药剂、塑料和分离贵金属的重要化工原料。工业上生产HNO_3的主要方法是氨的接触氧化法：

$$4NH_3 + 5O_2 \xrightarrow[\text{Pt-Rh}]{700\sim1000\ ℃} 4NO + 6H_2O$$

NO和O_2化合成NO_2，NO_2再和H_2O生成HNO_3。

实验室中，少量的硝酸可用硝酸盐与浓硫酸作用制得：

$$NaNO_3 + H_2SO_4(浓) = NaHSO_4 + HNO_3$$

纯硝酸为无色液体，熔点为-42 ℃，沸点为83 ℃。溶有过多NO_2的浓HNO_3叫发烟硝酸。

硝酸可以任何比例与水混合，稀硝酸较稳定，浓硝酸见光或加热会按下式分解：

$$4HNO_3(浓) = 4NO_2 + O_2 + 2H_2O$$

分解产生的NO_2溶于浓硝酸中，使它的颜色呈现黄色到红色。

硝酸是一种强氧化剂，其还原产物相当复杂，不仅与还原剂的本性有关，还与硝酸的浓度有关。硝酸与非金属硫、磷、碳、硼等反应时，不论浓、稀硝酸，它被还原的产物主要为NO。硝酸与大多数金属反应时，其还原产物常较复杂，浓硝酸一般被还原到NO_2，稀硝酸可被还原到NO，N_2O直到NH_4^+。一般地，硝酸越稀，金属越活泼，硝酸被还原的程度越大。例如：

$$Cu + 4HNO_3(浓) = Cu(NO_3)_2 + 2NO_2 + 2H_2O$$

$$Mg + 4HNO_3(浓) = Mg(NO_3)_2 + 2NO_2 + 2H_2O$$

$$3Cu + 8HNO_3(稀) = 3Cu(NO_3)_2 + 2NO + 4H_2O$$

$$4Mg + 10HNO_3(稀) = 4Mg(NO_3)_2 + N_2O + 5H_2O$$

$$4Mg + 10HNO_3(极稀) = 4Mg(NO_3)_2 + NH_4NO_3 + 3H_2O$$

1体积浓硝酸与3体积浓盐酸的混合物称为王水，王水可溶解金、铂等惰性金属。这是王水中大量存在的Cl^-与金属离子结合成配离子的缘故。

硝酸是强酸，在稀溶液中完全电离。硝酸和碱作用生成硝酸盐，其水溶液没有氧化性；其晶体多数为无色晶体，易溶于水。固体硝酸盐在常温下比较稳定，受热能分解，有些带结晶水的硝酸盐受热时先失去结晶水，同时熔化或水解，最后才分解。无水硝酸盐受热分解一般有以下三种形式：

①活泼金属（比 Mg 活泼的碱金属和碱土金属）分解时放出 O_2，并生成亚硝酸盐：

$$2NaNO_3 \xrightarrow{\triangle} 2NaNO_2 + O_2\uparrow$$

②活泼性较小的金属（在金属活动顺序表中处在 Mg 与 Hg 之间）的硝酸盐，分解时得到相应的氧化物、NO_2 和 O_2：

$$2Pb(NO_3)_2 \xrightarrow{\triangle} 2PbO + 4NO_2\uparrow + O_2\uparrow$$

③活泼性更小的金属（活泼性比 Hg 差）的硝酸盐，则生成金属单质、NO_2 和 O_2：

$$2AgNO_3 \xrightarrow{\triangle} 2Ag + 2NO_2\uparrow + O_2\uparrow$$

例 11-6 有一钠盐 A，将其灼烧时有气体 B 放出，留下残余物 C。气体 B 能使带有火星的木条复燃。残余物 C 可溶于水，将该水溶液用 H_2SO_4 酸化后，分成两份：一份加几滴 $KMnO_4$ 溶液，$KMnO_4$ 褪色；另一份加几滴 KI-淀粉溶液，溶液变蓝色。问 A，B，C 为何物？并写出各有关的反应式。

解 A 为 $NaNO_3$，B 为 O_2，C 为 $NaNO_2$。有关反应式为

$$2NaNO_3 \xrightarrow{\triangle} 2NaNO_2 + O_2\uparrow$$

$$5KNO_2 + 2KMnO_4 + 3H_2SO_4 \longrightarrow 2MnSO_4 + 5KNO_3 + K_2SO_4 + 3H_2O$$

$$2KNO_2 + 2KI + 2H_2SO_4 \longrightarrow 2NO\uparrow + I_2 + 2K_2SO_4 + 2H_2O$$

11.3.2 磷及其重要化合物

1. 单质磷

磷的常见的同素异形体有白磷、红磷和黑磷。白磷是透明、柔软的蜡状固体，由 P_4 分子通过分子间力堆积起来，每个磷原子通过其 p_x，p_y 和 p_z 轨道分别和另外 3 个磷原子形成 3 个 σ 键，键角∠PPP 为 60°，分子内部具有张力，其结构不稳定。所以 P_4 化学性质很活泼，易溶于非极性溶剂，在空气中能自燃，必须保存在水中。白磷是剧毒物质，致死量约 0.1 g。

将白磷隔绝空气加热到 400 ℃时可得到红磷。红磷的结构较复杂。据认为：红磷的 P_4 分子中的一个 P—P 键断裂后相互连接起来形成长链结构，所以红磷较稳定，要到 400 ℃以上才燃烧。红磷不溶于有机溶剂，也无毒性，主要用于安全火柴的制造，在农业上用于制备杀虫剂。

黑磷具有与石墨类似的层状结构，但与石墨不同的是，黑磷每一层内的磷原子并不都在同一平面上，而是相互连接成网状结构。所以黑磷具有导电性，也不溶于有机溶剂。

磷的活泼性远高于氮，易与氧、卤素、硫等许多非金属直接化合。

2. 磷的氧化物、含氧酸及其盐

(1)磷的氧化物

常见磷的氧化物有六氧化四磷和十氧化四磷，它们分别是磷在空气不足和充足情况下燃烧后的产物，分子式是 P_4O_6 和 P_4O_{10}，其结构都与 P_4 的四面体结构有关，有时简写成 P_2O_3 和 P_2O_5。

六氧化四磷(P_4O_6)是有滑腻感的白色固体，气味似蒜，在 24 ℃时熔融为易流动的无色透明液体，能逐渐溶于冷水而生成亚磷酸，故又叫亚磷酸酐：

$$P_4O_6 + 6H_2O(冷) \longrightarrow 4H_3PO_3$$

在热水中则激烈地发生歧化反应，生成磷酸和膦(PH_3，大蒜味，剧毒)：

$$P_4O_6 + 6H_2O(热) \longrightarrow 3H_3PO_4 + PH_3\uparrow$$

十氧化四磷(P_4O_{10})为白色雪花状晶体，即磷酸酐，工业上俗称无水磷酸。358.9 ℃升华，极易潮解。它能侵蚀皮肤和黏膜，切勿与人体接触。P_4O_{10}常用作半导体掺杂剂、脱水剂及干燥剂、有机合成缩合剂、表面活性剂等，也是制备高纯磷酸和制药工业的原料。P_4O_{10}有很强的吸水性，是一种重要的干燥剂。

P_4O_{10}与水反应激烈，会放出大量的热，并生成 P(Ⅴ)的各种含氧酸。但是，它与水作用后主要生成$(HPO_3)n$ 的混合物，其转变成 H_3PO_4 的速率很低，只有在 HNO_3 存在下煮沸 P_4O_{10}的水溶液，才能较快地实现这种转变：

$$P_4O_{10} + 6H_2O \xrightarrow[\triangle]{HNO_3} 4H_3PO_4$$

P_4O_{10}还能从许多化合物中夺取化合态的水，例如：

$$P_4O_{10} + 6H_2SO_4 \longrightarrow 4H_3PO_4 + 6SO_3\uparrow$$

$$P_4O_{10} + 12HNO_3 \longrightarrow 4H_3PO_4 + 6N_2O_5\uparrow$$

(2)磷的含氧酸及其盐

①磷酸。磷的含氧酸中以磷酸为最主要也最稳定。磷酸又称正磷酸(H_3PO_4)，工业品 H_3PO_4 一般以磷灰石为原料，用 76%左右的 H_2SO_4 进行复分解制得：

$$Ca_3(PO_4)_2 + 3H_2SO_4 \longrightarrow 3CaSO_4 + 2H_3PO_4$$

试剂品 H_3PO_4 则多以白磷为原料，在充足的空气中燃烧得到 P_4O_{10}，用水吸收，再经过除杂等工序而得。

市售品 H_3PO_4 含量一般为 83%，为无色透明的黏稠液体，密度 1.6 g·cm^{-1}。

将 H_3PO_4 加热至 210 ℃，两分子 H_3PO_4 失去一分子水即成焦磷酸 $H_4P_2O_7$，继续加热至 400 ℃，则 $H_4P_2O_7$ 又失去一分子水成偏磷酸 HPO_3，而偏磷酸吸收水分又可回复到正磷酸，其关系表示如下：

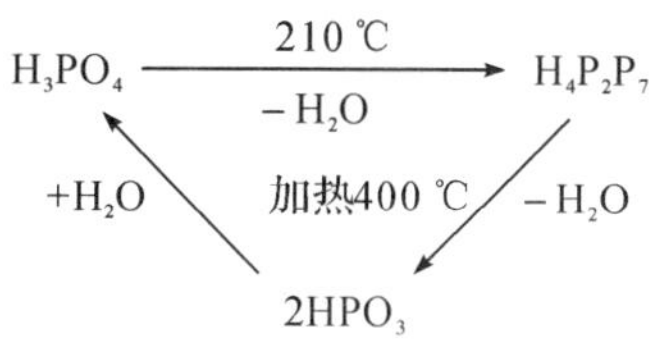

$$H_3PO_4 \xrightarrow[-H_2O]{210\ ℃} H_4P_2P_7$$

$$H_4P_2P_7 \xrightarrow[加热400\ ℃]{-H_2O} 2HPO_3 \xrightarrow{+H_2O} H_3PO_4$$

在焦磷酸分子中 2 个磷原子之间通过氧原子相连，上述这种由 n 个单酸经过脱水，通过氧原子连起来的酸叫多酸。由于正磷酸脱水程度不同,可以聚合而成多种多磷酸。如三个正磷酸脱去三分子水即形成三偏磷酸 $H_3P_3O_9$：

$$3H_3PO_4 \xrightarrow{-3H_2O} H_3P_3O_9$$

三个正磷酸脱去两分子水即成三聚磷酸 $H_5P_3O_{10}$：

$$3H_3PO_4 \xrightarrow{-2H_2O} H_5P_3O_{10}$$

H_3PO_4 无氧化性、无挥发性,是一种稳定的三元中强酸,可以分成三级离解。它的特点是 PO_4^{3-} 有较强的配位能力,能与许多金属离子形成可溶性的配合物。例如,含有高铁离子(Fe^{3+})的溶液常呈黄色,加入 H_3PO_4 后黄色立即消失,这是由于生成了 $[Fe(HPO_4)]^+$,$[Fe(HPO_4)_2]^-$ 等无色配离子。

焦磷酸、三聚磷酸都是多聚磷酸(多酸),多聚磷酸为缩合酸。

②磷酸盐。H_3PO_4 可以形成 1 种正盐和 2 种酸式盐。磷酸盐在水中的溶解度差异很大,所有的磷酸二氢盐都能溶于水,而在磷酸氢盐和正磷酸盐中,只有铵盐和碱金属盐(除锂外)可溶于水。

可溶性磷酸盐在水溶液中有不同程度的离解。PO_4^{3-} 共可接受 3 个质子,最后形成 H_3PO_4,因此 PO_4^{3-} 的离解分三步进行:

$$PO_4^{3-} \xrightarrow[K_{b1}^{\ominus}]{+H^+} HPO_4^{2-} \xrightarrow[K_{b2}^{\ominus}]{+H^+} H_2PO_4^- \xrightarrow[K_{b3}^{\ominus}]{+H^+} H_3PO_4$$

由 $K_{b1}^{\ominus}=2.1\times10^{-2}$ 可见 PO_4^{3-} 结合质子的能力强,因而 Na_3PO_4 溶液呈强碱性;HPO_4^{2-} 的 $K_{b2}^{\ominus}=1.6\times10^{-7}$ 大于 HPO_4^{2-} 的酸式离解常数 $K_{b3}^{\ominus}=4.8\times10^{-13}$,因而 Na_2HPO_4 溶液呈弱碱性;$H_2PO_4^-$ 的 $K_{b3}^{\ominus}=1.3\times10^{-12}$ 小于 $H_2PO_4^-$ 的酸式离解常数 $K_{b3}^{\ominus}=6.23\times10^{-8}$,因而 NaH_2PO_4 溶液呈弱酸性。因此,可以利用不同磷酸盐溶液不同的离解能力而显示的不同 pH 值,配制几种不同 pH 值的标准缓冲溶液。例如,常用钠和钾的酸式磷酸盐来制备缓冲溶液。

例 11-7 用平衡移动的观点解释三种磷酸盐(Na_3PO_4,Na_2HPO_4,NaH_2PO_4)与 $AgNO_3$ 作用都生成黄色的 Ag_3PO_4 沉淀的原因。析出 Ag_3PO_4 沉淀后,溶液的酸碱性有何变化?

解 显然 Na_3PO_4 与 $AgNO_3$ 作用只能生成黄色的 Ag_3PO_4 沉淀;而 Na_2HPO_4,NaH_2PO_4 与 $AgNO_3$ 作用也都生成 Ag_3PO_4 沉淀,不会生成 Ag_2HPO_4 或 AgH_2PO_4 的原因是:NaH_2PO_4 按式(1),(2)分两步离解出 PO_4^{3-},Na_2HPO_4 仅按式(2)一步离解出 PO_4^{3-}：

$$H_2PO_4^- \rightleftharpoons HPO_4^{2-} + H^+ \quad (1)$$

$$HPO_4^{2-} \longrightarrow PO_4^{3-} + H^+ \quad (2)$$

当离解出的 PO_4^{3-} 与 $AgNO_3$ 作用生成 Ag_3PO_4 沉淀后,会促使式(1),(2)平衡向右移动,最后 HPO_4^{2-} 和 $H_2PO_4^-$ 全部离解出 PO_4^{3-} 都与 $AgNO_3$ 作用生成 Ag_3PO_4 沉淀。

析出 Ag_3PO_4 沉淀使式(1),(2)平衡向右移动,会增大 H^+ 浓度,因此溶液酸性增强。

11.3.3　砷、锑、铋的重要化合物

氮族元素中的砷、锑、铋又称为砷分族，由于它们次外层电子构型为 18 电子，而与氮、磷次外层 8 电子构型不同，因此，砷、锑、铋在性质上有更多的相似之处。现仅介绍其中最重要的砷。

砷的氧化物有 As_2O_3 和 As_2O_5 两类，它们都是白色的固体。As_2O_3 俗称砒霜，剧毒，致死量约 0.1 g，它主要用于制造杀虫剂、除草剂以及含砷药物。As_2O_3 微溶于水，生成亚砷酸 H_3AsO_3。它是两性偏酸的氢氧化物，溶于碱生成亚砷酸盐，溶于浓盐酸生成三价砷盐：

$$As_2O_3 + 2NaOH + H_2O \longrightarrow 2NaH_2AsO_3$$

$$As_2O_3 + 6HCl \longrightarrow 2AsCl_3 + 3H_2O$$

As_2O_5 溶于水生成砷酸 H_3AsO_4。它是一种较弱的氧化剂，在强酸性介质中才能将 I^- 氧化，如果溶液酸性减弱，H_3AsO_3 反而会被 I_2 氧化。这是因为 $E^{\ominus}(I_2/I^-)$ 不受 pH 值影响，而 $E^{\ominus}(H_3AsO_4/H_3AsO_3)$ 随 pH 值增大而降低。

在 $AsCl_3$ 溶液中通入 H_2S 可得黄色 As_2S_3 沉淀。As_2S_3 的酸碱性与 As_2O_3 相似，也属于两性偏酸性。它既能溶于碱，也能溶于 Na_2S 溶液，但不溶于浓盐酸。例如：

$$As_2S_3 + 6NaOH = Na_3AsO_3 + Na_3AsS_3 + 3H_2O$$

$$As_2S_3 + 3Na_2S = 2Na_3AsS_3$$

As_2S_5 的酸性比 As_2S_3 强，因此它更容易溶于 Na_2S：

$$As_2S_5 + 3Na_2S = 2Na_3AsS_4$$

硫代亚砷酸盐（AsS_3^{3-}）和硫代砷酸盐（AsS_4^{3-}）可以看作亚砷酸盐（AsO_3^{3-}）和砷酸盐（AsO_4^{3-}）中的 O 被 S 取代的产物。硫代酸均不稳定，所以硫代酸盐遇酸即分解为相应的硫化物并放出 H_2S。例如：

$$2AsS_3^{3-} + 6H^+ = As_2S_3(s) + 3H_2S(g)$$

$$2AsS_4^{3-} + 6H^+ = As_2S_5(s) + 3H_2S(g)$$

在分析化学上常利用硫代酸盐的生成和分解，将砷和锑的硫化物与其他金属硫化物分离开来。

11.4　碳族元素

碳族元素属ⅣA 族，包括碳(C)、硅(Si)、锗(Ge)、锡(Sn)、铅(Pb)五种元素。碳族元素的价层电子构型为 ns^2np^2，这种特殊的结构，使它们获得电子与失去电子的能力几乎相等，它们要从其他元素的原子中完全获得 4 个电子，或完全失去本身的 4 个电子，在一般情况下都是不可能的。因此，碳族元素往往是通过电子的共用来达到稳定结构的。所以它们在与其他元素的原子化合时，主要形成共价型化合物。

碳族元素，由上而下是由典型的非金属元素碳、硅过渡到典型的金属元素锡和铅。

11.4.1 碳的重要化合物

1. 碳的氧化物

碳有多种氧化物,最常见的是一氧化碳(CO)和二氧化碳(CO_2)。

(1)一氧化碳

一氧化碳是一种无色无臭无味的气体,比空气稍轻。难溶于水,在 20 ℃时,1 体积水仅能溶解 0.02 体积的一氧化碳。

一氧化碳有剧毒,一般来说,如果空气中含有 0.02%的 CO 人就会中毒,感到头昏、头痛并且呕吐。含有 0.1%以上 CO 的空气,可使人致死。CO 的危险性在于它是无色无臭的气体,易使人在不知不觉中中毒。CO 在工厂中的最高允许浓度是 30 mg/m^3。

CO 能够燃烧,燃烧时发出浅蓝色火焰,生成 CO_2,同时产生大量的热。火焰温度可高达 1400 ℃,所以 CO 是一种很好的气体燃料。

CO 也是一种很好的还原剂。例如在高温下,将一氧化碳通过氧化铁,就会生成金属铁:

$$Fe_2O_3 + 3CO \xlongequal{\triangle} 2Fe + 3CO_2\uparrow$$

利用这个性质,一氧化碳可以把铁、铜和其他金属从它们的氧化物里还原出来,因此冶金工业上主要用它作还原剂。

(2)二氧化碳

二氧化碳是一种无色无臭略带酸味的气体,比空气重。能溶于水,在 20 ℃时,1 体积水约能溶解 1 体积的二氧化碳,溶于水中的 CO_2 部分与水作用生成碳酸。

二氧化碳在空气中的体积分数为 0.03%。目前,世界各国工业生产迅速发展,使大气中二氧化碳浓度逐渐增加,这已被认为是造成“温室效应”的主要原因之一。

CO_2 不能自燃,又不助燃。密度比空气大,可使物质与空气隔绝,常用作灭火剂,也可作为防腐剂和灭虫剂。CO_2 还是重要的化工原料,如 CO_2 与盐可制成碱;CO_2 与氨可制成尿素、碳酸氢铵;CO_2 也用于制甲醇;等等。在生产和科研中,CO_2 也常用作惰性介质。

2. 碳酸和碳酸盐

(1)碳酸

碳酸很不稳定,只存在于水溶液中。它是一个二元弱酸,可以分成两步离解,假定溶于水的 CO_2 全部转化为 H_2CO_3,其离解常数为:

$$H_2CO_3 \rightleftharpoons H^+ + HCO_3^- \qquad K_{a1}^{\ominus} = 4.3\times10^{-7}$$

$$HCO_3^- \rightleftharpoons H^+ + CO_3^{2-} \qquad K_{a2}^{\ominus} = 4.7\times10^{-11}$$

蒸馏水放置在空气中因溶入 CO_2 使其 pH 值小于 7,需用无 CO_2 的蒸馏水时,应将蒸馏水煮沸,加盖后迅速冷却。

(2)碳酸盐

碳酸是二元酸,可以形成正盐和酸式盐两类。一般说来,难溶碳酸盐对应的碳酸氢盐的溶解度较大，但是对易溶的碳酸盐来说，它对应的碳酸氢盐的溶解度反而小。铵和碱金属(除 Li 外)的碳酸盐都溶于水。

可溶性碳酸盐在水中的离解分两步进行：

$$CO_3^{2-} + H_2O \rightleftharpoons HCO_3^- + OH^-$$

$$HCO_3^- + H_2O \rightleftharpoons H_2CO_3 + OH^-$$

离解后水溶液中存在着一定浓度的 OH^-，所以可溶性碳酸盐溶液与金属离子作用后，如果金属离子的氢氧化物溶解度与金属离子碳酸盐的溶解度差不多，得到的是碱式碳酸盐。例如，将碳酸钠溶液和铜盐溶液混合时，得到碱式碳酸铜沉淀：

$$2Cu^{2+} + 2CO_3^{2-} + H_2O \rightleftharpoons Cu_2(OH)_2CO_3 \downarrow + CO_2 \uparrow$$

碳酸钠溶液和 Mg^{2+}，Fe^{2+}，Zn^{2+}，Pb^{2+}，Hg^{2+}，Bi^{3+} 等溶液混合时，也得到碱式碳酸盐沉淀。

如果金属离子的氢氧化物溶解度小于金属离子碳酸盐的溶解度，得到的是氢氧化物。例如，将碳酸钠溶液和三价铁盐溶液混合时，得到氢氧化铁沉淀：

$$2Fe^{3+} + 3CO_3^{2-} + 3H_2O \rightleftharpoons 2Fe(OH)_3 \downarrow + 3CO_2 \uparrow$$

用碳酸盐处理可溶性的 Al^{3+}，Cr^{3+}，Sn^{4+}，Sn^{2+} 盐时，同样得到氢氧化物沉淀。

如果金属离子的氢氧化物溶解度大于金属离子碳酸盐的溶解度，得到的是碳酸盐。例如 Ca^{2+}，Ba^{2+}，Ag^+，Sr^{2+}，Mn^{2+} 等离子与碳酸钠作用，都生成碳酸盐沉淀。

碳酸盐和碳酸氢盐另一个重要性质是热稳定性较差，它们在高温下均会分解：

$$M(HCO_3)_2 \xlongequal{\triangle} MCO_3 + H_2O + CO_2 \uparrow$$

$$MCO_3 \xlongequal{\triangle} MO + CO_2 \uparrow$$

比较碳酸、碳酸氢盐、碳酸盐的热稳定性，它们的稳定顺序是

$$H_2CO_3 < MHCO_3 < M_2CO_3$$

不同碳酸盐的热分解温度也可以相差很大，例如，ⅡA 族的碳酸盐的稳定顺序为

$$MgCO_3 < CaCO_3 < SrCO_3 < BaCO_3$$

在碳酸盐中，以钠、钾、钙的碳酸盐最为重要，其中碳酸钠俗称纯碱。碳酸氢盐中以 $NaHCO_3$(小苏打)最为重要，在食品工业中，它与碳酸氢铵、碳酸铵等作为膨松剂。

例 11-8　在铝盐、镁盐、钙盐溶液中分别加入 Na_2CO_3 溶液，各生成什么物质？写出其反应式。

解

$$2Al^{3+} + 3CO_3^{2-} + 3H_2O \rightleftharpoons 2Al(OH)_3 \downarrow + 3CO_2 \uparrow$$

$$2Mg^{2+} + 2CO_3^{2-} + H_2O \rightleftharpoons Mg_2(OH)_2CO_3 \downarrow + CO_2 \uparrow$$

$$Ca^{2+} + CO_3^{2-} \rightleftharpoons CaCO_3 \downarrow$$

11.4.2　硅的含氧化合物

1. 二氧化硅、硅酸和硅胶

(1)二氧化硅

在自然界中，二氧化硅有晶形和无定形两种形态。硅藻土和燧石是无定形二氧化硅；石英是最常见的晶态二氧化硅。无色透明的纯净石英叫水晶。若将石英在 1600 ℃

时熔化成黏稠液体，然后急速冷却，因黏度大不易结晶而变成无定形的石英玻璃。它有许多特殊的性能，如加热至 1400 ℃也不软化；热膨胀系数很小，能经受温度的剧变；能透过可见光和紫外光，因此可用于制造高级化学器皿和光学仪器。

SiO_2 与一般的酸不起反应，但能与氢氟酸反应：

$$SiO_2 + 4HF \xlongequal{} SiF_4(g) + 2H_2O$$

高温时，SiO_2 和 NaOH 或 Na_2CO_3 共熔可制得 Na_2SiO_3：

$$SiO_2 + 2NaOH \xlongequal{熔融} Na_2SiO_3 + H_2O$$

$$SiO_2 + Na_2CO_3 \xlongequal{熔融} Na_2SiO_3 + CO_2\uparrow$$

(2)硅酸

从 SiO_2 可以制得多种硅酸，其组成随形成时的条件而变，常以 $xSiO_2 \cdot yH_2O$ 表示。现已知有正硅酸 H_4SiO_4、偏硅酸 H_2SiO_3、二偏硅酸 H_2SiO_5 等，其中 $x/y>1$ 者称为多硅酸，实际上见到的硅酸常常是各种硅酸的混合物。由于各种硅酸中以偏硅酸组成最简单，因此习惯用 H_2SiO_3 作为硅酸的代表。

H_2SiO_3 是一种极弱的酸，$K_{a1}^{\ominus}=10^{-10}$左右，$K_{a2}^{\ominus}=10^{-12}$左右。

由于 SiO_2 既不溶于水，也不与水反应，因此不能用 SiO_2 与水直接作用制得 H_2SiO_3，而只能用相应的可溶性硅酸盐与酸作用生成，例如：

$$SiO_3^{2-} + 2H^+ \xlongequal{} H_2SiO_3$$

(3)硅胶

硅酸的一个重要特征是它的自行聚合作用，在一定条件下的水溶液中，如果硅酸聚合颗粒的大小达到胶粒范围，则形成硅溶胶。如果硅酸聚合成立体网状结构，而大量的溶剂被分隔在网状结构的空隙中失去流动性，则形成硅凝胶。硅溶胶又称硅酸水溶胶，是水化的二氧化硅的微粒分散于水中的胶体溶液，它广泛地用于催化剂、黏合剂、纺织、造纸等领域。

硅凝胶经过干燥脱水后则成白色透明多孔性固态物质，称为硅胶。实验室里常用的变色硅胶是将硅胶在 $CoCl_2$ 溶液中浸泡、干燥、活化后制得。无水时 $CoCl_2$ 呈蓝色，吸水后 $CoCl_2 \cdot 6H_2O$ 呈淡红色。所以根据颜色的变化可判断硅胶吸水的程度。

2. 硅酸盐

硅酸或多硅酸的盐称为硅酸盐。除碱金属硅酸盐可溶于水外，其他的硅酸盐均不溶于水。在可溶性的硅酸盐中，最常见的是 Na_2SiO_3，其水溶液叫水玻璃(工业上叫泡花碱)。水玻璃水溶液为黏度很大的浆状溶液，广泛地应用于木材和织物的防火处理、蛋类的保护、纸浆上胶以及洗涤剂的填料等。

例 11-9 物质 A 是ⅣA 族的高熔点化合物，它不溶于硫酸、硝酸等强酸，A 与纯碱共熔时发生反应放出气体 C，同时生成化合物 B；把气体 C 通入 B 的水溶液中，可得化合物 D；将 D 加热可得到化合物 A。请写出 A，B，C，D 的化学式及其各步变化的反应方程式。

解 A 是 SiO_2，B 是 Na_2SiO_3，C 是 CO_2，D 是 H_2SiO_3。各步变化的反应方程式如下

A→B+C：$SiO_2 + Na_2CO_3 \xlongequal{熔融} Na_2SiO_3 + CO_2\uparrow$

C+B→D：$Na_2SiO_3 + CO_2 + H_2O \xlongequal{} H_2SiO_3 + Na_2CO_3$

D→A：$H_2SiO_3 \xlongequal{\triangle} SiO_2 + H_2O$

3. 分子筛

某些含水的铝硅酸盐晶体具有空腔的硅氧骨架，在其结构中有许多孔径均匀的孔道和内表面很大的孔穴。若经加热把孔穴和孔道内的水脱掉，得到的铝硅酸盐便具有吸附某些分子的能力。直径比孔道小的分子能进入孔穴中，直径比孔道大的分子被拒之于外，起着筛选分子的作用。天然沸石是具有多孔多穴结构的铝硅酸盐。人工合成的多孔多穴的铝硅酸盐也具有筛选分子的作用，被称为分子筛。

分子筛有天然的和人工合成的两大类。泡沸石就是一种天然的分子筛，其组成为 $Na_2O \cdot Al_2O_3 \cdot SiO_2 \cdot nH_2O$。人们模拟天然分子筛，以氢氧化钠、铝酸钠和水玻璃为原料制成合成分子筛。分子筛有很强的吸附性，可把它当作干燥剂。经过分子筛干燥后的气体和液体，含水量一般低于 10×10^{-6}。分子筛可活化再生连续使用。它的热稳定性也好。分子筛的类型和孔径大小是由化学组成中的 SiO_2 与 Al_2O_3 的摩尔数之比决定的。分子筛组成中金属离子的种类(Na^+,K^+,Ca)对孔径大小也有影响。分子筛能吸附的是分子体积较其孔径小的分子。分子的极性越强，越容易被吸附。因此可用于化合物的分离、提纯以及作催化剂或催化剂载体。

11.4.3　锡、铅的重要化合物

1. 锡、铅的氧化物和氢氧化物

锡、铅都能形成氧化值为+2 和+4 的氧化物和氢氧化物，这些氧化物和氢氧化物都是两性的，既溶于酸，又溶于碱，例如：

$$PbO + 2HCl \xlongequal{} PbCl_2\downarrow + H_2O$$

$$SnO_2 + 2NaOH \xlongequal{} Na_2SnO_3 + H_2O$$

$$Sn(OH)_2 + 2HCl \xlongequal{} SnCl_2 + 2H_2O$$

$$Pb(OH)_2 + 2NaOH \xlongequal{} Na_2PbO_2 + 2H_2O$$

$$Sn(OH)_4 + 2NaOH \xlongequal{} Na_2SnO_3 + 3H_2O$$

由于锡和铅的氧化物都不溶于水，因此要制得相应的氢氧化物，必须用它们的盐溶液与碱溶液相作用。例如，用碱金属的氢氧化物处理锡盐就可得到相应$Sn(OH)_2$白色沉淀：

$$SnCl_2 + 2NaOH \xlongequal{} Sn(OH)_2\downarrow + 2NaCl$$

锡、铅的氧化物、氢氧化物的酸碱性及其+2，+4 化合物氧化还原性的递变规律如下：

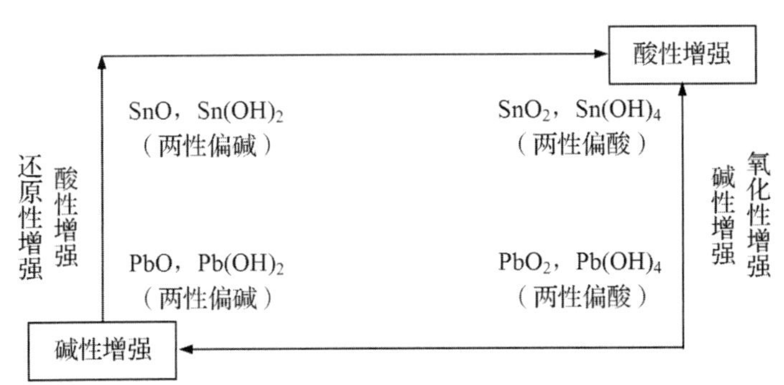

可见，其中酸性以 $Sn(OH)_4$ 为最强，碱性以 $Pb(OH)_2$ 为最强。氧化物中 SnO 是还原剂，PbO_2 是氧化剂。Sn(Ⅱ)是典型的还原剂，在碱性介质中还原性更强，可作为Bi(Ⅲ)的鉴定反应：

$$2Bi(OH)_3 + 3SnO_2^{2-} + 6H_2O \longrightarrow 2Bi\downarrow + 3[Sn(OH)_6]^{2-}$$

2. 锡和铅的盐

在锡和铅的盐中最常见的是卤化物。

$SnCl_2$ 是有机合成中重要的还原剂和常用的分析试剂。$SnCl_2$ 溶于水并随即离解：

$$SnCl_2 + H_2O \longrightarrow Sn(OH)Cl\downarrow + HCl$$

当向 $HgCl_2$ 溶液中逐滴加入 $SnCl_2$ 溶液时，可生成 Hg_2Cl_2 白色沉淀：

$$2HgCl_2 + SnCl_2 \xlongequal{\quad} SnCl_4 + Hg_2Cl_2\downarrow(\text{白})$$

当 $SnCl_2$ 过量时，亚汞盐将进一步被还原为单质汞：

$$Hg_2Cl_2 + SnCl_2 \xlongequal{\quad} SnCl_4 + 2Hg\downarrow(\text{灰黑})$$

这一反应很灵敏，常用于鉴定 Hg^{2+} 或 Sn^{2+}。

$PbCl_2$ 为白色固体，冷水中微溶，能溶于热水，也能溶于盐酸或过量 NaOH 溶液中：

$$PbCl_2 + 2HCl \xlongequal{\quad} H_2[PbCl_4]$$

$$PbCl_2 + 4NaOH \xlongequal{\quad} Na_2PbO_2 + 2NaCl + 2H_2O$$

铅的许多化合物难溶于水。铅和可溶性铅盐都对人体有毒。Pb^{2+} 在人体内能与蛋白质中的半胱氨酸反应生成难溶物，使蛋白毒化。

锡、铅的硫化物均不溶于水和稀酸。将 H_2S 作用于相应的盐溶液就可得到硫化物沉淀，但不生成 PbS_2。

SnS_2 可溶于 Na_2S 或 $(NH_4)_2S$ 中，生成硫代锡酸盐而溶解：

$$SnS_2 + (NH_4)_2S \xlongequal{\quad} (NH_4)_2SnS_3$$

硫代锡酸盐不稳定，遇酸分解，又产生硫化物沉淀：

$$SnS_3^{2-} + 2H^+ \xlongequal{\quad} H_2SnS_3$$

$$\hookrightarrow SnS_2\downarrow + H_2S\uparrow$$

SnS 不溶于 $(NH_4)_2S$ 中，但可溶于多硫化铵 $(NH_4)_2S_x$，这是由于 S_x^{2-} 具有氧化性，将 SnS 氧化为 SnS_2 而溶解。

PbS 不溶于稀酸和碱金属硫化物，但可溶于稀硝酸和浓盐酸：

$$PbS + 4HCl(\text{浓}) \xlongequal{\quad} H_2[PbCl_4] + H_2S\uparrow$$

$$3PbS + 8HNO_3 \xlongequal{\quad} 3Pb(NO_3)_2 + 2NO + 3S\downarrow + 4H_2O$$

PbS 可与 H_2O_2 反应：

$$PbS + 4H_2O_2 \xlongequal{\quad} PbSO_4 + 4H_2O$$

此反应可用来洗涤油画上黑色的 PbS，使它转化为白色的 $PbSO_4$。

11.5 硼、铝

硼族元素属ⅢA 族，包括硼(B)、铝(Al)、镓(Ga)、铟(In)、铊(Tl)五种元素。硼族元素原子的价层电子构型为 ns^2np^1。它们的最高氧化值为+3。硼、铝一般只形成氧化值为+3 的化合物。从镓至铊，由于 ns^2 惰性电子对效应，氧化值为+3 的化合物的稳定性降低，而氧化值为+1的化合物的稳定性增加，故 Tl(Ⅲ)具有强氧化性。

硼族元素价电子层有 4 个轨道(1 个 s 轨道和 3 个 p 轨道)，但价电子只有 3 个。这种价电子数少于价轨道数的原子称为缺电子原子。当它与其他原子形成共价键时，价电子层中还留下空轨道，这种化合物称为缺电子化合物。由于空轨道的存在，有很强的接受电子对的能力，故它们具有如下特性。

(1)易形成配合物。例如：

$$F_3B + :NH_3 = F_3B \leftarrow NH_3$$

$$BF_3 + F^- = [BF_4]^-$$

(2)易形成聚合分子。气态的卤化铝(除离子型化合物 AlF_3 外)易形成双聚分子 Al_2X_6，例如：

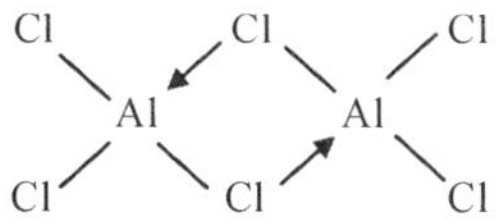

```
Cl        Cl        Cl
  \     ↙    \     /
    Al         Al
  /     \    ↗     \
Cl        Cl        Cl
```

在 Al_2Cl_6 分子中，每个 Al 原子以 sp^3 杂化轨道与四个 Cl 原子成键，呈四面体结构。中间两个 Cl 原子形成桥式结构，它除与一个 Al 原子形成正常共价键外，还与另一个 Al 原子形成配位键。这种结构也是由 $AlCl_3$ 的缺电子性所造成的。

11.5.1　硼的重要化合物

1. 硼的氢化物

硼可形成一系列共价氢化物(称硼烷)，其中最简单也最重要的是乙硼烷 B_2H_6。硼烷的生成焓都是正值，所以都不能用硼和氢直接合成，而只能用间接方法制得。例如，用硼的卤化物在乙醚或二甲基乙醚等溶液中与强还原剂反应取得：

$$4BCl_3 + 3Li[AlH_4] \xlongequal{\text{乙醚}} 3LiCl + 3AlCl_3 + 2B_2H_6$$

(1)硼烷的结构

硼烷的结构都很独特。按照硼原子的结构，它最简单的氢化物应是 BH_3，但是在这样的分子中 B 还有一个空的 2p 轨道没有成键，如果该轨道也能参加成键，体系的能量将会进一步降低，故 BH_3 是不稳定体系。B_2H_6 的分子结构如图 11-6 所示。B 为 sp^3 杂化，每个 B 原子用两个杂化轨道分别与两个 H 原子形成正常共价键。当两个处于同一平面的 BH_2 单元相互接近时，剩下的另外两个 sp^3 杂化轨道在平面的两侧分别与 H 原子轨道重叠，形成两个包括两个 B 原子和一个 H 原子的三中心二电子键，记为 $B\overset{H}{\frown}B$。它是一种非定域键，又称氢桥键。该键的形成也体现了硼原子的缺电子特性。

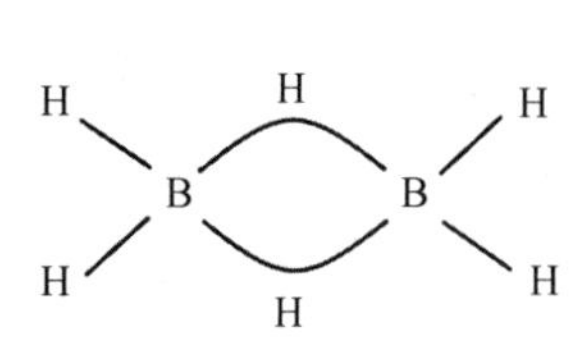

(a) B_2H_6的结构

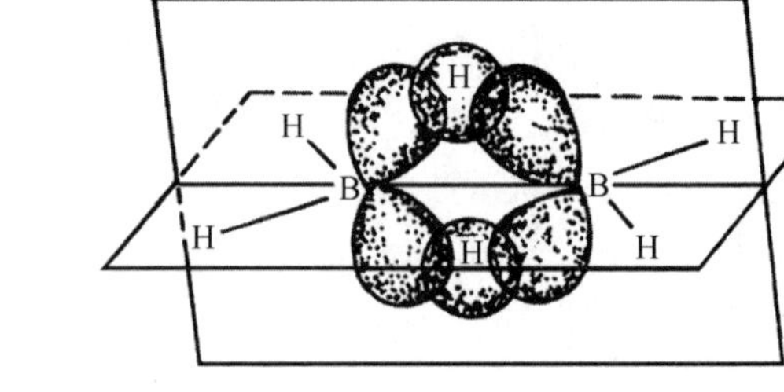

(b) B_2H_6的空间构型

图 11-6 B_2H_6 的分子结构

(2)硼烷的性质

硼烷在室温下是无色具有难闻臭味的气体或液体。它们的物理性质与具有相应组成的烷烃相似,但由于氢桥键键能小,所以硼烷的化学性质比烷烃活泼。例如,乙硼烷在空气中能自燃,并放出大量的热:

$$B_2H_6(g)+3O_2(g) = B_2O_3(s)+3H_2O(g) \qquad \Delta H^{\ominus}=-2033.79\ kJ\cdot mol^{-1}$$

硼烷也很容易水解,例如:

$$B_2H_6(g)+6H_2O(l) = 2H_3BO_3(aq)+6H_2(g)$$

硼烷的燃烧热效应很大,故可以作为高能燃料用于火箭和导弹,也可用作水下火箭燃料。但由于硼烷价格昂贵,不稳定,又有毒,所以使用受到限制。

2. 硼的含氧化合物

硼在自然界是以含氧的化合物形式存在。

(1)氧化硼和硼酸

硼在高温下能和氧反应,生成氧化硼(B_2O_3)。硼的氧化物主要是 B_2O_3,它溶于水后可生成硼酸:

$$B_2O_3+3H_2O = 2H_3BO_3$$

工业上,硼酸是用强酸处理硼砂而制得的:

$$Na_2B_4O_7\cdot 10H_2O+H_2SO_4 = 4H_3BO_3+Na_2SO_4+5H_2O$$

硼酸受热脱水又可变成偏硼酸和 B_2O_3,这种反应是可逆的:

$$H_3BO_3 \underset{+H_2O}{\overset{\triangle,-H_2O}{\rightleftharpoons}} HBO_2 \underset{+H_2O}{\overset{\triangle,-H_2O}{\rightleftharpoons}} B_2O_3$$

H_3BO_3 是一元弱酸,$K_a^{\ominus}=5.8\times10^{-10}$。硼酸的酸性并不是由于它本身给出质子,而是由硼原子的缺电子性引起的。H_3BO_3 在溶液中加合了来自 H_2O 分子中的 OH^- 而释放出 H^+:

$$H_3BO_3+H_2O = \left[\begin{array}{c} OH \\ | \\ HO—B\leftarrow OH \\ | \\ OH \end{array}\right]^{-}+H^+$$

利用硼的缺电子性质,若加入多烃基化合物(如二醇或甘油),由于形成配合物而使溶液酸性增强,例如:

$$2\begin{array}{l}CH_2-OH\\ |\\ CH-OH\\ |\\ CH_2-OH\end{array}+H_3BO_3 = H^+ + \left[\begin{array}{ccccc} & CH_2-O & & O-CH_2 & \\ & | & \diagdown \quad \diagup & | & \\ HO- & CH & B & CH & -OH\\ & | & \diagup \quad \diagdown & | & \\ & CH_2-O & & O-CH_2 & \end{array}\right]^- + 3H_2O$$

在定量分析中利用上述反应，使 NaOH 直接滴定硼酸成为可能。

(2)硼酸盐

硼酸盐有偏硼酸盐、正硼酸盐和多硼酸盐等多种，其中最重要的是四硼酸钠，俗称硼砂。习惯上硼砂的化学式写成 $Na_2B_4O_7 \cdot 10H_2O$。熔融的硼砂可以溶解许多金属氧化物，形成具有特征颜色的偏硼酸复盐。例如：

$$Na_2B_4O_7 \cdot 10H_2O + CoO = Co(BO_2)_2 \cdot 2NaBO_2(\text{宝石蓝色}) + 10H_2O$$

$$Na_2B_4O_7 \cdot 10H_2O + NiO = Ni(BO_2)_2 \cdot 2NaBO_2(\text{淡红色}) + 10H_2O$$

利用这一类反应可以鉴定某些金属离子。在分析化学上，称之为硼砂试验。

硼砂在水中离解，先生成偏硼酸钠，偏硼酸钠进一步离解生成 NaOH 和 H_3BO_3，溶液显碱性：

$$Na_2B_4O_7 + 3H_2O \longrightarrow 2NaBO_2 + 2H_3BO_3$$

$$2NaBO_2 + 4H_2O \longrightarrow 2NaOH + 2H_3BO_3$$

硼酸盐在分析化学中可作为基准物质，可以作消毒剂、防腐剂及洗涤剂的填料，利用它的稳定性还可以作为耐热材料、绝缘材料等。硼砂既可用来配制标准缓冲溶液，也可用于制造耐温度骤变的特种玻璃和光学玻璃。

11.5.2　铝的重要化合物

1. 氧化铝和氢氧化铝

铝的氧化物 Al_2O_3 有多种晶型，其中两种主要变体是 α-Al_2O_3 和 γ-Al_2O_3。α-Al_2O_3 称为刚玉，熔点高，硬度大，不溶于酸和碱，常用作耐火、耐腐蚀和高硬度材料。γ-Al_2O_3 称为活性氧化铝，硬度小，不溶于水，但能溶于酸和碱，具有很强的吸附性能，可用作吸附剂和催化剂载体。

有些氧化铝载体基本上是透明的，因含有少量杂质而呈现鲜明的颜色。红宝石含有极微量铬的氧化物，蓝宝石含有铁和钛的氧化物，黄晶含有铁的氧化物。

氢氧化铝是两性氢氧化物，碱性略强于酸性。在溶液中形成的 $Al(OH)_3$ 为白色凝胶状沉淀，并按下式以两种方式离解：

$$Al^{3+} + 3OH^- \rightleftharpoons Al(OH)_3 \equiv H_3AlO_3 \underset{-H_2O}{\overset{+H_2O}{\rightleftharpoons}} H^+ + [Al(OH)_4]^-$$

加酸，上述平衡向左移动，生成铝盐；加碱，平衡向右移动，生成铝酸盐。

2. 铝盐

最常见的铝盐是 $AlCl_3$ 和明矾(硫酸铝钾)，它们最主要的化学性质是 Al^{3+} 有水解作用而使溶液呈酸性。$AlCl_3$ 和 $KAl(SO_4)_2 \cdot 12H_2O$ 溶于水时，Al^{3+} 水解生成一系列碱式盐直到 $Al(OH)_3$ 胶状沉淀，这些水解产物能吸附水中的泥沙、重金属离子及有机污染物等，因此可用于净化水。明矾是人们早已广泛应用的净水剂。$AlCl_3$ 是有机合成中常用的催化剂。

在铝盐溶液中加入可溶性碳酸盐或硫化物会促使铝盐完全水解：

$$2Al^{3+}+3CO_3^{2-}+3H_2O \rightleftharpoons 2Al(OH)_3\downarrow+3CO_2\uparrow$$

$$2Al^{3+}+3S^{2-}+6H_2O \rightleftharpoons 2Al(OH)_3\downarrow+3H_2S\uparrow$$

所以弱酸的铝盐如 Al_2S_3，$Al_2(CO_3)_3$ 不能用湿法制得。

还有一些其他的金属(Ⅰ)硫酸盐和金属(Ⅲ)硫酸盐也能生成矾类，通式是 M(Ⅰ)M(Ⅲ)$(SO_4)_2\cdot 12H_2O$，其中 M(Ⅰ)可以是 Na^+，K^+，Rb^+，Cs^+，NH_4^+，Tl^+ 等；M(Ⅲ)可以是 Al^{3+}，Cr^{3+}，Fe^{3+} 等。

例 11-10 从明矾制备氢氧化铝、硫酸钾、铝酸钾，写出反应方程式。

解 $2KAl(SO_4)_2\cdot 12H_2O+3Na_2CO_3 = 2Al(OH)_3\downarrow+3CO_2\uparrow+3Na_2SO_4+K_2SO_4+21H_2O$

$$2KAl(SO_4)_2\cdot 12H_2O+3K_2CO_3 = 2Al(OH)_3\downarrow+3CO_2\uparrow+4K_2SO_4+9H_2O$$

$$KAl(SO_4)_2\cdot 12H_2O+6KOH = K_3AlO_3+2K_2SO_4+15H_2O$$

第 11 章练习题

一、是非题

1. 卤素含氧酸中卤素的氧化值越高，该含氧酸的酸性越强。 (　　)
2. 硼酸是一元酸，因为在水溶液中它只离解出一个 H^+。 (　　)

二、单选题

1. 有关元素氟、氯、溴、碘的共性，错误的描述是(　　)。
   A. 都可生成共价化合物　　B. 都可作为氧化剂使用
   C. 都可生成离子化合物　　D. 都可溶于水放出氧气
2. Na_2CO_3 易溶于水，$CaCO_3$ 难溶于水，下列关于碳酸盐和碳酸氢盐在水中溶解度大小的顺序正确的是(　　)。
   A. $Na_2CO_3>NaHCO_3>CaCO_3$　　B. $NaHCO_3>Na_2CO_3>CaCO_3$
   C. $Na_2CO_3>CaCO_3>Ca(HCO_3)_2$　　D. $Ca(HCO_3)_2>CaCO_3>Na_2CO_3$
3. Na_2CO_3 溶液与 $CuSO_4$ 溶液反应，主要产物为(　　)。
   A. $CuCO_3+CO_2$　　B. $Cu(OH)_2+CO_2$
   C. $Cu(OH)_2CO_3+CO_2$　　D. $Cu(OH)_2SO_4+CO_2$

三、填空题

1. 下列溶液中可能含有 SO_4^{2-}，SO_3^{2-}，S^{2-}，Cl^-，Br^-，I^-，NO_3^-，Na^+，Mg^{2+} 等离子。滴入溴水后，溶液由无色变为棕黄色，并出现浑浊，则溶液中一定含有__________；若加入硝酸钡溶液，有白色沉淀生成，再加入盐酸，沉淀部分溶解，则原溶液中一定含有__________；若加氯化钡溶液及盐酸的混合溶液，无沉淀生成。若先加入氯水，然后再加入氯化钡溶液和盐酸，有白色沉淀生成，则原溶液中一定含有__________；若加入氢氧化钡溶液无沉淀生成，加入硝酸银溶液也无沉淀生成，则原溶液中阴、阳离子只可能是__________。

2. 碳族元素位于元素周期表中第________族，包括________、________、________、________和________五种元素，其中________元素是地球上形成化合物种类最多的元素，该元素较稳定的氧化物是________和________。

四、简答题

1. 举例说明：

(1)卤素及卤化氢基本性质的递变规律；　(2)氟化氢的特殊性质及其原因。

2. 简要回答下列问题：

(1)为什么 I_2 在水中的溶解度小，而在 KI 溶液中或在苯中的溶解度大？

(2)从卤化物制取 HF，HCl，HBr 和 HI 时，各采用什么酸？为什么？

(3)FeS 与酸作用制备 H_2S，试问 HCl，H_2SO_4，HNO_3 是否都可以作为酸使用，何者为好？

(4)为什么 H_2S 作用于 Pb(Ⅳ)的盐溶液得不到 PbS_2 沉淀？

3. 用反应式来表示下列反应过程：

(1)Cl_2 在碱中的歧化；　(2)$KBrO_3$ 氧化 I_2。

4. 润湿的 KI-淀粉试纸遇到 Cl_2 显蓝紫色，但该试纸继续与 Cl_2 接触，蓝紫色又会褪去，用相关的反应式解释上述现象。

5. 下列各物质在酸性溶液中能否共存？为什么？

(1)$FeCl_3$ 与 Br_2 水；　(2)NaBr 与 $NaBrO_3$ 溶液；

(3)$FeCl_3$ 与 KI 溶液；　(4)KI 与 KIO_3 溶液。

6. 有一瓶白色粉末状固体，它可能是 Na_2CO_3，Na_2NO_3，Na_2SO_4，NaCl 或 NaBr，试设计鉴别方案。

7. 在淀粉碘化钾溶液中加入少量 NaClO 时，得到蓝色溶液 A；加入过量 NaClO 时，得到无色溶液 B。然后酸化之，并加入少量固体 Na_2SO_3 于 B 溶液，则蓝色又出现；当 Na_2SO_3 过量时，蓝色又褪去成无色溶液 C；再加 $NaIO_3$ 溶液蓝色又出现。指出 A，B，C 各为何物？并写出各步反应式。

8. 古代人常用碱式碳酸铅 $2PbCO_3 \cdot Pb(OH)_2$（俗称铅白）作为白色颜料作画，这种画长期与空气接触因受空气中 H_2S 的作用而变灰暗。用 H_2O_2 溶液涂抹可使古画恢复原来的色彩。试用化学方程式指出其中的反应。

9. 用一个反应方程式完成下列各铅化合物之间的反应。

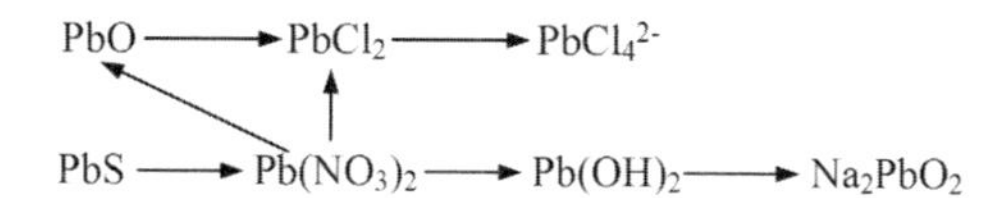

10. 以硼砂为原料制备下列化合物。

(1)H_3BO_3；　(2)B_2O_3。

五、计算题

1. 在 HCl 的浓度为 0.30 mol·L^{-1}，Cu^{2+} 及 Cd^{2+} 的浓度为 0.030 mol·L^{-1} 的溶液中，通入 H_2S 至饱和，沉淀作用完全后，留在溶液中的 Cu^{2+} 和 Cd^{2+} 浓度各为多少？

2. 有碳酸钙和二氧化硅混合物 29 g，在高温下使两者充分反应，放出气体，冷却后称重为 20.2 g。把反应生成物加适量水，搅拌，再把水蒸干，称其重量为 21.1 g。问：

(1)原混合物中有碳酸钙和二氧化硅各多少克？

(2)标准状况下放出多少升气体？

第12章

s区元素及其重要化合物

s区元素包括周期表中ⅠA族和ⅡA族元素，是最活泼的金属元素。ⅠA族由锂(Li)、钠(Na)、钾(K)、铷(Rb)、铯(Cs)、钫(Fr)六种金属元素组成。由于它们氧化物的水溶液显碱性，所以称为碱金属(alkali metal)。ⅡA族由铍(Be)、镁(Mg)、钙(Ca)、锶(Sr)、钡(Ba)及镭(Ra)六种元素组成，由于钙、锶、钡的氧化物难溶，难熔(类似于土)，且呈碱性而得名碱土金属(alkaline earth metal)。

在ⅠA族和ⅡA族元素中，钠、钾、镁、钙、锶、钡发现较早，在1807—1808年由美国年轻科学家戴维(H. Davy)首次制得，它们以化合物形式广泛存在于自然界，如人们与钠、钾的化合物(如食盐)打交道已有几千年的历史。锂、铍、铷和铯的发现和游离制得相对稍晚些(1821—1861年)，它们在自然界存在较少，属于稀有金属。钫和镭是放射性元素，钫(Fr)是1939年法国Marguerite Perey发现的，元素名由France而来。钫是有强放射性、半衰期很短的金属元素，在天然放射性衰变系(锕系)以及核反应(中子轰击镭)中形成微量的钫。镭是1898年法国皮尔·居里(Pierre Curie)和玛利亚·居里(Marie Curie)发现的，他们首先从沥青铀矿中分离出镭来。镭的所有同位素都有放射性且寿命最长，如^{226}Ra的半衰期为1602年。它是在^{238}U的天然衰变系中生成的。

12.1 碱金属、碱土金属单质

碱金属、碱土金属元素的价层电子构型分别为ns^1，ns^2，它们的原子最外层有1～2个s电子，所以这些元素称为s区元素。s区元素能失去1个或2个电子形成氧化态为+1，+2的离子型化合物(Li，Be除外)。

12.1.1 通性

碱金属和碱土金属的基本性质分别列于表12-1和表12-2中。

表 12-1 碱金属的基本性质

性 质	锂(Li)	钠(Na)	钾(K)	铷(Rb)	铯(Cs)
原子序数	3	11	19	37	55
金属原子半径/pm	155	190	255	48	267
沸点/℃	1317	892	774	688	690
熔点/℃	180	97.8	64	39	28.5
电负性 χ	1.0	0.9	0.8	0.8	0.7
电离能/($kJ \cdot mol^{-1}$)	520	496	419	403	376
电极电势 $E^{\ominus}(M^{+}/M)/V$	−3.045	−2.714	−2.925	−2.925	−2.923
氧化值	+1	+1	+1	+1	+1

碱金属原子最外层只有 1 个 ns 电子，而次外层是 8 电子结构(Li 的次外层是 2 个电子)，故这些元素很容易失去最外层的 1 个 s 电子，从而使碱金属的第一电离能在同周期元素中为最低。因此，碱金属是同周期元素中金属性最强的元素。碱土金属的核电荷比碱金属大，原子半径比碱金属小，金属性比碱金属略差些。

表 12-2 碱土金属的基本性质

性 质	铍(Be)	镁(Mg)	钙(Ca)	锶(Sr)	钡(Ba)
原子序数	4	12	20	38	56
金属原子半径/pm	112	160	197	215	222
沸点/℃	2970	1107	1487	1334	1140
熔点/℃	1280	651	845	769	725
电负性 χ	1.5	1.2	1.0	1.0	0.9
电离能/($kJ \cdot mol^{-1}$)	900	738	590	549	502
电极电势 $E^{\ominus}(M+/M)/V$	−1.85	−2.37	−2.87	−2.89	−2.90
氧化值	+2	+2	+2	+2	+2

从表 12-1 和表 12-2 的电负性、电离能和电极电势看，它们都是活泼金属，随原子半径自上至下增大，三者的值(Li 的电极电势例外)依次降低，金属的还原性依次增强。

碱金属，尤其是铯，失去电子的倾向很强，当受到光的照射时，金属表面电子逸出，此种现象称作光电效应。因此，常用铯(也可用钾、铷)来制造光电管。钙、锶、钡及碱金属的挥发性化合物在高温火焰中，电子易被激发。当电子从较高的能级回到较低的能级时，便分别发射出一定波长的光，使火焰呈现特征颜色。钙使火焰呈橙红色，锶呈红色，钡呈黄绿色，锂呈红色，钠呈黄色，钾、铷、铯呈紫色。在分析化学上，常利用此方法来鉴定这些元素，这种方法称为焰色反应。

ⅠA 族、ⅡA 族金属是很活泼或活泼的金属，它们能直接或间接地与电负性较高的非金属元素，如卤素、硫、氧、磷、氮和氢等形成相应的化合物，除了锂、铍和镁的某些化合物（例如它们的卤化物）具有明显的共价键性质外，一般是以离子键相结合。

碱金属与水剧烈作用产生氢气和氢氧化物，而它在液氨中却能安然无恙地形成蓝色溶液，当碱金属氨溶液的浓度增大时变成青铜色溶液。如果将溶液蒸发又可重新得到碱金属。钙、锶、钡和碱金属相似，也能溶于液氨生成蓝色液氨溶液。这种金属溶液和熔融的金属在结构上相似，能导电，有顺磁性，溶液有极强还原性。可将某些过渡元素还原成异常低的氧化态，例如：

$$2K + K_2[Ni(CN)_4] \xrightarrow{240\ K} K_4[Ni(CN)_4]$$

$$2Na + Fe(CO)_5 \xrightarrow{240\ K} Na_2[Fe(CO)_4] + CO$$

在这两种产物中，镍和铁的氧化态分别为0和－2。因此，广泛用于无机及有机合成中。

痕量杂质如过渡金属的盐类，氧化物等的存在，以及光化学作用都能催化产生氨基化钠的反应：

$$2Na(s) + 2NH_3(l) \longrightarrow 2NaNH_2(s) + H_2(g)$$

12.1.2　制备

碱金属和碱土金属的高度化学活动性，使其只能以化合状态存在于自然界中。钠和钾有较高的丰度，分别为22700 ppm和18400 ppm。其主要矿物有钠长石 $Na[AlSi_3O_8]$ 和钾长石 $K[AlSi_3O_8]$、光卤石 $KCl \cdot MgCl_2 \cdot 6H_2O$ 及明矾石 $K_2SO_4 \cdot Al_2(SO_4)_3 \cdot 24H_2O$。海水中氯化钠的含量为2.7%，总贮量为3640万亿吨。锂、铷和铯在自然界中储量较少而且分散，故列为稀有金属。

碱土金属除镭外，在自然界中分布也很广泛，镁除光卤石之外，还有白云石 $CaCO_3 \cdot MgCO_3$ 和菱镁矿 $MgCO_3$ 等。铍的最重要矿物为绿柱石 $3BeO \cdot Al_2O_3 \cdot 6SiO_2$。钙、锶、钡在自然界中存在的主要形式为难溶的碳酸盐和硫酸盐，如方解石 $CaCO_3$、碳酸锶矿 $SrCO_3$、石膏 $CaSO_4 \cdot 2H_2O$、天青石 $SrSO_4$ 和重晶石 $BaSO_4$ 等。

这两族金属很活泼，还原性很强，不能用任何涉及水溶液的方法制取。较轻且挥发性较小的金属都用电解熔盐制得，其他则用活泼金属和氧化物或卤化物作用制取。

工业上大量制备金属钠是利用电解熔融氯化钠。电解反应为

$$2NaCl \longrightarrow 2Na + Cl_2\uparrow$$

由于钾、铷、铯在助剂熔融液中溶解度较大，影响电流效率，严重者甚至得不到金属，所以一般不用电解法制备。基于它们的挥发性高于钠（钙），可在适当温度下用钠（钙）和氯化物的置换反应制取：

$$Na(g) + MCl(l) \longrightarrow NaCl(l) + M(g) \qquad M = K, Rb, Cs$$

其他金属用化学热还原法。

12.1.3　应用

碱金属和碱土金属有许多优异的性能，广泛应用于工业生产中，其中用途最大的是

金属钠。据统计，世界上金属钠的产量中约60%用于生产作为汽油防爆添加剂的四乙基铅（因环保原因这种用途日趋减少），约20%的金属钠作为还原剂用于生产其他金属（如钛、铝等），10%的金属钠用于生产钠的化合物，如氢化钠、过氧化钠等。此外，在某些染料、药物及香料的生产中也以金属钠作为还原剂。由于钠蒸气在高压电作用下会发射出穿透云雾能力很强的黄色光，被用于制造公路照明的钠光灯。钠和钾形成的液态合金由于有较高的比热和较宽的液化范围，而被用作核反应堆的冷却剂。

锂的用途越来越广泛，如锂和锂合金是一种理想的高能燃料。锂电池是一种高能电池。$LiBH_4$ 是一种很好的贮氢材料。锂在核动力技术中将起重要作用，${}^{6}_{3}Li$，${}^{7}_{3}Li$ 被中子轰击都可得到氚，${}^{6}_{3}Li$ 与氘可以进行热核反应。受控热核聚变反应堆可以用氘和锂作为燃料。锂盐如 Li_2CO_3 及其某些化合物可用以治疗脑神经错乱症。

碱金属可以溶解于汞形成汞齐（合金），钠汞齐常在有机合成中作为还原剂使用。碱金属（特别是钾、铷、铯）在光照之下，能放出电子。对光特别灵敏的是铯，它在可见光的照射下能引起光电效应，是制造光电管的良好材料。铷、铯可用于制造最准确的计时仪器——铷、铯原子钟。1967年正式规定用铯原子钟所定的秒为新的国际时间单位。

碱土金属中实际用途较大的是镁。金属镁的世界年产量超过100万吨，主要用途是制造轻质合金。在镁合金中熔进稀土金属（镨、钕、钍）可大大提高合金的使用温度，用于制造汽车发动机外壳及飞机机身等。在每枚大力神式洲际弹道导弹上使用的镁合金近1吨。在同等强度下，最好的镁合金的重量约为钢的1/4，而最好的铝合金的重量约为钢的1/3。典型的镁合金组成为：>90%Mg，2%～9%Al，1%～3%Zn及0.2%～1%Mn。由于镁燃烧时发出强光，因此镁粉可作发光剂，用于制造照明弹、信号弹，也可用于照像时的照明。金属钙的产量要少得多，估计世界年产量约30万吨，用途也较少，一般作脱水剂和还原剂。铍作为新兴材料日益被重视，薄的铍片易被X射线穿过，是制造X射线管小窗不可取代的材料。铍是核反应堆中最好的中子反射剂和减速剂之一。铍具有密度小、比热大、导电性好、刚度大等优良性能，这使它在导弹、卫星、宇宙飞船等方面得到广泛应用。

例12-1　有1.4 g碱金属及其氧化物的混合物跟水反应，生成1.79 g碱，求混合物的成分。

解　设碱金属为R，其相对原子质量为 x。R，R_2O 与水反应的化学方程式分别为

$$2R+2H_2O = 2ROH+H_2\uparrow$$

$$R_2O+H_2O = 2ROH$$

由上述两个反应式可知，R，R_2O，ROH三者之间的物质的量的关系为

$$n_{R_2O}=\frac{1}{2}n_{ROH}=\frac{1}{2}n_R$$

（1）假设1.4 g该混合物全部为碱金属，则有如下关系：

$$\frac{m_{ROH}}{x+17}=\frac{m_R}{x} \quad 即 \quad \frac{x+17}{x}=\frac{m_{ROH}}{m_R}=\frac{1.79}{1.4}$$

解得　$$x=61$$

(2)假设 1.4 g 该混合物全部为碱金属氧化物，则有如下关系：

$$\frac{1}{2}\times\frac{m_{ROH}}{x+17}=\frac{m_{R_2O}}{2x+16} \quad 即 \quad \frac{x+17}{x+8}=\frac{m_{ROH}}{m_{R_2O}}=\frac{1.79}{1.4}$$

解得

$$x=24$$

碱金属的相对原子质量 $24<x<61$，该碱金属元素为钾。故混合物的成分为 K 和 K_2O。

12.2　碱金属、碱土金属氧化物

s 区碱金属、碱土金属与氧反应能生成多种形式的氧化物，即正常氧化物(oxide)、过氧化物(peroxide)、超氧化物(superoxide)，其中分别含有 O^{2-}，O_2^{2-} 和 O_2^-。s 区元素与氧所形成的各种氧化物列入表 12-3 中。

表 12-3　s 区元素形成的氧化物

氧化物	阴离子	直接形成	间接形成
正常氧化物	O^{2-}	Li，Be，Mg，Ca，Sr，Ba	ⅠA，ⅡA 所有元素
过氧化物	O_2^{2-}	Na，Ba	除 Be，Mg 外的所有元素
超氧化物	O_2^-	Na，K，Rb，Cs	除 Be，Mg，Li 外的所有元素

由表 12-3 可见，半径小的 Li，Be，Mg，Ca 不能形成过氧化物、超氧化物，而半径大的 K，Rb，Cs，Sr，Ba 却能形成稳定的过氧化物、超氧化物。

12.2.1　正常氧化物

锂和ⅡA 族金属在氧气中燃烧生成氧化物：

$$4Li+O_2 \longrightarrow 2Li_2O$$

$$2M+O_2 \longrightarrow 2MO$$

其他碱金属的正常氧化物用金属与它们的过氧化物或硝酸盐作用而得到。例如：

$$Na_2O_2+2Na \longrightarrow 2Na_2O$$

$$2KNO_3+10K \longrightarrow 6K_2O+N_2\uparrow$$

碱土金属的碳酸盐、硝酸盐、氢氧化物等热分解也能得到氧化物 MO。例如：

$$MCO_3 \xrightarrow{\triangle} MO+CO_2\uparrow$$

碱金属氧化物从 Li_2O 过渡到 Cs_2O，颜色依次加深。由于 Li^+ 的离子半径特别小，Li_2O 的熔点很高。Na_2O 熔点也很高，其余的氧化物未达熔点时便开始分解。

碱金属和碱土金属氧化物与水反应都生成相应的氢氧化物：

$$O^{2-}+H_2O = 2OH^-$$

这是由于它们在水中不能存在，遇水会立即发生水解反应。碱金属和碱土金属氧化物在水中的溶解度，在同一族中都是从上到下增加，因此它们与水反应的激烈程度也是从上到下增加。Li_2O 溶于水的反应速度慢于 Na_2O，K_2O，而 Rb_2O，Cs_2O 与水反应很激烈，甚至会爆炸。BeO，MgO 对水呈现出一定的惰性，而 CaO，SrO，BaO 与水反应剧烈并放出大量的热。

在碱土金属氧化物中，唯有 BeO 是 ZnS 型晶体，其他氧化物都是 NaCl 晶体。与 M^+ 相比，M^{2+} 电荷多，离子半径小，所以碱土金属氧化物具有较大的晶格能，熔点和硬度都相当高。除 BeO 外，从 MgO 到 BaO 熔点和硬度依次降低。

BeO，MgO 等可用于制作耐火材料和金属陶瓷。CaO 是重要的建筑材料，也可由它制得价格便宜的碱 $Ca(OH)_2$。

12.2.2 过氧化物

除 Be 和 Mg 外，所有碱金属和碱土金属（均以 M 表示）都能分别形成相应的过氧化物 M_2O_2 和 MO_2，其中只有钠和钡的过氧化物可由金属在空气中燃烧直接得到。

过氧化物中的负离子是过氧离子 O_2^{2-}，其结构式如下：

$$[:\ddot{\underset{..}{O}}:\ddot{\underset{..}{O}}:]^{2-} \quad 或 \quad [—O—O—]^{2-}$$

碱金属最常见的过氧化物是过氧化钠，其实际用途也较大。工业上是将除去 CO_2 的干燥空气通入熔融钠中，控制空气流量并使温度达到 300 ℃即可制得浅黄色的 Na_2O_2（小米粒状）：

$$2Na + O_2 \longrightarrow Na_2O_2$$

Na_2O_2 与水或稀酸反应而产生 H_2O_2，H_2O_2 随即分解放出氧气：

$$Na_2O_2 + 2H_2O \longrightarrow H_2O_2 + 2NaOH$$

$$Na_2O_2 + H_2SO_4(稀) \longrightarrow H_2O_2 + Na_2SO_4$$

$$2H_2O_2 \longrightarrow 2H_2O + O_2\uparrow$$

所以，Na_2O_2 可用作氧化剂、漂白剂和氧气发生剂。Na_2O_2 与 CO_2 反应能放出氧气：

$$2Na_2O_2 + 2CO_2 \longrightarrow 2Na_2CO_3 + O_2\uparrow$$

利用这一性质，Na_2O_2 在防毒面具、高空飞行和潜艇中作 CO_2 的吸收剂和供氧剂。

Na_2O_2 兼有碱性和强氧化性，是常用强氧化剂，可用作熔矿剂，使某些不溶于酸的矿物分解：

$$2Fe(CrO_2)_2 + 7Na_2O_2 \longrightarrow 4Na_2CrO_4 + Fe_2O_3 + 3Na_2O$$

由于 Na_2O_2 有强氧化性，熔融时几乎不分解，但遇到棉花、炭粉或铝粉等还原性物质时，就会发生爆炸，使用时应十分小心。而且空气中的 CO_2 和水蒸气都能与 Na_2O_2 反应，所以 Na_2O_2 必须密闭保存。

钙、锶、钡的氧化物与过氧化氢作用，得到相应的过氧化物：

$$MO + H_2O_2 + 7H_2O \longrightarrow MO_2 \cdot 8H_2O$$

碱土金属的过氧化物以 BaO_2 较为重要，其在 600～800 ℃时，将氧气通过氧化钡即可制得：

$$2BaO + O_2 \xrightarrow{600\sim800\ ℃} 2BaO_2$$

实验室制取 H_2O_2 的方法是将 BaO_2 与稀酸进行反应：

$$BaO_2 + H_2SO_4 \longrightarrow BaSO_4 \downarrow + H_2O_2$$

过氧化钡还可用作供氧剂、引火剂。

12.2.3　超氧化物

除了 Be，Mg，Li 外，碱金属和碱土金属都分别能形成超氧化物 MO_2 和 $M(O_2)_2$。其中钠溶于液氨中与氧气作用可以制得超氧化钠 NaO_2，钾、铷、铯在过量氧气中燃烧直接生成超氧化物 MO_2。将 O_2 通入 K，Rb，Cs 的液氨溶液也能得到它们的超氧化物。KO_2 是橙黄色固体，RbO_2 是深棕色固体，CsO_2 是深黄色固体。超氧化物中含有超氧离子 O_2^-，其结构式如下：

$$[:\ddot{O} \overset{\cdots}{—} \ddot{O}:]^-$$

它有一个 σ 键和一个三电子 π 键，它是顺磁性的。超氧化物是强氧化剂，能和 H_2O，CO_2 反应放出 O_2：

$$2MO_2 + 2H_2O \longrightarrow O_2 + H_2O_2 + 2MOH$$

$$4MO_2 + 2CO_2 \longrightarrow 2M_2CO_3 + 3O_2$$

它因此被用作供氧剂。超氧化物中 KO_2 较易制备，因此在急救器中常利用上述反应来提供氧气。

12.3　碱金属、碱土金属氢氧化物

BeO 几乎不与水反应，MgO 与水缓慢反应生成相应的碱，其他 s 区元素的氧化物遇水都能发生剧烈反应，生成相应的碱：

$$M_2O + H_2O \longrightarrow 2MOH$$

$$MO + H_2O \longrightarrow M(OH)_2$$

12.3.1　溶解度

除氢氧化铍外，碱金属的氢氧化物都易溶于水，溶解时还放出大量的热。碱土金属的氢氧化物的溶解度则较小，其中 $Be(OH)_2$ 和 $Mg(OH)_2$ 是难溶的氢氧化物。碱土金属的氢氧化物的溶解度列于表 12-4 中。

表 12-4　碱土金属氢氧化物的溶解度(20 ℃)

氢氧化物	$Be(OH)_2$	$Mg(OH)_2$	$Ca(OH)_2$	$Sr(OH)_2$	$Ba(OH)_2$
溶解度/$(mol \cdot L^{-1})$	8×10^{-6}	5×10^{-4}	1.8×10^{-2}	6.7×10^{-2}	2×10^{-1}

由表 12-4 可见，对碱土金属来说，由 $Be(OH)_2$ 到 $Ba(OH)_2$，溶解度依次增大。这是由于随着金属离子半径的增大，正、负离子之间的作用力逐渐减小，容易为水分子所解离。同样可推知，碱金属的氢氧化物的溶解度变化应是从 LiOH 到 CsOH 依次递增。

12.3.2 酸碱性

在碱金属、碱土金属的氢氧化物中，除 $Be(OH)_2$ 为两性氢氧化物外，其他的氢氧化物都是强碱或中强碱。这两族元素的氢氧化物酸碱性的递变情况也可以用 ROH 规则表示。有人提出用金属离子的离子势的平方根$\sqrt{\Phi}$值（以 r 为半径，单位：pm）作为判断金属氢氧化物酸碱性的标度：

当$\sqrt{\Phi}<0.22$ 时，金属氢氧化物呈碱性；

当 $0.22\leqslant\sqrt{\Phi}\leqslant0.32$ 时，金属氢氧化物呈两性；

当$\sqrt{\Phi}>0.32$ 时，金属氢氧化物呈酸性。

若把碱金属离子和碱土金属离子的值加以比较，不难得出其氢氧化物的碱性递变规律如表 12-5 所示。

表 12-5 碱金属和碱土金属氢氧化物的碱性递变规律

碱金属氢氧化物	$\sqrt{\Phi}$	碱土金属氢氧化物	$\sqrt{\Phi}$
LiOH	0.13	$Be(OH)_2$	0.25
NaOH	0.10	$Mg(OH)_2$	0.18
KOH	0.087	$Ca(OH)_2$	0.14
RbOH	0.082	$Sr(OH)_2$	0.13
CsOH	0.077	$Ba(OH)_2$	0.12

（两列均自上而下：碱性增强↓；自右向左：←碱性增强）

ROH 规则也适用于其他含氧酸酸碱性相对强弱的定性判断，但用$\sqrt{\Phi}$值作为酸碱性定量标度的方法，除了碱金属和碱土金属的氢氧化物外，对其他含氧酸有时不太适用。

12.3.3 应用

碱金属和碱土金属的氢氧化物都是白色固体，置于空气中就吸水潮解，故 NaOH 和 $Ca(OH)_2$ 是常用的干燥剂。

碱金属氢氧化物对纤维和皮肤有强烈的腐蚀作用，故称它们为苛性碱。NaOH 和 KOH 又分别称为苛性钠（烧碱）和苛性钾，是最重要的碱。工业上常用电解氯化钠水溶液制取 NaOH，NaOH 价格较便宜，它的应用比 KOH 广泛得多。

NaOH 暴露在空气中易吸收水分和 CO_2，并变成碳酸盐。Na_2CO_3 在浓 NaOH 溶液中不溶解，故可利用这一性质把 Na_2CO_3 从 NaOH 浓溶液中除去。碱除了可与酸、酸性氧化物、盐等反应外，它还可与两性金属和某些非金属单质（如 B，Si 等）反应，放出 H_2。例如：

$$2Al+2NaOH+6H_2O \longrightarrow 2Na[Al(OH)_4]+3H_2\uparrow$$

$$Si+2NaOH+H_2O \longrightarrow Na_2SiO_3+2H_2\uparrow$$

卤素、硫、磷等在碱中能发生歧化反应。例如：

$$X_2 + 2NaOH \longrightarrow NaX + NaOX + H_2O \qquad X = Cl, Br, I$$

碱能腐蚀玻璃，实验室盛放碱液的试剂瓶应该用橡皮塞，而不能用玻璃塞，否则时间一长，它与玻璃中的 SiO_2 反应生成硅酸盐会把塞子粘住。反应如下：

$$SiO_2 + 2NaOH = Na_2SiO_3 + H_2O$$

NaOH 是基础化学工业中最重要的产品之一，主要用来制作肥皂、精炼石油、造纸、合成药物、制造人造丝和染料等，它也是实验室里常用的试剂。

例 12-2　商品氢氧化钠中常含有碳酸钠杂质，怎样以最简便的方法加以检验？并如何除去它？

解　溶解 NaOH 于水中，配成浓溶液，若有沉淀形成，表明可能有 Na_2CO_3 存在。将有 Na_2CO_3 沉淀的 NaOH 浓溶液过滤，滤液经蒸发、浓缩、析出即可得到除去碳酸钠的纯氢氧化钠。

12.4　碱金属、碱土金属的盐类

碱金属、碱土金属的常见的盐有卤化物、硝酸盐、硫酸盐、碳酸盐等。应该注意，碱土金属中铍的盐类很毒，钡的可溶性盐也很毒。这里着重讨论常见的重要盐的晶体类型、溶解度、热稳定性、配位性以及硬水的软化等。

12.4.1　晶体类型

碱金属的盐大多数是离子型晶体，它们的溶点、沸点较高，见表 12-6。

表 12-6　碱金属盐类的溶点　单位：℃

碱金属	氯化物	硝酸盐	碳酸盐	硫酸盐
Li	606	261	618	860
Na	801	308	851	884
K	776	334	891	1069
Rb	715	310	837	1060
Cs	645	414	—	995

由于 Li^+ 半径很小，极化力较强，它在某些盐（如卤化物）中表现出不同程度的共价性。碱土金属离子带两个正电荷，其离子半径较相应的碱金属小，故它们的极化力较强，因此碱土金属盐的离子键特征较碱金属差。但随着金属离子半径的增大，键的离子性也增强。例如，碱土金属氯化物的溶点从 Be 到 Ba 依次增高：

	$BeCl_2$	$MgCl_2$	$CaCl_2$	$SrCl_2$	$BaCl_2$
熔点/℃	405	714	782	876	962

其中，$BeCl_2$ 的熔点明显低，这是由于 Be^{2+} 半径小，电荷较多，极化力较强，它与 Cl^-，Br^-，I^- 等极化率较大的阴离子形成的化合物已过渡为共价化合物。$BeCl_2$ 易于升华，气态时形成双聚分子 $(BeCl_2)_2$，固态时形成多聚 $(BeCl_2)_n$，能溶于有机溶剂，这些性质

都表明了 $BeCl_2$ 的共价性。$MgCl_2$ 也有一定程度的共价性。

由于碱金属离子 M^+ 和碱土金属离子 M^{2+} 是无色的，所以它们的盐类的颜色一般取决于阴离子的颜色。无色阴离子(如 X^-，NO_3^-，SO_4^{2-}，CO_3^{2-}，ClO^- 等)与之形成的盐一般是无色或白色的，而有色阴离子与之形成的盐则具有阴离子的颜色，例如紫色的 $KMnO_4$、黄色的 $BaCrO_4$、橙色的 $K_2Cr_2O_7$ 等。

12.4.2 溶解度

在ⅠA族、ⅡA族元素的常见盐类中，除少数盐类如锂盐、铍盐、镁盐具有共价性外，其他盐类主要是离子化合物。绝大多数的碱金属盐类溶于水，并与水形成水合离子。仅有少数碱金属盐是难溶的，这些难溶盐一般都由大的阴离子组成，而 Li^+ 则由于其半径小而例外。例如：LiF，Li_2CO_3，Li_3PO_4；$Na[Sb(OH)_6]$，$NaZn(UO_2)_3(Ac)_9$(醋酸铀酰锌钠)；$KHC_4H_4O_6$(酒石酸氢钾)，$KClO_4$，K_2PtCl_6(六氯合铂酸钾)，$KB(C_6H_5)_4$(四苯硼酸钾)，$K_2Na[Co(NO_2)_6]$(六硝基合钴酸钠钾)，Rb_2SnCl_6(六氯合锡酸铷)等。这些难溶盐可用于鉴定碱金属离子。

在碱土金属盐类中，有不少是难溶的，这是区别于碱金属的特点之一。其中，硝酸盐、氯酸盐、醋酸盐都易溶于水，卤化物中除氟化物外，也易溶。而草酸盐、碳酸盐、磷酸盐等都难溶于水。钙盐中以 $Ca_2C_2O_4$ 的溶解度为最小，因此常用生成白色 $Ca_2C_2O_4$ 的沉淀反应来鉴定 Ca^{2+}。对硫酸盐和铬酸盐来说，溶解度差别较大，$BaSO_4$ 和 $BaCrO_4$ 是其中溶解度最小的难溶盐，$BaSO_4$ 甚至不溶于酸；而 $MgSO_4$ 和 $MgCrO_4$ 等则易溶，在无机和分析化学中常利用它们的溶解度不同进行沉淀分离和离子检出。

12.4.3 热稳定性

碱金属的盐一般具有较高的热稳定性。碱金属的卤化物在高温时只挥发而不易分解；硫酸盐在高温下既不挥发又难分解；碳酸盐中除 Li_2CO_3 在 700 ℃部分地分解为 Li_2O 和 CO_2 以外，其余的在 800 ℃以下均不分解。碱金属的硝酸盐热稳定性差，加热时易分解，例如：

$$4LiNO_3 \xrightarrow{700\ ℃} 2Li_2O + 4NO_2 + O_2\uparrow$$

$$2NaNO_3 \xrightarrow{730\ ℃} 2NaNO_2 + O_2\uparrow$$

$$2KNO_3 \xrightarrow{670\ ℃} 2KNO_2 + O_2\uparrow$$

由 Li 到 Cs，碱金属氟化物的热稳定性依次降低，而碘化物的热稳定性反而依次增强。

碱土金属的盐的热稳定性较碱金属差，但常温下也都是稳定的。碱土金属的碳酸盐、硫酸盐、硝酸盐等的稳定性都是随着金属离子半径的增大而增强。铍盐的热稳定性特别差，例如，$BeCO_3$ 加热不到 100 ℃就分解，而 $BaCO_3$ 需在 1360 ℃时才分解。碱金属和碱土金属的热稳定性变化趋势可用金属离子的反极化作用来说明。

例 12-3 试用反极化作用解释碱土金属碳酸盐的分解温度随 Be→Mg→Ca→Sr→Ba 的次序递增。

解　对 MCO_3 来说，CO_3^{2-} 可看作 C^{4+} 对 3 个 O^{2-} 极化作用而得到的离子。当一个 M^{2+} 与其相接近时，M^{2+} 对邻近的一个 O^{2-} 也产生极化作用。该极化作用与 C^{4+} 对该 O^{2-} 的极化作用方向相反，常称为反极化作用。反极化作用的结果将导致该 O^{2-} 与 C^{4+} 的连结减弱，并使 MCO_3 分解为 MO 和 CO_2。自 Be^{2+} 至 Ba^{2+}，离子半径依次增大，反极化作用依次减小，故其 MCO_3 的热分解温度随 Be→Mg→Ca→Sr→Ba 的次序递增。

12.4.4　钠盐和钾盐的差异性

通常都认为钠与钾性质相似。它们的盐大多易溶，因此 K^+ 和 Na^+ 也很难分离。然而人们从人体只能注射生理盐水 NaCl 溶液，而不能注射 KCl 溶液的事实得到启示，进一步研究发现在细胞膜上 Na^+，K^+ 的行为是不同的，不仅细胞膜，有些无机的钠盐和钾盐在溶解度上也有明显的区别。一般，强酸组成的钾盐溶解度比钠盐小，而弱酸组成的钾盐溶解度均比钠盐大。一般地，关于溶解度有如下规律：

$KI < NaI$，　$K_2SO_4 < Na_2SO_4$，　$K_2Cr_2O_7 < Na_2Cr_2O_7$

$KF > NaF$，　$KCN > NaCN$，　$K_2CO_3 > Na_2CO_3$

$KSCN > NaSCN$，　$KNO_2 > NaNO_2$，　$K_2C_2O_4 > Na_2C_2O_4$

一般弱酸根离子对 H^+ 亲和力大，把持水分子能力大，水化焓较大，与半径大的 K^+ 的水化焓差大，因此弱酸的钾盐溶解度大于钠盐。我们可以根据钠、钾盐在溶解度上差别，利用强酸型或弱酸型离子交换树脂进行分离，通常细胞中钾离子浓度比钠离子大也是由于细胞膜上所含基团酸性强弱不同，致使钾、钠盐溶解度不同所造成的。

钠盐和钾盐的不同还表现在钠盐的水合盐水分子数目多于钾盐。如 $Na_2CO_3 \cdot 10H_2O$ 而 $K_2CO_3 \cdot 2H_2O$；$Na_2SO_4 \cdot 10H_2O$ 而 K_2SO_4 不含结晶水。此外，钠盐的吸潮能力比相应的钾盐大，所以不能用 $NaClO_3$，$NaNO_3$ 代替 $KClO_3$，KNO_3 来制作炸药。

12.4.5　配位性

碱金属离子由于离子构型特点，形成稳定的配合物很少。但有一类多基螯合配体——环状多醚，形似皇冠亦称冠醚，能与碱金属离子形成特殊稳定的配合物。冠醚中的氧原子有固定的几何形状，中间有腔空。图 12-1 中的 18-冠-6，它由 18 元环组成，其中有 6 个氧原子；12-冠-4 及 15-冠-5 是两个小的冠醚。

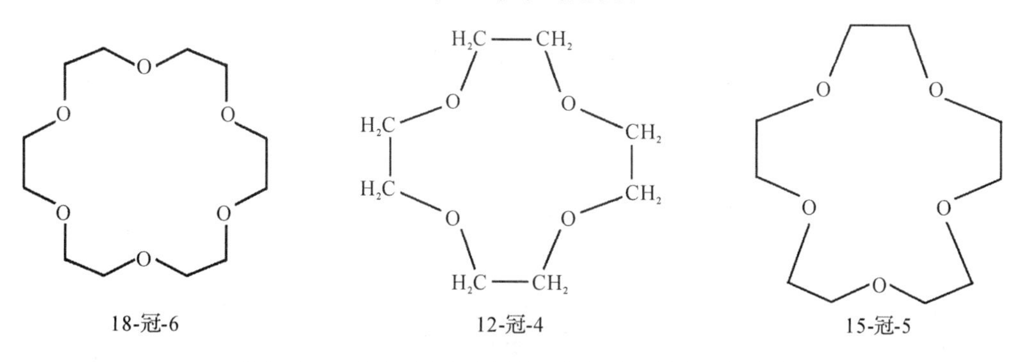

图 12-1　三种腔空大小不同的冠醚与碱金属离子的键合

当金属离子的大小与冠醚腔空大小匹配时，金属离子和氧原子作用强烈，能形成稳定的大环配合物，表12-7列出三个冠醚中心腔空大小和碱金属离子的直径。

表12-7 碱金属离子与冠醚腔空大小的比较

碱金属离子	直径/pm	冠醚	腔空大小/pm
Li^+	120	12-冠-4	100～130
Na^+	190	15-冠-5	170～220
K^+	266	18-冠-6	260～320
Rb^+	296		
Cs^+	338		

冠醚与碱金属离子的配位有高度的选择性，由于金属离子大小不同，水化能不同，与冠醚中的氧结合强弱是不同的，一般水化能大的碱金属离子与冠醚结合较弱。碱金属离子与冠醚的配位性在生命体系中有很大的意义。最有用的是 Na^+ 和 K^+ 键合抗菌素（缬氨霉素）占据细胞壁位置，杀死细菌，同时缬氨霉素能提供通道，允许 K^+ 通过细胞，保持正常的离子平衡。缬氨霉素有类似冠醚的环状结构（其中有6个羟基氧能与金属离子配位），它与 K^+ 结合强度大于 Na^+ 的1000倍。另外 Li^+ 能与有高度亲和力、带有脂肪链、腔空合适的冠醚形成的大环配合物，可用以治疗神经错乱症。此外，还可用于碱金属离子的分离。

碱土金属离子与碱金属相似，也仅能与某些螯合剂形成配合物。明显的是与多磷酸根阴离子结合生成胶态螯合物，利用这一性质可使硬水中的 Mg^{2+}，Ca^{2+} 被除去，以达到软化水的目的。碱土金属离子除 Be^{2+} 外，都能与EDTA作用形成螯合物：

$$Ca^{2+} + Y^{4-} \longrightarrow [CaY]^{2-}$$

碱土金属离子还能与大环配体形成配合物，如叶绿素就是 Mg^{2+} 和大环配体卟啉的配合物。

12.4.6 硬水及其软化

工业上根据水中 Ca^{2+} 和 Mg^{2+} 的含量，把天然水分为两种：溶有较多量 Ca^{2+} 和 Mg^{2+} 的水叫作硬水；溶有少量 Ca^{2+} 和 Mg^{2+} 的水叫作软水。

含有碳酸氢钙 $Ca(HCO_3)_2$ 或碳酸氢镁 $Mg(HCO_3)_2$ 的硬水叫作暂时硬水，暂时硬水经煮沸后，所含的酸式碳酸盐就分解为不溶性的碳酸盐。例如：

$$Ca(HCO_3)_2 \xrightarrow{\triangle} CaCO_3\downarrow + H_2O + CO_2\uparrow$$

$$2Mg(HCO_3)_2 \xrightarrow{\triangle} Mg_2(OH)_2CO_3\downarrow + 3CO_2\uparrow + H_2O$$

这样，容易从水中除去 Ca^{2+} 和 Mg^{2+}，水的硬度就变低了。

含有硫酸镁 $MgSO_4$、硫酸钙 $CaSO_4$ 或氯化镁 $MgCl_2$、氯化钙 $CaCl_2$ 等的硬水，即使是经过煮沸，水的硬度也不会消失。这种水叫作永久硬水。消除硬水中 Ca^{2+}，Mg^{2+} 的过程叫作硬水的软化。常用的软化方法有石灰纯碱法和离子交换树脂净化水法。

永久硬水可以用纯碱软化。纯碱与钙、镁的硫酸盐和氯化物反应，生成难溶性的盐，使永久硬水失去它的硬性。工业上往往将石灰和纯碱各一半混合用于水的软化，称为石灰纯碱法，反应方程式如下：

$$MgCl_2 + Ca(OH)_2 \longrightarrow Mg(OH)_2 \downarrow + CaCl_2$$

$$CaCl_2 + Na_2CO_3 \longrightarrow CaCO_3 \downarrow + 2NaCl$$

反应终了再加沉降剂(例如明矾)，经澄清后得到软水。石灰纯碱法操作比较复杂，软化效果较差，但成本低，适于处理大量的且硬度较大的水。例如，发电厂等一般采用该法作为水软化的初步处理。

12.5　锂、铍的特殊性与对角线规则

12.5.1　锂和铍的特殊性

位于第二周期的锂、铍与ⅠA，ⅡA 族其他金属及其化合物在性质上有明显的区别。由于它们的原子体积很小并具有 2 电子构型的结构，核对外层电子屏蔽作用很小，表现出有高的电离能。这使得锂、铍的许多化合物中的键是共价键而不是离子键。体积很小的 Li^+ 和 Be^{2+} 具有很高的“电荷/半径”比，因此对其他离子和极性分子产生特别强的吸引力。这种吸引力导致晶格能和水化能均很高，这是造成锂、铍离子型化合物的许多反常性质的原因。

例如，锂的溶点、硬度高于其他碱金属，而导电性则较弱，标准电极电势也特别低；铍的熔点、沸点比其他碱土金属高，硬度也是碱土金属中最大的，但却有脆性，热稳定性相对较差。

12.5.2　对角线规则

一般说来，碱金属和碱土金属元素性质的递变是很有规律的，但锂和铍却表现出反常性。锂、铍与同族元素性质差异很大，但是锂与镁、铍与铝在性质上却表现出很多的相似性。

在周期系中，某元素的性质和它左上方或右下方的另一元素性质相似性，称对角线规则。这种相似性特别明显地存在于下列三对元素之间：

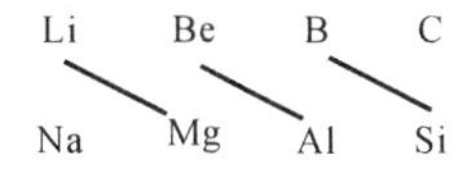

1. 锂与镁的相似性

锂与镁的相似性表现在：

(1)锂和镁在过量的氧中燃烧时，并不形成过氧化物，而是生成正常的氧化物。

(2)锂和镁直接和碳、氮化合，生成相应的碳化物或氮化物。例如：

$$6Li + N_2 = 2Li_3N$$

$$3Mg + N_2 = Mg_3N_2$$

(3)Li^+ 和 Mg^{2+} 都有很大的水合能力。

(4)锂和镁的氢氧化物均为中等强度的碱,在水中溶解度不大。加热时可分解为 Li_2O 和 MgO。其他碱金属氢氧化物均为强碱,且加热至熔融也不分解。

(5)锂和镁的硝酸盐在加热时,均能分解成相应的氧化物 Li_2O,MgO 及 NO_2 和 O_2,而其他碱金属硝酸盐分解为 MNO_2 和 O_2。

(6)锂和镁的某些盐类和氟化物、碳酸盐、磷酸盐等均难溶于水,其他碱金属的相应化合物均为易溶盐。

(7)氯化物都具有共价性,能溶于有机溶剂(如乙醇)中。它们的水合氯化物晶体受热时都会发生水解反应:

$$LiCl \cdot H_2O \xlongequal{\triangle} LiOH + HCl(g)$$

$$MgCl_2 \cdot 6H_2O \xlongequal{\triangle} Mg(OH)Cl + 5H_2O(g) + HCl(g)$$

2. 铍、铝的相似性

铍、铝的相似性表现在:

(1)两种金属的标准电极电势相近(Be^{2+}/Be,$-1.85V$;Al^{3+}/Al,$-1.66V$)。

(2)铍和铝经浓硝酸处理都表现钝化,而其他碱土金属均易与硝酸反应。

(3)铍和铝都是两性金属,既能溶于酸也能溶于碱。

(4)氢氧化物均为两性,而其他碱土金属氢氧化物均为碱性。

(5)BeO 和 Al_2O_3 都有高熔点和高硬度。

(6)铝和铍的氯化物是共价分子,能通过氯桥键形成双聚分子,易升华,易聚合,易溶于有机溶剂。

对角线规则可用离子极化概念粗略地说明。一般来说,若正离子极化力接近,它们形成的化学键性质就相近,因而相应化合物的性质便呈现出某些相似性来。由于 Li-Mg,Be-Al,B-Si 它们的离子势 Φ 数据分别为:9.6(Li^+),13.1(Mg^{2+}),21.8(Be^{2+}),31.0(Al^{3+}),60(B^{3+}),69.4(Si^{4+})较相近,故性质相似。

第 12 章练习题

一、是非题

1. 金属钾不宜用电解氯化钾的方法制备。 ( )
2. 盛 NaOH 溶液的玻璃瓶不能用玻璃塞。 ( )

二、单选题

1. 下列灭火剂能用于扑灭金属钠着火的是( )。

A. 干冰 B. 黄沙

C. 干粉(含 $NaHCO_3$)灭火剂 D. 泡沫灭火剂

2. 下列氢氧化物按碱性强弱次序排列,正确的是( )。

A. $Be(OH)_2 > Mg(OH)_2 > Ca(OH)_2 > NaOH$

B. $NaOH > Be(OH)_2 > Mg(OH)_2 > Ca(OH)_2$

C. $NaOH > Ca(OH)_2 > Mg(OH)_2 > Be(OH)_2$

D. $Ca(OH)_2 > Mg(OH)_2 > Be(OH)_2 > NaOH$

3. 下列碳酸盐按热分解温度高低的次序排列，正确的是（　　）。

A. $Na_2CO_3 > NaHCO_3 > MgCO_3 > K_2CO_3$

B. $K_2CO_3 > Na_2CO_3 > NaHCO_3 > MgCO_3$

C. $MgCO_3 > K_2CO_3 > Na_2CO_3 > NaHCO_3$

D. $K_2CO_3 > Na_2CO_3 > MgCO_3 > NaHCO_3$

4. 用煤气灯火焰加热硝酸盐时，可分解为金属氧化物、二氧化氮和氧气的硝酸盐是（　　）。

A. 硝酸钠　　B. 硝酸锂　　C. 硝酸银　　D. 硝酸铯

5. 下列各组化合物中，均难溶于水的是（　　）。

A. $BaCrO_4$，LiF　　B. $Mg(OH)_2$，$Ba(OH)_2$

C. $MgSO_4$，$BaSO_4$　　D. $SrCl_2$，$CaCl_2$

6. 下列氯化物中能溶于有机溶剂的是（　　）。

A. LiCl　　B. NaCl　　C. KCl　　D. $CaCl_2$

7. 今有碱金属M及其氧化物M_2O组成的混合物10.8 g，跟足量水充分反应后，溶液经蒸发、干燥得固体16 g。则该碱金属M是（　　）。

A. Li　　B. Na　　C. K　　D. Rb

三、填空题

1. Na_2O_2被用作潜水密闭舱的供氧剂，这是利用Na_2O_2的__________性质，它所依据的化学反应式是____。

2. 将甲烷、氧气、过氧化钠放入密闭容器中，在150 ℃条件下用电火花引发反应后，3种物质都恰好完全反应，容器中的压强为零，则原混合物中3种物质的质量之比为__________，反应后容器中的物质是__________。

四、简答题

1. 下列物质在过量的氧气中燃烧，生成何种产物？

(1)锂；　(2)钠；　(3)钾；　(4)铷；　(5)铯。

2. 试述过氧化钠的性质、制备和用途。

3. 为什么$BeCl_2$水溶液加热浓缩、烘干脱水后，只能得到BeO晶体，而得不到无水$BeCl_2$晶体？

4. 工业级NaCl和Na_2CO_3中都含有杂质Ca^{2+}，Mg^{2+}，Fe^{3+}，通常可采用沉淀法除去。试问为什么在NaCl溶液中除加NaOH外还要加Na_2CO_3；在Na_2CO_3溶液中还要加NaOH？

5. 现有5种白色固体，它们分别是Mg_2CO_3，$BaCO_3$，Na_2CO_3，$CaCl_2$和Na_2SO_4。试设法加以鉴别，写出反应式并简要说明。

6. 有一份白色固体混合物，其中可能含有 KCl，$MgSO_4$，$BaCl_2$ 和 $CaCO_3$。根据下列实验现象判断混合物中有哪几种化合物？

(1)混合物溶于水，得透明澄清的溶液；

(2)对溶液做焰色反应，透过钴玻璃观察到紫色；

(3)往溶液中加碱，呈白色胶状沉淀。

7. 在下图中各箭号处填入适当试剂和条件，以实现各物质之间的转变：

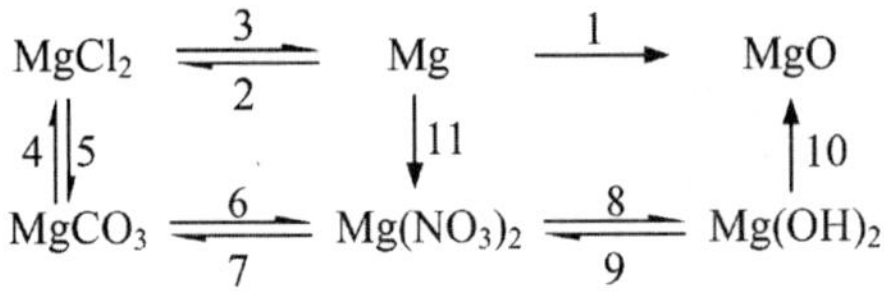

$$
\begin{array}{ccccc}
MgCl_2 & \underset{2}{\overset{3}{\rightleftharpoons}} & Mg & \xrightarrow{1} & MgO \\
4\uparrow\downarrow 5 & & \downarrow 11 & & \uparrow 10 \\
MgCO_3 & \underset{7}{\overset{6}{\rightleftharpoons}} & Mg(NO_3)_2 & \underset{9}{\overset{8}{\rightleftharpoons}} & Mg(OH)_2
\end{array}
$$

8. 试以食盐为主原料，制备 5 种无机盐(含单质)，写出反应式，并注明主要条件。

第13章

ds区和d区元素及其重要化合物

ds区和d区元素通常称为过渡元素或过渡金属，包括周期表中ⅠB～ⅧB族元素（不包括镧以外的镧系元素和锕以外的锕系元素）。过渡元素原子的价层电子构型为$(n-1)d^{1\sim10}ns^{0\sim2}$。过渡元素周期性变化规律不明显，如同周期的金属性递变不显著，原子半径、电离势等随原子序数增加，虽有变化但不显著。过渡元素按周期分为三个系列：位于周期表中第四周期的Sc～Zn为第一过渡系列元素；第五周期中的Y～Cd为第二过渡系列元素；第六周期中的La～Hg为第三过渡系列元素。习惯上把第一过渡系列元素称为轻过渡元素，把第二、第三过渡系列称为重过渡元素。

13.1 过渡元素通性

13.1.1 单质的物理性质

过渡元素都是金属，它们比主族金属有较大的密度和硬度，有较高的熔点和沸点。在过渡元素中除钪(Sc)、钛(Ti)外过渡金属的密度都大于5，最重的是重过渡元素的锇(Os)，为22.48 $g\cdot cm^{-3}$。过渡元素中硬度最大的是铬(莫氏硬度为9)。熔、沸点最高的是钨(W)，钨是所有金属中最难熔化的。过渡元素有大的密度和硬度，有高的熔沸点，这点与过渡金属的原子半径较小、晶体中除s电子外还有d电子参与成键等因素有关，因此，过渡金属具有许多优良而独特的物理性质。

13.1.2 单质的化学性质

过渡元素具有金属的一般化学性质，但彼此的活泼性差别较大。金属单质的化学活泼性通常是指其参与化学反应的能力，这在很大程度上取决于金属单质表面的性质及金属原子提供电子的倾向。从标准电极电势来看，第一过渡系都是比较活泼的金属，第二、第三过渡系较不活泼。除Sc外，过渡元素的金属性相似，它们都能置换酸中的氢，放出氢气。但有许多金属(如Ti,V,Cr等)由于表面形成氧化物膜，钝态，故观察不到氢气的放出。

13.1.3　氧化值

过渡元素是以其多变价为特征。由于过渡元素外层的 s 电子与次外层 d 电子的能级相近，因此除 s 电子外，d 电子也能部分或全部作为价电子参与成键，形成多种氧化值。各金属的最高可能氧化值等于它们所在的族数。绝大多数过渡元素中，同一元素的价态变化是连续的。例如，Ti 的价态为+2，+3，+4，V 的价态为+2，+3，+4，+5。第一过渡系元素的各种氧化值列于表 13-1 中。

表 13-1　第一过渡系元素的氧化态

Sc	Ti	V	Cr	Mn	Fe	Co	Ni
		0	0	0	0	0	
	+2	+2	+2	+2	+2	+2	+2
+3	+3	+3	+3	+3	+3	+3	+3
	+4	+4	(+4)	+4	(+4)	(+4)	(+4)
		$\underline{+5}$	(+5)	(+5)	(+5)		
			$\underline{+6}$	$\underline{+6}$	+6		
				+7			

注：较稳定的氧化值下面加一横线，很少见的氧化值置于括号中。

从表 13-1 中的数据可看出：随原子序数的增加，过渡元素的氧化值先是逐渐升高，然后又逐渐降低，这与 d 电子数有关。开始时 3d 轨道中价电子数增加，氧化值逐渐升高，但当 3d 轨道中电子数达到 5 或超过 5 时，使 3d 轨道趋向稳定，氧化态降低。

例 13-1　试从原子轨道的能级角度来解释，为什么过渡元素的价态变化是连续的，而 p 区元素的价态变化是不连续的？

解　由于过渡元素原子的 s 电子和 d 电子参与成键，而 ns，$(n-1)$d 的价层原子轨道能级相差不多，所以逐个失去 s 电子及 d 电子，所以价态变化是连续的。而对于 p 区元素来说，ns，nd 的价层原子轨道能级相差较大，所以价态变化是不连续的。

13.1.4　配位性

相对于 s 区和 p 区元素来说，过渡金属的明显特征是常作为配合物的中心体，形成众多的配合物。这是因为过渡元素的原子或离子具有$(n-1)$d，ns 和 np 共 9 个价电子轨道，其中 ns 和 np 轨道是空的，$(n-1)$d 轨道为部分空或全空，它们的原子也存在 np 轨道和部分填充的$(n-1)$d 轨道，这种电子构型都具有接受配位体孤电子对的条件。例如，过渡元素一般都容易形成氨配合物、氰配合物、草酸基配合物、羰基配合物等。更独特的是，多数过渡元素的原子能形成配合物，如羰合物$[Fe(CO)_5]$，$[Ni(CO)_4]$及$K[Mn(CO)_5]$等，此时过渡元素往往表现出异乎寻常的低氧化态

（0 或−1 等）。

13.1.5 离子的颜色

过渡元素的水合离子往往具有颜色。不同离子颜色产生的原因比较复杂，但根据过渡元素水合离子的颜色，可以得出一个大致的规律，即没有未成对 d 电子的水合离子是无色的，不论过渡元素或非过渡元素都如此。相反，具有未成对 d 电子的水合离子一般呈现明显的颜色。

例 13-2 下列过渡金属水合离子无色的是（ ）。

A. $[Ti(H_2O)_6]^{3+}$ B. $[Ti(H_2O)_6]^{4+}$ C. $[Co(H_2O)_6]^{2+}$ D. $[Co(H_2O)_6]^{3+}$

解 B。

因为 Ti^{3+}，Ti^{4+}，Co^{2+}，Co^{3+} 离子的价层电子构型分别为 $3d^1$，$3d^0$，$3d^7$，$3d^6$，其中只有 $3d^0$ 构型的没有未成对 d 电子，所以$[Ti(H_2O)_6]^{4+}$ 呈无色。

13.1.6 磁性及催化性

过渡元素及其化合物常因其原子或离子具有未成对电子而呈顺磁性，其中铁系元素（铁、钴、镍）还能强烈地被磁化而表现出铁磁性。在催化性能上，许多过渡元素的金属及其化合物都有突出表现。例如，铁和钼是合成氨的催化剂，铂和铑是将氨氧化的催化剂，五氧化二钒是二氧化硫氧化成三氧化硫的催化剂，等等。究其原因，是因为它们能与反应物形成中间化合物（配位催化），或提供合适的反应表面（接触催化），从而降低反应的活化能，加速反应的进行。

13.2 ds 区元素

ds 区元素包括铜族元素（ⅠB）的铜、银、金和锌族元素（ⅡB）的锌、镉、汞。ds 区的六种元素全部是金属，它们都是发现较早、应用较广的元素。铜、银、金有“贷币金属”之称。它们均为亲硫元素，除金以游离态存在外，其他元素主要以硫化物矿存在，广泛用于冶金、摄影、电镀、电池、电子及催化剂工业上。

ⅠB，ⅡB 族元素由于$(n-1)$d 已填满，其 ns 上的电子数与 s 区相同，所以称为 ds 区元素。ds 区元素原子的价层电子构型为$(n-1)d^{10}ns^{1\sim2}$，次外层都是 18 电子构型，所以当它们分别形成与族数相同的氧化值的化合物时，相应的离子都是 18 电子构型，具有较强的极化力，这就使它们的二元化合物一般都部分地或完全地带有共价性。

这两族元素与其他过渡元素类似，易形成配合物，但由于ⅡB 族元素的离子 M^{2+} d 轨道已填满，电子不能发生 d-d 跃迁，因此它们的配合物一般无色。

13.2.1 铜族元素

1. 铜族元素的单质

（1）物理性质

铜族和锌族元素都为有色重金属（密度＞5 $g \cdot cm^{-3}$）。铜、银、金的色泽特征十分明显，铜呈浅粉色，银呈白色，金呈黄色，因此借它们称呼颜色，如紫铜色、古铜色、银白色、金黄色等。锌、镉、汞都为银灰色。它们的硬度除汞外都较小。铜、银、金很柔软，有极好的延展性、可塑性、导电性和导热性。其中金的延展性、可塑性最好，而在所有金属中银的导电性居第一位，铜仅次于银。大量的铜应用于电气工业及冶金工业上，在电工器材的制造上几乎用去一半以上的铜。铜易与其他金属形成合金。

(2)化学性质

铜族元素虽能形成与碱金属相同的+1 氧化态的化合物，但它们却很少相似。碱金属在周期表中是最活泼的金属，但只有+1 一种氧化值，而铜族元素有+1，+2，+3 三种氧化值，都是不活泼的重金属，且按照 Cu→Ag→Au 活泼性递减。三种金属的标准电极电势都在氢之下，它们不溶于稀盐酸及稀硫酸中。但当有空气或配位剂存在时，铜能溶于稀硫酸和浓盐酸：

$$2Cu+2H_2SO_4+O_2 \longrightarrow 2CuSO_4+2H_2O$$

$$2Cu+8HCl(浓) \longrightarrow 2H_3[CuCl_4]+H_2\uparrow$$

铜与银很容易溶解在硝酸或热的浓硫酸中；金只能溶于王水中，这时硝酸作为氧化剂，盐酸作为配位剂：

$$Cu+2H_2SO_4(浓) \longrightarrow CuSO_4+SO_2+2H_2O$$

$$3Ag+4HNO_3 \longrightarrow 3AgNO_3+NO+2H_2O$$

$$Au+4HCl+HNO_3 \longrightarrow HAuCl_4+NO+2H_2O$$

铜在常温下不与干燥空气中的氧化合，加热时能产生黑色的氧化铜。银、金在加热时也不与空气中的氧化合。在含有 CO_2 的潮湿空气中，铜的表面会逐渐蒙上绿色的铜锈(俗称铜绿)，即碱式碳酸铜：

$$2Cu+O_2+H_2O+CO_2 \longrightarrow Cu(OH)_2\cdot CuCO_3$$

银、金则不发生这个反应。铜绿加热分解会得到 CuO：

$$Cu(OH)_2\cdot CuCO_3 \xrightarrow{200\ ℃} 2CuO+CO_2\uparrow+H_2O\uparrow$$

用氢气还原 CuO，可得到暗红色粉末状的 Cu_2O：

$$2CuO+H_2 \xrightarrow{150\ ℃} Cu_2O+H_2O\uparrow$$

若有 O_2 存在，适当加热 Cu_2O 又能生成黑色的 CuO。人们利用 Cu_2O 的这一性质来除去氮气中微量的氧气：

$$2Cu_2O+O_2 \xrightarrow{200\ ℃} 4CuO$$

铜、银能和 H_2S，S 反应，金则不能。例如：

$$4Ag+2H_2S+O_2 \longrightarrow 2Ag_2S+2H_2O$$

铜族元素与碱金属元素性质不同的内在原因在于它们电子构型的不同。铜族元素次外层比碱金属多 10 个 d 电子。由于 d 电子屏蔽核电荷的作用较小，致使铜族元素的有效核电荷比相应的碱金属元素增大，核对价电子吸引力增强，第一电离能增大，活泼性比碱金属差。

2. 铜族元素的化合物

铜族元素+1 氧化值的离子都是无色的，而高氧化态的离子由于次外层未充满而都是有颜色的(Cu^{2+} 蓝色、Au^{3+} 红黄色)。

一般说来,在固态时,Cu(Ⅰ)的化合物比 Cu(Ⅱ)的化合物热稳定性高。例如,Cu_2O 受热到 1800 ℃时分解,而 CuO 在 1100 ℃时分解为 Cu_2O 和 O_2,无水 $CuCl_2$ 强热时分解为 CuCl。在水溶液中 Cu(Ⅰ)容易被氧化为 Cu(Ⅱ),即水溶液中 Cu(Ⅱ)的化合物是稳定的。几乎所有 Cu(Ⅰ)的化合物都难溶于水,而 Cu(Ⅱ)的化合物则溶于水的较多。

CuO 分别与 H_2SO_4,HNO_3 或 HCl 作用时,可得到相应的铜盐。

从溶液中结晶出来的硫酸铜,每个分子带 5 个水分子。$CuSO_4 \cdot 5H_2O$ 受热后逐步脱水,最终变为白色粉末状的无水 $CuSO_4$:

$$CuSO_4 \cdot 5H_2O \xrightarrow{102\ ℃} CuSO_4 \cdot 3H_2O \xrightarrow{113\ ℃} CuSO_4 \cdot H_2O \xrightarrow{258\ ℃} CuSO_4$$

无水 $CuSO_4$ 易吸水,吸水后呈蓝色,常被用来鉴定液态有机物中的微量水。工业上常用 $CuSO_4$ 作为电解铜的原料。在农业上,用 $CuSO_4$ 与石灰乳的混合液来消灭果树上的害虫。$CuSO_4$ 加在贮水池中可阻止藻类的生长。

水合铜离子$[Cu(H_2O)_6]^{2+}$呈蓝色。在 Cu^{2+} 溶液中加入适量的碱,析出浅蓝色氢氧化铜 $Cu(OH)_2$ 沉淀。加热 $Cu(OH)_2$ 悬浮液到接近沸腾时分解出 CuO:

$$Cu^{2+} + 2OH^- \longrightarrow Cu(OH)_2 \downarrow \xrightarrow{80 \sim 90\ ℃} CuO \downarrow + H_2O$$

这一反应常用来制取 CuO。

$Cu(OH)_2$ 能溶解于过量浓碱溶液中:

$$Cu(OH)_2 + 2OH^- \longrightarrow Cu(OH)_4^{2-}$$

在近中性溶液中,Cu^{2+} 与$[Fe(CN)_6]^{4-}$反应,生成红棕色沉淀 $Cu_2[Fe(CN)_6]$:

$$2Cu^{2+} + [Fe(CN)_6]^{4-} \longrightarrow Cu_2[Fe(CN)_6] \downarrow$$

这一反应常用来鉴定微量 Cu^{2+} 的存在。

银的许多化合物都是难溶于水的。卤化银的溶解度按 AgCl→AgBr→AgI 顺序减小,有较强的极化作用,极化率从 Cl^- 到 I^- 依次增大。从离子极化观点来看,相互的极化作用依次增强,逐步变为共价键占优势的 AgI,从而使它们在水中的溶解度逐步减小。Ag^+ 为 d^{10} 构型,它的化合物一般呈白色或无色,但 AgBr 呈淡黄色、AgI 呈黄色,这与卤素负离子和 Ag^+ 之间发生的电荷迁移有关。易溶于水的 Ag(Ⅰ)化合物有高氯酸银 $AgClO_4$、氟化银 AgF、氟硼酸银 $AgBF_4$ 和硝酸银 $AgNO_3$ 等,其他 Ag(Ⅰ)的一般化合物(不包括配盐)几乎都是难溶于水的。

许多 Ag(Ⅰ)化合物对光是敏感的。例如:

$$AgX \xrightarrow{光} Ag + \frac{1}{2}X_2$$

X 代表 Cl,Br,I。照相工业上常用 AgBr 制造照相底片或印相纸等。

一般说来,Ag(Ⅰ)的许多化合物加热到不太高的温度时常发生分解,例如:

$$2Ag_2O \xrightarrow{300\ ℃} 4Ag + O_2 \uparrow$$

$$2AgCN \xrightarrow{320\ ℃} 2Ag + (CN)_2$$

$$2AgNO_3 \xrightarrow{440\ ℃} 2Ag + 2NO_2\uparrow + O_2\uparrow$$

3. 铜族元素的配合物

Cu^+ 与下述离子或分子都能形成稳定的配合物，其稳定性按下列顺序增强：

$$Cl^- \rightarrow Br^- \rightarrow I^- \rightarrow SCN^- \rightarrow NH_3 \rightarrow S_2O_3^{2-} \rightarrow CS(NH_2)_2 \rightarrow CN^-$$

Cu(Ⅰ)的配合物常用它的难溶盐与具有相同负离子的其他易溶盐(或酸)在溶液中借加合反应而形成。例如，CuCN 溶于 NaCN 溶液中生成易溶的 $Na[Cu(CN)_2]$，其反应式为：

$$CuCN\ (s) + CN^- \longrightarrow [Cu(CN)_2]^-$$

这类反应能否进行，取决于难溶盐的溶度积和配合物的稳定常数的大小，还与易溶盐的浓度有关。在 Cu(Ⅰ)的配合物中，Cu(Ⅰ)的配位数常见的是 2，当配位体的浓度增大时，也可形成配位数为 3 或 4 的配合物，如 $[Cu(CN)_3]^{2-}$ 和 $[Cu(CN)_4]^{3-}$。

在 Cu^{2+} 的配合物中，$[CuCl_4]^{2-}$ 稳定性较差，在很浓的 Cl^- 溶液中才有黄色的 $[CuCl_4]^{2-}$ 存在。当加水稀释时，$[CuCl_4]^{2-}$ 容易离解为 $[Cu(H_2O)_6]^{2+}$ 和 Cl^-，溶液的颜色由黄变绿(是 $[CuCl_4]^{2-}$ 和 $[Cu(H_2O)_6]^{2+}$ 的混合色)，最后变为蓝色的 $[Cu(H_2O)_6]^{2+}$。在 Cu^{2+} 的简单配合物中，深蓝色的 $[Cu(NH_3)_4]^{2+}$ 较稳定，它是平面正方形的配离子，常以 $[Cu(NH_3)_4]^{2+}$ 的颜色来鉴定 Cu^{2+} 的存在。

当在非氧化性酸中有适当的配位剂时，Cu 有时能从此溶液中置换出氢气。例如，Cu 能在溶有硫脲 $CS(NH_2)_2$ 的盐酸中置换出氢气：

$$2Cu + 2HCl + 4CS(NH_2)_2 \longrightarrow 2[Cu(CS(NH_2)_2)_2]^+ + H_2\uparrow + 2Cl^-$$

这是由于硫脲能与 Cu^+ 生成二硫脲合铜(Ⅰ)离子 $[Cu(CS(NH_2)_2)_2]^+$，使 Cu 增强了失去电子的能力。在空气存在的情况下，Cu，Ag，Au 都能溶于氰化钾或氰化钠的溶液中：

$$4M + O_2 + 2H_2O + 8CN^- \longrightarrow 4[M(CN)_2]^- + 4OH^- \qquad M = Cu, Ag, Au$$

这种现象也是由于它们的离子能与 CN^- 形成配合物，使它们单质的还原性增强，以致空气中的氧能把它们氧化。上述反应常用于从矿石中提取 Ag 和 Au。

在合成氨工厂中不能用铜做阀门或管道，也是因同样道理氨能使铜被氧所腐蚀：

$$2Cu + O_2 + 2H_2O + 8NH_3 \longrightarrow 2[Cu(NH_3)_4]^{2+} + 4OH^-$$

水合银离子一般认为是 $[Ag(H_2O)_4]^+$，它在水中几乎不水解，$AgNO_3$ 的水溶液呈中性反应，向 Ag^+ 溶液中加入 NaOH 溶液，则析出 Ag_2O 沉淀，因为 AgOH 极不稳定。

$$2Ag^+ + 2OH^- \longrightarrow Ag_2O\downarrow + H_2O$$

在 Ag^+ 溶液中加入 I^- 和 H_2S 时，Ag^+ 不能把 I^- 和 H_2S 氧化为 I_2 和 S，而是析出 AgI 和 Ag_2S 沉淀。

AgI 溶在过量的 KI 溶液中，可生成 $[AgI_2]^-$ 配离子：

$$AgI(s) + I^- \longrightarrow [AgI_2]^-$$

当加水稀释 $[AgI_2]^-$ 溶液时，AgI 又重新析出。

Ag_2S 的溶解度太小，难以借配位反应使它溶解，通常借助于氧化还原反应使它溶解。例如，用 HNO_3 来氧化 Ag_2S，从而使 Ag_2S 溶解：

$$3Ag_2S(s)+8H^++2NO_3^- \xrightarrow{\triangle} 6Ag^++2NO\uparrow+3S\downarrow+4H_2O$$

CuS 同样也可借此方法溶解。

例 13-3　查得 Ag^+/Ag 电对的 $E^\ominus=0.799$ V。而 I_2/I^- 电对与 S/H_2S 电对的 $E^\ominus$ 值分别为 0.5345 V 和 0.141 V，两者的标准电极电势都少于 Ag^+/Ag 电对，为何在 Ag^+ 溶液中加入 I^- 和 H_2S 时，Ag^+ 不能把 I^- 和 H_2S 氧化为 I_2 和 S？

解　这是由于 Ag^+ 与 I^- 生成 AgI 沉淀后，降低了溶液中 Ag^+ 的浓度，使 Ag^+/Ag 的电极电势大大降低，以致 Ag^+ 氧化 I^- 的反应不能发生。同样地，在 Ag^+ 溶液中通入 H_2S，也不会发生氧化还原反应，而是析出 Ag_2S 沉淀。

在水溶液中，Ag^+ 能与多种配位体形成配合物，其配位数一般是 2。由于 Ag^+ 的许多化合物都是难溶于水的，在 Ag^+ 溶液中加入配位剂时，常首先生成难溶化合物。当配位剂过量时，此难溶化合物将形成配离子而溶解。例如，在含有 Ag^+ 的溶液中加入氨水，首先生成难溶于水的 Ag_2O 沉淀：

$$2Ag^++2NH_3+H_2O \rightleftharpoons Ag_2O\downarrow+2NH_4^+$$

当溶液中氨水浓度增加时，Ag_2O 即溶解并生成 $[Ag(NH_3)_2]^+$ 和 OH^-：

$$Ag_2O(s)+4NH_3+H_2O \rightleftharpoons 2[Ag(NH_3)_2]^++2OH^-$$

含有 $[Ag(NH_3)_2]^+$ 的溶液能把醛和某些糖类氧化，本身被还原为 Ag。例如：

$$2[Ag(NH_3)_2]^++HCHO+3OH^- \longrightarrow HCOO^-+2Ag\downarrow+4NH_3+2H_2O$$

工业上利用这类反应来制镜子或在暖水瓶的夹层上镀银。

$[Ag(S_2O_3)_2]^{3-}$ 也是常见的银的一种配合物，照相底片上未曝光的溴化银在定影液 S_2O 中形成 $[Ag(S_2O_3)_2]^{3-}$ 而溶解：

$$AgBr+2S_2O_3^{2-} \longrightarrow [Ag(S_2O_3)_2]^{3-}+Br^-$$

Ag(Ⅰ)的许多难溶于水的化合物可以转化为配离子而溶解，常利用这一特性，把 Ag^+ 从混合离子溶液中分离出来。例如，在含有 Ag^+ 和 Ba^{2+} 的溶液中，若加入过量的 K_2CrO_4 溶液，会有 Ag_2CrO_4 和 $BaCrO_4$ 沉淀析出，再加入足够量的氨水，Ag_2CrO_4 转化为 $[Ag(NH_3)_2]^+$ 而溶解：

$$Ag_2CrO_4(s)+4NH_3 \rightleftharpoons 2[Ag(NH_3)_2]^++CrO_4^{2-}$$

$BaCrO_4$ 则不溶于氨水，这样可使混合的 Ag^+ 和 Ba^{2+} 分离。

4. 铜(Ⅰ)和铜(Ⅱ)的相互转化

当我们考察 Cu(Ⅰ)和 Cu(Ⅱ)的大多数化合物时会发现：Cu(Ⅰ)化合物大多是难溶物或配合物。Cu(Ⅰ)的可溶单盐即 $Cu^+(aq)$ 离子，极不稳定，然而 Cu(Ⅱ)与 Cu(Ⅰ)不同。许多 Cu(Ⅱ)盐都是可溶的，能以 $Cu^{2+}(aq)$ 离子存在。为什么 Cu(Ⅰ)不能以 $Cu^+(aq)$ 离子存在呢？

这是因为铜的元素电势图是：

$$Cu^{2+} \xrightarrow{0.159\ V} Cu^+ \xrightarrow{0.52\ V} Cu$$

从铜的元素电势图可以看出，$E^\ominus(Cu^+/Cu)>E^\ominus(Cu^{2+}/Cu^+)$，所以 Cu(Ⅰ)在水溶液中不稳定，发生歧化反应：

$$2Cu^+(aq) \rightleftharpoons Cu(s)+Cu^{2+}(aq)$$

当 Cu^+ 形成配合物或难溶物后，就能较稳定地存在于溶液中。例如 $[CuCl_2]^-$ 和 CuCl 就不容易歧化为 Cu^{2+} 和 Cu。相应的元素电势图如下：

$$Cu^{2+} \xrightarrow{0.438\ V} [CuCl_2]^- \xrightarrow{0.241\ V} Cu$$

$$Cu^{2+} \xrightarrow{0.509\ V} CuCl \xrightarrow{0.171\ V} Cu$$

常利用 Cu^{2+} 与 Cu 的逆歧化反应来制取 $[CuCl_2]^-$ 的溶液：

$$Cu^{2+} + Cu + 4Cl^-(浓) \overset{\triangle}{=\!=\!=} 2[CuCl_2]^-$$

将制得的溶液倒入大量水中稀释时，会有白色氯化亚铜沉淀析出：

$$[CuCl_2]^- \xrightleftharpoons{稀释} CuCl(s) + Cl^-$$

工业上或实验室中常用这种办法来制造氯化亚铜。CuCl 在水中可被空气中的氧所氧化，逐渐变为 Cu(Ⅱ)的盐。干燥状态的 CuCl 则比较稳定。

13.2.2 锌族元素

1. 锌族元素的单质

(1)物理性质

锌、镉、汞主要表现为比铜族元素及过渡元素低得多的熔点和沸点。汞是常温下唯一的液态金属，有流动性，且在 273～473 K 体积膨胀系数很均匀，又不湿润玻璃，故用来制造温度计。汞的密度很大($13.55\ g \cdot cm^{-3}$)，蒸气压又低，故用于制造压力计，还可用于制作高压汞灯和日光灯等。

汞能溶解许多金属(如钠、钾、银、金、锌、镉、锡、铅、铊等)而形成汞齐。它们或是简单化合物(如 AgHg)，或是溶液(如少量锡溶于汞)，或是两者的混合物。若溶解于汞中的金属含量不高，所得汞齐常呈液态或糊状。Na-Hg 齐有反应平稳的特点，是有机合成中常用的还原剂，与银、锡或铜形成的汞齐可作为牙齿的填补材料。此外在冶金工业中利用汞和金形成汞齐的性质来提炼这些贵金属。铊汞齐(8.5%铊)在 213 K 才凝固，可用于制作低温温度计。

(2)化学性质

锌族元素不如碱土金属活泼，活泼性也是由 Zn→Cd→Hg 依次递减。锌和镉的标准电极电位在氢之上，它们能溶解在稀的盐酸和硫酸中。锌容易溶解，镉较慢，而汞的标准电极电位在氢之下，不能溶解在稀的盐酸及硫酸中，只能溶解在硝酸中。锌与镉、汞不同，可溶于强碱中形成锌酸盐 $Na_2[Zn(OH)_4]$。在干燥空气中，锌、镉与汞在常温下不起变化，当加热到足够高的温度时，锌和镉燃烧，形成氧化物，而汞却氧化得很慢。这是因为汞是位于镧系元素后第六周期的元素，受到镧系收缩的影响，半径与同族的 Cd 相近，而有效核电荷增大得较多，因此核对电子吸引力增强，$6s^2$ 电子对惰性，不易失去。Hg 的电离能是金属元素中最大的一个，所以汞单质特别稳定。

锌族元素的特征氧化态为+2，它们的 d 层电子饱满(d^{10})，d 电子的能量较低，有很高的稳定性，与铜族元素不同，目前尚未发现它们能稳定存在的变价化合物(汞(Ⅰ)例外)，因此可以认为它是非过渡元素。但锌族元素能形成配合物，镉、汞有强的配位能力，尤其是汞能形成许多稳定的配合物，有相当多的过渡元素特性。

2. 锌族元素的化合物

锌和镉的化合物与汞的化合物相比有许多不同之处，例如，汞除了形成氧化值为+2的化合物外，还有氧化值为+1(如 Hg_2^{2+})的化合物，而锌和镉在化合物中通常氧化值为+2。

在 $Hg(NO_3)_2$ 和 $Hg_2(NO_3)_2$ 的酸性溶液中，分别有无色的$[Hg(H_2O)_6]^{2+}$和$[Hg_2(H_2O)_x]^{2+}$存在。它们在水中按下式发生离解：

$$[Hg(H_2O)_6]^{2+} \rightleftharpoons [Hg(OH)(H_2O)_5]^+ + H^+$$

$$[Hg_2(H_2O)_x]^{2+} \rightleftharpoons [Hg_2(OH)(H_2O)_{x-1}]^+ + H^+$$

若增大溶液的酸性，则可以抑制它们离解出 H^+。

当向 Hg^{2+}，Hg_2^{2+} 的溶液中加入强碱时，分别生成黄色的 HgO 和棕褐色的 Hg_2O 沉淀，因为 $Hg(OH)_2$ 和 $Hg_2(OH)_2$ 都不稳定，生成时立即脱水为氧化物：

$$Hg^{2+} + 2OH^- \longrightarrow HgO\downarrow + H_2O$$

$$Hg_2^{2+} + 2OH^- \longrightarrow HgO\downarrow + Hg + H_2O$$

HgO 和 Hg_2O 都能溶于热浓硫酸中，但难溶于碱溶液中。

向 Hg^{2+}，Hg_2^{2+} 的溶液中分别加入适量的 Br^-，SCN^-，I^-，$S_2O_3^{2+}$，CN^- 和 S^{2-} 时，分别生成难溶于水的汞盐和亚汞盐。许多难溶于水的亚汞盐见光或受热容易歧化成 Hg(Ⅱ)的化合物和单质汞(Hg_2Cl_2 例外)。例如，在 Hg_2^{2+} 溶液中加入 I^-时，首先析出难溶的灰绿色的 Hg_2I_2 沉淀：

$$Hg_2^{2+} + 2I^- \longrightarrow Hg_2I_2\downarrow$$

Hg_2I_2 见光容易歧化为金红色的 HgI_2 和黑色的单质汞：

$$Hg_2I_2(s) \longrightarrow HgI_2 + Hg$$

HgI_2 可溶于过量的 KI 溶液中，形成$[HgI_4]^{2-}$：

$$HgI_2 + 2I^- \longrightarrow [HgI_4]^{2-}$$

$[HgI_4]^{2-}$常用配制奈斯勒(Nessler)试剂，可用这种试剂在碱性溶液中来鉴定 NH_4^+。

在 Hg^{2+}溶液中加入 $SnCl_2$，首先有白色的 Hg_2Cl_2 生成，再加入过量的 $SnCl_2$ 溶液时 Hg_2Cl_2 可被 Sn^{2+}还原为 Hg。此反应常用来鉴定溶液中 Hg^{2+}的存在。

向 Zn^{2+}，Cd^{2+}的溶液中加入强碱时，分别生成白色的 $Zn(OH)_2$ 和 $Cd(OH)_2$ 沉淀。$Zn(OH)_2$ 具有明显的两性，$Cd(OH)_2$ 碱性较强而酸性很弱。因此，当碱过量时，$Zn(OH)_2$溶解生成 $Zn(OH)_4^{2-}$，而 $Cd(OH)_2$ 只在浓碱液中稍有溶解：

$$Zn^{2+} + 2OH^- \rightleftharpoons Zn(OH)_2\downarrow \xrightleftharpoons{+OH^-} Zn(OH)_4^{2-}$$

$$Cd^{2+} + 2OH^- \rightleftharpoons Cd(OH)_2\downarrow$$

通过计算可以推出：在 $c(Zn^{2+})$为 10^{-2} $mol \cdot L^{-1}$ 的溶液中，当 pH≈6.5 时 $Zn(OH)_2$开始沉淀，当 pH≈8 时沉淀完全，当 pH 升高到 11 左右时，$Zn(OH)_2$ 开始溶解，当 pH≥12.6 时，完全溶解为 $Zn(OH)_4^{2-}$。

在 Zn^{2+}，Cd^{2+}的溶液中分别通入 H_2S 时，都会有硫化物从溶液中沉淀出来：

$$Zn^{2+} + H_2S \rightleftharpoons ZnS\downarrow(白色) + 2H^+$$

$$Cd^{2+} + H_2S \rightleftharpoons CdS\downarrow(黄色) + 2H^+$$

由于 ZnS 的溶度积较大，如溶液的 H^+ 浓度超过 0.3 mol·L^{-1}时，ZnS 就能溶解。CdS 则难溶于稀酸中。从溶液中析出的 CdS 呈黄色，常根据这一反应来鉴定溶液中 Cd^{2+} 的存在。但是当盐酸的浓度达到 6 mol·L^{-1}以上时，CdS 能溶于浓盐酸：

$$CdS + 2H^+ + 4Cl^- \longrightarrow [CdCl_4]^{2-} + H_2S$$

在 $ZnSO_4$ 溶液中加入 BaS 时生成 ZnS 和 $BaSO_4$ 的混合沉淀物，此沉淀叫锌钡白（俗称立德粉）：

$$Zn^{2+} + SO_4^{2-} + Ba^{2+} + S^{2-} \longrightarrow ZnS\cdot BaSO_4\downarrow$$

锌钡白是一种较好的白色颜料，没有毒性，在空气中比较稳定。

3. 锌族元素的配合物

在锌族元素中，M^{2+} 都能形成配合物，而 Hg(Ⅱ)的配位能力最强，它能与许多配体形成稳定的配合物，其配位数为 4 的占绝对多数：

$$Zn^{2+} + 4CN^- \longrightarrow [Zn(CN)_4]^{2-}$$

$$Cd^{2+} + 4CN^- \longrightarrow [Cd(CN)_4]^{2-}$$

$$Hg^{2+} + 4SCN^- \longrightarrow [Hg(SCN)_4]^{2-}$$

由于 Hg^{2+} 的极化力强，极易与大的可极化的配体形成稳定的配合物。例如，与氮配体能形成较稳定的配合物，与硫配体形成配合物的稳定性大于氧配体，而卤配合物的稳定性 $Cl^- < Br^- < I^-$。

$$Hg^{2+} + 4Cl^- \longrightarrow [HgCl_4]^{2-} \qquad K^{\ominus}_{稳} = 1.6\times10^{15}$$

$$Hg^{2+} + 4I^- \longrightarrow [HgI_4]^{2-} \qquad K^{\ominus}_{稳} = 7.2\times10^{21}$$

$HgCl_2$ 可看作是配合分子，它在溶液中并不完全离解为 Hg^{2+} 和 Cl^-，而是以分子形式存在的 $HgCl_2$ 占绝对优势。向 $HgCl_2$ 溶液中通入 H_2S，虽然在 $HgCl_2$ 溶液中 Hg^{2+} 的浓度很小，但 HgS 极难溶于水，其溶度积极小，故仍能有 HgS 析出：

$$HgCl_2 + H_2S \longrightarrow HgS\downarrow + 2H^+ + 2Cl^-$$

HgS 难溶于水，但能溶于过量的浓 Na_2S 溶液中，生成二硫合汞(Ⅱ)离子$[HgS_2]^{2-}$：

$$HgS(s) + S^{2-} \longrightarrow [HgS_2]^{2-}$$

在实验室中通常用王水溶解 HgS：

$$3HgS(s) + 12Cl^- + 8H^+ + 2NO_3^- \longrightarrow 3HgCl_4^{2-} + 3S\downarrow + 2NO\uparrow + 4H_2O$$

在这一反应中，除了 HNO_3 能把 HgS 中的 S^{2-} 氧化为 S 外，生成配离子$[HgCl_4]^{2-}$也是促使 HgS 溶解的因素之一。可见，HgS 溶解是氧化还原反应和配位反应共同作用的结果。

锌一般形成配位数为 4 的配合物，例如：

$$Zn^{2+} + 4NH_3(过量) \longrightarrow [Zn(NH_3)_4]^{2+}$$

4. 汞(Ⅰ)和汞(Ⅱ)的相互转化

在氧化值为+1 的汞的化合物中，汞以 Hg_2^{2+}(—Hg—Hg—)形式存在。Hg(Ⅰ)的化合物叫亚汞化合物。绝大多数亚汞的无机化合物都是难溶于水的。Hg(Ⅱ)的化合物中难溶于水的也较多，易溶于水的汞化合物都是有毒的。在汞的化合物中，有许多是以共价键结合的。

$HgCl_2$ 曾由 $HgSO_4$ 与 NaCl 固体混合物加热制得：

$$HgSO_4 + 2NaCl \xrightarrow{300\ ℃} Na_2SO_4 + HgCl_2(g)$$

此时制出的是 $HgCl_2$ 气体，冷却后变为 $HgCl_2$ 固体。由于 $HgCl_2$ 能升华，故称升汞。$HgCl_2$ 也可用 Hg 与 Cl_2 直接化合而制得。$HgCl_2$ 有剧毒，是以共价键结合的分子，Hg 以 sp 杂化轨道与 Cl 结合，空间构型为直线形。它在水溶液中主要以分子形式存在。若在 $HgCl_2$ 溶液中加入氨水，会生成氨基氯化汞(NH_2HgCl)白色沉淀：

$$HgCl_2 + 2NH_3 \longrightarrow NH_2HgCl\downarrow + NH_4Cl$$

只有在含有过量 NH_4Cl 的氨水中，$HgCl_2$ 才能与 NH_3 形成配合物：

$$HgCl_2 + 2NH_3 \xrightarrow{NH_4Cl} [Hg(NH_3)_2]Cl_2$$

Hg_2Cl_2 与 NH_3 的反应如下：

$$Hg_2Cl_2 + 2NH_3 \longrightarrow NH_2HgCl\downarrow + Hg\downarrow + NH_4Cl$$

Hg_2Cl_2 又称甘汞，常用它制造甘汞电极。

硝酸汞 $Hg(NO_3)_2$ 和硝酸亚汞 $Hg_2(NO_3)_2$ 易溶于水。$Hg(NO_3)_2$ 可用 HgO 或 Hg 与 HNO_3 作用制取：

$$HgO + 2HNO_3 \longrightarrow Hg(NO_3)_2 + H_2O$$

$$Hg + 4HNO_3(浓) \longrightarrow Hg(NO_3)_2 + 2NO_2\uparrow + 2H_2O$$

$Hg(NO_3)_2$ 与 Hg 作用可制取 $Hg_2(NO_3)_2$：

$$Hg(NO_3)_2 + Hg \longrightarrow Hg_2(NO_3)_2$$

$Hg(NO_3)_2$ 和 $Hg_2(NO_3)_2$ 是离子型化合物。

Hg (Ⅱ)的卤化物(HgF_2 除外)以及 $Hg(CN)_2$ 和 $Hg(SCN)_2$ 都是共价型分子，为直线形构型，这点与 $HgCl_2$ 一样。

由汞的元素电势图可看出，Hg_2^{2+} 在溶液中不容易歧化为 Hg^{2+} 和 Hg；相反，Hg^{2+} 与 Hg 发生逆歧化反应生成 Hg_2^{2+}，前面提到的 $Hg_2(NO_3)_2$ 的制取，就是根据这一逆歧化反应而进行的。

无论是 $Hg_2(NO_3)_2$ 还是 Hg_2Cl_2 都不会形成 Hg_2^{2+} 的配离子。

13.3　d 区元素

d 区元素原子电子结构的特点是具有未充满的 d 轨道(Pd 例外)，最外层电子为 1～2个，最外两个电子层都是未充满的，其特征电子构型为$(n-1)d^{1\sim9}ns^{1\sim2}$。属于第一系列的 d 区元素及其化合物应用较广，并有一定的代表性，本节主要讨论第一系列 d 区元素。

13.3.1　铬及其重要化合物

铬(chromium)是 1797 年法国化学家沃克兰(L. N. Vauquelin，1763—1829)在分析铬铅矿时首先发现的。铬在自然界存在得相当广泛，地壳中的丰度为 122ppm，主要矿物是铬铁矿，其组成为 $FeO \cdot Cr_2O_3$ 或 $FeCr_2O_4$。在绿柱石矿中，由于铬的存在产生绿宝石的绿色；而红宝石的红色是由于 Cr(Ⅲ)取代氧化铝矿物中的 Al(Ⅲ)而产生的，因此铬这个名称是由希腊文中的颜色(chroma)一词派生而来的。

1. 铬的提炼、性质和用途

铬的最重要矿物是铬铁矿，炼钢所用的铬常由铬铁矿和炭在电炉中反应得到的铬铁来满足：

$$FeCr_2O_4 + 4C \longrightarrow Fe + 2Cr + 4CO$$

欲得到较纯的铬，常用的方法是用固体 Na_2CO_3 或 NaOH 和氧气熔炼，使 Cr(Ⅲ)转化为 Cr(Ⅵ)：

$$4FeCr_2O_4 + 8Na_2CO_3 + 7O_2 \longrightarrow 2Fe_2O_3 + 8Na_2CrO_4 + 8CO_2$$

然后用水浸取 Na_2CrO_4，经酸化浓缩得到 $Na_2Cr_2O_7$ 结晶，再用炭还原得 Cr_2O_3：

$$Na_2Cr_2O_7 + 2C \xrightarrow{\triangle} Cr_2O_3 + Na_2CO_3 + CO$$

最后用铝热法自 Cr_2O_3 得到金属 Cr：

$$Cr_2O_3(s) + 2Al(s) \xrightarrow{\triangle} 2Cr(s) + Al_2O_3(s)$$

铬是极硬、银白色而有光泽的脆性金属，常温下对一般腐蚀剂的抗腐蚀性高，因此广泛用作电镀保护层。铬溶于稀 HCl 和稀 H_2SO_4，起初生成蓝色 Cr^{2+} 溶液，而后为空气中氧所氧化成绿色 Cr^{3+} 溶液：

$$Cr + 2HCl \longrightarrow CrCl_2 + H_2$$

$$4CrCl_2 + 4HCl + O_2 \longrightarrow 4CrCl_3 + 2H_2O$$

铬在硝酸、磷酸或 $HClO_4$ 中是惰性的，这是由于它会生成氧化物保护层而钝化，它不和碱作用，在高温下，铬和卤素、硫、氮等非金属直接反应生成相应的化合物。

铬主要用于炼钢和电镀。铬能增强钢的耐磨性、耐热性和耐腐蚀性能，并可使钢的硬度、弹性和抗磁性增强，因此用它冶炼多种合金钢。普通钢中含铬量大多在 0.3%以下，含铬在 1%～5%的钢叫铬钢，不锈钢中含铬量达 20%。由于镀铬层耐磨、耐腐蚀又极光亮，在汽车、自行车、精密仪器制造工业中用得较多。

铬原子的价层电子构型是 $3d^5 4s^1$，能形成＋1～＋6 各种氧化值的化合物，但其中以＋3，＋6 两类化合物最为常见和重要。

2. 铬(Ⅲ)的化学性质

(1)铬(Ⅲ)的特性

Cr^{3+} 最常见，它在水溶液中也最稳定，具有 $3d^3$ 构型的 Cr^{3+} 能形成许许多多配合物，一般形式为[CrX_6]的八面体配合物，它们通常有颜色，而且在动力学上是惰性的，即 X 被其他配位体取代的速度是非常慢的，因此许多这样的配合物已被分离出来。

六水合铬(Ⅲ)离子$[Cr(H_2O)_6]^{3+}$是正八面体，存在于水溶液和许多盐中，如紫色的水合物$[Cr(H_2O)_6]Cl_3$ 及多种矾 M(Ⅰ)Cr(Ⅲ)$(SO_4)_2 \cdot 12H_2O$。其氯化物有三种水合异物体，除紫色的$[Cr(H_2O)_6]Cl_3$ 外，其余两种：一种为深绿色的$[CrCl_2(H_2O)_4]Cl \cdot 2H_2O$，它是普通市售的试剂 $CrCl_3 \cdot 6H_2O$；另一种为浅绿色的$[CrCl(H_2O)_5]Cl_2 \cdot$

H_2O。这三种水合异物体能被分离制得，就是由于它们在水溶液中能较稳定存在。$[CrCl_2(H_2O)_4]^+$ 水合转化为 $[Cr(H_2O)_6]^{3+}$ 反应速度极慢，需放置很长时间才能见到绿色变为紫色。另外，无水 $CrCl_3$ 是极难溶于水的桃红色鳞片状固体，只有当有痕量还原剂存在时，才能溶于水，很快成绿色溶液，这是因为加入还原剂破坏了 $Cr^{3+}(d^3)$ 的动力学稳定性，通过电子转移反应促使 $CrCl_3$ 迅速转化为Cr(Ⅲ)的水合离子。

若 $[Cr(H_2O)_6]^{3+}$ 内界中的 H_2O 为其他配体取代，能形成许多配合物，配位数一般为6。如用 NH_3 取代后，能形成氨配合物，颜色发生如下变化：

$$\underset{\text{紫色}}{[Cr(H_2O)_6]^{3+}} \overset{NH_3}{\rightleftharpoons} \underset{\text{浅红色}}{[Cr(NH_3)_3(H_2O)_3]^{3+}} \overset{NH_3}{\rightleftharpoons} \underset{\text{黄色}}{[Cr(NH_3)_6]^{3+}}$$

(2)Cr(Ⅲ)的存在形式与pH值的关系

Cr(Ⅲ)的水合离子水解生成的羟基离子能缩合形成双聚羟桥键物种：

$$[Cr(H_2O)_6]^{3+} + H_2O \rightleftharpoons [Cr(H_2O)_5OH]^{2+} + H_3O^+$$

$$2[Cr(H_2O)_5OH]^{2+} \rightleftharpoons [(H_2O)_4Cr\begin{matrix} OH \\ \diagup \quad \diagdown \\ \diagdown \quad \diagup \\ OH \end{matrix}Cr(H_2O)_4]^{4+} + 2H_2O$$

进一步加碱形成浅绿色胶状 $[Cr(H_2O)_3(OH)_3]$ 沉淀，新生成的沉淀能再溶于酸：

$$[Cr(H_2O)_3(OH)_3] + 3H^+ \rightleftharpoons Cr^{3+} + 6H_2O$$

几分钟后，该沉淀聚合成难溶的聚合物。

氢氧化铬和氢氧化铝相似，具有吸附能力，可用铬化合物作媒染剂。

氢氧化铬是两性氢氧化物，当在氢氧化铬沉淀中继续加碱，则沉淀溶解生成 $[Cr(OH)_4]^-$：

$$Cr(OH)_3 + OH^- \rightleftharpoons [Cr(OH)_4]^-$$

显然，$Cr(OH)_3$ 的溶解和沉淀与溶液的酸度密切有关，在 $0.01\ mol \cdot L^{-1}\ Cr^{3+}$ 溶液中，$pH<5$ 以 Cr^{3+} 存在，$pH=5$ 开始生成 $Cr(OH)_3$ 沉淀，$pH=13\sim14$ 沉淀溶解，以 $[Cr(OH)_4]^-$ 存在。

(3)三氧化二铬

由 $Cr(OH)_3$ 加热脱水或由重铬酸铵热分解都能得 Cr_2O_3 绿色固体：

$$(NH_4)_2Cr_2O_7 \longrightarrow Cr_2O_3 + N_2 + 4H_2O$$

Cr_2O_3 微溶于水，熔点为2708 K，具有 α-Al_2O_3 结构，有两性，能溶于酸和碱：

$$Cr_2O_3 + 3H_2SO_4 \longrightarrow Cr_2(SO_4)_3 + 3H_2O$$

$$Cr_2O_3 + 2NaOH + 3H_2O \longrightarrow 2NaCr(OH)_4$$

灼烧过的 Cr_2O_3 不溶于水，也不溶于酸，但高温下它可与 $K_2S_2O_7$ 分解而放出的 SO_3 作用，形成可溶性的 $Cr_2(SO_4)_3$：

$$Cr_2O_3 + 3K_2S_2O_7 \longrightarrow 3K_2SO_4 + Cr_2(SO_4)_3$$

Cr_2O_3 用作颜料“铬绿”，是有机合成的催化剂。

3. 铬(Ⅵ)的化学性质

(1)铬(Ⅵ)的缩合平衡

铬酸根 CrO_4^{2-} 呈黄色,重铬酸根 $Cr_2O_7^{2-}$ 呈橙红色。当向黄色 CrO_4^{2-} 溶液中加酸时,溶液变为橙色,溶液中存在 CrO_4^{2-} 缩合成 $Cr_2O_7^{2-}$ 的缩合平衡:

$$2CrO_4^{2-} + 2H^+ \rightleftharpoons Cr_2O_7^{2-} + H_2O$$

溶液中的组分明显受 pH 值的制约。pH>6,以 CrO_4^{2-} 存在为主;pH=6,CrO_4^{2-} 和 $Cr_2O_7^{2-}$ 同时存在于平衡体系中;pH<1,以 $Cr_2O_7^{2-}$ 存在为主。

以上缩合平衡除受 pH 值影响外,加入阳离子形成难溶的铬酸盐也能影响平衡,使 $Cr_2O_7^{2-}$ 转化为 CrO_4^{2-}:

$$4Ag^+ + Cr_2O_7^{2-} + H_2O \longrightarrow 2Ag_2CrO_4\downarrow + 2H^+$$

$$2Ba^{2+} + Cr_2O_7^{2-} + H_2O \longrightarrow 2BaCrO_4\downarrow + 2H^+$$

$$2Pb^{2+} + Cr_2O_7^{2-} + H_2O \longrightarrow 2PbCrO_4\downarrow + 2H^+$$

这是由于除碱金属、铵和镁的铬酸盐易溶外,其他铬酸盐均难溶,而重铬酸盐均易溶。

当在上述缩合平衡体系中继续酸化(用浓硫酸)时,便缩合析出 CrO_3 红色晶体:

$$\frac{n}{2}Cr_2O_7^{2-} + nH^+ \longrightarrow (CrO_3)_n + \frac{n}{2}H_2O$$

CrO_3 是铬酸酐,溶于水为铬酸。它遇热不稳定,当受热超过其熔点(196 ℃)时,就分解放出氧而变为 Cr_2O_3。CrO_3 为强氧化剂,一旦酒精等有机物与 CrO_3 接触即着火,同时被还原为 Cr_2O_3。CrO_3 是电镀铬的重要原料。

例 13-4 在 $K_2Cr_2O_7$ 的饱和溶液中加入浓 H_2SO_4,并加热到 200 ℃时,发现溶液的颜色变为蓝绿色,经检查发现反应开始时溶液中并无任何还原剂存在,试说明上述变化的原因。

解 $K_2Cr_2O_7$ 饱和溶液用浓 H_2SO_4 酸化,便缩合析出 CrO_3 红色晶体,当加热到 200 ℃时,CrO_3 分解为 O_2 和 Cr_2O_3,所以溶液颜色变为蓝绿色。

(2)铬(Ⅵ)的氧化性

在铬(Ⅵ)化合物中,$K_2Cr_2O_7$ 是常用的氧化剂,它是由 $Na_2Cr_2O_7$ 和 KCl 复分解制得。在酸性介质中,$K_2Cr_2O_7$ 是强氧化剂,常用于容量分析中:

$$Cr_2O_7^{2-} + 14H^+ + 6e^- \rightleftharpoons 2Cr^{3+} + 7H_2O$$

以上反应式中 H^+ 浓度越大,则 $Cr_2O_7^{2-}$ 氧化性越强。$Cr_2O_7^{2-}$ 能将 Fe(Ⅱ)氧化为 Fe(Ⅲ),将 SO_3^{2-} 氧化为 SO_4^{2-},将 I^- 氧化为 I_2,将 As(Ⅲ)氧化为砷(Ⅴ)酸盐等,还可将乙醇氧化为乙酸:

$$3CH_3CH_2OH + 2Cr_2O_7^{2-} + 16H^+ \longrightarrow 3CH_3COOH + 4Cr^{3+} + 11H_2O$$

利用该反应可监测司机是否酒后开车。

$K_2Cr_2O_7$ 虽是强氧化剂,然而它的反应速度较慢,因为由 Cr(Ⅵ)转变为 Cr(Ⅲ)是三电子转移反应,一般较慢,明显的例子是 $K_2Cr_2O_7$ 氧化浓 HCl 反应,需加热才能进行,一旦停止加热,则反应停止,不再放出 Cl_2。常用此法制少量的 Cl_2,可以减少环境污染。

在碱性介质中,$K_2Cr_2O_7$ 转化为 K_2CrO_4,它的氧化性大大减弱,K_2CrO_4 是一个微弱的氧化剂。

$K_2Cr_2O_7$ 饱和溶液和浓 H_2SO_4 混合用作实验室的洗液。使用过程随 $Cr_2O_7^{2-}$ 逐渐被还原为 Cr^{3+}，洗液由橙红变为绿色而失效。

将浓 H_2SO_4 加到 $K_2Cr_2O_7$ 与 NaCl 的混合固体中，产生一种红色气体二氯铬酰 CrO_2Cl_2：

$$K_2Cr_2O_7 + 4KCl + 3H_2SO_4 \longrightarrow 2CrO_2Cl_2 + 3K_2SO_4 + 3H_2O$$

它能激烈氧化有机物。

将过氧化氢加到重铬酸盐溶液中会生成蓝色的五氧化铬，可用于检定 CrO_4^{2-} 和 $Cr_2O_7^{2-}$。$K_2Cr_2O_7$ 是实验室常用基准试剂和氧化剂，工业上铬酸盐、重铬酸盐用于煤焦油工业、皮带工业（铬鞣）中，并在染料工业中作为媒染剂。一些铬酸盐常用作颜料。

(3)铬(Ⅲ)和铬(Ⅵ)的相互转化

铬(Ⅲ)和铬(Ⅵ)在酸、碱性溶液中以不同形式存在：在酸性溶液中以 Cr^{3+}，$Cr_2O_7^{2-}$ 存在，在碱性溶液中以 $[Cr(OH)_4]^-$，CrO_4^{2-} 存在。

由 Cr(Ⅲ)和 Cr(Ⅵ)的电极反应的标准电极电势，我们可以得出它们之间相互转化的条件：

$$Cr_2O_7^{2-} + 14H^+ + 6e^- \rightleftharpoons 2Cr^{3+} + 7H_2O \qquad E^\ominus = 1.38\ V$$

$$CrO_4^{2-} + 4H_2O + 3e^- \rightleftharpoons [Cr(OH)_4]^- + 4OH^- \qquad E^\ominus = -0.72\ V$$

在酸性介质中，由 Cr(Ⅵ)转化为 Cr(Ⅲ)有利，即 $Cr_2O_7^{2-}$ 在酸性介质中是强氧化剂，用一般还原剂都能将它转化为 Cr^{3+}。而在碱性介质中，由 Cr(Ⅲ)转化为 Cr(Ⅵ)较有利。例如，由铬铁矿提取金属铬的第一步反应就是在碱性条件下进行的。在溶液中也类似。如在定性分析中，用 H_2O_2 或 Br_2，将 $[Cr(OH)_4]^-$ 氧化为 CrO_4^{2-}，而将 Cr^{3+} 分离检出。

$$2[Cr(OH)_4]^- + 3HO_2^- \longrightarrow 2CrO_4^{2-} + 5H_2O + OH^-$$

$$2[Cr(OH)_4]^- + 3Br_2 + 8OH^- \longrightarrow 2CrO_4^{2-} + 6Br^- + 8H_2O$$

若在酸性介质中，Cr^{3+} 的还原性就弱得多，因而只有像过硫酸铵、Ag^+ 催化剂，高锰酸钾等很强的氧化剂才能将 Cr(Ⅲ)氧化为 Cr(Ⅵ)：

$$2Cr^{3+} + 3S_2O_8^{2-} + 7H_2O \xrightarrow[Ag^+]{\triangle} Cr_2O_7^{2-} + 6SO_4^{2-} + 14H^+$$

由此可见，低价转化为高价化合物必须在碱性介质中加氧化剂，而由高价转化为低价化合物应在酸性介质中加还原剂，这是一般的规律。

铬的化学性质主要可以归结为三个平衡：Cr(Ⅲ)的酸碱平衡；Cr(Ⅵ)的缩合平衡；Cr(Ⅲ)与 Cr(Ⅵ)的相互转化。

4. 含铬废水的处理

未受污染的天然水中含铬甚微，而且多以对人体低毒或无毒的 Cr(Ⅲ)形式存在。Cr(Ⅲ)是生物的必需元素，但 Cr(Ⅵ)的毒性很强，口服会引起呕吐、腹泻、肾炎、尿毒症，甚至死亡，吸入会引起鼻中隔膜穿孔、眼结膜炎及咽喉溃疡，甚至引起肺癌。Cr(Ⅵ)对农作物及微生物的毒害也很大。受铬污染的水主要是 Cr(Ⅵ)，它主要来自冶炼、电镀、试剂、鞣革、颜料、催化剂工厂及有色金属矿山。我国规定，Cr(Ⅵ)在废水中的最高允许排放浓度为 0.1 mg·L^{-1}。

处理含铬废水的方法主要分为化学法、电解法及离子交换法三类。

(1)化学法

在酸性条件下，先将还原性物质如 $FeSO_4$ 加入含铬废水中，此时发生如下反应：

$$Cr_2O_7^{2-} + 6Fe^{2+} + 14H^+ \longrightarrow 2Cr^{3+} + 6Fe^{3+} + 7H_2O$$

将含铬废水的 pH 值调至 6～8，此时即可产生 $Cr(OH)_3$ 沉淀，过滤除去。如果控制好 $FeSO_4$ 的量，使 Fe^{2+} 与 Fe^{3+} (Cr^{3+}) 的比例恰当，可产生组成类似于铁氧体($Fe_3O_4 \cdot xH_2O$)的铁磁性沉淀，后者称为铁氧体法。显然铁氧体法可以变废为宝，比较优越。

(2)电解法

将含铬废水放入电解槽内，发生如下反应：

$$阳极：\quad Fe \longrightarrow Fe^{2+} + 2e^-$$

$$阴极：\quad 2H_2O + 2e^- \longrightarrow H_2\uparrow + 2OH^-$$

阳极区产生的 Fe^{2+} 与废水中的 $Cr_2O_7^{2-}$ 也发生上述氧化还原反应，生成的 Fe^{3+} 和 Cr^{3+} 在阴极区形成氢氧化物沉淀，过滤除去。依此法处理的废水中含 Cr(Ⅵ)量可降低到 0.001 mg·L^{-1}。

(3)离子交换法

将含铬废水通过强碱型阴离子交换树脂(R—N$^+$OH$^-$)，即发生如下交换反应：

$$CrO_4^{2-} + 2R\text{—}N^+OH^- \xrightarrow[\text{再生}]{\text{交换}} (R\text{—}N)_2CrO_4 + 2OH^-$$

借助于交换-再生平衡，当交换一段时间后，停止进废水，改为通入 NaOH 溶液，即可将 CrO_4^{2-} 反交换出来，形成高浓度的 Cr(Ⅵ)溶液，供回收利用。与此同时，树脂也得到再生，供重复使用。该法的主要优点是可以处理前面两类方法很难处理的、大量的、含 Cr(Ⅵ)浓度低的废水。

13.3.2 锰及其重要化合物

锰(manganese)是 1774 年由瑞典学者 J. G. Grahn 首次游离得到的。它是自然界中第三丰富的过渡元素，广泛分布于地壳中，丰度为 1060ppm。最重要的矿是软锰矿 $MnO_2 \cdot xH_2O$，其次为黑锰矿 Mn_3O_4 和水锰矿 MnO(OH)。近年来，科学家在深海海底发现大量的锰矿——锰结核(铁锰氧化物，含有铜、钴、镍等重要金属元素)。

1. 锰的制备与性质

金属锰可由铝热法还原软锰矿而制得。因铝和软锰矿的反应剧烈，故先将软锰矿强热，使之转变为 Mn_3O_4($Mn^{Ⅱ}Mn_2^{Ⅲ}O_4$)，然后与铝粉混合燃烧：

$$3MnO_2 \xrightarrow{\triangle} Mn_3O_4 + O_2$$

$$3Mn_3O_4 + 8Al \longrightarrow 9Mn + 4Al_2O_3$$

用此法制得的锰，纯度不超过 95%～98%。纯的金属锰则是由电解法制备的，一般电解 $MnCl_2$ 能得到纯度很高的电解锰。锰是硬而脆的银白色金属。它是活泼金属，在空气中金属锰的表面生成一层氧化物膜保护层，粉末状金属易被氧化。

金属锰与水反应，因其表面生成氢氧化锰，阻止反应继续进行。锰和强酸反应，生成Mn(Ⅱ)盐和氢气。锰与冷、浓H_2SO_4反应很慢。锰与卤素直接化合生成卤化锰。加热时，锰和硫、碳、氮、硼、硅等生成相应化合物，但它不能直接和氢化合。

纯锰的用途不多，但它的合金非常重要。含Mn 12%～15%，Fe 83%～87%，Cl 2%的锰钢很坚硬，抗冲击，耐磨损，可用来制造钢轨和钢甲、破碎机等，锰可代替镍制造不锈钢(含Cr 16%～20%，Mn 8%～10%，C 0.1%)，在铝合金中加入锰可以使其抗腐蚀性和机械性能都得到改进。

2. 锰的化合物

锰是第一过渡系列元素中氧化态范围很宽的元素，呈现从+7至+2(也有负氧化态-1至-3)。+2氧化态是最稳定的，因为相应于只失去全部$4s^2$电子，成为$3d^5$构型能级半充满的稳定状态。它与相邻的铬不同，Cr^{3+}是最稳定的，这是由于Mn^{2+}再失去一个电子需高的电离能[3248.4 kJ·mol^{-1}(Mn)，2987 kJ·mol^{-1}(Cr)]。在Mn(Ⅱ)以上的氧化态的化合物都是强氧化剂，其中+5价氧化态是最不稳定的。

(1)锰(Ⅱ)化合物

Mn(Ⅱ)是最常见和稳定的价态，在酸性和中性溶液中是粉红色的六水合离子$[Mn(H_2O)_6]^{2+}$，它相当稳定，不易被氧化；在碱性介质中以$Mn(OH)_2$存在，它极易被氧化。

①二元化合物。氧化锰MnO是一种灰绿色到暗绿色的粉末，在氢气或氮气中熔烧碳酸盐而制得，它难溶于水。

氢氧化锰$Mn(OH)_2$是从Mn^{2+}盐溶液中加NaOH或氨水沉淀出的凝胶状白色固体：

$$Mn^{2+} + 2OH^- \longrightarrow Mn(OH)_2\downarrow$$

$$Mn^{2+} + 2NH_3 \cdot H_2O \longrightarrow Mn(OH)_2\downarrow + 2NH_4^+$$

$Mn(OH)_2$与$Mg(OH)_2$有相同的晶体结构，性质相似，$Mn(OH)_2$的$K_{sp}^{\ominus}=1.4\times10^{-15}$和$Mg(OH)_2$的$K_{sp}^{\ominus}=1.8\times10^{-11}$相近，因此用$NH_3\cdot H_2O$沉淀$Mn^{2+}$的反应不很完全，在有浓度大的氨水存在时，得不到$Mn(OH)_2$沉淀。

$Mn(OH)_2$极易被空气氧化，甚至溶于水的少量氧气也能将其氧化成褐色$MnO(OH)_2$：

$$2Mn(OH)_2 + O_2 \longrightarrow 2MnO(OH)_2$$

硫化锰MnS是赭色物质，用碱金属硫化物沉淀制得。它有较高的$K_{sp}^{\ominus}(10^{-15})$，并容易重新溶解于稀酸中，放置时由于被空气氧化变为棕色水合MnS。如果排除空气长时间贮存则转变成绿色结晶的无水MnS，煮沸时转变更加迅速。

②锰(Ⅱ)盐。Mn(Ⅱ)与所有普通阴离子形成广泛系列的盐，大多数盐溶于水，而磷酸盐、碳酸盐微溶。大多数盐以水合物形式从水中结晶出来，如$Mn(ClO_4)_2\cdot6H_2O$和$MnSO_4\cdot7H_2O$都含有$[Mn(H_2O)_6]^{2+}$，但$MnCl_2\cdot4H_2O$含有顺式$MnCl_2(H_2O)_4$单元，而$MnCl_2\cdot2H_2O$有多聚链。

在酸性介质中，Mn^{2+}只有遇到强氧化剂，如$(NH_4)_2S_2O_8$，$NaBiO_3$，PbO_2，H_5IO_6时

才能被氧化：

$$2Mn^{2+}+5S_2O_8^{2-}+8H_2O \longrightarrow 2MnO_4^-+10SO_4^{2-}+16H^+$$

$$2Mn^{2+}+5NaBiO_3+14H^+ \longrightarrow 2MnO_4^-+5Bi^{3+}+5Na^++7H_2O$$

这两个反应常用于鉴定 Mn^{2+}。

Mn^{2+} 溶液中能形成各种配合物，这些配离子可能是四面体型，例如$[MnCl_4]^{2-}$；或是八面体型，例如$[MnCl_6]^{4-}$。向锰(Ⅱ)盐加入氨得到 $Mn(OH)_2$ 沉淀，而氨与无水 Mn(Ⅱ)盐反应能够生成$[Mn(NH_3)_6]$。Mn^{2+} 与 SCN^-，CN^- 形成$[Mn(SCN)_6]^{4-}$ 和$[Mn(CN)_6]^{4-}$。但 Mn(Ⅱ)配合物在水溶液中的平衡常数与后续元素 Fe(Ⅱ)，Cu(Ⅱ)的二价阳离子相比是较低的。因为 Mn^{2+} 是这些离子中最大的，不易形成稳定的配合物。

(2)锰(Ⅲ)化合物

Mn^{3+} 是不稳定的，在水溶液中歧化为 MnO_2 和 Mn^{2+}，同时容易水解：

$$Mn^{3+}+H_2O \longrightarrow [Mn(OH)]^{2+}+H^+$$

水解初始产物$[Mn(OH)]^{2+}$慢慢聚合成多聚物种。然而在强酸性溶液中 Mn^{3+} 是稳定的，因为当 $c_{H^+}>3\ mol \cdot L^{-1}$时歧化不明显，水解也受到抑制。因而常利用酸性溶液来稳定 Mn^{3+}。

Mn^{3+} 是强氧化剂，能慢慢地被水还原，放出氧气：

$$2Mn^{3+}+H_2O \longrightarrow 2Mn^{2+}+2H^++\frac{1}{2}O_2\uparrow$$

较稳定的 Mn(Ⅲ)化合物并不多，它通过 Mn(Ⅱ)溶液的电解，或过二硫酸盐的氧化，或 MnO 的还原制得。Mn^{3+} 在溶液中也能被 CN^-，PO_4^{3-}，$P_2O_7^{4-}$，$C_2O_4^{2-}$，SO_4^{2-}，多基配体(如 EDTA 等)，大环配体等其他配位阴离子所稳定，形成稳定的配离子，例如$[Mn(CN)_6]^{3-}$，$[Mn(PO_4)_2]^{3-}$ 等。应当指出，Mn(Ⅲ)的大环配合物(如卟啉、酞菁等配体)很重要，光合过程中氧的放出依赖于锰。它们还是光解水的有效催化剂。

Mn^{3+} 在更高价态的锰的复杂的氧化还原过程中起着重要的作用。

(3)锰(Ⅳ)化合物

最重要的锰(Ⅳ)化合物是二氧化锰 MnO_2，它是一种黑色斜方晶体，不溶于水，天然存在的二氧化锰是软锰矿。

二氧化锰在酸性介质中是强氧化剂，和浓盐酸作用生成氯气，和浓硫酸作用生成氧气。

$$MnO_2+4HCl \longrightarrow MnCl_2+Cl_2\uparrow+2H_2O$$

$$2MnO_2+2H_2SO_4 \xrightarrow{413\ K\ 以上} 2MnSO_4+2H_2O+O_2\uparrow$$

$$4MnO_2+6H_2SO_4 \xrightarrow{413\ K\ 以下} 2Mn_2(SO_4)_3+6H_2O+O_2\uparrow$$

二氧化锰在碱性介质中，有氧化剂存在时表现还原性，例如，MnO_2 和 KOH 的混合物于空气中，或者与 $KClO_3$，KNO_3 等氧化剂一起加热熔融，可以得到绿色的锰酸钾 K_2MnO_4：

$$2MnO_2 + 4KOH + O_2 \longrightarrow 2K_2MnO_4 + 2H_2O$$

$$3MnO_2 + 6KOH + KClO_3 \longrightarrow 3K_2MnO_4 + KCl + 3H_2O$$

基于 MnO_2 的氧化还原性，特别是氧化性，使它在工业上有很重要的用途。例如大量的 MnO_2（70%～80%）用于电池行业中，在炭锌干电池中作“去极化剂”，目的是防止释放出氢，其作用可能是通过下列反应实现的：

$$MnO_2 + H^+ + e^- \longrightarrow MnO(OH)$$

在玻璃制造业中，二氧化锰作为“漂白剂”，即所谓“玻璃制造者的肥皂”。因为普通玻璃常因痕量铁（Ⅱ）而呈绿色，若在熔炼时加入 MnO_2，玻璃就变成无色透明。这是由于 MnO_2 将 Fe（Ⅱ）氧化成 Fe（Ⅲ），Mn（Ⅳ）被还原 Mn（Ⅲ）。硅酸铁（Ⅲ）呈黄色，硅酸锰（Ⅲ）呈紫色，黄色与紫色互为补色，即成无色。在油漆工业中，将 MnO_2 加入熬制的半干性油中，可以促进这些油在空气中的氧化作用，作催化剂。在化工上用于将苯胺氧化成氢醌等，并且 MnO_2 是催化剂（如催化 $KClO_3$ 分解制氧气）和制造锰盐的原料。

(4)锰（Ⅵ）化合物

锰酸钾 K_2MnO_4 是最重要的 Mn（Ⅵ）化合物，它是由 MnO_2 在熔融碱中氧化而制得。锰酸钾是无水深绿（近似于黑）色晶体。它溶于强碱溶液显绿色，但在酸性、中性及弱碱性介质中发生歧化反应：

$$3K_2MnO_4 + 2H_2O \longrightarrow 2KMnO_4 + MnO_2 + 4KOH$$

锰酸盐是制备高锰酸盐的中间体。将锰酸盐转化为高锰酸盐有三种方法：

①歧化反应，得到 $KMnO_4$ 溶液和 MnO_2 沉淀，过滤、浓缩溶液得到 $KMnO_4$ 晶体。这一方法只有 $\frac{2}{3}$ 的 K_2MnO_4 转化为 $KMnO_4$，产率较低。

②用氯氧化 K_2MnO_4 溶液，得到 $KMnO_4$ 和 KCl：

$$2K_2MnO_4 + Cl_2 \longrightarrow 2KMnO_4 + 2KCl$$

所得 $KMnO_4$ 和 KCl 较难分离干净。

③用电解氧化法制备 $KMnO_4$：

阳极反应：　$2MnO_4^{2-} \longrightarrow 2MnO_4^- + 2e^-$

阴极反应：　$2H_2O + 2e^- \longrightarrow H_2 + 2OH^-$

以上三种制备方法中电解法最好，此法所得产品产率高、质量好。

(5)锰（Ⅶ）化合物

锰（Ⅶ）化合物中最重要的是高锰酸钾 $KMnO_4$，它是深紫色晶体，极易溶于水，呈紫红色，固体在 473 K 分解放出氧气，是实验室制备氧气的一个简便方法：

$$2KMnO_4 \longrightarrow K_2MnO_4 + MnO_2 + O_2$$

高锰酸钾的溶液并不十分稳定，在酸性溶液中缓慢地但明显地进行分解：

$$4MnO_4^- + 4H^+ \longrightarrow 4MnO_2 + 3O_2 + 2H_2O$$

在中性或微碱性溶液中，这种分解的速度更慢。但是光会对 $KMnO_4$ 的分解起催化作用，因此 $KMnO_4$ 溶液必须保存于棕色瓶中。

$KMnO_4$ 是强氧化剂，它的还原产物因溶液酸度不同而异，例如和 SO_3^{2-} 的反应：

酸性：　$2MnO_4^- + 5SO_3^{2-} + 6H^+ \longrightarrow 2Mn^{2+} + 5SO_4^{2-} + 3H_2O$

近中性：　$2MnO_4^- + 3SO_3^{2-} + 6H_2O \longrightarrow 2MnO_2 + 3SO_4^{2-} + 2OH^-$

碱性：　$2MnO_4^- + SO_3^{2-} + 2OH^- \longrightarrow 2MnO_4^{2-} + SO_4^{2-} + H_2O$

在酸性溶液中，MnO_4^- 是很强的氧化剂。例如，在定量测定 Fe，H_2O_2，草酸盐等含量时，MnO_4^- 可以将 Fe^{2+}，H_2O_2，$H_2C_2O_4$ 等氧化为 Fe^{3+}，O_2，CO_2。如果 MnO_4^- 过量，它可能再氧化生成的 Mn^{2+} 而析出 MnO_2：

$$2MnO_4^- + 3Mn^{2+} + 2H_2O \longrightarrow 5MnO_2 + 4H^+$$

因此当有过量 MnO_4^- 存在时，产物是 MnO_2。同时在进行这些反应时，必须保证溶液有足够的酸度，否则也会有 MnO_2 生成。

2019 年我国高锰酸钾产量增至 7.13 万吨，是世界第一生产大国，$KMnO_4$ 主要用作氧化剂，特别是用于织物和油脂的漂白。医药上使用的灰锰洋即高锰酸钾也是因为它具有强氧化性而为杀菌消毒剂，它被公认为良好的杀虫剂和调节空气装置用的防臭剂。在化工生产中它被用于生产苯甲酸、维生素 C、糖精及烟酸等。

$KMnO_4$(粉状)与冷的浓 H_2SO_4 作用，生成绿色油状的高锰酸酐 Mn_2O_7：

$$2KMnO_4 + H_2SO_4 \longrightarrow Mn_2O_7 + K_2SO_4 + H_2O$$

在常温下 Mn_2O_7 会爆炸分解成 MnO_2，O_2 和 O_3。它有强氧化性，遇有机物就发生燃烧。将 Mn_2O_7 溶于水就生成高锰酸 $HMnO_4$。

13.3.3 铁系元素

铁系元素即第四周期的ⅧB 族元素，它包括铁(Fe)、钴(Co)、镍(Ni)三种元素。铁是仅次于铝的最丰富的元素，铁在地壳中的丰度为 62000ppm，占所有元素的第四位，它主要以多种氧化物(如赤铁矿(Fe_2O_3)、磁铁矿(天然磁石)(Fe_3O_4))和黄铁矿(FeS_2)存在。游离的铁是在陨石中被发现的。我国东北的鞍山、本溪，华北的包头、宣化，华中的大冶等地都有较好的铁矿。

钴相对来说是一种不常见的金属，但它分布很广，地壳中的丰度为 29ppm，它通常和硫或砷结合，如辉钴矿(CoAsS)。在生物学上，它存在于维生素 B_{12} 中，这是一种钴(Ⅲ)的配合物。

镍比钴更丰富地存在于自然界，地壳中的丰度为 99ppm，它主要与砷、锑和硫结合为针镍矿(NiS)等，在陨石中含有铁镍合金。

铁及其合金是最基本的金属结构材料，钢铁的年产量常作为一个国家工业化程度的标志之一。铁系元素都是很重要的合金材料，能形成多种性质优异的合金。钢铁的致命弱点就是耐腐蚀性差，全世界每年有将近 1/4 的钢铁制品由于锈蚀而报废。

1. 铁系元素的性质

根据铁系元素的电势图可知，在酸性溶液中，+2 氧化态是 Fe，Co，Ni 的稳定氧化态，高氧化态的 Co^{3+}，Ni^{3+} 有很强的氧化性，Fe^{3+} 有一定的氧化性，而 Fe(Ⅵ)是不稳定的，氧化性最强。

铁系元素的单质都是银白色的金属，熔点、沸点均较高，具有铁磁性。铁系元素在常温及无水的条件下均稳定，高温下才与卤素、氧、硫、氮、磷等非金属剧烈反应：

$$2Fe+3Cl_2 \xrightarrow{\triangle} 2FeCl_3$$

$$M+Cl_2 \xrightarrow{\triangle} MCl_2 \qquad (M=Co,Ni)$$

$$3M+2O_2 \xrightarrow{\triangle} M_3O_4 \qquad (M=Fe,Co)$$

$$2Ni+O_2 \xrightarrow{\triangle} 2NiO$$

$$M+S \xrightarrow{\triangle} MS \qquad (M=Fe,Co,Ni)$$

铁系元素都是活泼金属($E^{\ominus}<0$ V)，能从非氧化性酸中置换出氢气，也能与氧化性酸作用，但冷浓 HNO_3 及 H_2SO_4 可使其“钝化”。Fe 与 HNO_3 作用，若 Fe 过量，生成 $Fe(NO_3)_2$；若 HNO_3 过量，则生成 $Fe(NO_3)_3$。铁能形成 Fe(Ⅱ)和 Fe(Ⅲ)两类化合物。浓碱缓慢侵蚀铁，而钴、镍在浓碱中比较稳定，所以镍质容器可盛浓碱。

2. 铁系元素的氧化物、氢氧化物

铁系元素形成的主要氧化物有：

FeO(黑色)	CoO(灰绿色)	NiO(绿或黑色)
Fe_2O_3(砖红色)	Co_2O_3(暗褐色)	Ni_2O_3(黑色)
Fe_3O_4(黑色)	Co_3O_4(黑色)	$NiO_2 \cdot xH_2O$(黑色)

纯净铁、钴、镍氧化物常用热分解碳酸盐、硝酸盐或草酸来制备。如 523 K 时分解 $CoCO_3$ 得到 CoO 和 CO_2。如果以高于 373 K 的温度加热 $Co(NO_3)_2$，由于硝酸根的氧化作用，会分解为 Co_2O_3：

$$4Co(NO_3)_2 \xrightarrow{\triangle} 2Co_2O_3+8NO_2+O_2$$

高于 398 K 加热 $Fe(NO_3)_3$，得到 Fe_2O_3：

$$4Fe(NO_3)_3 \xrightarrow{\triangle} 2Fe_2O_3+12NO_2+3O_2$$

又如果于 273 K 或 433 K 加热 FeC_2O_4，分别得到 FeO 或 Fe_3O_4：

$$FeC_2O_4 \xrightarrow{\triangle} FeO+CO_2+CO$$

$$3FeC_2O_4 \xrightarrow{\triangle} Fe_3O_4+2CO_2+4CO$$

由于在较高温度下，空气中的氧容易将低氧化态氧化物 MO 氧化为高氧化态氧化物 M_2O_3，所以无论用它们的硝酸盐、碳酸盐或草酸盐在空气中热分解，制得的氧化物总含有高氧化态的氧化物。在惰气保护下热分解草酸盐 MC_2O_4，可得到较纯净的低氧化态氧化物 MO，但热分解温度仍不宜过高，否则分解出的 CO_2，又将 MO 氧化为 M_2O_3。

这些氧化物都难溶于水，故其水合物或氢氧化物都应由其相应的可溶盐与碱作用来制取：

$$M^{2+}+2OH^- \longrightarrow M(OH)_2\downarrow \qquad (M=Fe,Co,Ni)$$

其中白色的氢氧化亚铁很易被空气氧化成红棕色的氢氧化铁，玫瑰红色的氢氧化钴也可被空气缓慢地氧化成暗棕色的氢氧化高钴：

$$4M(OH)_2 + O_2 + 2H_2O \longrightarrow 4M(OH)_3 \downarrow \qquad (M=Fe,Co)$$

而苹果绿色的氢氧化镍不被空气氧化，欲使其氧化为黑色高价氢氧化物，必须使用强氧化剂。例如：

$$2Ni(OH)_2 + Cl_2 + 2NaOH \longrightarrow 2Ni(OH)_3 \downarrow + 2NaCl$$

铁系元素的氧化物及其水化物基本上都是碱性化合物，其中仅氧化铁及其水合物表现出微弱的酸性。例如氧化铁可与熔融的碳酸钠作用，新沉淀析出的氧化铁可溶于浓的强碱溶液，从而生成亚铁酸盐（FeO_2^-）：

$$Fe_2O_3 + Na_2CO_3 \xrightarrow{\triangle} 2NaFeO_2 + CO_2$$

$$Fe(OH)_3 + NaOH \longrightarrow NaFeO_2 + 2H_2O$$

由于铁系元素的氧化还原性不同，它们与盐酸作用时的产物也不同，氢氧化铁和盐酸进行酸碱中和反应，Fe(Ⅲ)不能氧化 Cl^-，而后两者（M＝Co，Ni）都可氧化 Cl^-：

$$2M(OH)_3 + 6HCl \longrightarrow MCl_2 + Cl_2 + 6H_2O$$

铁系元素氢氧化物均难溶于水，其氧化还原性呈规律性变化：

还原性递增（←）

$Fe(OH)_2$（白色）	$Co(OH)_2$（粉红色）	$Ni(OH)_2$（苹果绿色）
$Fe(OH)_3$（棕红色）	$Co(OH)_3$（棕黑色）	$Ni(OH)_3$（黑色）

氧化性递增（→）

例 13-5 用足量的 CO 还原 32.0 g 某种氧化物，将生成的气体通入足量澄清石灰水中，得到 60 g 沉淀，则该氧化物是（　　）。

A. FeO　　B. Fe_2O_3　　C. NiO　　D. Ni_2O_3

解 B。因为足量的 CO 还原 32.0 g 某种氧化物，将生成的气体通入足量澄清石灰水中，得到 60 g $CaCO_3$ 沉淀，从中可知，所得的 CO_2 气体的物质的量为 0.6 mol，即在 32.0 g 某种氧化物中含有 0.6 mol 氧原子，故氧化物中含有金属

$$32.0\ g - 0.6\ mol \times 16\ g \cdot mol^{-1} = 22.4\ g$$

代入 Fe，Cu 的相对原子质量，算出两元素的物质的量，得出 B 满足题给条件。

3. 铁的化合物

(1)Fe(Ⅱ)与 Fe(Ⅲ)的相互转化

由 $E^{\ominus}(Fe^{3+}/Fe^{2+}) = 0.771$ V 可以看出，在水溶液中 Fe^{3+} 是中等强度氧化剂，Fe^{2+} 是中等强度还原剂，两离子在溶液中相互转化，表现很活跃。Fe(Ⅱ)在空气中不稳定，易被空气中的氧氧化成 Fe(Ⅲ)盐。在酸性介质中，Fe^{2+} 较稳定，而在碱性介质中，Fe^{2+} 立即被氧化，这是由于碱性介质中 $E^{\ominus}$ 值降低：

$$Fe(OH)_3 + e^- \longrightarrow Fe(OH)_2 + OH^- \qquad E^{\ominus} = -0.56\ V$$

因此，在保存 Fe(Ⅱ)盐溶液时，应加入足够浓度的酸，因为酸性介质中 Fe^{2+} 被氧化的趋势减小，而且被氧化速度也减小，必要时应加入几枚铁钉来防止氧化。在酸性溶液中，H_2O_2，$Cr_2O_7^{2-}$，MnO_4^- 等强氧化剂能将 Fe^{2+} 氧化至 Fe^{3+}。

Fe(Ⅲ)是中等强度氧化剂,能被一些还原剂如 Sn^{2+},I^-,H_2S,Cu 等还原为 Fe^{2+}。

$$2Fe^{3+} + H_2S \longrightarrow 2Fe^{2+} + 2H^+ + S$$

$$2Fe^{3+} + Cu \longrightarrow 2Fe^{2+} + Cu^{2+}$$

(2)Fe(Ⅲ)的水解

Fe(Ⅲ)能与大多数阴离子(除还原性阴离子外)从溶液中析出浅紫色或近于无色的盐,例如 $Fe(ClO_4)_3 \cdot 10H_2O$,$Fe(NO_3)_3 \cdot 9H_2O$ 及 $Fe_2(SO_4)_3 \cdot 10H_2O$。然而Fe(Ⅲ)盐的水溶液却为黄色。这是由Fe(Ⅲ)在水溶液中的水解所造成的。Fe(Ⅲ)水溶液中的水解状况是很复杂的,与溶液的pH值有关。当 $pH<1$ 时,完全以浅紫色的 $[Fe(H_2O)_6]^{3+}$ 存在,但 $pH>1$ 即发生逐级水解,溶液为黄色(水合羰基铁离子),显酸性:

$$[Fe(H_2O)_6]^{3+} \rightleftharpoons [Fe(OH)(H_2O)_5]^{2+} + H^+ \qquad K^{\ominus} = 10^{-3.05}$$

水解过程中第二步发生缩合:

$$2[Fe(OH)(H_2O)_5]^{2+} \rightleftharpoons [(H_2O)_4Fe(OH)_2Fe(H_2O)_4]^{4+} + 2H_2O \quad K^{\ominus} = 10^{-2.91}$$

随溶液酸度降低,$pH>2$,缩合度可能增大,溶液由黄棕色逐渐变为红棕色,产生棕红色凝胶状水合氧化铁沉淀。此胶状沉淀的组成是 FeO(OH),通常也写作 $Fe(OH)_3$。

铁是多种物质中普遍含有的成分,利用加热促进水解,使 Fe^{3+} 生成水合氧化铁沉淀而除去,去除铁是制备多类无机试剂的中间步骤。

(3)铁的配合物

铁(Ⅱ)和铁(Ⅲ),由于它们外电子层结构为 $3s^23p^63d^6$ 及 $3s^23p^63d^5$,都有未充满的d轨道,因此能与许多离子,如 CN^-,F^-,$C_2O_4^{2-}$,SCN^-,Cl^- 等形成配合物,一般Fe(Ⅲ)不易与氨配体形成配合物。

Fe(Ⅱ)和Fe(Ⅲ)都能形成稳定的铁氰配合物,亚铁盐与KCN溶液反应得 $Fe(CN)_2$ 沉淀,KCN过量时沉淀溶解:

$$FeSO_4 + 2KCN \longrightarrow Fe(CN)_2\downarrow + K_2SO_4$$

$$Fe(CN)_2 + 4KCN \longrightarrow K_4[Fe(CN)_6]$$

从溶液中析出的黄色晶体 $K_4[Fe(CN)_6] \cdot 3H_2O$ 称六氰合铁(Ⅱ)酸钾或亚铁氰化钾,俗称黄血盐。在黄血盐溶液中通入氯气(或用其他氧化剂)把 Fe^{2+} 氧化成 Fe^{3+},得到六氰合铁(Ⅲ)酸钾(或铁氰化钾)$K_3[Fe(CN)_6]$,它的晶体为深红色,俗称赤血盐。

$[Fe(CN)_6]^{3-}$ 和 $[Fe(CN)_6]^{4-}$ 在热力学上都是比较稳定的,$[Fe(CN)_6]^{3-}$($\beta=10^{42}$)虽比 $[Fe(CN)_6]^{4-}$($\beta=10^{35}$)稳定,但由于动力学上前者是活性的,后者是惰性的(即配体 CN^- 很难与其他配体交换),前者在溶液中的离解反应远比后者迅速。例如,在中性溶液里 $[Fe(CN)_6]^{3-}$ 可微弱地水解:

$$[Fe(CN)_6]^{3-} + 3H_2O \longrightarrow Fe(OH)_3 + 3CN^- + 3HCN$$

而 $[Fe(CN)_6]^{4-}$ 不易水解,因此赤血盐的毒性比黄血盐大。基于这个原因,在处理含 CN^- 废水时,常用 Fe^{2+} 使其形成相当稳定的 $[Fe(CN)_6]^{4-}$,能达到排放要求。

人们很早就知道 Fe^{3+} 和$[Fe(CN)_6]^{4-}$能生成蓝色沉淀，称普鲁士蓝(Prussian blue)，Fe^{2+} 和$[Fe(CN)_6]^{3-}$生成滕氏蓝(Turnbull's blue)沉淀。这两个反应分别用来鉴定 Fe^{3+} 和 Fe^{2+}。近年来，经实验证明两者的组成都是 $Fe_4[Fe^{II}(CN)_6]_3 \cdot xH_2O$，即六氰合亚铁酸铁(Ⅲ)。

在 Fe^{3+} 溶液中，加入 KSCN 或 NH_4SCN，溶液即出现血红色硫氰铁配离子：

$$Fe^{3+} + nSCN^- \longrightarrow [Fe(SCN)_n]^{3-n}$$

$n=1\sim6$，随 SCN^- 的浓度而异。这一反应非常灵敏，常用来检出 Fe^{3+} 和比色测定 Fe^{3+}。反应需在酸性环境中进行，该配合物能溶于乙醚、异戊醇。当 Fe^{3+} 浓度很低时，就可用乙醚或异戊醇萃取，可得到较好的效果。

Fe^{3+} 与 F^- 有较强的亲和力，易形成铁氟配离子，形成的$[FeF_6]^{3-}$配离子很稳定，常在分析化学上用作掩蔽剂。

铁还能与 CO 作用形成五羰基合铁 $Fe(CO)_5$：

$$Fe + 5CO \xrightarrow[\text{加压}]{473\ K} Fe(CO)_5$$

当加热至 523 K 时，$Fe(CO)_5$ 能可逆地分解，工业上用于制高纯铁。

(4)重要的铁盐

在铁(Ⅱ)盐中，最重要的是硫酸亚铁 $FeSO_4 \cdot 7H_2O$，俗称绿矾。绿矾由铁和硫酸反应制得，它易溶于水，加热时它首先生成白色的无水盐 $FeSO_4$，然后分解：

$$2FeSO_4 \longrightarrow Fe_2O_3 + SO_2 + SO_3$$

绿矾在空气中可逐渐失去一部分水，并且表面容易氧化为黄褐色碱式硫酸铁：

$$4FeSO_4 + 2H_2O + O_2 \longrightarrow 4Fe(OH)SO_4(\text{黄褐色})$$

绿矾在酸性溶液中能被强氧化剂氧化，如 $K_2Cr_2O_7$，$KMnO_4$，Cl_2 等，在分析化学中经常用作还原剂。绿矾与鞣酸反应可生成易溶的鞣酸亚铁，由于它在空气中被氧化成黑色的鞣酸铁，可用于制蓝黑墨水。因其还原性，$FeSO_4$ 常用作照相显影剂，用于纺织、染色，还可用于制作除臭剂、木材防腐剂、农药。最近日本研究发现用 $FeSO_4$ 作食物防腐剂、鲜度保持剂有较好的效果。

硫酸亚铁铵$(NH_4)_2SO_4 \cdot FeSO_4 \cdot 6H_2O$是通过有适当比例的两种单盐溶液的结晶得到的通式为 $M_2^ISO_4 \cdot FeSO_4 \cdot 6H_2O$(M=碱金属或铵)的复盐，又称摩尔盐。由于它的酸性溶液被空气氧化的速度比单盐要慢得多，因此常用于容量分析中。

在铁(Ⅲ)盐中，最重要的是三氯化铁。将铁屑和氯气在高温下直接作用可得到无水三氯化铁(红褐色六方晶系晶体)。无水 $FeCl_3$ 的熔点为 555 K，沸点为 588 K，易溶于有机溶剂，它基本上属共价型化合物。它可以升华，常用升华法提纯 $FeCl_3$。在 673 K的 $FeCl_3$ 蒸气中有双聚分子 Fe_2Cl_6 存在，其结构和 Al_2Cl_6 相似，1023 K 以上分解为单分子。无水 $FeCl_3$ 在空气中易潮解，常见的三氯化铁为棕黄色 $FeCl_3 \cdot 6H_2O$ 水合晶体，它易潮解、易水解。

三氯化铁由于易水解生成的沉淀有强吸附性，用作净水的凝聚剂，可用于净化含硫、亚硫酸盐和硫化物的水，还可净化工业气体，以除去其中的硫化氢，并同时制得单质硫，在医药上利用其凝聚性作止血剂，因为它可引起蛋白质迅速凝聚。在电子工业中，三氯化铁在印刷电路中用作铜板的侵蚀剂。三氯化铁是铜、银有机化合物的氯化剂等。

4. 钴的化合物

(1)Co(Ⅱ)盐

Co 能形成 Co(Ⅱ)，Co(Ⅲ)两种氧化态的化合物。

Co(Ⅱ)盐在某些方面与 Fe(Ⅱ)盐相似，例如可溶盐有相同结晶水($CoSO_4 \cdot 7H_2O$，$FeSO_4 \cdot 7H_2O$)；水合离子都有颜色，$[Co(H_2O)_6]^{2+}$ 为粉红色，$[Fe(H_2O)_6]^{2+}$ 为浅绿色。然而 Co(Ⅱ)水合离子的还原性比 Fe(Ⅱ)弱，在水溶液中稳定存在，在碱性介质中能被空气氧化。

常见的 Co(Ⅱ)盐是 $CoCl_2$，它有三种主要水合物，它们的相互转变温度及特征颜色如下：

$$\underset{\text{粉红色}}{CoCl_2 \cdot 6H_2O} \xrightleftharpoons{52.25\ ℃} \underset{\text{紫红色}}{CoCl_2 \cdot 2H_2O} \xrightleftharpoons{90\ ℃} \underset{\text{蓝紫色}}{CoCl_2 \cdot H_2O} \xrightleftharpoons{120\ ℃} \underset{\text{蓝色}}{CoCl_2}$$

这个性质用于指示硅胶干燥剂的吸水情况。当干燥硅胶吸水后，逐渐由蓝色变为粉红色。再生时可在烘箱中受热，则又失水由粉红色变为蓝色，可重复使用。

Co^{3+} 是强氧化剂，在水溶液中极不稳定，易转变为 Co^{2+}，所以 Co(Ⅲ)只存在于固态和配合物中。固体 Co(Ⅲ)化合物有 CoF_3，Co_2O_3，$Co_2(SO_4)_3 \cdot 18H_2O$ 等。重要的 Co(Ⅲ)配合物有$[Co(NH_3)_6]Cl_3$，$K_3[Co(CN)_6]$，$Na_3[Co(NO_2)_6]$。

(2)钴的配合物

Co(Ⅱ)的简单盐很稳定，但它的配合物却不如 Co(Ⅲ)稳定，例如$[Co(NH_3)_6]^{2+}$溶液很容易被空气中的氧氧化为$[Co(NH_3)_6]^{3+}$。如果水合氯化钴(Ⅱ)在氨存在下被空气中的氧所氧化，同时加入氯化氨以提供所需要的阳离子，则沉淀出橙色的氯化六氨合钴(Ⅱ)：

$$4[Co(H_2O)_6]Cl_2 + 4NH_4Cl + 20NH_3 + O_2 \xrightarrow{\text{活性炭}} 4[Co(NH_3)_6]Cl_3 + 26H_2O$$

对这个反应来说，活性炭为催化剂，如果没有活性炭，而用过氧化氢作氧化剂，则生成一水五氨合钴(Ⅲ)氯化物$[Co(NH_3)_5H_2O]Cl_3$。

在氨存在下通过 Co(Ⅱ)氧化容易得到 Co(Ⅲ)配合物，因为 Co(Ⅲ)形成配离子后，在溶液中则是稳定的，以至于空气中的氧就能把$[Co(NH_3)_6]^{2+}$氧化成$[Co(NH_3)_6]^{3+}$。

亚硝酸根 NO_2^- 作为配体存在时，Co(Ⅱ)也很容易氧化。例如在醋酸存在下，如果加入过量的 $NaNO_2$ 到 Co(Ⅱ)中，则发生如下反应：

$$Co^{2+} + 7NO_2^- + 2H^+ \longrightarrow NO + H_2O + [Co(NO_2)_6]^{3+}$$

这里，Co^{2+} 实际上是被 NO_2^- 所氧化，而后者(过量时)同时又起配体作用，生成六硝基合钴(Ⅲ)配离子。

在 CN^- 存在下，$[Co(CN)_6]^{4-}$ 的还原性大大增强，在水溶液中就能把水还原为氢，使$[Co(CN)_6]^{4-}$转化为$[Co(CN)_6]^{3-}$：

$$2[Co(CN)_6]^{4-} + 2H_2O \longrightarrow 2[Co(CN)_6]^{3-} + 2OH^- + H_2$$

由此可见，Co(Ⅲ)配合物的稳定性大于 Co(Ⅱ)配合物。一般配位体配位能力越强，

Co(Ⅲ)配合物越稳定。由于CN^-的配位能力强，因此$[Co(CN)_6]^{3-}$($\beta=1\times10^{64}$)的稳定性大于$[Co(NH_3)_6]^{3+}$($\beta=1.4\times10^{35}$)。

Co(Ⅱ)配合物有两种常见的类型：八面体的粉红色配合物和四面体的蓝色配合物。如果氯化钴(Ⅱ)溶解在水溶液中，则主要的配合物是六水合离子$[Co(H_2O)_6]^{2+}$(粉红色)。如果加热这一溶液，则它变为蓝色，而如果加入过量的氯离子也可观察到同样的结果。这种颜色改变是与下述变化相联系的：

$$[Co(H_2O)_6]^{2+}\underset{\text{或加热}}{\xrightarrow{Cl^-}}[CoCl_4]^{2-}$$

$$\text{粉红色(八面体型)}\underset{H_2O}{\longleftarrow}\text{蓝色(四面体型)}$$

介于两者之间的配离子也能存在于溶液中。

Co(Ⅱ)能与SCN^-生成蓝色的$[Co(SCN)_4]^{2-}$配离子，它在水溶液中易离解，但在有机溶剂中比较稳定，可用于比色分析。

一个有趣的现象是一般Co(Ⅱ)八面体配合物都是红色，四面体配合物都是蓝色。这说明了颜色和立体化学环境有关。

5. 镍的化合物

常见的Ni(Ⅱ)盐有：黄绿色的$NiCl_2\cdot7H_2O$和绿色的$Ni(NO_3)_2\cdot6H_2O$，以及复盐$(NH_4)_2SO_4\cdot NiSO_4\cdot6H_2O$。

将金属镍溶于H_2SO_4或HNO_3可制得相应的盐。制备$NiSO_4$时，为了加快反应速度，常加入一些氧化剂，如HNO_3或H_2O_2：

$$Ni+H_2SO_4+2HNO_3\longrightarrow NiSO_4+2NO_2+2H_2O$$

Ni(Ⅱ)能形成许多配合物，简单的水合离子$[Ni(H_2O)_6]^{2+}$是八面体，把过量浓氨水加入Ni(Ⅱ)盐溶盐中，由于配位体的取代得到蓝紫色的八面体配合物$[Ni(NH_3)_6]^{2+}$，它与一些阴离子(如Br^-)生成微溶性盐。当将丁二肟加入Ni(Ⅱ)溶液中时，生成鲜红色螯合物二丁二肟合镍(Ⅱ)，这一反应可用于定性鉴定Ni^{2+}。

如果将氰化镍(Ⅱ)$Ni(CN)_2$溶于过量的氰化钾中，能结晶出橙红色配合物，它是平面四方形构型的$K_2Ni(CN)_4\cdot H_2O$。

金属镍与CO作用生成四羰基镍$Ni(CO)_4$，Ni的氧化态为0，它是一种易挥发的有毒液体(沸点315 K)，具有正四面体构型，受热时能分解出金属Ni和CO，故可用于制纯镍。

第13章练习题

一、是非题

1. 铜副族和碱金属元素的原子最外层都只有1个电子，所以都只能形成+1氧化值的化合物。　　(　　)

2. $Zn(OH)_2$的溶解度随着溶液pH值的升高逐渐降低。　　(　　)

3. 所有金属单质中，熔点最高和最低的都处在过渡元素。　　(　　)

二、单选题

1. 在下列离子溶液中，与氨水作用能形成稳定配合物的是（　　）。

A. Na^+　B. Mg^{2+}　C. Cr^{3+}　D. Mn^{2+}

2. 欲除去 $CuSO_4$ 酸性溶液中的 Fe^{3+}，效果最好的应加入（　　）。

A. NaOH　B. $[Fe(CN)_6]^{4-}$　C. KCNS　D. H_2S

3. 下列金属单质不能和 S 直接化合的是（　　）。

A. Au　B. Ag　C. Hg　D. Cu

4. 下列反应式错误的是（　　）。

A. $CuSO_4 \cdot 5H_2O \longrightarrow CuSO_4 + 5H_2O$

B. $ZnSO_4 + BaS \longrightarrow ZnS \cdot BaSO_4 \downarrow$

C. $HgCl_2 + 2NH_3 \longrightarrow NH_2HgCl \downarrow + NH_4Cl$

D. $Cd(OH)_2 + 4NH_3 \longrightarrow [Cd(NH_3)_4]^{2+} + 2OH^-$

5. 下列说法错误的是（　　）。

A. 锰与冷、浓 H_2SO_4 反应很慢　B. 汞与硝酸作用可生成氨

C. 铁在高温下与硫直接化合成 FeS　D. 锌能和浓 NaOH 溶液作用放出氢

6. 滴加哪一种试剂即可将下列 $Cu(NO_3)_2$，$AgNO_3$，$Hg(NO_3)_2$，$Hg_2(NO_3)_2$ 和 $Cd(NO_3)_2$ 五种硝酸盐溶液区别开来（　　）。

A. H_2SO_4　B. HNO_3　C. HCl　D. 氨水

7. 水溶液 Cu（Ⅱ）可以转化为 Cu（Ⅰ），但需要具备一定的条件，该条件简述得最全面的是（　　）。

A. 存在还原剂，同时 Cu（Ⅰ）能生成难溶物或配合物

B. 存在还原剂即可

C. 存在还原剂，同时 Cu（Ⅰ）能生成难溶物

D. 存在还原剂，同时 Cu（Ⅰ）能生成配合物

三、填空题

1. 在含有 x mol 三氯化铁和 y mol 氯化铜的水溶液里插入一块铁片，充分反应后取出，再称该铁片。若铁片质量和插入前相等，则 $x:y=$__________；若铁片质量比插入前增加了，则 x 和 y 的关系式是__________；若铁片质量比插入前减轻了，则 x 和 y 的关系式是__________。

2. 写出下列铬元素各氧化值间互相转变的反应式：

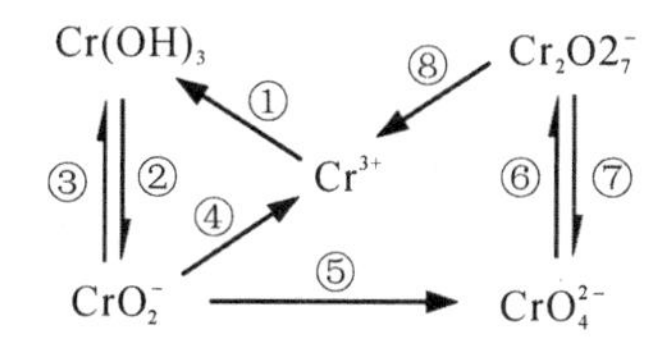

①____________________________　②____________________________

③______________________ ④______________________

⑤______________________ ⑥______________________

⑦______________________ ⑧______________________

四、简答题

1. 将 H_2S 通入 $ZnCl_2$ 溶液中，仅析出少量 ZnS 沉淀，如果在此溶液中加入 NaAc，则可使 ZnS 沉淀完全，试说明原因。

2. 有一混合溶液可能含有 Fe^{2+}，Al^{3+}，Zn^{2+}，Cu^{2+}，Ag^{+}，若溶液中逐滴加入 2 mol·L^{-1} 的氨水得浅蓝色沉淀，继续加入过量的氨水则得白色沉淀和深蓝色溶液，分离后，在白色沉淀中加入过量的 2 mol·L^{-1} NaOH 溶液，白色沉淀溶解得无色溶液。将深蓝色溶液用 2 mol·L^{-1} HCl 溶液酸化至强酸性，则溶液的颜色呈浅蓝色，并有白色沉淀析出。试判断此溶液中肯定存在哪些离子，可能存在哪个离子，肯定不能存在哪个离子，简单说明理由。

3. 根据下列配合物的中心离子价层电子构型，估计哪个配合物是有色的，哪个配合物是无色的？

$$[Zn(NH_3)_4]^{2+} \qquad [Ni(en)_3]^{2+} \qquad [MgY]^{2-}$$

4. 选用适当的酸溶解下列硫化物（以反应式表示）：

$$Ag_2S \qquad CuS \qquad ZnS \qquad CdS \qquad HgS$$

5. 在 Cu^{2+}，Ag^{+}，Cd^{2+}，Hg_2^{2+}，Hg^{2+} 溶液中，分别加入适量的 NaOH 溶液，问各有什么物质生成？写出有关的离子反应方程式。

6. 怎样从铬铁矿中提取铬？写出有关反应式并说明铬的主要用途。

7. 根据以下反应，确定 A，B，C，D，E 及 F 的分子式和颜色。

$$\underline{A}\ (s) \xrightarrow{\triangle} \underline{B}\ (s) + N_2(g) + 4H_2O\ (g)$$

$$\underline{A}\ (s) + 4OH^-(aq) \longrightarrow 2\ \underline{C}\ (g) + 2\ \underline{D}\ (aq) + 3H_2O\ (l)$$

$$2\ \underline{D}\ (aq) + 2H^+(aq) \longrightarrow \underline{E}\ (aq) + H_2O\ (l)$$

$$\underline{B}\ (s) \xrightarrow{+KHSO_4} \xrightarrow{\triangle 溶于水} 2\ \underline{F}\ (aq)$$

$$N_2(g) + 3H_2(g) \xrightarrow{催化剂} 2\ \underline{C}\ (g)$$

$$2\ \underline{C}\ (g) + \underline{E}\ (aq) + H_2O\ (l) \longrightarrow \underline{A}\ (aq)$$

$$\underline{E}\ (aq) + 6Fe^{2+}(aq) + 14H^+(aq) \longrightarrow 2\ \underline{F}\ (aq) + 6Fe^{3+}(aq) + 7H_2O\ (l)$$

$$2\ \underline{E}\ (aq) + 10\ OH^-(aq) + 3H_2O_2(aq) \longrightarrow 2\ \underline{D}\ (aq) + 8H_2O\ (l)$$

8. 在 $MnCl_2$ 溶液中加入适用的 HNO_3，再加入 $NaBiO_3$，溶液中出现紫红色后又消失，说明原因，写出有关反应方程式。

9. 各用一个化学反应方程式来表示下列“铁三角”的转化关系：

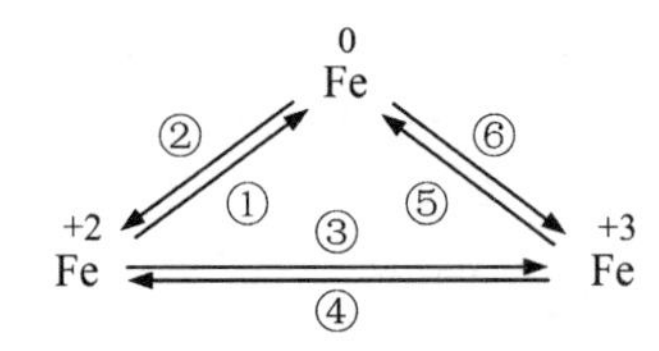

五、计算题

1. 将一块生锈的铁片置于稀硝酸中，反应结束后，收集到标准状况的一氧化氮 1.12 L，还剩余 3 g 单质铁。取出铁片后，溶液中通入 10.65 g 氯气，恰好使溶液中 Fe^{2+} 全部氧化（假设氯气只跟 Fe^{2+} 反应）。求这块生锈的铁片总质量是多少？（铁锈的成分以 $Fe_2O_3 \cdot H_2O$ 计算）

2. 分析一种含铬配合物 A，已知其质量分数为：Cr 为 19.5%，Cl 为 40%，H 为 4.5%，O 为 36%；它的相对分子质量为 266.5。现进行下列实验：

(1) 取 0.533 g A 溶于 HNO_3，加入过量 $AgNO_3$，得到 0.287 g AgCl；

(2) 取 1.06 g A 在干燥空气中加热到 100 ℃，失去 0.144 g 水。

试推断 A 的化学式及配合物的结构式。

第 14 章

吸光光度法

基于物质对光的选择性吸收而建立的分析方法称为吸光光度法。吸光光度法包括比色法、紫外分光光度法、可见分光光度法、红外光谱法等。相应的测量波长范围及其具体分类如下：

- 吸光光度法
  - 比色法
    - 目视比色法
    - 光电比色法
  - 紫外分光光度法　　200～400 nm
  - 可见分光光度法　　400～750 nm
  - 红外光谱法　　0.75～1000 μm

与化学分析法相比，吸光光度法具有以下四个特点：

(1)灵敏度高。常用于测量 $10^{-3}\%$～1%的微量组分，甚至可测 $10^{-5}\%$～$10^{-4}\%$的痕量组分。

(2)准确度高。一般比色法的相对误差为 5%～10%，分光光度法的相对误差为 2%～5%。若用精密分光光度计，相对误差可达 1%～2%。

(3)应用广泛。吸光光度法可分析几乎所有的无机离子和众多有机物。

(4)操作简便、快捷，仪器简单、价廉。

例如要测定含铁 0.003%的铁样。若用重量法，1 g 铁样经溶解、沉淀为 $Fe(OH)_3$ 后，再经灼烧大约只剩下 0.04 mg 的 Fe_2O_3，天平不易准确称量；若用氧化还原滴定法，1 g 铁样转化为 Fe^{2+} 后，再用 1.6×10^{-3} $mol\cdot L^{-1}$ 的 $K_2Cr_2O_7$ 滴定只消耗 0.05 mL，显然滴定体积太少而无法准确量取。

若用分光光度法，1 g 铁样溶解后，25.00 mL 溶液中含 Fe^{3+} 40 $\mu g\cdot mL^{-1}$，用盐酸羟胺还原为 Fe^{2+}，可用吸光光度法测定，还可用邻二氮菲与 Fe^{2+} 显色，来准确地测定。

14.1 吸光光度法的基本原理

14.1.1 光的吸收本质

光是一种电磁波，具有波动性和微粒性。不同波长(或频率)的光，其能量不同，短波的能量大，长波的能量小。

1. 可见光的颜色与波长

同一波长的光称为单色光，具有一定波长范围的光称为复合光。白光就是一种复合光，它在波长 400～760 nm 范围内依波长从长到短而变化，故呈现红、橙、黄、绿、青、蓝、紫等各种颜色，这是人的视觉可以感觉到的光，故称之为可见光。不同波长的可见光呈现不同的颜色，表 14-1 列出了可见光的波长与颜色的对应关系。

表 14-1　可见光的波长与颜色

光的颜色	紫	蓝	青蓝	青	绿	黄	橙	红
波长/nm	400～450	450～480	480～490	490～500	500～580	580～600	600～650	650～760

2. 互补色光

将两种适当的色光按一定强度比例混合后，也可以成为白光。这两种色光称为互补色光。透射光与吸收光为互补色光，物质颜色是由透过光颜色(即吸收光的互补色)所决定的，采用互补色光图可以表示色光的互补关系，见图 14-1。

若将互补色光图中对角线上的两种色光按一定比例混合，也可以形成白光。如红与青、黄与蓝、绿与紫等。不在对角线上的两种色光，无论按任何比例混合都不可能形成白光。

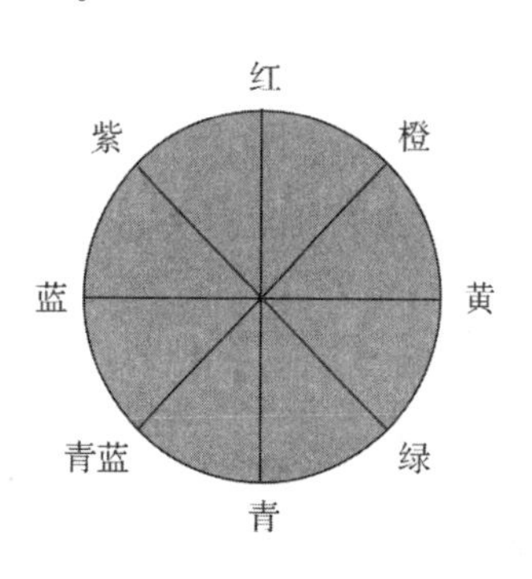

图 14-1　互补色光图

若固定某一溶液的浓度 c 和液层厚度 b，测量不同 λ 下的 A，以吸光度 A 对吸收波长 λ 作图，就得到吸收曲线，即吸收光谱。

例如图 14-2 所示是不同浓度 $KMnO_4$ 溶液的吸收曲线。从图 14-2 可以看出吸收光谱曲线的两个主要特点：

(1)最大吸收波长 λ_{max} 与浓度 c 无关。曲线形状随吸光物质的分子结构不同而不同，利用这一特点可用来进行定性分析。

(2)A 与浓度 c 有关。其中 A 为吸光度，随浓度 c 增大而增大，利用这一特点可用来进行定量分析。

吸光光度法主要用于定量分析，那么如何根据 A 与 c 的关系来进行定量分析呢？这就是本章所要讨论的主要问题。

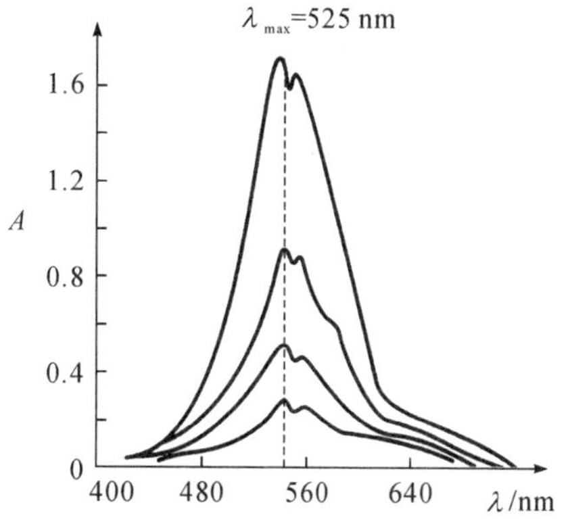

图 14-2　不同浓度 $KMnO_4$ 溶液的吸收曲线

14.1.2　朗伯-比尔定律

吸光光度法的定量依据是朗伯-比尔定律，此定律是由总结实验事实而得来的，但也可通过理论推导而得到。

1. 定律推导

当一束入射光强度为 I_0 的平行单色光，通过液层厚度为 b(单位：cm)的有色溶液时，溶质吸收了部分的光线，透过光的强度减到 I_t，如图 14-3 所示。

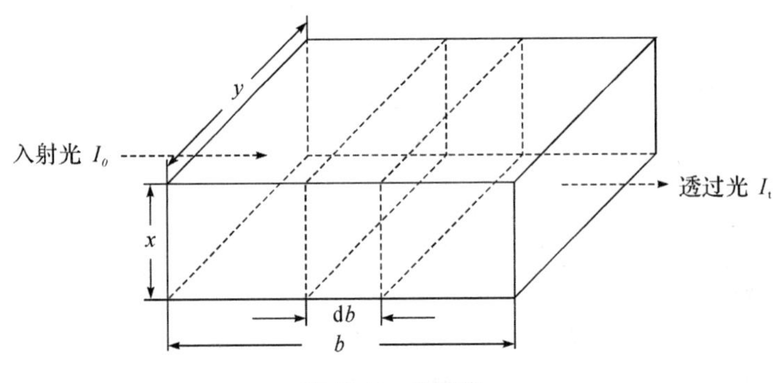

图 14-3　光吸收

图 14-3 中的 db 为无限薄的液层，x 为盛比色液的比色杯高度，y 为比色杯的宽度。

假设吸光物质的分子数为 N，在 db 中吸收光的强度为 I，则在 db 中，吸收光的减弱程度($-\mathrm{d}I$)显然与 N 和 I 的乘积成正比，即 $-\mathrm{d}I \propto NI$。

若溶液浓度为 $c(\mathrm{mol \cdot L^{-1}})$，则 $N = c \times 6.02 \times 10^{23} \cdot x \cdot y \cdot \mathrm{d}b \cdot 10^{-3}$，故有

$$-\mathrm{d}I = k'NI = k' \cdot 6.02 \times 10^{20} \cdot x \cdot y \cdot c \cdot \mathrm{d}b \cdot I$$

式中：k' 为比例常数。

如果特制 x，y 为统一规格，则

$$k' \cdot 6.02 \times 10^{20} \cdot x \cdot y = k(\text{常数})$$

因此

$$-\mathrm{d}I/I = kc\mathrm{d}b$$

将上式两边积分

$$-\int_{I_0}^{I_t} \frac{\mathrm{d}I}{I} = kc\int_0^b \mathrm{d}b$$

解得

$$-\ln \frac{I_t}{I_0} = kbc \quad \text{或} \quad -\lg \frac{I_t}{I_0} = \frac{k}{2.303}bc = abc$$

$\frac{I_t}{I_0}$ 愈大，说明透过光愈多而吸收光愈少；$\lg \frac{I_0}{I_t}$ 值愈大，说明光被吸收愈多而透过愈少。故通常把 $\frac{I_t}{I_0}$ 称为透光比，把 $\lg \frac{I_0}{I_t}$ 称为吸光度。如果设 $\frac{k}{2.303}$ 为吸光系数 a，则有

$$\lg \frac{I_0}{I_t} = -\lg \frac{I_t}{I_0} = -\lg T = A$$

所以

$$A = -\lg T = abc \tag{14-1}$$

式(14-1)称为物质对光的吸收的基本定律，即朗伯-比尔定律。朗伯-比尔定律的物理意义是：当一束平行单色光，通过单一均匀、非散射的吸光物质溶液时，溶液的吸光度 A 与溶液的浓度 c、液层厚度 b 的乘积成正比。

朗伯定律：当 c 不变，而 b 改变时，吸光度与液层厚度成正比，即

$$A = acb = k_1 b$$

比尔定律：当 b 不变，而 c 改变时，吸光度与溶液浓度成正比，即

$$A = acb = k_2 c$$

定量分析一般采用比尔定律。按照比尔定律，浓度 c 与吸光度 A 之间的关系应是一条通过原点的直线。在实际工作中，特别是当溶液浓度较高时，会出现偏离直线的现象，如图 14-4 中的虚线所示。

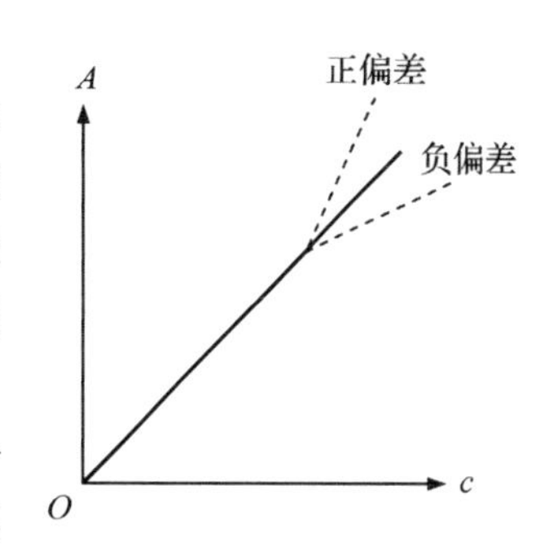

图 14-4　A 与 c 的关系曲线

因此，朗伯-比尔定律的适用条件是：

(1)入射光为单色光。严格而言，单色光是由单一波长组成的光，例如激光。但由于目前分光光度计提供的是较窄波长范围的入射光，只能视作近似“单色光”。当入射光的纯度不高(即波长范围较宽)时，朗伯-比尔定律会发生偏离，此时吸光度 A 与溶液浓度 c 不成线性关系。

(2)一般为低浓度溶液。当溶液浓度较高($c >$ 0.01 $mol \cdot L^{-1}$)时，由于吸光物质的粒子间相互影响，使其吸光能力发生改变而偏离朗伯-比尔定律。

(3)入射光的波长 λ 和强度 I_0 不变。显然，即使对于同一浓度的同一种溶液，无论是入射光的强度或是波长发生变化时，其 A 值会随之变化，因此破坏了 A 与 c 之间的线性关系。

(4)吸光物质不变。不同的吸光物质其吸光系数也不同，此时显然不适用朗伯-比尔定律。

2. 吸光系数 a

吸光系数 a 的数值及单位随 b，c 所取单位的不同而不同。当 b 的单位用 cm，c 的单位用 $g \cdot L^{-1}$ 时，吸光系数的单位为 $L \cdot g^{-1} \cdot cm^{-1}$；如果溶液浓度 c 的单位用 $mol \cdot L^{-1}$，b 的单位用 cm，则吸光系数就称为摩尔吸光系数，用符号 κ 表示，单位为 $L \cdot mol^{-1} \cdot cm^{-1}$。摩尔吸光系数是物质吸光能力大小的量度。吸光光度法中常运用 κ 值估算显色反应的灵敏度，κ 值大说明显色反应的灵敏度高，κ 值小则显色反应的灵敏度低，大多数 κ 在 $10^4 \sim 10^5$ 数量级，根据 κ 值的大小可选择适宜的显色反应体系。

显然不能直接采用 c 为 1 $mol \cdot L^{-1}$ 这样高的浓度来测定 κ，一般均在很稀浓度下实验，所得数据按下式计算：

$$A = \kappa bc \tag{14-2}$$

a 与 κ 的关系可用下式计算：

$$\kappa = Ma \tag{14-3}$$

式中，M 为所测物质的摩尔质量。

例 14-1　采用 1,10-邻二氮菲吸光光度法测定某试液中 Fe^{2+} 的含量，已知 Fe^{2+} 浓度为 1.0 $\mu g \cdot mL^{-1}$，比色皿厚度为 1 cm，于 508 nm 波长下测得 $A = 0.20$，计算 κ 及 a 各为多少？($M_{Fe} = 55.85\ g \cdot mol^{-1}$)

解
$$C_{Fe^{2+}} = \frac{1.0 \times 1000 \times 10^{-6}\ g \cdot L^{-1}}{55.85\ g \cdot mol^{-1}} = 1.8 \times 10^{-5}\ mol \cdot L^{-1}$$

根据式(14-2)得到

$$\kappa = \frac{A}{bc} = \frac{0.20}{1\ cm \times 1.8 \times 10^{-5}\ mol \cdot L^{-1}} = 1.1 \times 10^{-4}\ L \cdot mol^{-1} \cdot cm^{-1}$$

根据式(14-3)得到

$$\alpha=\frac{\kappa}{M}=\frac{1.1\times10^{4}\ \mathrm{L\cdot mol^{-1}\cdot cm^{-1}}}{55.85\ \mathrm{g\cdot mol^{-1}}}=2.0\times10^{2}\ \mathrm{L\cdot g^{-1}\cdot cm^{-1}}$$

在吸光光度法中，有时也用透光度 T 来表示物质吸收光的能力大小。

14.2　目视比色法和光度计的基本部件

14.2.1　目视比色法

用眼睛比较溶液颜色的深浅以测定物质含量的方法，称为目视比色法。常用的目视比色法是标准系列法。这种方法就是使用一套由同种材料制成的、大小形状相同的平底玻璃管(称为比色管)，于管中分别加入一系列不同量的标准溶液和待测液，在实验条件相同的情况下，再加入等量的显色剂和其他试剂，稀释至一定刻度(比色管容量有10,25,50,100 等几种)，然后从管口垂直向下观察，比较待测液与标准溶液颜色的深浅。若待测液与某一标准溶液颜色深度一致，则说明两者浓度相等，若待测液颜色介于两标准溶液之间，则取其算术平均值作为待测液浓度。

14.2.2　目视比色法与分光光度法的比较

目视比色法的主要缺点是准确度不高，相对误差为 5%～20%。如果试液中还有其他的有色物质，将有干扰，甚至无法测定，此时只能采用分光光度法或其他方法测定。另外，由于许多有色溶液颜色不稳定，标准系列不能久存，经常需在测定时配制，比较麻烦。虽然可采用其某些稳定的有色物质(如重铬酸钾、硫酸铜和硫酸钴等)配制永久性标准系列，或利用有色塑料、有色玻璃制成永久色阶，但由于它们的颜色与试液的颜色往往有差异，也需要进行校正。

尽管目视比色法存在上述缺点，但因其设备简单，操作简便，比色管内液层厚，而人眼具有辨别很稀的有色溶液颜色的能力，故测定的灵敏度高，且不要求有色溶液严格服从比耳定律，适宜于稀溶液中微量组分的测定，尤其适用于准确度要求不高的常规分析中。

较之目视比色法，分光光度法的优点有：

(1)准确度高。相对误差为 2%～5%。

(2)选择性好。当出现干扰时，可采用调节酸度、加掩蔽剂、分离等方法予以消除。

(3)速度快，能用于多组分含量分析。

14.2.3　分光光度计部件

分光光度计主要部件有光源、单色器、吸收池和检测系统四个部分(见图 14-5)，采用玻璃棱镜或光栅分光获得单色光。如 72 型分光光度计的光学系统如图 14-6 所示。

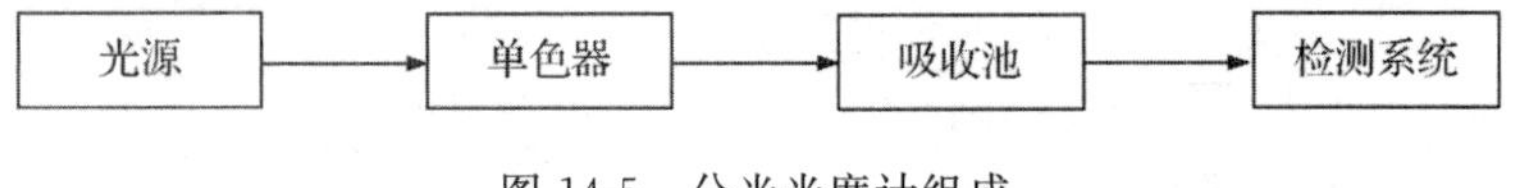

图 14-5　分光光度计组成

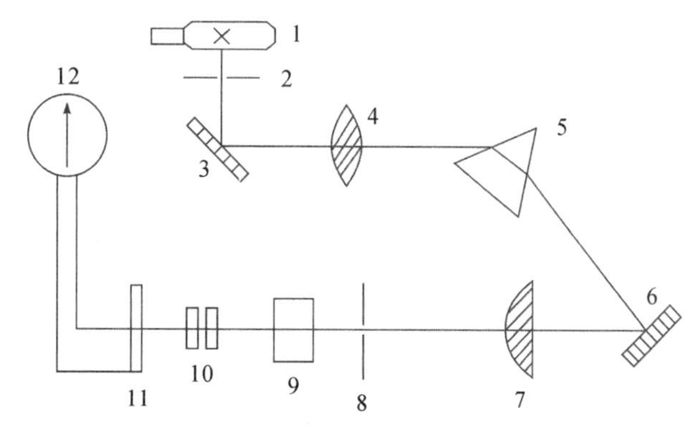

1—光源；2—进光狭缝；3，6—反射镜；4，7—透镜；5—棱镜；8—出光狭缝；
9—比色皿；10—光量调节器；11—硒光电池；12—检流器。

图 14-6　72 型分光光度计光学系统

1. 光源

光源产生复合光，常用 6～12 V 的钨丝灯。600～1000 nm 钨丝灯发出的复合光波长覆盖整个可见光区。

可见光波长为 400～760 nm，为了防止电源电压微小变化引起的灯光强度变化，因此，必须有稳压装置。

2. 单色器

单色器是把连续光谱分解为单色光的装置。

(1)滤光片：谱带宽几十个纳米，有红、绿、蓝三块。

(2)棱镜：复合光在棱镜界面上发生折射而色散，谱带宽几个纳米。棱镜色散复合光的原理如图 14-7 所示。

(3)光栅：根据光的衍射和干涉作用，使复合光色散。它具有波长范围宽，色散近似线性，谱线间距相等及高分辨等优点。

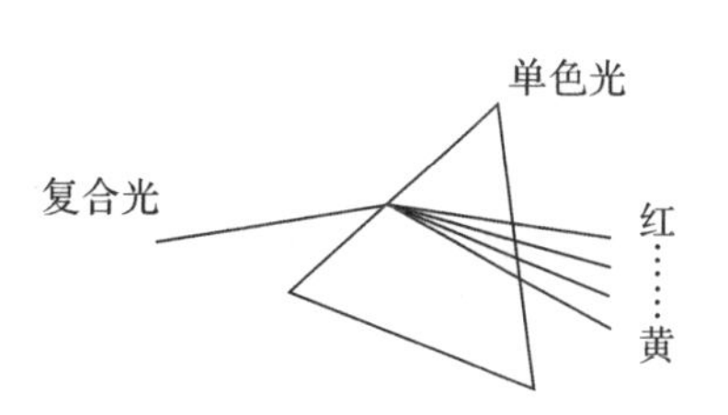

图 14-7　棱镜色散复合光

3. 吸收池

吸收池即盛放待测溶液的比色皿，它由光学玻璃(用于可见光区)和石英玻璃(用于紫外-可见光区)制成，有 0.5 cm，1 cm，2 cm，3 cm 等规格。比色皿必须保持十分干净，注意保护其透光面，不要直接用手指接触。

4. 检测系统

(1)光电转换装置：把光信号转化为电信号。常用的光电转换装置有硒光电池和光电管(或光电倍增管)。光电池受强光照射或连续工作时间如果太长，光电流会很快升至一较高值，然后逐渐下降，这种现象称为光电池的“疲劳”现象。如遇到此情况，应暂停使用，使之恢复原来的灵敏度。光电池还应注意防湿。

(2)检流计：测量光电流，并将其转化为吸光度 A。

14.3 显色反应及显色条件的选择

将待测组分变成有色络合物的反应称为显色反应。与待测组分形成有色络合物的试剂称为显色剂。

14.3.1 显色反应的选择

显色反应可分为氧化还原反应和配位反应两大类，并以配位反应更为重要。对显色反应有以下要求

(1)灵敏度高：κ 值大是显色反应灵敏度的重要标志，当 $\kappa=10^4\sim10^5$ 时可认为灵敏度高。

(2)选择性好：显色剂与被测物之间的显色反应干扰少，或者能找到消除干扰的方法。

(3)显色剂在测定波长处无明显吸收。也就是说，有色化合物 MR_n 与显色剂 R 颜色差别要大，反衬度要大。一般要求：

$$\Delta\lambda=|\lambda_{max}^{MR_n}-\lambda_{max}^{R}|>60\ \text{nm}$$

(4)反应生成的显色化合物 MRn 组成恒定，性质稳定。

14.3.2 显色条件的选择(或影响显色反应的因素)

1. 酸度

显色反应的适宜酸度通常通过实验来确定。具体方法是，将待测组分的浓度及显色剂的浓度固定，仅仅改变溶液的 pH 值，分别测定溶液的吸光度 A。以 pH 值为横坐标，吸光度 A 为纵座标，得到 pH-A 关系曲线，称为酸度曲线，如图 14-8 所示。

在曲线上选择较为平坦区间的 pH 值，作为测定的酸度范围，一般选择平坦区间的中间部分。

2. 显色剂用量

为了使显色反应进行完全，需加入过量显色剂。但显色剂不是越多越好，有时显色剂加入太多，反而引起副反应，对测定也不利。在实际应用中，通常是仿照上述酸度选择的方法，绘制吸光度与显色剂用量的关系曲线，如图 14-9 所示。

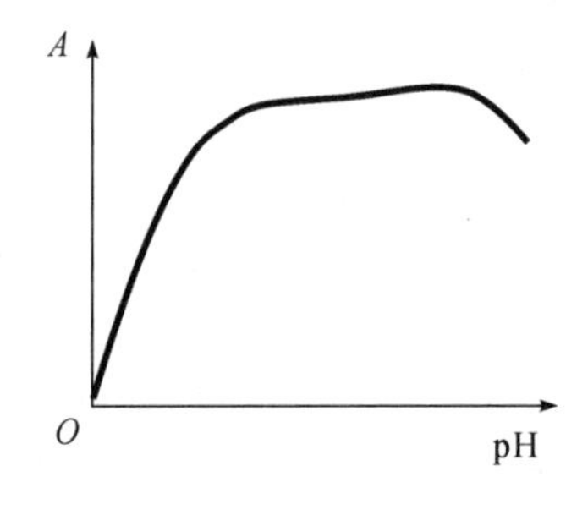

图 14-8 pH-A 关系曲线

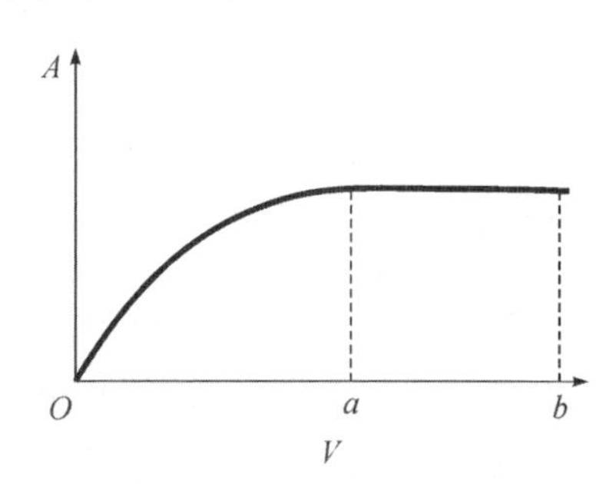

图 14-9 显色剂用量试验

图14-9中出现从 a 至 b 的平坦部分,可在 ab 区间选择合适的显色剂用量。图14-9为大多数情况。另外,还有些特殊情况,例如随着显色剂用量的增加,吸光度与显色剂用量的关系曲线在达到平坦区域后,出现下降趋势,甚至不出现平坦区域,这些情况都应更加严格控制显色剂用量,否则测定结果不准确。

3. 显色时间

一方面它反映显色速度的快慢,另一方面反映显色配合物的稳定性。对于进行缓慢的显色反应,须经过一段时间,待反应达到平衡,颜色稳定后才能测定。对容易褪色的不稳定配合物 MR_n,应在吸收度 A 下降前测定。

4. 显色温度

升温加快显色,但当温度偏高时,有色物质会分解。因此同样可通过实验结果来选择相应的最适温度。一般情况下显色反应在室温条件下进行,要求标准溶液和被测溶液在测定过程中温度一致。

总之,对于显色剂用量,显色酸度、时间、温度都应通过实验,分别作出 A-c_R,A-pH,A-t,A-T 曲线,找出合适的 c_R,pH,t,T,即找出平坦区来选择最佳显色条件。

5. 副反应的影响

显色反应应该尽可能地进行完全,但是,当溶液中有各种副反应存在时,便会影响主反应的完全程度。通常,当金属离子有99%以上被配位时,就可认为反应基本上是完全的。

6. 溶剂的影响

由于溶剂的变化会影响待测物质的物理性质和组成,因此,溶剂对吸收光谱的影响会使生色团的吸收峰的吸光度和波长位置发生变化。

7. 共存离子的影响

如果共存离子本身有颜色或共存离子与显色剂生成有色配合物,会使吸光度增加,造成正干扰。如果共存离子与被测组分或显色剂生成无色配合物,则会降低被测组分或显色剂的浓度,从而影响显色剂与被测组分的反应,引起负干扰。

消除共存离子干扰的常用方法有:加入掩蔽剂,使干扰离子变为无色物质;选择适当显色条件和测定波长以避免干扰;选择合适的参比溶液;分离干扰离子。

14.3.3 显色剂

1. 无机显色剂

无机显色剂在光度分析中应用不多,这主要是因为生成的配合物不够稳定,其灵敏度与选择度也不够高,目前,有价值的仅有硫氰酸盐、钼酸铵、H_2O_2 等。

2. 有机显色剂

大多数有机显色剂与金属离子 M^{n+} 生成稳定的螯合物,显色反应的选择性和灵敏度都较高,在吸光光度法中应用广泛。

(1)生色团

生色团可吸收光子而产生跃迁的原子基团。它一般是分子中含有一个或多个某些不饱和键基团(生色团)。例如,偶氮基 —N═N— ,羰基 >C═O,硫羰基 >C═S 等。

(2)助色团

助色团含有孤对电子的基团,显然本身没有颜色,当它与某生色团相连时(与其不饱和键相互作用),能使该生色团的吸收波长位置向长波方向移动(即红移),且光谱强度有所增大,如胺基、羟基、卤基等。

(3)有机显色剂分类

有机显色剂的类型、品种都非常多,常用的有:

①偶氮类:含有偶氮基 —N═N— ,如偶氮胂Ⅲ、二苯硫腙 PAR 等。这类显色剂性质稳定,显色反应灵敏度高,选择性好,对比度较大。

②三苯甲烷类:如络天青、二甲酚橙等。

③N,N 型配合类:如邻二氮菲、丁二肟等。

④O,O 型配合类:如磺基水杨酸等。

14.4 吸光度测量条件的选择

为了使光度法有较高的灵敏度与准确度,除了选择适当的显色条件外,还必须选择适当的测量条件。

14.4.1 入射光波长的选择

入射光波长应根据吸收曲线,选择溶液最大吸收波长为宜。因为 λ_{max} 处 κ 值最大,灵敏度较高,且在此波长处在一较小范围内吸光度变化不大,不会造成对吸收定律的偏离,使得测定准确度也较高。

若 λ_{max} 不在仪器可测范围内,或干扰物质在此波长处有强烈吸收,那么入射光波长应选择在 κ 随波长变化不太大且 κ 较大处的波长。而不选 420 nm。

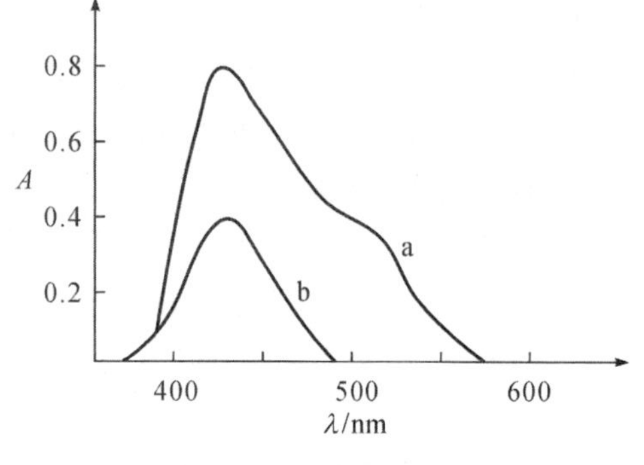

a 为钴配合物的吸收曲线;

b 为 1-亚硝基-2-萘酚-3,6 磺酸显色剂的吸收曲线。

图 14-10 钴配合物及其显色剂的吸收曲线

如图 14-10 所示,以 b 为显色剂测钴含量时,入射光波长应选择在 500 nm 处,虽然在 500 nm 处测定的灵敏度不及在 420 nm处,但 500 nm 处的干扰更小,方法的准确度和选择性更高。

14.4.2 参比溶液的选择

将不含待测离子的溶液或试剂放入一比色皿中,试液放入另一比色皿中,再调节仪器,使不含待测离子溶液处于 $T=100\%$,此种溶液称为参比溶液。使用参比溶液是为了消除由于比色皿、溶剂及试剂对入射光的反射和吸收等带来的误差。选择参比溶液的原则是:使试液的吸光度真正反映待测物的浓度。一般从以下几方面考虑:

(1)仅待测组分与显色剂形成的配合物(MR_n)有色时,可用去离子水或纯溶液作参比溶液。

(2)如果显色剂 R 或其他试剂在测量波长处有吸收,应采用试剂空白(不加试样而其余试剂照加的溶液)作参比溶液。

(3)如果显色剂在测量波长处无吸收,但待测试液中共存离子有吸收,如 Co^{2+},MnO_4^- 等,此时可用不加显色剂的试液为参比溶液,以消除有色离子的干扰。

14.4.3 吸光度 A 读数范围的选择

在不同吸光度范围内读数对测定带来不同的误差,当 $A=0.2\sim0.8$ 时,该范围为其适宜的读数范围。因此在测定时,一般应使 A 在 0.2~0.8(或 T 在 16%~63%)之内。这可以利用控制溶液浓度、比色皿厚度或改变参比溶液的办法达到之。

例 14-2 有一有色溶液,用 1.0 cm 吸收池在 527 nm 处测得其透光度 $T=60\%$,如果浓度加倍,试问:(1)T 值为多少?(2)A 值为多少?(3)用 5.0 cm 吸收池时,要获得 $T=60\%$,则该溶液的浓度应为原来浓度的多少倍?

解 (1)设有色溶液的原来浓度为 a,则加倍后的浓度为 $2a$,根据比尔定律可得:

$$\lg T=\frac{2a}{a}\times\lg 60\%=-0.44$$

所以

$$T=0.36$$

(2)

$$A=-\lg T=-\lg 0.36=0.444$$

(3)在其他条件不变而仅将吸收池厚度从 1.0 cm 加厚到 5.0 cm 时,又要获得相同的透光度,则根据光的吸收定律 $b_1c_1=b_2c_2$ 可求得吸收池改变前后两溶液的浓度之比 c_2/c_1:

$$\frac{c_2}{c_1}=\frac{b_1}{b_2}=\frac{1.0}{5.0}=0.2$$

14.5 吸光光度法的应用

14.5.1 高含量组分的测定——示差分光光度法

当待测组分含量较高,溶液的浓度较大时,其吸光度值常超出适宜的读数范围,引起较大的测量误差,甚至无法直接测定。此时可采用示差分光光度法。

采用示差分光光度法时,使用浓度稍低于试液 c_x 的标准溶液 c_s 作为参比溶液,根据朗伯-比尔定律得:

$$A_x=\kappa c_x b,\quad A_s=\kappa c_s b$$

两式相减得:

$$A_x-A_s=\kappa b\,(c_x-c_s)$$

$$\Delta A=\kappa b\Delta c$$

由上式可知,吸光度差值 ΔA(称为相对吸光度)与浓度差值 Δc 成正比关系,这是示差分光光度法的基本关系式。因为是用已知浓度的标准溶液作为参比溶液,在仪器

上调试 $T=100\%$（即令 $A_s=0$），故测得的吸光度就是相对吸光度。以浓度为 c_s 的标准溶液作为参比溶液，测定一系列浓度已知的标准溶液的相对吸光度 ΔA，作 $\Delta A \sim \Delta c$ 工作曲线，由待测试液的 ΔA 在上述工作曲线上查出相应的 Δc，则

$$c_x = c_s + \Delta c$$

采用示差分光光度法测定高含量组分，仍可使其 A 值落在 0.2～0.8 的适宜读数范围内，因而测定的相对误差较小，准确度较高。此法可测定 Mo，W，Ta，Ti，Al，SiO_3^{2-} 等高含量组分。

14.5.2　单组分分析

由于是单组分体系，因此，只要选择被测物质吸收光谱中吸收峰处的波长测定样品溶液的吸光度，就可以提高灵敏度并减少测量误差。通常采用 A-c 标准曲线法进行测定。

例 14-3　槐米中芦丁的含量测定。配制每毫升含芦丁对照品 0.200 mg 的标准储备溶液。分别移取 0.00，1.00，2.00，3.00，4.00，5.00 mL 于 25 mL 容量瓶中，按样品溶液显色的同样方法显色，稀释至刻度，测各溶液的吸光度并作标准曲线。在相同条件下测量样品溶液（称槐米 3.00 mg 置 25 mL 容量瓶中）的吸光度，求槐米中芦丁的百分含量。有关数据如下：

测量次数	1	2	3	4	5	6	样品
浓度 c/(mg/mL)	0.000	0.200	0.400	0.600	0.800	1.00	c_x
吸光度 A	0.000	0.240	0.491	0.712	0.950	1.156	0.845

解　绘制标准曲线（见图 14-11），由于样品吸光度 $A=0.845$，所以样品中芦丁的百分含量为

$$\omega_{芦丁} = \frac{0.710}{3.00} \times 100\% = 23.7\%$$

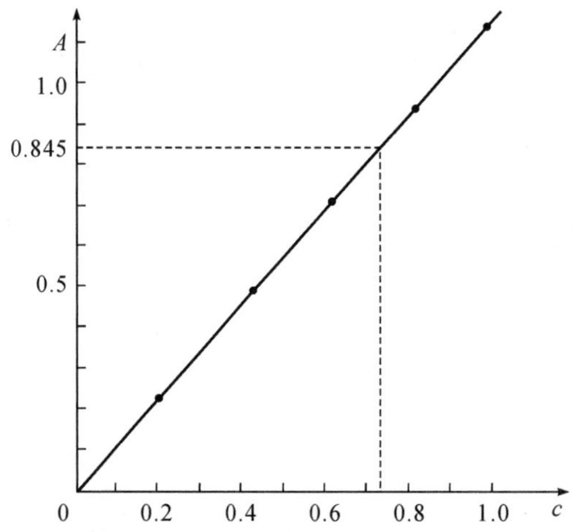

图 14-11　标准曲线

14.5.3　多组分分析

在含有多组分的体系中，各组分对同一波长的光可能都有吸收。这时，溶液的总吸光度等于各组分的吸光度之和：

$$A=A_1+A_2+A_3+\cdots+A_n$$

这就是吸光度的加和性。因此，常可在同一溶液中进行多组分含量的测定，其测定的结果往往可以通过计算求得。

现以双组分混合物为例，根据吸收峰相互重叠的情况，可按下列两种情况进行定量测定。

1. 吸收峰互不重叠

如图 14-12(a)所示，X，Y 两组分的吸收峰相互不重叠，则可分别在 λ_{max}^{X}，λ_{max}^{Y}处用单组分含量测定的方法测定组分 X 和 Y。

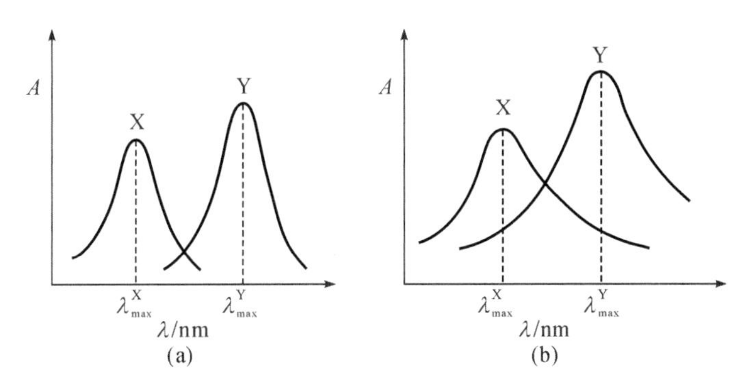

图 14-12　多组分的吸收曲线

2. 吸收峰相互重叠

如图 14-12(b)所示，X，Y 两组分的吸收峰相互重叠，即 X 在 λ_{max}^{Y}处有吸收，Y 在 λ_{max}^{X}处也有吸收。这时可分别在 λ_{max}^{X}和 λ_{max}^{Y}处测出 X，Y 两组分的总吸光度 A_1 和 A_2，然后根据吸光度的加和性列联立方程：

在 λ_{max}^{X}处：　　$A_1=\kappa_1^{X} b\, c_X+\kappa_1^{Y} b\, c_Y$

在 λ_{max}^{Y}处：　　$A_2=\kappa_2^{X} b\, c_X+\kappa_2^{Y} b\, c_Y$

式中：κ_1^{X}，κ_1^{Y} 分别为 X，Y 在波长 λ_{max}^{X}处的摩尔吸收系数；κ_2^{X}，κ_2^{Y} 分别为 X，Y 在波长 λ_{max}^{Y}处的摩尔吸收系数。

解上述联立方程，即可求得 X，Y 两组分的浓度 c_X 和 c_Y。原则上对任何数目的组分都可以用此方法建立方程求解，在实际应用中通常仅限于 2 个或 3 个组分的体系，如能利用计算机解多元联立方程，则不会受到这种限制。

例 14-4　钴、镍离子与某有机试剂形成配合物的吸收光谱相互重叠。在 510 nm 处，它们的 $\kappa_{510,Co}=36400$，$\kappa_{510,Ni}=550$；在 656 nm 处，它们的 $\kappa_{656,Co}=1240$，$\kappa_{656,Ni}=17500$。今有一钴、镍离子的混合试样，用 1.00 cm 的吸收池，在 510 nm，656 nm 处测得吸光度依次为 0.476，0.347。求混合试样中钴、镍离子的浓度各为多少？

解 据题意 $b=1.00$ cm，由吸光度的加和性联立方程得到：

在 510 nm 处： $0.476=36400\ c_{Co}+550\ c_{Ni}$ (1)

在 656 nm 处： $0.347=1240\ c_{Co}+17500\ c_{Ni}$ (2)

由式(1)求得 $c_{Ni}=(0.476-36400\ c_{Co})/550$ (3)

将式(3)代入式(2)得 $0.347=1240\ c_{Co}+17500\times(0.476-36400\ c_{Co})/550$

解得 $c_{Co}=1.28\times10^{-5}(\text{mol}\cdot\text{L}^{-1})$

代入式(3)解得 $c_{Ni}=(0.476-36400\times1.28\times10^{-5})/550$

$=1.83\times10^{-5}(\text{mol}\cdot\text{L}^{-1})$

14.5.4 配合物组成的测定

分光光度法可用来研究配合物的组成，下面简单介绍测定配合物组成的两种常用方法。

1. 摩尔比法(又称饱和法)

假定金属离子 M 与配体 R 生成配合物 MR_n，且配合物有吸收，而金属离子 M 与配体均无明显吸收。摩尔比法是固定一种组分如金属离子 M 的浓度，改变配位剂 R 的浓度，得到一系列 c_R/c_M 不同的溶液，以相应的试剂空白作为参比溶液，分别测定其吸光度。以吸光度 A 为纵坐标，配位剂与金属离子的浓度比值为横坐标作图。当配位剂减少时，金属离子没有完全被配合。随着配位剂的增加，生成的配合物便不断增多。当金属离子全部被配位剂配合后，再增加配位剂，其吸光度亦不会增加了，如图 14-13 所示。图 14-13 中的转折点不敏锐，这是由于配合物解离造成的。利用外推法可得一交叉点 D，D 点所对应的浓度比值 c_R/c_M 就是配合物的配合比 n。对于解离度小的配合物，这种方法简单快速，可以得到满意的结果。

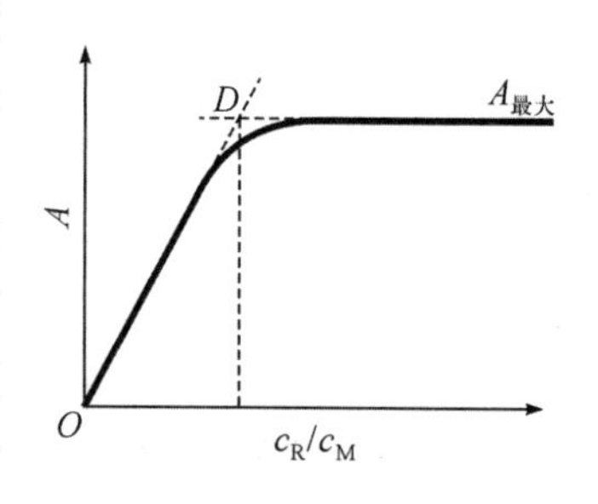

图 14-13 摩尔比法

2. 连续变化法

连续变化法是在金属离子和配位剂的物质的量之和保持恒定时，连续改变它们之间相对比例，配制一系列溶液。这些溶液中，有的金属离子过量，有的配位剂过量，它们的配合物浓度都不是最大值。只有金属离子与配位剂物质的量之比和配离子组成一定时，配合物浓度才最大。设配位反应为

$$M+nR \rightleftharpoons MR_n$$

M 为金属离子，R 为配位剂。并设 c_M 和 c_R 为溶液中 M 和 R 两组分的浓度：

$$c_M+c_R \rightleftharpoons c(\text{常数})$$

金属离子和配位剂的摩尔分数分别为

$$x_M=\frac{c_M}{c_M+c_R}$$

$$x_R=\frac{c_R}{c_M+c_R}$$

配制一系列不同 x_M(或 x_R)的溶液,溶液中配合物浓度随 x_M 而改变,当 x_M(或 x_R)与形成的配合物组成相当时,即金属离子和配位剂物质的量之比和配合物组成一致时,配合物的浓度最大。如果选择某一波长的光,M 和 R 对这波长的光基本不吸收,仅是 MR_n 吸收。测定各溶液的吸光度 A,以吸光度 A 为纵坐标,x_M(或 x_R)为横坐标,即可得配合物浓度的连续变化法曲线,如图 14-14 所示。由图 14-14 可见,MR_n 最大吸光度为 A,但由于配合物有一部分解离,其浓度要稍小些,实测得最大吸收度在 B' 处,即吸光度为 A',根据与最大吸光度对应的 x 值,即可求出 n。

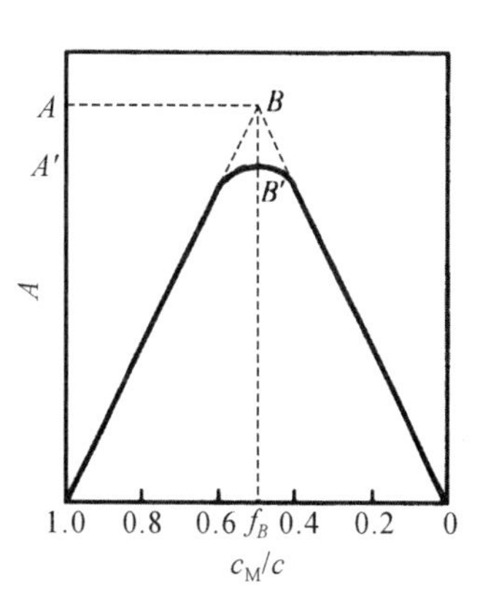

图 14-14　连续变化法

$$n=\frac{x_R}{x_M}=\frac{c_R}{c_M}$$

如果 $x_R=x_M=0.5$,$n=1$ 即生成 MR 配合物;如果 $x_R=0.67$,$x_M=0.33$,$n=2$ 即生成 MR_2 配合物。

例 14-5　Ca^{2+} 与苦酮酸反应形成有色配合物,苦酮酸是配位剂用 R 表示。固定 Ca^{2+} 浓度为 1.00×10^{-3} mol·L^{-1},而改变苦酮酸的浓度。用 1 cm 比色皿在 λ_{max} 处测得数据如下,求配合物的组成。

c_R/(mol·L^{-1})	A	c_R/(mol·L^{-1})	A
0.4×10^{-3}	0.065	2.0×10^{-3}	0.355
0.8×10^{-3}	0.150	2.4×10^{-3}	0.385
1.2×10^{-3}	0.225	2.8×10^{-3}	0.400
1.6×10^{-3}	0.294	4.0×10^{-3}	0.400

解　根据上表,按苦酮酸浓度从低到高的顺序算出 c_R/c_M 的比值分别为 0.4,0.8,1.2,1.6,2.0,2.4,2.8,4.0。

以 c_R/c_M 为横坐标,A 为纵坐标作图(见图 14-15),延长直线部分,相交于 B 点,B 点所对应的 c_R/c_M 比值为 2.0,所以配合物组成为 CaR_2。

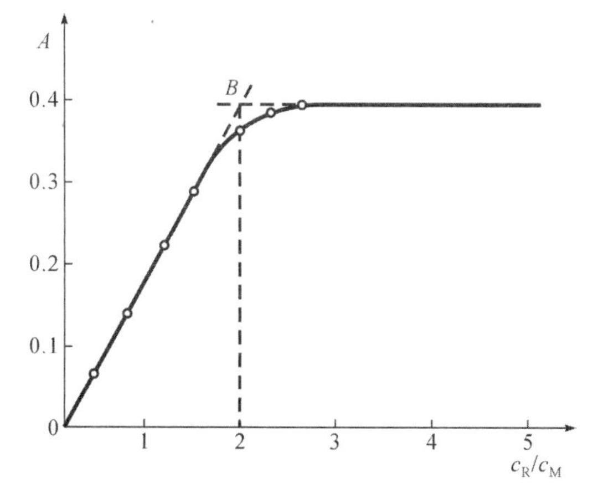

图 14-15　摩尔比法测定 Ca^{2+} 苦铜酸配合物的配位比

第14章练习题

一、是非题

1. 对于本身没有颜色的组分无法用吸光光度法进行测定。（　　）
2. 吸收光谱曲线的形状以及λ_{max}值与溶液浓度无关。（　　）
3. 分光光度法亦称为吸光光度法。（　　）

二、单选题

1. 下列各种颜色的可见光，能量最大的是（　　）。
   A. 蓝光　　B. 绿光　　C. 黄光　　D. 紫光
2. 用分光光度计测得某有色溶液的λ_{max}=592 nm，那么该溶液在白光下呈现（　　）。
   A. 蓝色　　B. 绿色　　C. 黄色　　D. 紫色
3. 某红色溶液，它的λ_{max}值可能是（　　）。
   A. 400 nm　　B. 500 nm　　C. 600 nm　　D. 700 nm
4. 朗伯-比尔定律表明，与溶液浓度成正比的因素是（　　）。
   A. 透射比　　B. 吸光度　　C. 入射光强度　　D. 液层厚度
5. 朗伯-比尔定律只适用于（　　）。
   A. 单色光和高浓度溶液　　B. 可见光和高浓度溶液
   C. 单色光和低浓度溶液　　D. 可见光和低浓度溶液
6. 某溶液装在厚度为4 cm的吸收池中，测得A值为2.0，欲使测定结果的A值落在0.1～0.65范围内，如果其他条件不变，可选用吸收池的厚度为（　　）。
   A. 1.0 cm　　B. 1.5 cm　　C. 2.0 cm　　D. 2.5 cm
7. 某标准试样为10 $\mu g \cdot mL^{-1}$，吸光度为0.13，若被测试样吸光度为0.52，则其浓度为（　　）。
   A. 5 $\mu g \cdot mL^{-1}$　　B. 10 $\mu g \cdot mL^{-1}$　　C. 20 $\mu g \cdot mL^{-1}$　　D. 40 $\mu g \cdot mL^{-1}$

三、填空题

1. 将两种适当的色光按一定强度比例混合后，也可以成为＿＿＿＿＿＿。这两种色光称为＿＿＿＿＿＿＿＿。

2. 分光光度计基本上均由＿＿＿＿＿＿、＿＿＿＿＿＿＿＿＿＿、＿＿＿＿＿＿及＿＿＿＿＿＿＿＿＿＿四大部分组成。

四、计算题

1. 氯霉素（M=323.15）的水溶液在278 nm处有最大吸收。设用纯品配制100 mL含2.00 mg的溶液，以1.00 cm厚的吸收池在278 nm处测得透射比为24.3%，求吸光度A和吸光系数κ。

2. 有一含 Cu^{2+} 的试液稀释 100 倍后，测得其吸光度为 0.600，同样条件下测得 10^{-4} mol·L^{-1} Cu^{2+} 标准溶液的吸光度为 0.200，试求：

(1)原 Cu^{2+} 试液的物质的量浓度为多少？

(2)取 30 mL 原 Cu^{2+} 试液，需用 10 mL 的 EDTA 溶液才能滴定至终点，那么此 EDTA 溶液的物质的量浓度为多少？

3. 称取 0.3511 g $FeSO_4 \cdot (NH_4)_2SO_4 \cdot 6H_2O$ 溶于水，加入 1∶4 的 H_2SO_4 20 mL，定容至 500 mL。然后再从上述 500 mL 铁标准溶液中分别吸取 0.0，0.2，0.4，0.6，0.8，1.0 mL 置于 50 mL 容量瓶中，用邻二氮菲显色后加水稀释至刻度，分别测得吸光度如下表，用表中数据绘制工作曲线。

铁标准溶液/mL	0.0	0.2	0.4	0.6	0.8	1.0
吸光度 A	0	0.085	0.165	0.248	0.318	0.398

吸取 5.00 mL 试液，稀释至 250 mL，再吸取此稀释液 2.00 mL 置于 500 mL 容量瓶中，于绘制工作曲线相同条件下显色后，测得吸光度 A=0.281。求试液中铁的含量(mg·mL^{-1})。

4. 配制一组溶液，其中铁(Ⅱ)的含量相同，各加入 7.12×10^{-4} mol·L^{-1} 亚铁溶液 2.00 mL，和不同体积的 7.12×10^{-4} mol·L^{-1} 邻菲罗啉溶液，稀释至 25 mL 后，用 1.00 cm 吸收池，在 510 nm 处测得各溶液的吸光度如下：

邻菲罗啉/mL	A	邻菲罗啉/mL	A
2.00	0.240	6.00	0.700
3.00	0.360	8.00	0.720
4.00	0.480	10.00	0.720
5.00	0.593	12.00	0.720

求：(1)亚铁-邻菲罗啉配合物的组成；(2)配合物在 525 nm 处的 κ。

第 15 章

原子吸收分光光度法

15.1 基本原理

原子吸收光谱法是基于从光源辐射出具有待测元素特征谱线的光，通过试样蒸气时被蒸气中待测元素基态原子所吸收，由辐射特征谱线光被减弱的程度来测定试样中待测元素含量的分析方法。

基态原子吸收其共振辐射，外层电子由基态跃迁至激发态而产生位于紫外区和可见区的原子吸收光谱。

在原子蒸气中可能会有基态与激发态存在。根据热力学的原理，在一定温度下达到热平衡时，基态与激发态的原子数的比例遵循 Boltzman 分布定律：

$$\frac{N_i}{N_0}=\frac{g_i}{g_0}\exp\left(\frac{-E_i}{kT}\right) \tag{15-1}$$

式中：N_i 与 N_0 分别为激发态与基态的原子数；g_i/g_0 为激发态与基态的统计权重，它表示能级的简并度；T 为热力学温度；k 为 Boltzman 常数；E_i 为激发能。

从式(15-1)上式可知，温度越高，$\frac{N_i}{N_0}$ 值越大，即激发态原子数随温度升高而增加；在相同的温度条件下，激发能越小，吸收线波长越长，$\frac{N_i}{N_0}$ 值越大。尽管如此变化，但是在原子吸收光谱中，原子化温度一般小于 3000 K，大多数元素的最强共振线低于 600 nm，$\frac{N_i}{N_0}$ 值绝大部分在 10^{-3} 以下，激发态和基态原子数之比小于千分之一，激发态原子数可以忽略。因此，基态原子数 N_0 可以近似等于总原子数 N。

15.1.1 原子吸收光谱轮廓

原子吸收光谱线有一定宽度。一束不同频率、强度为 I_0 的平行光通过厚度为 l 的原子蒸气，一部分光被吸收，透过光的强度 I_n 随着光的频率 n 而有所变化，其变化规律如图 15-1 所示。

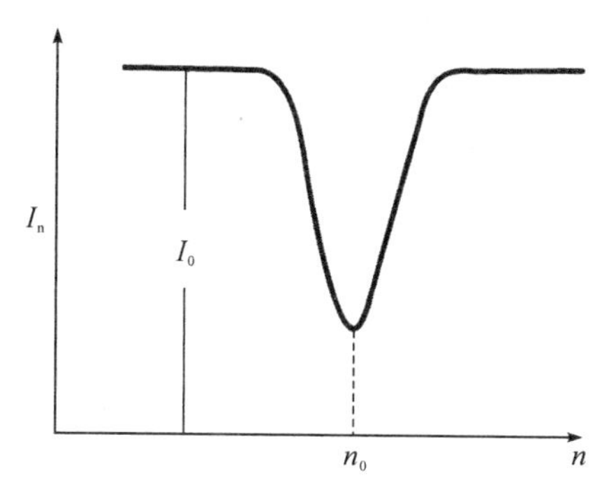

图 15-1　I_n 与 n 的关系

由图 15-1 可知，在频率 n_0 处透过光强度最小，即吸收最大。若将吸收系数对频率作图，所得曲线为吸收线轮廓。原子吸收线轮廓以原子吸收谱线的中心频率（或中心波长）和半宽度表征。中心频率由原子能级决定。半宽度是中心频率位置，吸收系数极大值一半处，谱线轮廓上两点之间频率或波长的距离。

谱线具有一定的宽度，主要有两方面的因素：一类是由原子性质决定的，例如，自然宽度；另一类是外界影响所引起的，例如，热变宽、碰撞变宽等。

15.1.2　原子吸收光谱的测量

1. 积分吸收

在吸收线轮廓内，吸收系数的积分称为积分吸收系数，简称为积分吸收，它表示吸收的全部能量。若能测定积分吸收，则可求出原子浓度。但是，测定谱线宽度仅为 10^{-3} nm 的积分吸收，需要分辨率非常高的色散仪器。

2. 峰值吸收

目前，一般采用测量峰值吸收系数的方法代替测量积分吸收系数的方法。如果采用发射线半宽度比吸收线半宽度小得多的锐线光源，并且发射线的中心与吸收线中心一致，如图 15-2 所示，这样就不需要用高分辨率的单色器，而只要将其与其他谱线分离，就能测出峰值吸收系数。

3. 锐线光源

锐线光源是发射线半宽度远小于吸收线半宽度的光源，如空心阴极灯。在使用锐线光源时，光源发射线半宽度很小，并且发射线与吸收线的中心频率一致。

4. 实际测量

在实际工作中，对于原子吸收值的测量是以一定光强的单色光 I_0 通过原子蒸气，然后测出被吸收后的光强 I。此吸收过程符合朗伯-比耳定律，即

$$A=\lg I_0/I=KN_0L$$

式中：K 为吸收系数；N_0 为自由原子总数（基态原子数）；L 为吸收层厚度。

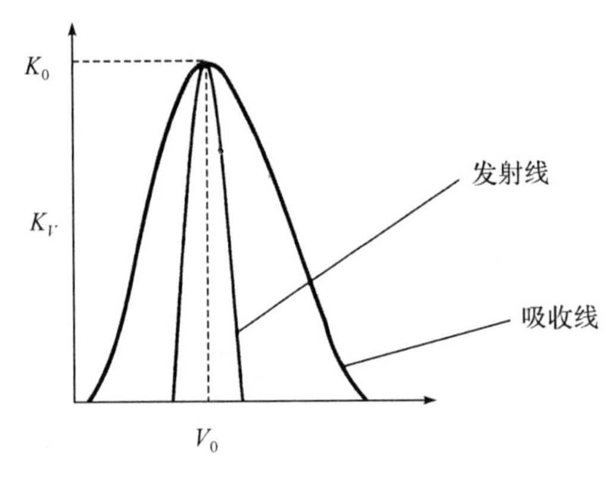

图 15-2 峰值吸收测量

15.2 原子吸收分光光度计

原子吸收光谱仪又称原子吸收分光光度计，由光源、原子化器、单色器和检测器等四部分组成。

15.2.1 光源

光源的作用是发射被测元素的特征共振辐射。对光源的基本要求是：发射的共振辐射的半宽度要明显小于吸收线的半宽度；辐射的强度大；辐射光强稳定，使用寿命长等。空心阴极灯是符合上述要求的理想光源，应用最广。

空心阴极灯是由玻璃管制成的封闭着低压气体的放电管，它主要由一个阳极和一个空心阴极组成。由于受宇宙射线等外界电离源的作用，空心阴极灯中总是存在极少量的带电粒子。当极间加上 300～500 V 电压后，管内气体中存在着的极少量阳离子向阴极运动，并轰击阴极表面，使阴极表面的电子获得外加能量而逸出。逸出的电子在电场作用下，向阳极做加速运动，在运动过程中与充气原子发生非弹性碰撞，产生能量交换，使惰性气体原子电离产生二次电子和正离子。在电场作用下，这些质量较重、速度较快的正离子向阴极运动并轰击阴极表面，不但使阴极表面的电子被击出，而且还使阴极表面的原子获得能量从晶格能的束缚中逸出而进入空间，这种现象称为阴极的“溅射”。

“溅射”出来的阴极元素的原子，在阴极区再与电子、惰性气体原子、离子等相互碰撞而获得能量，进而被激发发射阴极物质的线光谱。

空心阴极灯发射的光谱，主要是阴极元素的光谱。若阴极物质只含一种元素，则制成的是单元素灯。若阴极物质含多种元素，则可制成多元素灯。多元素灯的发光强度一般较单元素灯弱。

使用空心阴极灯可以得到强度大、谱线很窄的待测元素的特征共振线。

15.2.2 原子化器

原子化器的功能是提供能量，使试样干燥、蒸发和原子化。入射光束在这里被基态原子吸收，因此也可把它视为“吸收池”。对原子化器的基本要求是：必须具有足够高的原子化效率；必须具有良好的稳定性和重现性；操作简单以及低的干扰水平等。常用的原子化器有火焰原子化器和非火焰原子化器。

1. 火焰原子化器

在火焰原子化法中，常用的是预混合型原子化器，它由雾化器、雾化室和燃烧器三部分组成。用火焰使试样原子化是目前广泛应用的一种方式。它是将液体试样经喷雾器形成雾粒，这些雾粒在雾化室中与气体（燃气与助燃气）均匀混合，除去大液滴后，再进入燃烧器形成火焰。此时，试液在火焰中产生原子蒸气。

2. 非火焰原子化器

非火焰原子化器常用的是石墨炉原子化器。石墨炉原子化法的过程是将试样注入石墨管中间位置，用大电流通过石墨管以产生高达 2000～3000 ℃的高温使试样经过干燥、蒸发和原子化。

与火焰原子化法相比，石墨炉原子化法主要具有如下特点：

(1)灵敏度高，检测限低。

(2)用样量少。

15.2.3　单色器

单色器由入射和出射狭缝、反射镜和色散元件组成。色散元件一般为光栅。单色器可将被测元素的共振吸收线与邻近谱线分开。

原子吸收分光光度计只要求光栅能将共振线与邻近线分开到一定程度，不要求过高的线色辨率，因为原子吸收光谱测定既要将谱线分开，又要有一定的出射光强度以便测定。

15.2.4　检测器

原子吸收光谱法中通常使用光电倍增管作为检测器。光电倍增管的工作电源应有较高的稳定性。如工作电压过高、照射的光过强或光照时间过长，都会引起疲劳效应。

在现代一些高级原子吸收分光光度计中还设有自动调零、自动校准、标尺扩展、浓度直读、自动取样及自动处理等装置。

15.3　定量分析方法

15.3.1　标准曲线法

配制一组含有不同浓度被测元素的标准溶液，在与试样测定完全相同的条件下，按浓度由低到高的顺序测定吸光度值。绘制吸光度对浓度的 A-c 标准曲线。测定试样的吸光度，在标准曲线上用内插法求出被测元素的含量。

15.3.2　标准加入法

分取几份相同量的被测试液，分别按比例加入不同量的被测元素的标准溶液，其中一份为不加被测元素的标准溶液，最后稀释至相同体积，若设试样中待测元素的浓度为 c_x，则加入标准溶液后的浓度为 c_x，c_x+c_0，c_x+2c_0，c_x+3c_0，c_x+4c_0，…，然后分别测定它们的吸光度，绘制吸光度对浓度的标准曲线（见图 15-3），再将该曲线外推至与浓度轴相交。交点至坐标原点 c_x 的距离即是被测元素经稀释后的浓度。

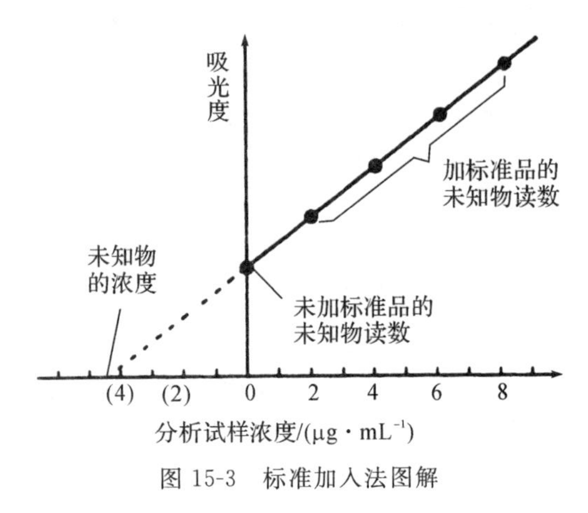

图 15-3 标准加入法图解

15.3.3 工作条件的选择

(1)吸收线的选择。每种元素都有若干条吸收线，常选择最灵敏的共振线进行分析。在分析被测元素浓度较高的试样时，可选用灵敏度较低的非共振线作为分析线。

(2)工作电流的选择。应在保持稳定和有合适的光强输出的情况下，尽量选用较低的工作电流。

(3)燃气、助燃气和燃烧器高度三因素的选择。用正交试验的方法来综合选择最佳水平。

(4)进行回收试验。在选定条件下做标准加入回收试验，确定试样中的其他组分有无干扰，以便控制和消除干扰。

15.3.4 灵敏度和检出极限

1. 灵敏度

人们常用特征浓度作为仪器对某个元素在一定条件下的分析灵敏度。

在火焰原子吸收光谱(AAS)中，特征浓度为

$$\rho=\frac{0.0044\rho_B}{A}$$

在石墨炉 AAS 中，特征浓度为

$$m=\frac{0.0044\rho_B V}{A}$$

式中：ρ_B 为待测试液的质量浓度($\mu g \cdot mL^{-1}$)；A 为待测试液的吸光度；V 为待测试液体积(mL)。

2. 检出极限

检出极限既反映仪器的质量和稳定性，也反映仪器对某元素在一定条件下的检出能力。

检出极限(D)是表示在选定的实验条件下，被测元素溶液能给出的测量信号 3 倍于标准偏差(σ)时所对应的质量浓度，单位用 mg・L^{-1}表示，表达式为

$$D=\frac{\rho_B}{A}3\sigma\times10^3$$

式中：σ 是用空白溶液进行 10 次以上的吸光度测量所计算得到的标准偏差。

15.4　干扰及抑制

原子吸收光谱法的主要干扰有物理干扰、化学干扰、电离干扰、光谱干扰和背景干扰等。

15.4.1　化学干扰及其抑制

化学干扰是由待测元素与其他组分之间的化学作用所引起的，它主要影响待测元素的原子化效率。消除化学干扰最常用的方法有：

1. 加入释放剂

加入释放剂，使其与干扰物质生成比被测元素更稳定的化合物，使被测元素释放出来。例如，磷酸根干扰钙的测定，可在试液中加入镧、锶盐，镧、锶与磷酸根首先生成比钙更稳定的磷酸盐，就相当于把钙释放出来。

2. 加入保护剂

保护剂的作用是它可与被测元素生成易分解的或更稳定的配合物，防止被测元素与干扰组分生成难离解的化合物。保护剂一般是有机配合剂。例如，EDTA，8-羟基喹啉。

3. 加入电离缓冲剂

加入大量容易电离的一种缓冲剂以抑制待测元素的电离。例如，在较高温度时，K，Na 都容易产生电离，致使电离平衡改变，若加入足量铯盐，产生大量自由电子，抑制了 K，Na 的电离，从而消除了电离干扰。

4. 加入饱和剂

在标准溶液和试液中加入足够量的干扰元素，使干扰趋于稳定(即饱和)。例如，用 Na_2O-C_2H_2 火焰测定钛时，可在标准溶液和试液中均加入 200 mg・L^{-1}以上的铝盐，使铝对钛的干扰趋于稳定。

15.4.2　光谱干扰及其抑制

光谱干扰的主要来源有：

(1)空心阴极灯内杂质引起的，在测定波长附近有单色器不能分离的非待测元素的邻近线。

(2)共存元素也能部分吸收待测元素共振线。

(3)分子吸收。在原子化过程中，其中存在某些基态分子，其吸收带与待测元素共

振线重叠;也来源于火焰本身或火焰中待测元素的辐射。

对于光谱干扰的常用消除方法有:减少狭缝、使用高纯度的单元素灯、零点扣除、使用合适的燃气与助燃气,以及使用氘灯背景校正等方法来消除。

第15章练习题

一、是非题

1. 蒸气中待测元素基态原子数近似等于吸收辐射的原子总数。 ( )

2. 原子吸收光谱法中原子蒸气对入射光的吸收程度不符合朗伯-比尔定律。 ( )

二、单选题

1. 采用锐线光源测量谱线峰值吸收,必须使( )。

A. 光源发射线与吸收线的中心频率一致,而且发射线的半宽度比吸收线的半宽度大得多

B. 光源发射线与吸收线的中心频率一致,而且发射线的半宽度比吸收线的半宽度小得多

C. 光源发射线与吸收线的中心频率不一致,而且发射线的半宽度比吸收线的半宽度大得多

D. 光源发射线与吸收线的中心频率不一致,而且发射线的半宽度比吸收线的半宽度小得多

2. 将浓度为0.4 $\mu g \cdot mL^{-1}$的镁溶液喷入空气-乙炔焰中进行测定,测得其吸光度为0.220,求得镁元素的特征浓度为( )。

A. 0.002 $\mu g \cdot mL^{-1}(1\%)^{-1}$ B. 0.004 $\mu g \cdot mL^{-1}(1\%)^{-1}$

C. 0.006 $\mu g \cdot mL^{-1}(1\%)^{-1}$ D. 0.008 $\mu g \cdot mL^{-1}(1\%)^{-1}$

三、填空题

1. 原子吸收光谱法是基于从光源辐射出具有待测元素________的光,通过试样蒸气时被蒸气中待测元素________所吸收,由辐射特征谱线__________来测定试样中待测元素含量的的分析方法。

2. 原子吸收光谱仪又称原子吸收分光光度计,由______、______、______和______等四部分组成。

四、计算题

1. 用原子吸收分光光度法测定自来水中镁的含量(用 $mg \cdot L^{-1}$表示)。取一系列的镁标准溶液(1 $\mu g \cdot mL^{-1}$)及自来水试样于50 mL的容量瓶中,分别加入5%的$SrCl_2$溶液2.0 mL后,用蒸馏水稀释至刻度。然后,与蒸馏水交替喷雾测定其吸光度,

所得数据列为下表，用作图法求出自来水中镁的含量。

镁标准溶液体积/mL	0.00	1.00	2.00	3.00	4.00	5.00	自来水水样 20.00 mL
吸光度 A	0.043	0.092	0.140	0.187	0.234	0.286	0.135

2. 用标准加入法测定某一试样中含镉的浓度，各试液在加入镉的标准溶液（10 $\mu g \cdot mL^{-1}$）后，用蒸馏水稀释至 50.0 mL，测得各试液的吸光度 A 值如下表所列，用作图法求算镉的浓度。

试液的体积/mL	20.0	20.0	20.0	20.0
加入镉标准溶液体积/mL	0.00	1.00	2.00	4.00
吸光度 A	0.042	0.080	0.116	0.190

第 16 章

电位分析法

电位分析法通常是由指示电极、参比电极和待测溶液构成原电池，直接测量电池电动势并利用 Nernst 方程来确定物质含量的方法。电位分析法分为直接电位法和电位滴定法两类。

测定原电池的电动势或电极电位，利用 Nernst 方程直接求出待测物质含量的方法称为直接电位法；向试液中滴加可与被测物发生氧化还原反应的试剂，以电极电位的变化来确定滴定终点，根据滴定试剂的消耗量间接计算待测物含量的方法称为电位滴定法。

16.1 参比电极

与被测物质无关、电位已知且稳定、提供测量电位参考的电极，称为参比电极。前述标准氢电极可用作测量标准电极电位的参比电极。但因该种电极制作麻烦，在使用过程中要使用氢气，因此，在实际测量中，常用其他参比电极来代替。

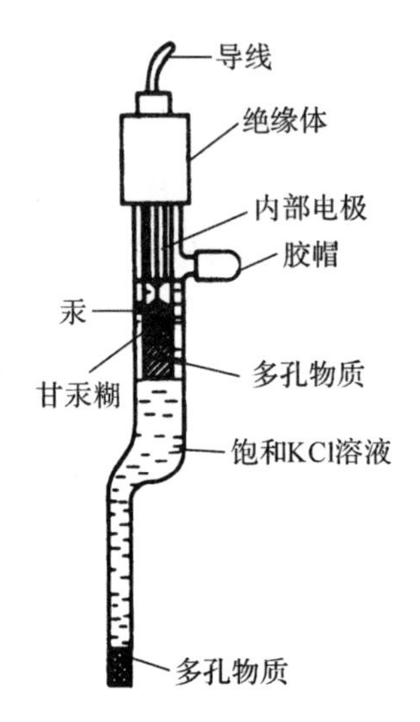

图 16-1 甘汞电极构造

16.1.1 甘汞电极

甘汞电极由汞、Hg_2Cl_2 和已知浓度的 KCl 溶液组成。其构造如图 16-1 所示，可以写作：

$$Hg|Hg_2Cl_2(s),KCl(x\ mol \cdot L^{-1})\|$$

它的电极反应为

$$Hg_2Cl_2(s)+2e^- \rightleftharpoons 2Hg(l)+2Cl^-$$

25 ℃时的电极电位为

$$E_{Hg_2Cl_2/Hg}=E^{\ominus}_{Hg_2Cl_2/Hg}-\frac{0.059}{2}\lg a^2_{Cl^-}=E^{\ominus}_{Hg_2Cl_2/Hg}-0.059\ \lg a_{Cl^-}$$

可见，电极电位与 Cl^- 的活度或浓度有关。当 Cl^- 浓度一定时，其电极电位是个定值。不同浓度的 KCl 溶液，使甘汞电极的电位具有不同的恒定值。常用甘汞电极内充的 KCl 溶液浓度有 0.1 mol·L^{-1}，1.0 mol·L^{-1} 和饱和溶液（4.6 mol·L^{-1}）三种，其中最常用的是饱和甘汞电极，简称 SCE，它在 25 ℃时的电极电位为 0.2438 V。

甘汞电极具有以下特点：

(1)制作简单，应用广泛。

(2)使用温度较低(<40 ℃)，但受温度影响较大，当 T 为 20～25 ℃时，饱和甘汞电极电位为 0.2479～0.2444 V。

(3)当温度改变时，电极电位平衡时间较长。

(4)Hg(Ⅱ)可与一些离子产生反应。

16.1.2　Ag/AgCl 电极

Ag/AgCl 电极由银丝镀上一层 AgCl，浸在一定浓度(3.5 mol·L^{-1}或饱和 KCl 溶液)的 KCl 溶液中构成。可以写作：

$$Ag|AgCl(s),KCl(x\ mol\cdot L^{-1})\|$$

它的电极反应为

$$AgCl+e^- \rightleftharpoons Ag+Cl^-$$

25 ℃时的电极电位为

$$E_{AgCl/Ag}=E^{\ominus}_{AgCl/Ag}-0.059\ \lg a_{Cl^-}$$

其构成与甘汞电极相似，只是将甘汞电极内管中的(Hg，Hg_2Cl_2，饱和 KCl 溶液)换成涂有 AgCl 的银丝即可。Ag/AgCl 电极也是常用的参比电极，25 ℃时内充饱和 KCl 溶液的 Ag/AgCl 电极的电势为 0.199 V。Ag/AgCl 电极具有以下特点：

(1)可在高于 80 ℃的温度下使用。

(2)电极电位比甘汞电极稳定。

(3)较少与其他离子反应(但可与蛋白质作用并导致与待测物界面的堵塞)。

16.1.3　参比电极使用注意事项

(1)电极内部溶液的液面应始终高于试样溶液液面，以防止试样对内部溶液的污染或因外部溶液与 Ag^+，Hg_2^{2+} 发生反应而造成液接面的堵塞。尤其是后者，可能是测量误差的主要来源。

(2)上述试液污染有时是不可避免的，但通常对测定影响较小。如果用此类参比电极测量 K^+，Cl^-，Ag^+，Hg_2^{2+}，其测量误差可能会较大。这时可用盐桥(不含干扰离子的 KNO_3 或 Na_2SO_4)来克服。

16.2　指示电极

电极电位随被测电活性物质活度变化的电极称为指示电极。

16.2.1　金属基电极

金属基电极是以金属为基体，共同特点是电极上有电子交换发生的氧化还原反应。分为以下四种：

1. 第一类电极

第一类电极亦称金属基电极($M|M^{n+}$)，它要求 $E^{\ominus}_{M^{n+}/M}>0$，如 Cu，Ag，Hg 等；其他元素，如 Zn，Cd，In，Tl，Sn 虽然它们的电极电位较负，因氢在这些电极上的超电位较大，仍可做一些金属离子的指示电极。

金属基电极因下列原因，用作指示电极并不广泛。

(1)选择性差，既对本身阳离子响应，亦对其他阳离子响应；

(2)许多这类电极只能在碱性或中性溶液中使用，因为酸可使其溶解；

(3)电极易被氧化，使用时必须同时对溶液做脱气处理；

(4)一些"硬"金属，如 Fe，Cr，Co，Ni 等，其电极电位的重现性差；

(5)pM-αM^{n+} 作图，所得斜率与理论值($-0.059/n$)相差很大且难以预测。

较常用的金属基电极有：Ag/Ag^{+}，Hg/Hg_2^{2+}(中性溶液)；Cu/Cu^{2+}，Zn/Zn^{2+}，Cd/Cd^{2+}，Bi/Bi^{3+}，Tl/Tl^{+}，Pb/Pb^{2+}(溶液要做脱气处理)。

2. 第二类电极

第二类电极亦称金属-难溶盐电极(M/MX_n)。此类电极可作为一些与电极离子产生难溶盐或稳定配合物的阴离子的指示电极，如对 Cl^- 响应的 Ag/AgCl 电极和 Hg/Hg_2Cl_2 电极，对 Y^{4-} 响应的 Hg/HgY(可在待测 EDTA 试液中加入少量 HgY)电极。但该类电极最为重要的应用是作为参比电极。

3. 第三类电极

第三类电极为 $M(MX+NX+N^{+})$，其中 MX，NX 是难溶化合物或难离解配合物。例如，$Ag/Ag_2C_2O_4$，CaC_2O_4，Ca^{2+}，电极反应为

$$Ag_2C_2O_4+2e^- = 2Ag+C_2O_4^{2-}$$

可见该类电极可指示 Ca^{2+} 活度的变化。如汞电极。

4. 零类电极

零类电极亦称惰性电极。电极本身不发生氧化还原反应，只提供电子交换场所。如 Pt/Fe^{3+}，Fe^{2+} 电极，Pt/Ce^{4+}，Ce^{3+} 电极等。电极反应为

$$Fe^{3+}+e^- = Fe^{2+}$$

可见 Pt 未参加电极反应，只提供 Fe^{3+} 及 Fe^{2+} 之间的电子交换场所。

16.2.2 pH 玻璃电极

玻璃电极是对溶液中 H^+ 活度具有选择性响应的离子选择性电极，它主要用于测定溶液的 pH。

pH 玻璃电极构造的关键部分是电极下部由特殊组成(以摩尔分数表示：Na_2O，22%；CaO，6%；SiO_2，72%)制成的球状玻璃膜，该膜的厚度为 0.03～0.1 mm。在玻璃泡内装有 0.1 $mol\cdot L^{-1}$ HCl 溶液，其中插入一支 Ag/AgCl 内参比电极。Ag/AgCl 内参比电极和溶液中的 Cl^- 所组成的内参比电极系统与玻璃膜形成了可靠的电接触。当内外玻璃膜与水溶液接触时，玻璃膜内 Na_2SiO_3 晶体骨架中的 Na^+ 与水中的 H^+ 发生交换：

$$G\text{-}Na^+ + H^+ \rightleftharpoons G\text{-}H^+ + Na^+$$

因为平衡常数很大，因此，玻璃膜内外表层中的 Na^+ 的位置几乎全部被 H^+ 所占据，从而形成所谓的“水化层”。

pH 玻璃电极整个的电极电势为

$$E_{玻璃}=K'-\frac{2.303RT}{F}pH_{试} \tag{16-1}$$

当在 25 ℃时，上式可写为

$$E_{玻璃}=K'-0.059pH_{试}$$

16.3　直接电位法

将指示电极与参比电极构成原电池，通过测量电池电动势，进而求出指示电极电位，然后据 Nernst 方程计算待测物浓度 c_x。直接电位法应用最多的是测定溶液 pH 值和用离子选择性电极测定离子的浓度。

16.3.1　离子浓度的测定

利用离子选择性电极(ISE)测定离子浓度的方法主要有以下两种。

1. 标准曲线法

在测定未知液之前，先将指示电极和参比电极插入一系列含有不同浓度的待测离子的标准溶液中，并在其中加入一定的惰性电解质(称为总离子强度调节缓冲液 TISAB)，测定所组成的各电池的电动势，并绘制 $E_{电池}$-lgc_i 或 $E_{电池}$-pM 关系曲线，在一定浓度范围内，关系曲线是一条直线。然后在待测溶液中加入同样的 TISAB 溶液，并用同一对电极测定其电动势 E_x，再从标准曲线上查出与 E_x 相对应的 c_x。

2. 标准加入法

标准曲线法只能用来测定游离离子的浓度。设试样为金属离子溶液，离子强度比较大，且溶液中存在配位剂，若要测定金属离子总浓度(包括游离的与配位的)，则可采用标准加入法。

设待测试样溶液的体积为 V_x，其中待测离子的浓度为 c_x，加入浓度为 c_s(c_s 的浓度最好是 c_x 的 50～100 倍)，体积为 V_s(V_s 最好是 V_x 的 1/100～1/50)的待测离子标准溶液。采用以下公式即可求得待测离子的浓度 c_x

$$c_x=\frac{c_sV_s}{V_x}(10^{\Delta E/S}-1)^{-1}$$

式中：$S=2.303RT/zF$(V)；ΔE 用两电动势差的绝对值代入。

标准加入法可以克服由于标准溶液组成与试样溶液不一致所带来的定量困难，也能在一定程度上消除共存组分的干扰。但标准加入法每个试样测定的次数增加了一倍，使测定的工作量增加许多。

例 16-1　在 50.00 mL 含掩蔽剂的 Ag^+ 试样溶液中，加入 5mL 1 mol·L^{-1} 的 $NaNO_3$，在 19.04 ℃下用银离子选择性电极测得电位为 45.0 mV。加入 0.500 mL 1.00 g·L^{-1} Ag^+ 标准液后，测得电位为 75.0 mV，求试样中 Ag^+ 浓度？

解 $S=2.303RT/zF$

$=2.303\times8.314\times(273.15+19.04)/(1\times96486)=0.05798(\text{V})$

$$c_x=\frac{c_sV_s}{V_x}(10^{\Delta E/S}-1)^{-1}$$

$$=\frac{1.00\times0.500}{50.00}(10^{30.0/57.98}-1)^{-1}=4.37\times10^{-3}(\text{g}\cdot\text{L}^{-1})$$

16.3.2 pH 值的测定

最常用的直接电位法是用酸度计测定溶液的 pH 值。测定时以 pH 玻璃电极为指示电极、SCE 为参比电极，与待测溶液组成一个测量电池：

SCE‖试样溶液|pH 玻璃电极

该电池的电动势为

$$E=E_{玻璃}-E_{SCE}$$

将玻璃电极的电势表达式(16-1)代入上式得到

$$E_{emf}=K'-\frac{2.303RT}{F}\text{pH}-E_{SCE}$$

由于甘汞电极的电势在一定条件下是一个常数，可以合并，得到

$$E_{emf}=K-\frac{2.303RT}{F}\text{pH}$$

上式表明，只要测得电池的电动势，即可求出待测溶液的 pH 值。

为了消去 K 值，实际测定时采用二次测量法，即采取与已知 pH 值的标准缓冲溶液比较的方法来确定待测溶液的 pH 值。假如，测得标准缓冲溶液的电动势为

$$E_{emf,s}=K-\frac{2.303RT}{F}\text{pH}_s$$

测得待测溶液的电动势为

$$E_{emf,x}=K-\frac{2.303RT}{F}\text{pH}_x$$

将以上两式相减，并经整理可得到

$$\text{pH}_x=\text{pH}_s+\frac{E_{emf,s}-E_{emf,x}}{2.303RT/F}$$

影响直接电位法测定 pH 值的准确度的因素有：

(1)标准缓冲溶液 pH_s 的准确性；

(2)标准缓冲溶液与待测液 pH 值接近的程度。

16.4 电位滴定法

电位滴定法是通过测定工作电池电动势变化来判断终点的电位分析方法。

16.4.1 电位滴定法的基本原理及装置

电位滴定法与直接电位法一样，以指示电极、参比电极与试液组成电池。不同的是需要加入滴定剂进行滴定，并测量滴定过程中指示电极电位的变化。在化学计量点附近，由于被滴定物质的浓度发生突变，指示电极的电位产生突跃，根据电极电位的突跃就可以判断滴定终点。

电位滴定法的装置见图 16-2，在试液中插入指示电极和参比电极组成一个工作电池，在烧杯上方固定一支滴定管。为加快反应速度，用电磁搅拌器进行搅拌。在滴定过程中，每加入一次滴定剂后，测量一次电动势直到超过化学计量点为止。这样就得到一系列的滴定剂用量 V 和相应的电动势 E 数值。通过作图法或计算法来确定滴定终点。

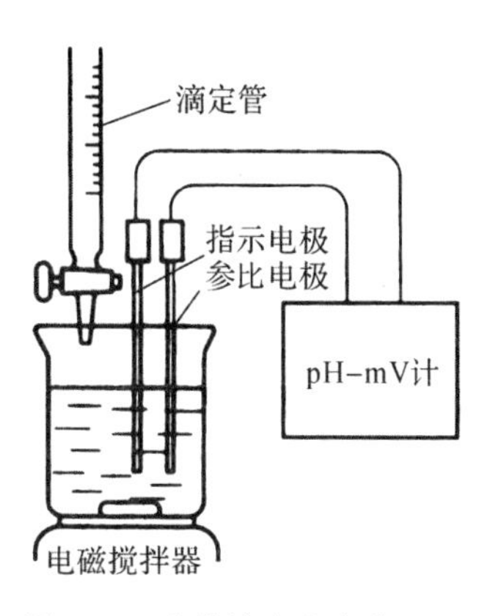

图 16-2　电位滴定基本装置

16.4.2 电位滴定终点的确定

滴定曲线的作图法有三种：E-V 曲线，$\frac{\Delta E}{\Delta V}$-$V$ 曲线，$\frac{\Delta^2 E}{\Delta V^2}$-$V$ 曲线，如图 16-3 所示。

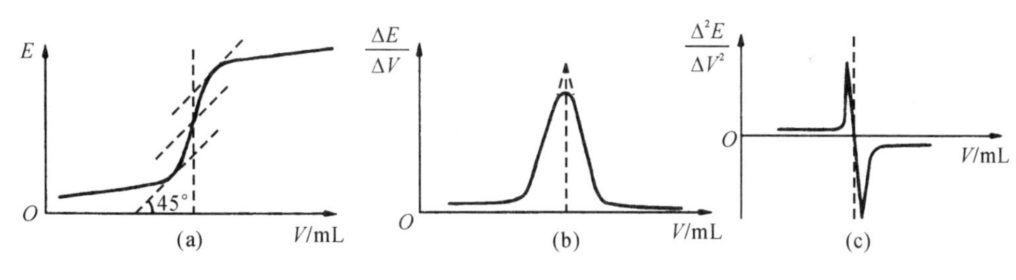

图 16-3　电位滴定曲线

1. E-V 曲线法

一般情况下绘制 E-V 曲线，如图 16-3(a)所示的曲线的转折点即为滴定终点。如果终点电位突跃不陡又不对称，则终点难以确定，这时可绘制 $\frac{\Delta E}{\Delta V}$ V 曲线。

2. $\frac{\Delta E}{\Delta V}$-$V$ 曲线法(一次微商曲线法)

如图 16-3(b)所示曲线呈尖峰状，曲线的最高点对应于滴定终点。但曲线的最高点是由实验点的连线外推而得的，会有一定的误差。

3. $\frac{\Delta^2 E}{\Delta V^2}$-$V$ 曲线法(二次微商曲线法)

$\frac{\Delta^2 E}{\Delta V^2}$-$V$ 曲线较为准确，因为既然一次微商的极大点是终点，那么二次微商 $\frac{\Delta^2 E}{\Delta V^2}=0$ 的时候对应的体积也就是终点，见图 16-3(c)。

例 16-2　用 0.1000 mol · L^{-1} $AgNO_3$ 溶液滴定 10.00 mL NaCl 溶液，以银电极为指示电极、饱和甘汞电极为参比电极。滴定过程的实验数据见表 16-1 中左边两列，试根据实验结果确定滴定终点。

表 16-1　以 0.1000 mol · L^{-1} $AgNO_3$ 电位滴定 10.00 mL NaCl 溶液

V_{AgNO_3}/mL	E/mV	ΔE/mV	ΔV/mL	$\frac{\Delta E}{\Delta V}$	$\bar{V}$/mL	$\Delta\left(\frac{\Delta E}{\Delta V}\right)$	$\frac{\Delta^2 E}{\Delta V^2}$
0.10	114						
		16	4.90	3.3			
5.00	130						
		15	3.00	5.0	6.50		
8.00	145						
		23	2.00	11.5	9.00		
10.00	168						
		34	1.00	34	10.50		
11.00	202						
		8	0.10	80	11.05		
11.10	210					60	600
		14	0.10	140	11.15		
11.20	224					120	1200
		26	0.10	260	11.25		
11.30	250					270	2700
		53	0.10	530	11.35		
11.40	303					−280	−2800
		25	0.10	250	11.45		
11.50	328					−178	−500
		36	0.50	72	11.75		
12.00	364						
		25	1.00	25	12.50		
13.00	389						
		12	1.00	12	13.50		
14.00	401						

解　应用二次微商法可不作图，而用计算法确定终点，较为方便。该先根据表16-1左边两列的实验数据计算出 $\Delta E, \Delta V, \frac{\Delta E}{\Delta V}, \bar{V}, \Delta\left(\frac{\Delta E}{\Delta V}\right), \frac{\Delta^2 E}{\Delta V^2}$ 等相关数据，列于表 16-1 的右边。

当加入 11.30 mL 时，有

$$\frac{\Delta^2 E}{\Delta V^2} - \frac{\left(\frac{\Delta E}{\Delta V}\right)_{11.35} - \left(\frac{\Delta E}{\Delta V}\right)_{11.25}}{V_{11.35} - V_{11.25}} = \frac{530-260}{11.35-11.25} = 2700$$

当加入 11.40 mL 时，有

$$\frac{\Delta^2 E}{\Delta V^2} - \frac{\left(\frac{\Delta E}{\Delta V}\right)_{11.45} - \left(\frac{\Delta E}{\Delta V}\right)_{11.35}}{V_{11.45} - V_{11.35}} = \frac{250-530}{11.45-11.35} = -2800$$

所以化学计量点附近微小体积 ΔV 的变化能引起很大的 $\frac{\Delta E}{\Delta V}$ 的变化值，并由正极大值至负极大值，中间必有一点为零，即 $\frac{\Delta E}{\Delta V}=0$ 处，恰为等量点。可用内插法计算：

$$\frac{11.40-11.30}{-2800-2700} = \frac{V_{终}-11.30}{0-2700}$$

$$V_{终}=11.30+\frac{0-2700}{-2800-2700}\times0.1=11.30+0.05=11.35(\text{mL})$$

第 16 章练习题

一、是非题

1. 玻璃电极是一种指示电极。（　　）
2. 甘汞电极外玻璃管中装入的 KCl 溶液的浓度越低，电极电位也越低。（　　）
3. 电位滴定法不用指示剂确定终点。（　　）

二、单选题

1. 采用下列电池：玻璃电极 | $H^+(a=x)$ | SCE，在 25 ℃时测得 pH=6.00 的缓冲溶液的电池电动势为 0.516 V，当缓冲溶液用未知溶液代替时，测得电池电动势为 0.103 V，则未知溶液的 pH 值等于（　　）。

   A. 4　　B. 7　　C. 10　　D. 13

2. 用离子选择性电极标准加入法进行定量分析时，对加入标准溶液的要求为（　　）。

   A. 浓度高，体积小　　B. 浓度低，体积小
   C. 体积大，浓度高　　D. 体积大，浓度低

3. 在电位滴定中，以 $\Delta E/\Delta V$-V 作图绘制滴定曲线，滴定终点为（　　）。

   A. 曲线的最大斜率点　　B. 曲线的最小斜率点
   C. 峰状曲线的最高点　　D. $\Delta E/\Delta V$ 为零时的点

三、填空题

1. 测定溶液的 pH 值时采用________作为指示电极，________作为参比电极，与待测溶液组成________。

2. 电位分析法是由________、________和待测溶液构成原电池，直接测量电池电动势并利用________方程来确定物质含量的方法。

3. 饱和甘汞电极常用符号________表示；离子选择性电极常用符号________表示。

四、计算题

1. 用流动载体钙电极测量溶液中 Ca^{2+} 的浓度。将其插入 25.00 mL 溶液中，以参比电极为正极组成化学电池，25 ℃时测得电动势为 0.4695 V，加入 1.00 mL $CaCl_2$ 标准溶液（5.45×10^{-2} mol·L^{-1}）后，电动势降至 0.4117 V。计算样品溶液中 Ca^{2+} 的浓度。

2. 用 0.03318 mol·L^{-1} $La(NO_3)_3$ 溶液滴定 100.00 mL NaF 溶液，以氟离子选择性电极为指示电极、饱和甘汞电极为参比电极。滴定反应为 $La^{3+} + 3F^- \xlongequal{} LaF_3(s)$，测得终点附近的电动势变化如下表所示。计算试液中 F^- 的浓度。

$V_{La(NO_3)_3}$/mL	30.00	30.30	30.60	30.90	31.20	31.50	32.50	36.00
E/mV	−0.0047	0.0041	0.0179	0.0410	0.0656	0.0769	0.0888	0.1007

3. 下述电池：

标准氢电极|HCl 溶液或 NaOH 溶液‖SCE

在 25 ℃时 HCl 溶液中测得电动势为 0.276 V；在 NaOH 溶液中测得电动势为 1.036 V；在 100 mL HCl 及 NaOH 的混合溶液中，测得电动势为 0.954 V。计算该 100 mL 混合溶液中 HCl 及 NaOH 溶液各有多少毫升？

第 17 章

气相色谱法

17.1 概述

色谱法是一种用于分离、分析多组分混合物质的非常有效的方法。色谱法起始于1906 年俄国植物学家茨维特对植物色素分离、分析的研究。用气体作为流动相的色谱法称为气相色谱法。

17.1.1 分类

根据固定相的状态不同,气相色谱法又可分为气固色谱和气液色谱两种。气固色谱采用多孔性固体为固定相,实际应用较少;气液色谱采用高沸点的有机化合物涂渍在惰性载体上作为固定相,固定液种类很多,有广泛的实用价值。

17.1.2 气相色谱分析流程

气相色谱法用于分离、分析样品的基本过程如图 17-1 所示。

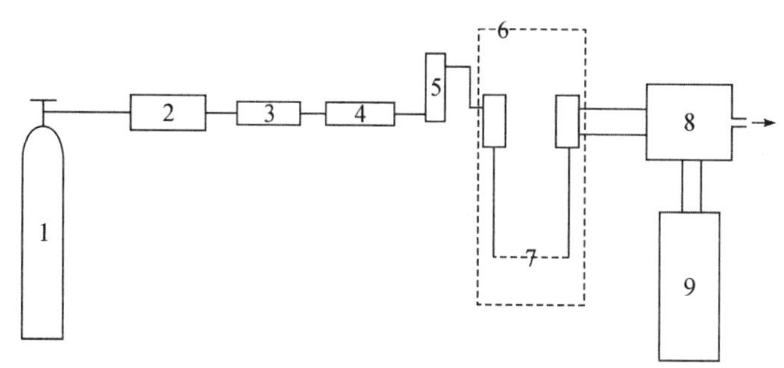

1—高压钢瓶;2—减压阀;3—净化器;4—流量调节器;
5—转子流量计;6—气化室;7—色谱柱;8—检测器;9—自动记录仪。

图 17-1 气相色谱分析流程

由高压钢瓶供给的流动相载气,经减压阀、净化器、流量调节器和转子流速计后,以稳定的压力、恒定的流速连续流过气化室、色谱柱、检测器,最后放空。检测器信号经放大并驱动自动记录仪,同时记录时间与响应信号的相应关系,从而获得一组峰形曲线,简称色谱图。

17.1.3 气相色谱的分离原理

以气液色谱为例，色谱柱中的固定相是惰性担体上均匀涂布的固定液，当气态的试样组分随载气进入色谱柱时，试样组分分子与固定液分子充分接触，组分在固定相和流动相两相间发生溶解、挥发的分配过程，设 c_s 为组分在固定相中的浓度，c_m 为组分在流动相中的浓度，则在每次分配过程达到平衡时都应满足下列关系：

$$K=\frac{c_s}{c_m}$$

式中：K 为分配系数。

不同物质在两相间的 K 值各不相同。K 值大，柱内停留时间长；K 值小，柱内停留时间短。因此试样中各组分得以分离。

17.1.4 气相色谱法的特点

(1)分离效能高。可分离性质非常接近的同分异构体、立体异构体等物质。

(2)灵敏度高。可以检测 $10^{-12}\sim10^{-11}$ g 物质。

(3)分析速度快。在进样后只要几分钟或几十分钟即可完成一个分析全过程。

(4)应用范围广。在柱温条件下能气化的有机试样、无机试样都可进行分离与测定。

17.2 气相色谱固定相及其选择原则

17.2.1 气固色谱固定相(吸附剂)

用气相色谱分析永久性气体及气态烃时，常采用固体吸附剂作为固定相。在固体吸附剂上，永久性气体及气态烃的吸附热差别较大，故可以得到满意的分离。

1. 常用的固体吸附剂

常用的固体吸附剂主要有强极性的硅胶，弱极性的氧化铝，非极性的活性炭和特殊作用的分子筛等。

2. 人工合成的固定相

作为有机固定相的高分子多孔微球(如 GDX 系列)是人工合成的多孔共聚物，它既是载体又起固定相的作用，可在活化后直接用于分离，也可作为载体在其表面涂渍固定液后再使用。

由于是人工合成的，可控制其孔径的大小及表面性质。

17.2.2 气液色谱的固定相

气液色谱的固定相是将固定液均匀涂渍在载体而成的。

1. 担体(亦称载体)

载体是固定液的支持骨架，使固定液能在其表面上形成一层薄而匀的液膜。载体应有如下的特点：

第一，具有多孔性，即比表面积大。

第二，化学惰性且具有较好的浸润性。

第三，热稳定性好。

第四，具有一定的机械强度，使固定相在制备和填充过程中不易粉碎。

载体可以分成两类：硅藻土类和非硅藻土类。

硅藻土类载体是天然硅藻土经煅烧等处理后而获得的具有一定粒度的多孔性颗粒。按其制造方法的不同，可分为红色载体和白色载体两种。

红色载体因含少量氧化铁颗粒而呈红色。其机械强度大，孔径小，比表面积大，表面吸附性较强，有一定的催化活性，适用于涂渍高含量固定液，分离非极性化合物。

白色载体是天然硅藻土在煅烧时加入少量碳酸钠之类的助熔剂，使氧化铁转化为白色的铁硅酸钠。白色载体的比表面积小，孔径大，催化活性小，适用于涂渍低含量固定液，分离极性化合物。

2. 固定液

(1)固定液应具有的性质

第一，选择性好，对被分离组分的分配系数要有适当的差值。

第二，热稳定性好，即沸点高，挥发性小。

第三，对被测组分有适当的溶解能力。

第四，化学稳定性好，与样品或载气不能发生不可逆的化学反应。

(2)按固定液的相对极性分类

极性是固定液重要的分离特性，按相对极性分类是一种简便而常用的方法，表17-1列出了按相对极性分类的常用固定液。

表 17-1　几种常用的固定液

名　称	相对极性	麦氏常数	常用溶剂	最高使用温度/℃	分析对象
角鲨烷	0	0	乙醚	140	烃类、非极性有机化合物
甲基硅油	+1	205～229	氯仿	200	非极性、弱极性有机化合物
邻苯二甲酸二壬酯	+2	802	乙醚、甲醇	130	烃、醇、醛、酮、酯、酸等
磷酸邻三甲苯酯	+3	1420	甲醇	100	烃类、芳烃、酯类异构物、卤化物
有机皂土-34	+4		甲苯	200	芳烃，对于二甲苯异构物有高选择性
β,β′-氧二丙腈	+5	4428	甲醇、丙酮	100	伯胺、仲胺、不饱和烃、环烷烃、芳烃
聚乙二醇-20M	氢键型	2308	乙醇、氯仿	200	醇、醛、酮、脂肪酸、酯

(3)固定液的选择原则

在选择固定液时，一般按“相似相溶”的规律选择，因为这时的分子间的作用力强，选择性高，分离效果好。在应用中，应根据实际情况并按如下几个方面考虑。

第一，非极性试样一般选用非极性固定液。非极性固定液对样品的保留作用，主要靠色散力。分离时，试样中各组分基本上按沸点从低到高的顺序流出色谱柱；若样品中含有同沸点的烃类和非烃类化合物，则极性化合物先流出。

第二，中等极性的试样应首先选用中等极性固定液。在这种情况下，组分与固定液分子之间的作用力主要为诱导力和色散力。分离时组分基本上按沸点从低到高的顺序流出色谱柱，但对于同沸点的极性和非极性物，由于此时诱导力起主要作用，使极性化合物与固定液的作用力加强，所以非极性组分先流出。

第三，强极性的试样应选用强极性固定液。此时，组分与固定液分子之间的作用主要靠静电力，组分一般按极性从小到大的顺序流出；对含有极性和非极性的样品，非极性组分先流出。

第四，具有酸性或碱性的极性试样，可选用带有酸性或碱性基团的高分子多孔微球，组分一般按相对分子质量大小顺序分离。此外，还可选用极性强的固定液，并加入少量的酸性或碱性添加剂，以减小谱峰的拖尾。

第五，能形成氢键的试样，应选用氢键型固定液，如腈醚和多元醇固定液等。各组分将按形成氢键的能力大小顺序分离。

第六，对于复杂组分，可选用两种或两种以上的混合液，配合使用，增加分离效果。

17.3 气相色谱法理论基础

17.3.1 色谱图有关术语

试样中经分离后的各组分依次进入检测器，后者将组分的浓度（或质量）的变化转化为电压（或电流）信号，记录仪描绘出所得信号随时间的变化曲线，称为色谱流出曲线，即色谱图。图 17-2 所示为单组分的色谱图。

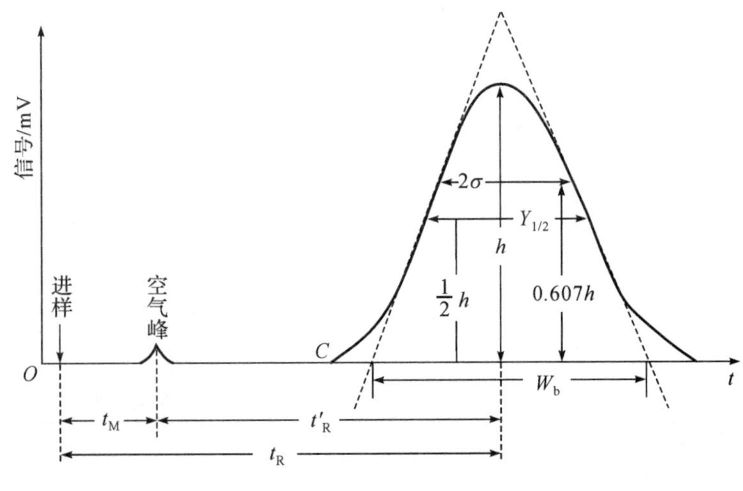

图 17-2 色谱流出曲线

1. 基线

单纯载气通过检测器时，响应信号的记录值，稳定的基线应该是一条水平线，如 OC。

2. 保留值

(1)死时间 t_M。不被固定相吸附或溶解的气体物质(如空气、甲烷)，从进样到出现峰极大值所需的时间称为死时间。

(2)保留时间 t_R。保留时间 t_R 指待测组分从进样到柱后出现色谱峰最大值时所需的时间。

(3)调整保留时间 t'_R。调整保留时间 t'_R 表示扣除死时间后的保留时间，由图 17-2 可知，$t'_R = t_R - t_M$。保留时间可用时间单位(如 min 或 s)或长度单位(如 cm)表示。

(4)死体积 V_M。死体积 V_M 为色谱柱内固定相颗粒间所剩余的空间、色谱仪中管路和连接头间的空间以及进样系统、检测器的空间的总和。它和死时间的关系为

$$V_M = t_M F_o$$

式中：F_o 为色谱柱出口的载气体积流速($mL \cdot min^{-1}$)。

(5)保留体积 V_R。保留体积 V_R 指从进样到出现组分色谱峰最大值时所通过的载气体积，即 $V'_R = t_R F_o$。

(6)调整保留体积 V'_R。调整保留体积 V'_R 表示扣除死体积后的保留体积，即 $V'_R = V_R - V_M = t'_R F_o$。

(7)相对保留值 r_{21}。相对保留值 r_{21} 指组分 2 与组分 1 的调整保留值之比：

$$r_{21} = \frac{t'_{R2}}{t'_{R1}} = \frac{V'_{R2}}{V'_{R1}}$$

r_{21} 只与组分性质、柱温、固定相性质有关，与其他色谱操作条件无关，它表示色谱柱对两种组分的选择性，是气相色谱定性的重要依据。

3. 区域宽度

区域宽度即色谱峰宽度，越窄越尖的峰形越好。通常用下列三种方法之一表示。

(1)标准偏差 σ。标准偏差 σ 即 0.607 倍峰高处色谱峰宽度的一半，如图 17-2 中 2σ 的一半。

(2)半峰宽 $Y_{1/2}$。半峰宽 $Y_{1/2}$ 即峰高 h 一半处的宽度，见图 17-2，有

$$Y_{1/2} = 2\sigma\sqrt{2\ln 2} = 2.354\sigma$$

(3)峰底宽度 W_b。峰底宽度 W_b 由色谱峰两边的拐点作切线，与基线交点间的距离，见图 17-2，它与标准偏差 σ 的关系是：

$$W_b = 4\sigma$$

17.3.2　气相色谱法的基本理论

1. 塔板理论

色谱分离的塔板理论始于马丁(Martin)和辛格(Synge)提出的塔板模型。塔板理论将色谱柱比作一个分馏塔，在每个塔板高度间隔内，被测组分在气液两相间达到分配平衡。这个塔板高度称为理论塔板高度，以 H 表示。假设色谱柱的长度为 L，则一根

色谱柱相当的理论塔板数 $N_{理}=\frac{L}{H}$。

根据塔板理论,$N_{理}$ 与色谱峰的峰宽有关,其关系式如下:

$$N_{理}=5.54\left(\frac{t_R}{Y_{1/2}}\right)^2=16\left(\frac{t_R}{W_b}\right)^2$$

但是,由于柱内的死体积 V_M 或死时间 t_M 并不参与分配过程,所以 $N_{理}$ 不能反映柱内组分分配的真实情况,为此应扣除 V_M 或 t_M,即以调整保留值计算出的有效塔板数 $N_{有}$ 和有效塔板高度 $H_{有}$,更接近色谱柱的实际情况,计算公式为

$$N_{有}=5.54\left(\frac{t'_R}{Y_{1/2}}\right)^2=16\left(\frac{t'_R}{W_b}\right)^2$$

有效塔板高度的计算公式为

$$H_{有}=\frac{L}{N_{有}}$$

$N_{有}$ 可用来衡量柱效能,但应注意两点:

(1)使用 $N_{有}$ 或 $H_{有}$ 表示柱效能时,除说明色谱操作条件外,还应指出是对何种物质而言。

(2)$N_{有}$ 越多,表示柱效能越高,越有利于分离。但是当两个组分在柱上具有相同的分配系数时,两组分在柱上将同步移动,即使有很多的有效塔板,也不能分离。

例 17-1 已知某组分的色谱峰底宽度为 40 s,死时间为 14 s,保留时间为 6.67 min。求 $N_{理}$,$N_{有}$ 各为多少?

解

$$t_R=6.67\ \text{min}=400\ \text{s}$$

$$N_{理}=16\left(\frac{t_R}{W_b}\right)^2=16\times\left(\frac{400}{40}\right)^2=1600(\text{块})$$

$$N_{有}=16\left(\frac{t'_R}{W_b}\right)^2=16\times\left(\frac{400-14}{40}\right)^2=1490(\text{块})$$

2. 速率理论——van Deemter 方程

影响塔板高度的各种因素,可用速率理论方程(亦称 van Deemter 方程)表示:

$$H=A+\frac{B}{u}+Cu$$

式中:A 项为涡流扩散项,与填充物的粒度大小及填充是否均匀有关;B/u 为分子扩散项,u 为载气平均线速度(为了减少第二项应增加流速和使用分子量较大的载气);第三项 Cu 为传质项,系数 C 包括气相传质和液相传质两方面,第三项随载气速度增加而增加。

17.3.3 分离度

色谱柱总的分离效能可用分离度 R(亦称分辨率)来评价。

采用峰底宽计算:$R=\frac{2(t_{R2}-t_{R1})}{W_{b1}+W_{b2}}$

采用半峰宽计算:$R'=\frac{t_{R2}-t_{R1}}{Y_{1/2(1)}+Y_{1/2(2)}}$

R 与 R' 意义相同，但数值不同，应用时要注意所用的计算方法。

计算表明，当 $R=1$ 时，两峰分离的程度为 98%；当 $R=1.5$ 时，分离效果更好，达到 99.7%，一般认为两峰已属完全分离。

实际应用中，首先提出相邻两组分需有一定的分离度，计算满足该分离度要求时，需多少有效塔板数 $N_{有}$，或需多长的色谱柱 L，在假定 $W_{b2}=W_{b1}$ 时，可推导出下列公式：

$$N_{有}=16R^2\left(\frac{r_{21}}{r_{21}-1}\right)^2$$

$$L=16R^2\left(\frac{r_{21}}{r_{21}-1}\right)^2 H_{有}$$

例 17-2　欲分析的两个组分的相对保留值 r_{21} 为 1.231，要在一根色谱柱上做到完全分离（即 $R=1.5$），设有效塔板高度 $H_{有}$ 为 0.1 cm，则应使用多长的色谱柱？

解　$L=16R^2\left(\frac{r_{21}}{r_{21}-1}\right)^2 H_{有}=16\times1.5^2\times\left(\frac{1.231}{1.231-1}\right)^2\times0.1=102.2(\text{cm})$

例 17-3　在一根 3.0 m 的色谱柱上，分离一个样品的结果如图 17-3 所示。

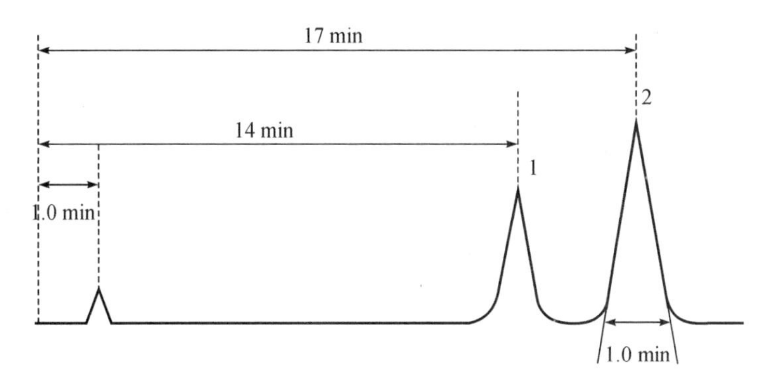

图 17-3　样品的分离结果

计算：(1)两组分的调整保留时间 t'_{R1} 及 t'_{R2}；(2)用组分 2 计算色谱柱的有效塔板数 $N_{有}$ 及有效塔板高度 $H_{有}$；(3)它们的相对保留值 r_{21} 及分离度 R；(4)若使两组分完全分离所需要的最短柱长。（假定两组分色谱峰的峰宽相等）

解　(1)

$$t'_{R1}=14-1.0=13.0(\text{min})$$

$$t'_{R2}=17-1.0=16.0(\text{min})$$

(2)

$$N_{有}=16\left(\frac{t'_{R}}{W_b}\right)^2=16\times\left(\frac{16.0}{1.0}\right)^2=4.1\times10^3(\text{块})$$

$$H_{有}=\frac{L}{N_{有}}=\frac{3.0}{4.1\times10^3}=7.3\times10^{-4}(\text{m})=0.73(\text{mm})$$

(3)

$$r_{21}=\frac{t'_{R1}}{t'_{R2}}=\frac{16.0}{13.0}=1.2$$

根据

$$N_{有}=16R^2\left(\frac{r_{21}}{r_{21}-1}\right)^2$$

得

$$R=\frac{\sqrt{N_{有}}(r_{21}-1)}{4r_{21}}=\frac{\sqrt{4.1\times10^3}\times(1.2-1)}{4\times1.2}=2.7$$

(4)因为改变同一根色谱柱长度不会影响相对保留值 r_{21} 和有效塔板高度 $H_{有}$，所以有

$$L_1=16R_1^2\left(\frac{r_{21}}{r_{21}-1}\right)^2 H_{有}$$

$$L_2=16R_2^2\left(\frac{r_{21}}{r_{21}-1}\right)^2 H_{有}$$

以上两式相除得

$$\frac{L_1}{L_2}=\frac{R_1^2}{R_2^2}$$

$$L_2=\frac{L_1R_2^2}{R_1^2}=\frac{3.0\times1.5^2}{2.7^2}=0.93(\mathrm{m})$$

17.4 气相色谱分离条件的选择

在气相色谱中，除了要选择合适的固定液之外，还要选择分离时的最佳条件，以提高柱效能，增大分离度，满足分离的需要。

17.4.1 载气及其线速度 u 的选择

根据 van Deemter 方程的数学简化式

$$H=A+\frac{B}{u}+Cu$$

可得到如图 17-4 所示的 H-u 关系曲线。

当 u 值较小时，分子扩散项 B/u 将成为影响色谱扩张的主要因素，此时宜采用相对分子质量较大的载气(N_2，Ar)，以使组分在载气中有较小的扩散系数。

当 u 值较大时，传质项 Cu 将是主要控制因素。此时宜采用相对分子质量较小，具有较大扩散系数的载气(H_2，He)，以改善气相传质。在图 17-4 中曲线的最低点，塔板高度最小，柱效最高，所以该点对应的流速即为最佳流速。

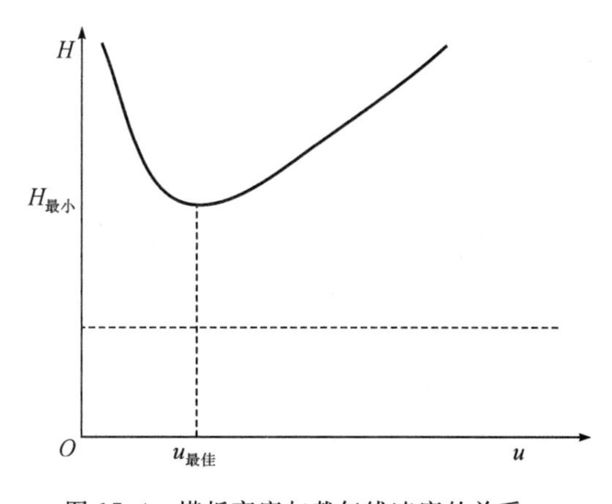

图 17-4 塔板高度与载气线速度的关系

17.4.2 柱温的选择

柱温是一个重要的色谱操作参数，它直接影响分离效能和分析速度。

柱温不能高于固定液的最高使用温度，否则会造成固定液大量挥发流失。某些固定液有最低操作温度。一般地说，操作温度至少必须高于固定液的熔点，以使其有效地发挥作用。

降低柱温可使色谱柱的选择性增大，但升高柱温可以缩短分析时间，并且可以改善气相和液相的传质速率，有利于提高效能。所以，这两方面的情况均需考虑。通常是选

择比各组分平均沸点低 20～30 ℃，作为柱温。

在实际工作中，一般根据试样的沸点选择柱温、固定液用量及载体的种类。对于宽沸程混合物，一般采用程序升温法进行。

17.4.3 柱长和柱内径的选择

由于分离度正比于柱长的平方根，所以增加柱长对分离是有利的。但增加柱长会使各组分的保留时间增加，延长分析时间。因此，在满足一定分离度的条件下，应尽可能使用较短的柱子。

增加色谱柱的内径，可以增加分离的样品量，但由于纵向扩散路径的增加，会使柱效降低。

17.4.4 进样时间和进样量的选择

进样速度必须很快，因为当进样时间太长时，试样原始宽度将变大，色谱峰半峰宽随之变宽，有时甚至使峰变形。一般地，进样时间应在 1 s 以内。

色谱柱有效分离试样量，随柱内径、柱长及固定液用量不同而异。柱内径大，固定液用量高，可适当增加试样量。但进样量过大，会造成色谱柱超负荷，柱效急剧下降，峰形变宽，保留时间改变。理论上允许的最大进样量是使下降的塔板数不超过 10%。总之，最大允许的进样量，应控制在使峰面积和峰高与进样量呈线性关系的范围内。

17.5 气相色谱分析方法

17.5.1 定性分析

色谱定性分析的目的是确定未知试样色谱图中各色谱峰所代表的化合物是什么。一般而言，在一定的色谱条件下，各种化合物有其特征的保留时间，色谱定性分析正是以保留时间为依据，通过与标准物色谱峰的对照来实现的。具体的做法可以在相同的色谱条件下，分别将未知试样和标准试样进样分离，然后将未知物色谱图中的峰与标准试样的色谱图加以对照，未知试样中保留值与某标准物相同的即可初步确定为同种化合物。这种直接比较法会因实验条件的波动引起保留时间变化而影响定性的可靠性，采用受实验条件影响较小的相对保留值 r_{21} 定性则可靠性高得多。

另外，还可以利用加入已知标准物质增加峰高的方法进行定性。

值得指出的是，色谱保留值的特征并不很强。有时，不同的化合物在一种色谱条件下会具有相近甚至相同的保留值，给定性分析造成困难。因此依靠保留值的色谱定性分析仅适合于组成较为简单的试样中的指定化合物分析。对于组成复杂的未知化合物的定性分析，往往要借助于色谱和质谱、光谱的联用才能获得较为可靠的定性鉴定结果。

17.5.2 定量分析

色谱定量分析是要确定试样中某(几)种化合物的含量多少。色谱定量分析的基本依据是,在一定的色谱条件下,待测组分 i 的质量(或在流动相中的浓度)与检测器的响应信号(表现为色谱图上的峰面积或峰高)成正比,即

$$m_i = f'_i A_i \tag{17-1}$$

从式(17-1)中不难看出,要求得待测组分 i 的质量,需要知道它的色谱峰的面积和它的定量校正因子,另外,还需要有一定的定量校正方法。

1. 峰面积的测量

色谱峰峰面积可以通过测量峰高和半峰宽后计算。对于峰形对称的峰,峰面积的计算式为

$$A = 1.065hY_{1/2}$$

不对称峰峰面积的近似计算公式为

$$A = 0.5h(Y_{0.15} + Y_{0.85})$$

式中:$Y_{0.15}$ 和 $Y_{0.85}$ 分别为峰高 0.15 和 0.85 处的峰宽。

现代色谱仪中都带有自动积分设备,能准确、迅速地将峰面积测量出来。

2. 定量校正因子

色谱定量分析是基于待测物质的量与其峰面积的正比例关系。但由于检测器对不同的组分有不同的响应灵敏度,两个组分在流动相中的浓度即使相同,它们的峰面积也不一定相等,这样不同组分间峰面积的大小并不一定反映组分含量的高低,因而需经校正因子校正后方可定量。式(17-1)中的 f'_i 即为校正因子,它的意义是单位峰面积所代表的 i 组分的质量(或浓度,视所表示的物理量而定)。在实际分析中,往往选用一物质(通常是苯)为基准,求得待测物质的相对校正因子。具体做法为:准确称量待测组分和基准物质的标准物,混匀后,在选定的色谱条件下进样分离,测得待测组分和基准物的峰面积后按下式计算相对校正因子:

$$f_i = \frac{f'_{m,i}}{f'_{m,s}} = \frac{m_i/A_i}{m_s/A_s}$$

3. 定量计算方法

(1)归一法

当试样中的所有组分都能流出色谱柱并在色谱图上得到相应的色谱峰时,采用归一法定量最为简单。它的基本原理是试样中所有组分(包括溶剂)的含量之和为100%。如果试样中有 n 个组分,它们的质量分别为 $m_1, m_2, \cdots, m_n$,各组分之和为 m,则组分 i 在试样中的质量分数可按下式计算:

$$\omega_i = \frac{m_i}{m} = \frac{A_i f_i}{A_1 f_1 + A_2 f_2 + \cdots + A_i f_i + \cdots + A_n f_n}$$

归一法的特点是简单、准确,对进样量的要求不高。但当试样中有组分不能从色谱柱中流出或虽能流出但检测器不能响应而无色谱峰时,则不能使用。

(2)内标法

当只需测定试样中一个或少数几个组分时,可采用内标法定量。内标法定量是选择一种试样中不存在的物质作为内标物,将一定量的内标物加入到准确称量的试样之中,混匀后取一定体积进样分析,根据待测组分和内标物的峰面积比,求出待测组分的含量。假如质量为 m 的试样中待测组分 i 的质量为 m_i,加入内标物的质量为 m_s,进样分离后可以得到:

$$\frac{m_i}{m_s}=\frac{A_i f_i}{A_s f_s}$$

其中待测物的质量可以表达为

$$m_i=\frac{A_i f_i}{A_s f_s}m_s$$

于是,待测物在试样中的质量分数的计算式可以写为

$$\omega_i=\frac{m_i}{m}=\frac{A_i f_i m_s}{A_s f_s m}$$

可见内标法是通过外加的内标物与待测物的峰面积、校正因子之间的比例关系,通过内标物的量来确定待测物的量的。它不受试样中的各组分是否都出峰的限制。但却可以消除由于进样量和其他实验条件的波动对定量的影响。内标法的缺点是每一个试样均需加入一定量的内标物,增加了测定的工作量。

(3)外标法

外标法又称标准曲线法。它与其他仪器分析法中所使用的标准曲线法基本一样,即用待测组分的标准物制备成一系列标准溶液,在选定的色谱条件下取一定体积的标准溶液进行分离,用待测组分的峰面积对浓度作标准曲线。分析试样时,在相同的色谱条件下取同样体积的试样进样分离,测得试样中待测组分的峰面积,从标准曲线上查得待测组分的含量。

外标法操作简单,适合大批量试样的分析。但是,进样量等实验条件对测定的准确度有很大影响。

有时也用峰高 h 代替峰面积 A 来表示峰值。测量峰高比测量峰面积更容易,对于峰形狭窄的峰也更准确。由于峰高反比于峰宽,因此,欲基于峰高得到准确的结果必须严格控制柱色谱条件(比如柱温、流动相流速、进样速度等),使试样和标准色谱图上同一组分的峰宽没有什么差别。

例 17-4　分析乙二醇中丙二醇的含量,采用内标法定量,已知样品量为 1.0250 g,内标物的量为 0.3500 g,计算丙二醇的含量。实验数据如下:

组　分	A/cm^2	f
丙二醇	2.5	1.0
内标物	20.0	0.83

解　$$\omega_i=\frac{m_i}{m}=\frac{A_i f_i m_s}{A_s f_s m}=\frac{0.3500\times2.5\times1.0}{1.0250\times20.0\times0.83}=0.0514=5.14\%$$

第17章练习题

一、是非题

1. 只要分离度达到要求，应尽可能采用较长的色谱柱。 (　　)
2. 可以用峰高代替峰面积来进行定量分析。 (　　)

二、单选题

1. 气相色谱中试样组分的分配系数越大，则(　　)。
   A. 每次分配在气相中的浓度越大，保留时间越长
   B. 每次分配在气相中的浓度越大，保留时间越短
   C. 每次分配在气相中的浓度越小，保留时间越长
   D. 每次分配在气相中的浓度越小，保留时间越短
2. 气相色谱固定液不应具备的性质是(　　)。
   A. 选择性好　　B. 沸点高
   C. 对被测组分有适当的溶解能力　　D. 与样品或载气反应强烈
3. 有效塔板数越多，表示(　　)。
   A. 柱效能越高，越有利组分分离　　B. 柱效能越高，越不利组分分离
   C. 柱效能越低，越有利组分分离　　D. 柱效能越低，越不利组分分离
4. 对于色谱柱柱温的选择，应该使其温度(　　)。
   A. 高于各组分的平均沸点和固定液的最高使用温度
   B. 低于各组分的平均沸点和固定液的最高使用温度
   C. 高于各组分的平均沸点，低于固定液的最高使用温度
   D. 低于各组分的平均沸点，高于固定液的最高使用温度

三、填空题

1. 气相色谱根据__________的状态不同，又可分为__________色谱和__________色谱。
2. 气相色谱仪一般分为________系统、________系统、________系统、________系统和________系统等五部分。
3. 载体是__________的支撑骨架，它分为____________和____________两类。
4. 一般按__________的规律选择固定液，因为这时的分子间的__________强，__________高，______________好。
5. 根据速率理论方程式，塔板高度 H 由______________、______________、______________三项组成，当流速较小时，______________成为色谱峰扩张的主要因素。

四、计算题

1. 分析试样中某组分时，得到的色谱图基线宽度为 40 s，保留时间为 6.5 min。试求：

(1)此色谱柱的理论塔板数。

(2)设柱长为 1.00 m，每一理论塔板的高度是多少？

2. 假设两个组分的相对保留值 $r_{21}=1.05$，要在一根色谱柱上得到完全分离(即$R=1.5$)。试求：

(1)需要的有效塔板数为多少？

(2)设柱的有效塔板高度 $H_{有}=0.2$ mm，所需的柱长为多少？

3. 设分析只含有二氯乙烷、二溴乙烷及四乙基铅三组分的液体样品，其定量校正因子与峰面积数据如下：

组　分	二氯乙烷	二溴乙烷	四乙基铅
f	1.00	0.606	0.571
A/cm^2	1.50	1.01	2.82

用归一法计算各组分的百分含量。

4. 用内标法测定环氧丙烷中的水分含量，称取 0.0115 g 甲醇，加到 2.2679 g 样品中，进行了两次色谱分析，数据如下：

分析次数	水分峰高/mm	甲醇峰高/mm
1	150	174
2	148.8	172.3

已知水和内标甲醇的质量校正因子为 0.55 和 0.58，计算水分的百分含量，取平均值。

主要参考书目

[1] Holtzciaw H F, Bobinson W R, Odom J D. General Chemistry with Qualitative Analysis[M]. 9th Edition. Lexington: D. C. Geag and Company, 1991.

[2] 陈媛梅. 普通化学[M]. 北京:高等教育出版社,2016.

[3] 高职高专化学教材编写组. 分析化学[M]. 4 版. 北京:高等教育出版社,2014.

[4] 华工理工大学,四川大学. 分析化学[M]. 7 版. 北京:高等教育出版社,2018.

[5] 林新花. 仪器分析[M]. 4 版. 广州:华南理工大学出版社,2019.

[6] 刘斌. 无机及分析化学[M]. 2 版. 北京:高等教育出版社,2015.

[7] 邵利民. 分析化学[M]. 2 版. 北京:科学出版社,2020.

[8] 宋大佑,程鹏,徐家宁,等. 无机化学[M]. 4 版. 北京:高等教育出版社,2019.

[9] 王宝仁. 无机化学(理论篇)[M]. 4 版. 大连:大连理工大学出版社,2018.

[10] 王永丽,李忠军,伍伟杰. 无机及分析化学[M]. 2 版. 北京:化学工业出版社,2017.

[11] 吴性良,孔继烈. 分析化学原理[M]. 2 版. 北京:化学工业出版社,2018.

[12] 张丽. 分析化学[M]. 北京:科学出版社,2017.

[13] 浙江大学,邬建敏. 无机及分析化学[M]. 3 版. 北京:高等教育出版社,2019.

附表 1　化合物的相对分子质量

（根据 1997 年公布的相对原子质量计算）

化合物	相对分子量	化合物	相对分子量
$AgBr$	187.77	$KAl(SO_4)_2 \cdot 12H_2O$	474.39
$AgCl$	143.32	KBr	119.00
AgI	234.77	$KBrO_3$	167.00
$AgNO_3$	169.87	KCl	74.55
Al_2O_3	101.96	$KClO_4$	138.55
As_2O_3	197.84	K_2CO_3	138.21
$BaCl_2 \cdot 2H_2O$	244.27	K_2CrO_4	194.19
BaO	153.33	$K_2Cr_2O_7$	294.18
$Ba(OH)_2 \cdot 8H_2O$	315.47	$KHC_4H_4O_6$（酒石酸氢钾）	188.178
$BaSO_4$	233.39	$KHC_8H_4O_4$（邻苯二甲酸氢钾）	204.224
$CaCO_3$	100.09	KH_2PO_4	136.09
CaO	56.08	$KHSO_4$	136.17
$Ca(OH)_2$	74.09	KI	166.00
CO_2	44.01	KIO_3	214.00
CuO	79.545	$KIO_3 \cdot HIO_3$	389.91
Cu_2O	143.09	$K(SbO)C_4H_4O_6 \cdot 1/2H_2O$(酒石酸锑钾)	333.928
$CuSO_4 \cdot 5H_2O$	249.68	$KmnO_4$	158.03
FeO	71.84	KNO_2	85.10
Fe_2O_3	159.69	KOH	56.106
$FeSO_4 \cdot 7H_2O$	278.01	K_2PtCl_6	486.00
$FeSO_4 \cdot (NH_4)_2SO_4 \cdot 6H_2O$	392.13	$KSCN$	97.18
H_3BO_3	61.83	$MgCO_3$	84.31
$HC_2H_3O_2$（醋酸）	60.05	$MgCl_2$	95.21
HCl	36.461	$MgSO_4 \cdot 7H_2O$	246.48
$HClO_4$	100.46	$Mg(NH_4)PO_4 \cdot 6H_2O$	245.41
$H_2C_2O_4 \cdot 2H_2O$	126.07	MgO	40.304
HNO_3	63.013	$Mg(OH)_2$	58.320
H_2O	18.015	$Mg_2P_2O_7$	222.55
H_2O_2	34.015	$Na_2B_4O_7 \cdot 10H_2O$	381.37
H_3PO_4	97.995	$NaBr$	102.89
H_2SO_4	98.08	$Na_2C_2O_4$（草酸钠）	134.00
H_2SO_3	82.08	$NaC_7H_5O_2$（苯甲酸钠）	144.11

(续附表 1)

化合物	相对分子量	化合物	相对分子量
$Na_3C_6H_5O_7 \cdot 2H_2O$(枸橼酸钠)	294.12	$(NH_4)_2CO_3$	96.086
NaCl	58.442	$(NH_4)_3PO_4 \cdot 12MoO_3$	1876.35
Na_2CO_3	105.99	$(NH_4)_2SO_4$	132.14
$NaHCO_3$	84.007	$PbCrO_4$	323.19
$Na_2HPO_4 \cdot 12H_2O$	358.14	PbO_2	239.20
$Na_2H_2Y \cdot 2H_2O$(EDTA 二钠二水)	372.24	$PbSO_4$	303.26
$NaNO_2$	68.995	P_2O_5	141.94
Na_2O	61.979	SiO_2	60.084
NaOH	39.997	SO_2	64.06
$Na_2S_2O_3$	158.11	SO_3	80.06
$Na_2S_2O_3 \cdot 5H_2O$	248.19	$SnCl_2$	189.62
NH_3	17.03	ZnO	81.39
NH_4Cl	53.491	ZnS	97.46

附表 2 难溶化合物的溶度积(25℃, $I=0$)

化合物	K_{sp}	pK_{sp}	化合物	K_{sp}	pK_{sp}
Ag_3AsO_4	1×10^{-22}	22.00	Ag_2Se	2×10^{-64}	63.7
AgBr	5.0×10^{-13}	12.30	Ag_2SeO_4	1.2×10^{-9}	8.91
$AgBrO_3$	5.5×10^{-5}	4.26	$Al(OH)_3$(无定形)	4.6×10^{-33}	32.34
AgCN	2.2×10^{-16}	15.66			
Ag_2CO_3	6.5×10^{-12}	11.19	$Au(OH)_3$	3×10^{-48}	47.5
$Ag_2C_2O_4$	1×10^{-11}	11.0	$Ba(C_9H_6NO)_2$	2×10^{-8}	7.7
AgCl	1.8×10^{-10}	9.74	$BaCO_3$	5×10^{-9}	8.3
Ag_2CrO_4	1.2×10^{-12}	11.92	BaC_2O_4	1×10^{-6}	6.0
AgI	8.3×10^{-17}	16.08	$BaCrO_4$	2.1×10^{-10}	9.67
$AgIO_3$	3.1×10^{-8}	7.51	BaF_2	1.7×10^{-6}	5.76
$1/2Ag_2O$ ($Ag^+ + OH^-$)	1.9×10^{-8}	7.71	$Ba_3(PO_4)_2$	5×10^{-30}	29.30
			$BaSO_4$	1.1×10^{-10}	9.96
Ag_3PO_4	2.8×10^{-18}	17.55	$BaSeO_4$	3.5×10^{-8}	7.46
Ag_2S	8×10^{-51}	50.1	$Be(OH)_2$(无定形)	1×10^{-21}	21.0
AgSCN	1.1×10^{-12}	11.97			
Ag_2SO_3	1.5×10^{-14}	13.82	BiI_3	8.1×10^{-19}	18.09
Ag_2SO_4	1.5×10^{-5}	4.83	BiOBr	6.9×10^{-35}	34.16

（续附表 2）

化合物	K_{sp}	pK_{sp}
BiOCl	1.6×10^{-36}	35.8
1/2α-Bi_2O_3 ($Bi^{3+}+3OH^-$)	3.0×10^{-39}	38.53
$BiPO_4$	1.3×10^{-23}	22.89
Bi_2S_3	1×10^{-100}	100
$Ca(C_9H_6NO)_2$	4×10^{-11}	10.4
$CaCO_3$	4.5×10^{-9}	8.35
CaC_2O_4	2.3×10^{-9}	8.64
CaF_2	3.9×10^{-11}	10.41
$CaMnO_4$	1×10^{-8}	8.0
$Ca(OH)_2$	6.5×10^{-6}	5.19
CaP_2O_7	1.3×10^{-8}	7.9
$CaSO_3$	3.2×10^{-7}	6.5
$CaSO_4$	2.4×10^{-5}	4.62
$CdCO_3$	3.4×10^{-14}	13.74
CdC_2O_4	1.5×10^{-8}	7.82
β-$Cd(OH)_2$	4.5×10^{-15}	14.35
γ-$Cd(OH)_2$	7.9×10^{-15}	14.10
CdS	1×10^{-27}	27.0
$Ce_2(C_2O_4)_3$	3×10^{-26}	25.5
$Ce(OH)_3$	6.3×10^{-24}	23.2
CeO_2 ($Ce^{4+}+4OH^-$)	1×10^{-65}	65.0
$CeO(OH)_2$	4.0×10^{-25}	24.40
CeP_2O_7	3.5×10^{-24}	23.46
$Co(C_9H_4NO)_2$	6.3×10^{-25}	24.2
$CoCO_3$	1.05×10^{-10}	9.98
$Co(OH)_2$	1.3×10^{-15}	14.9
α-CoS	5×10^{-22}	21.3
β-CoS	2.5×10^{-26}	25.6
$Co(OH)_3$ (19 ℃)	3.2×10^{-45}	44.5
$Cr(OH)_3$	6×10^{-31}	30.2
CuBr	5×10^{-9}	8.3
CuCl	4.2×10^{-8}	7.38
CuI	1×10^{-12}	12.0
1/2Cu_2O (Cu^++OH^-)	2×10^{-15}	14.7
Cu_2S	3.2×10^{-49}	48.5
$Cu(C_9H_6NO)_2$	8×10^{-30}	29.1
$CuCO_3$	2.3×10^{-10}	9.63
CuC_2O_4	2.9×10^{-8}	7.54
$Cu(OH)_2$	4.8×10^{-20}	19.32
CuS	8×10^{-37}	36.1
$Fe(OH)_2$	8×10^{-16}	15.1
FeS	8×10^{-19}	18.1
$Fe(C_9H_6NO)_3$	3×10^{-44}	43.5
$Fe(OH)_3$	1.6×10^{-39}	38.8
Hg_2Br_2	5.6×10^{-23}	22.25
$Hg_2(CN)_2$	5×10^{-40}	39.30
Hg_2CO_3	8.9×10^{-17}	16.05
Hg_2Cl_2	1.2×10^{-18}	17.91
Hg_2CrO_4	2.0×10^{-9}	8.70
Hg_2I_2	4.7×10^{-29}	28.33
$Hg_2(OH)_2$	2×10^{-24}	23.7
$Hg_2(SCN)_2$	3.0×10^{-20}	19.52
$HgBr_2$	1.3×10^{-19}	18.9
HgI_2	1.1×10^{-28}	27.95
HgO ($Hg^{2+}+2OH^-$)	3.6×10^{-26}	25.44
HgS(黑色)	2×10^{-53}	52.7
HgS(红色)	5×10^{-54}	53.3
$(HgSCN)_2$	2.8×10^{-20}	19.56
$In(C_9H_6NO)_3$	4.6×10^{-32}	31.34
$In(OH)_3$	1.3×10^{-37}	36.9
In_2S_3	6.3×10^{-74}	73.2
$La_2(CO_3)_3$	4×10^{-34}	33.4
$La_2(C_2O_4)_3$	1×10^{-25}	25.0
$La(IO_3)_3$	1.02×10^{-11}	10.99
$La(OH)_3$	2×10^{-20}	20.7
$LaPO_4$	3.7×10^{-23}	22.43
$Mg(C_9H_6NO)_2$	4×10^{-16}	15.4
$MgCO_3$	3.5×10^{-8}	7.46
MgF_2	6.6×10^{-9}	8.18

(续附表 2)

化合物	K_{sp}	pK_{sp}
$MgNH_4PO_4$	2.5×10^{-13}	12.6
$Mg(OH)_2$	1.8×10^{-11}	11.15
$Mg_3(PO_4)_2\cdot8H_2O$	6.3×10^{-26}	25.20
$Mn(C_9H_6NO)_2$	2×10^{-22}	21.7
$MnCO_3$	5.0×10^{-10}	9.30
$Mn(OH)_2$	1.6×10^{-13}	12.8
MnS(无定形)	2.5×10^{-10}	10.5
MnS(晶形)	2.5×10^{-13}	13.5
$Nd(OH)_3$	3.2×10^{-22}	21.5
$NiCO_3$	6.6×10^{-9}	6.87
$Ni(OH)_2$	2.0×10^{-15}	15.20
α-NiS	4×10^{-20}	19.40
β-NiS	1.3×10^{-25}	24.90
γ-NiS	2.5×10^{-27}	26.6
Ni-丁二酮肟	2.2×10^{-24}	23.66
$Ni(C_9H_6NO)_2$	3×10^{-26}	25.5
$PbBr_2$	2.1×10^{-6}	5.68
$PbCO_3$	7.4×10^{-14}	13.13
PbC_2O_4	3.2×10^{-11}	10.5
$PbCl_2$	1.7×10^{-5}	4.78
$PbCrO_4$	1.8×10^{-14}	13.75
PbF_2	3.6×10^{-8}	7.44
$Pb_2Fe(CN)_6$	9.5×10^{-19}	18.02
PbI_2	7.9×10^{-9}	8.10
$1/2Pb_2O(OH)_2$ $(Pb^{2+}+2OH^-)$	1.3×10^{-15}	14.9
$Pb_3(PO_4)_2$	3.0×10^{-44}	43.53
PbS	3.2×10^{-28}	27.5
$PbSO_4$	1.6×10^{-8}	7.79
PbSe	8×10^{-43}	42.1
$PbSeO_4$	1.4×10^{-7}	6.84
$Pb(OH)_2$	3.2×10^{-29}	28.50
$Pr(OH)_3$	7.9×10^{-22}	21.10
$1/2Sb_2O_3$ (SbO^++OH^-)		
斜方	2.2×10^{-18}	17.66

化合物	K_{sp}	pK_{sp}
立方	1.7×10^{-18}	17.78
Sb_2S_3	1×10^{-93}	93
$Sm(OH)_3$	7.9×10^{-23}	22.10
SnI_2	8.3×10^{-6}	5.08
SnO $(Sn^{2+}+2OH^-)$	6.3×10^{-27}	26.2
SnS	1.3×10^{-26}	25.9
SnO_2 $(Sn^{4+}+4OH^-)$	4×10^{-65}	64.4
SnS_2	2.4×10^{-27}	26.62
$Sr(C_9H_6NO)_2$	2×10^{-9}	8.7
$SrCO_3$	9.3×10^{-10}	9.03
SrC_2O_4	4×10^{-7}	6.4
$SrCrO_4$	2.2×10^{-5}	4.66
SrF_2	2.9×10^{-9}	8.54
$Sr_2P_2O_7$	1.2×10^{-7}	6.92
$SrSO_4$	3.2×10^{-7}	6.50
$Th(C_2O_4)_2$	1.1×10^{-25}	24.96
ThF_4	5×10^{-29}	28.3
$Th(OH)_4$(22 ℃)	2×10^{-45}	44.7
$ThO(OH)_2$	5×10^{-24}	23.3
$Ti(OH)_3$	1×10^{-40}	40.0
$Ti(OH)_4$	7.9×10^{-54}	53.10
$TiO(OH)_2$ $(TiO^{2+}+2OH^-)$	1.6×10^{-33}	32.8
TlBr	3.6×10^{-6}	5.44
Tl_2CrO_4	9.8×10^{-13}	12.01
TlI	5.9×10^{-8}	7.23
Tl_2S	6.3×10^{-22}	21.2
$Tl(C_9H_6NO)_3$	4×10^{-33}	32.4
$1/2Tl_2O_3$ $(Tl^{3+}+3OH^-)$	6.3×10^{-46}	45.2
UF_4	5.8×10^{-22}	21.24
$UO_2C_2O_4$(20 ℃)	2.2×10^{-9}	8.66
$UO_2(OH)_2$	4×10^{-23}	22.4
$V(OH)_3$	5×10^{-35}	34.3

（续附表 2）

化合物	K_{sp}	pK_{sp}	化合物	K_{sp}	pK_{sp}
$(VO)_3(PO_4)_2$	8×10^{-26}	25.1	$Zn(OH)_2$（无定形）	3.0×10^{-16}	15.52
$Y_2(CO_3)_3$	2.5×10^{-31}	30.6			
$Y(OH)_3$	6.3×10^{-24}	23.2	α-ZnS	2×10^{-25}	24.7
$Zn(C_9H_6NO)_2$	2×10^{-24}	23.7	β-ZnS	3.2×10^{-23}	22.5
$ZnCO_3$	1×10^{-10}	10.0	ZrO_2 ($Zr^{4+}+4OH^-$)	8×10^{-55}	54.1
ZnC_2O_4	1.3×10^{-9}	8.89			
$Zn_2Fe(CN)_6$	2.1×10^{-16}	15.68	$ZrO(OH)_2$	1×10^{-29}	29.0

附表 3　酸、碱在水中的离解常数

化合物	分步	K_a	pK_a
无机酸			
砷酸	1	5.8×10^{-3}	2.24
	2	1.1×10^{-7}	6.69
	3	3.2×10^{-12}	11.50
亚砷酸		5.1×10^{-10}	9.29
硼酸	1	5.81×10^{-10}	9.236
	2	1.82×10^{-13}	12.74(20 ℃)
	3	1.58×10^{-14}	13.80(20 ℃)
碳酸	1	4.3×10^{-7}	6.37
	2	5.61×10^{-11}	10.25
铬酸	1	1.6	−0.2(20 ℃)
	2	3.1×10^{-7}	6.51
氢氟酸		6.8×10^{-4}	3.17
氢氰酸		6.2×10^{-10}	9.21
氢硫酸	1	9.5×10^{-8}	7.02
	2	1.3×10^{-14}	13.9
过氧化氢		2.2×10^{-12}	11.65
次溴酸		2.3×10^{-9}	8.65
次氯酸		3.0×10^{-8}	7.53
次碘酸		2.3×10^{-11}	10.64
次磷酸		5.9×10^{-2}	1.23

(续附表 3)

化合物	分步	K_a	pK_a
碘酸		0.17	0.77
亚硝酸		7.1×10^{-4}	3.15
高碘酸		2.3×10^{-2}	1.64
磷酸	1	7.52×10^{-3}	2.12
	2	6.23×10^{-8}	7.21
	3	2.2×10^{-13}	12.66
亚磷酸	1	3×10^{-2}	1.5
	2	1.62×10^{-7}	6.79
焦磷酸	1	0.16	0.8
	2	6×10^{-3}	2.2
	3	2.0×10^{-7}	6.70
	4	4.0×10^{-10}	9.4
硅酸	1	2.2×10^{-10}	9.66(30 ℃)
	2	2×10^{-12}	11.70(30 ℃)
	3	1×10^{-12}	12.00(30 ℃)
	4	1.02×10^{-12}	11.99(30 ℃)
硫酸	2	1.02×10^{-2}	1.99
亚硫酸	1	1.23	1.91
	2	6.6×10^{-8}	7.18
		无机碱	
氨水		5.70×10^{-10}	9.244
氢氧化钙	1	2.69×10^{-12}	11.57
	2	2.51×10^{-13}	12.6
羟胺		1.10×10^{-6}	5.95
氢氧化铅		1.05×10^{-11}	10.98
氢氧化银		9.12×10^{-11}	10.04
氢氧化锌		1.05×10^{-11}	10.98
		有机酸	
甲酸		1.80×10^{-4}	3.745
乙酸		1.75×10^{-5}	4.757
丙烯酸		5.52×10^{-5}	4.258
苯甲酸		6.28×10^{-5}	4.202

（续附表 3）

化合物	分步	K_a	pK_a
一氯醋酸		1.36×10^{-3}	2.865
二氯醋酸		0.22	0.66
草酸	1	5.6×10^{-2}	1.252
	2	5.42×10^{-5}	4.266
己二酸	1	3.8×10^{-5}	4.42
	2	3.8×10^{-6}	5.54
丙二酸	1	1.42×10^{-3}	2.847
	2	2.01×10^{-6}	5.696
丁二酸	1	6.21×10^{-5}	4.207
	2	2.31×10^{-6}	5.636
马来酸	1	1.23×10^{-2}	1.910
	2	4.66×10^{-7}	6.332
富马酸	1	8.85×10^{-4}	3.053
	2	3.21×10^{-5}	4.949
邻苯二甲酸	1	1.12×10^{-3}	2.950
	2	3.9×10^{-6}	5.408
甘油磷酸	1	3.4×10^{-2}	1.47
	2	6.4×10^{-7}	6.19
酒石酸	1	9.2×10^{-4}	3.036
	2	4.31×10^{-5}	4.366
水杨酸	1	1.07×10^{-3}	2.97
	2	1.82×10^{-14}	13.74
苹果酸	1	3.48×10^{-14}	3.459
	2	8.00×10^{-6}	5.097
柠檬酸	1	7.44×10^{-4}	3.128
	2	1.73×10^{-5}	4.761
	3	4.02×10^{-7}	6.396
羟基乙酸		1.48×10^{-4}	3.831
对羟基苯甲酸	1	3.3×10^{-5}	4.48(19 ℃)
	2	4.8×10^{-10}	9.32(19 ℃)
甘氨酸	1	4.47×10^{-3}	2.350(CO_2H)
	2	1.67×10^{-10}	9.778(NH_3)

(续附表 3)

化合物	分步	K_a	pK_a
丙氨酸	1	4.49×10^{-3}	2.348(CO_2H)
	2	1.36×10^{-10}	9.867(NH_3)
丝氨酸	1	6.5×10^{-3}	2.187(CO_2H)
	2	6.18×10^{-10}	9.209(NH_3)
苏氨酸	1	8.17×10^{-3}	2.088(CO_2H)
	2	7.94×10^{-10}	9.100(NH_3)
蛋氨酸	1	6.3×10^{-3}	2.20(CO_2H)
	2	8.9×10^{-10}	9.05(NH_3)
乙二胺四乙酸	1	1.0	0
	2	0.032	1.5
	3	0.010	2.0
	4	0.0022	2.66
	5	6.7×10^{-7}	6.16(NH)
	6	5.8×10^{-11}	10.24(NH)
氨基磺酸		5.86×10^{-4}	3.232
苦味酸		6.5×10^{-4}	3.19
五味子酸		4.2×10^{-1}	0.38
有机碱			
正丁胺		2.29×10^{-11}	10.640
二乙胺		1.17×10^{-11}	10.933
二甲胺		1.68×10^{-11}	10.774
乙胺		2.31×10^{-11}	10.636
乙二胺	1	1.42×10^{-7}	6.848
	2	1.18×10^{-10}	9.928
三乙胺		1.93×10^{-11}	10.715
六次甲基四胺		1.4×10^{-9}	8.85
乙醇胺		3.18×10^{-10}	9.498
苯胺		2.51×10^{-5}	4.601
联苯胺	1	9.3×10^{-10}	9.03
	2	5.6×10^{-11}	10.25
α-萘胺		8.32×10^{-11}	10.08
β-萘胺		1.44×10^{-10}	9.84

（续附表 3）

化合物	分步	K_a	pK_a
对甲氧基苯胺		4.40×10^{-6}	5.357
尿素		1.26×10^{-14}	13.0(21 ℃)
吡啶		5.90×10^{-6}	5.229
马钱子碱		1.91×10^{-6}	5.72
可待因		1.62×10^{-6}	5.79
黄连碱		2.51×10^{-8}	7.60
吗啡		1.62×10^{-6}	5.79
烟碱	1	1.05×10^{-6}	5.98
	2	1.32×10^{-11}	10.88
毛果云香碱		7.41×10^{-8}	7.13(30 ℃)
8-羟基喹啉	1	1.23×10^{-5}	4.91(NH)
	2	1.55×10^{-10}	9.81(OH)
奎宁	1	3.31×10^{-6}	5.48
	2	1.35×10^{-10}	9.87
番木鳖碱		1.82×10^{-6}	5.74

附表 4　常见配合物的稳定常数

金属离子	离子强度	n	$\lg\beta_n$
氨配合物			
Ag^{+}	0.5	1,2	3.24,7.05
Cd^{2+}	2	1,…,6	2.65,4.75,6.19,7.12,6.80,5.14
Co^{2+}	2	1,…,6	2.11,3.74,4.79,5.55,5.73,5.11
Cu^{2+}	2	1,…,5	4.31,7.98,11.02,13.32,12.86
Ni^{2+}	2	1,…,6	2.80,5.04,6.77,7.96,8.71,8.74
Zn^{2+}	2	1,…,4	2.37,4.81,7.31,9.46
氟配合物			
Al^{3+}	0.5	1,…,6	6.13,11.15,15.00,17.75,19.37,19.84
Fe^{3+}	0.5	1,2,3	5.2,9.2,11.9
氯配合物			
Ag^{+}	0	1,…,4	3.04,5.04,5.04,5.30
Hg^{2+}	0.5	1,…,4	6.74,13.22,14.07,15.07
Sn^{2+}	0	1,…,4	1.51,2.24,2.03,1.48
溴配合物			
Ag^{+}	0	1,…,4	4.38,7.33,8.00,8.73
Cd^{2+}	3	1,…,4	1.75,2.34,3.32,3.70
Hg^{2+}	0.5	1,…,4	9.05,17.32,19.74,21.00

(续附表 4)

金属离子	离子强度	n	$\lg\beta_n$
碘配合物			
Ag^+	0	1,2,3	6.58,11.74,13.68
Cd^{2+}	0	1,…,4	2.10,3.43,4.49,5.41
Pb^{2+}	0	1,…,4	2.00,3.15,3.92,4.47
Hg^{2+}	0.5	1,…,4	12.87,23.82,27.60,29.83
氰配合物			
Ag^+	0	1,…,4	—,21.1,21.7,20.6
Fe^{2+}	0	6	35
Fe^{3+}	0	6	42
Hg^{2+}	0	4	41.4
Ni^{2+}	0.1	4	31.3
Zn^{2+}	0.1	4	16.7
硫氰酸配合物			
Fe^{2+}	*	1,…,5	2.3,4.2,5.6,6.4,6.4
Hg^{2+}	0.1	1,…,4	—,16.1,19.0,20.9
硫代硫酸配合物			
Ag^+	0	1,2	8.82,13.5
Hg^{2+}	0	1,2	29.86,32.26
柠檬酸配合物			
Al^{3+}	0.5	1	20.0
Cu^{2+}	0.5	1	18.0
Fe^{3+}	0.5	1	25.0
Ni^{2+}	0.5	1	14.3
Pb^{2+}	0.5	1	12.3
Zn^{2+}	0.5	1	11.4
磺基水杨酸配合物			
Al^{3+}	0.1	1,2,3	13.20,22.83,28.89
Fe^{3+}	3	1,2,3	14.4,25.2,32.2
乙二胺配合物			
Ag^+	0.1	1,2	4.70,7.70
Cd^{2+}	0.5	1,2,3	5.47,10.09,12.09
Co^{2+}	1	1,2,3	5.91,10.64,13.09
Co^{3+}	1	1,2,3	18.70,34.90,48.69
Cu^{2+}	1	1,2,3	10.67,20.00,21.0
Hg^{2+}	0.1	1,2	14.30,23.3
Ni^{2+}	1	1,2,3	7.52,13.80,18.06
Zn^{2+}	1	1,2,3	5.77,10.83,14.11

* 离子强度不定。

主要参考书：

1. 黄一石，黄一波，乔子荣. 定量分析化学[M]. 4 版. 北京：化学工业出版社，2020.

2. 邵利民. 分析化学[M]. 2 版. 北京：科学出版社，2020.

附表 5　标准电极电势(298.15 K)

(一)在酸性溶液中

电　对	电极反应	$E^{\ominus}$/V
Li(Ⅰ)-(0)	$Li^{+} + e^{-} = Li$	-3.045
K(Ⅰ)-(0)	$K^{+} + e^{-} = K$	-2.925
Rb(Ⅰ)-(0)	$Rb^{+} + e^{-} = Rb$	-2.925
Cs(Ⅰ)-(0)	$Cs^{+} + e^{-} = Cs$	-2.923
Ba(Ⅱ)-(0)	$Ba^{2+} + 2e^{-} = Ba$	-2.90
Sr(Ⅱ)-(0)	$Sr^{2+} + 2e^{-} = Sr$	-2.89
Ca(Ⅱ)-(0)	$Ca^{2+} + 2e^{-} = Ca$	-2.87
Na(Ⅰ)-(0)	$Na^{+} + e^{-} = Na$	-2.714
La(Ⅲ)-(0)	$La^{3+} + 3e^{-} = La$	-2.52
Ce(Ⅲ)-(0)	$Ce^{3+} + 3e^{-} = Ce$	-2.48
Mg(Ⅱ)-(0)	$Mg^{2+} + 2e^{-} = Mg$	-2.37
Sc(Ⅲ)-(0)	$Sc^{3+} + 3e^{-} = Sc$	-2.08
Al(Ⅲ)-(0)	$[AlF_6]^{3-} + 3e^{-} = Al + 6F^{-}$	-2.07
Be(Ⅲ)-(0)	$Be^{2+} + 2e^{-} = Be$	-1.85
Al(Ⅲ)-(0)	$Al^{3+} + 3e^{-} = Al$	-1.66
Ti(Ⅱ)-(0)	$Ti^{2+} + 2e^{-} = Ti$	-1.63
Si(Ⅳ)-(0)	$[SiF_6]^{2-} + 4e^{-} = Si + 6F^{-}$	-1.2
Mn(Ⅱ)-(0)	$Mn^{2+} + 2e^{-} = Mn$	-1.18
V(Ⅱ)-(0)	$V^{2+} + 2e^{-} = V$	-1.18
Ti(Ⅱ)-(0)	$TiO^{2+} + 2H^{+} + 4e^{-} = Ti + H_2O$	-0.89
B(Ⅲ)-(0)	$H_3BO_3 + 3H^{+} + 3e^{-} = B + 3H_2O$	-0.87
Si(Ⅳ)-(0)	$SiO_2 + 4H^{+} + 4e^{-} = Si + 2H_2O$	-0.86
Zn(Ⅱ)-(0)	$Zn^{2+} + 2e^{-} = Zn$	-0.763
Cr(Ⅲ)-(0)	$Cr^{3+} + 3e^{-} = Cr$	-0.74
C(Ⅳ)-(Ⅲ)	$2CO_2 + 2H^{+} + 2e^{-} = H_2C_2O_4$	-0.49
Fe(Ⅱ)-(0)	$Fe^{2+} + 2e^{-} = Fe$	-0.440
Cr(Ⅲ)-(Ⅱ)	$Cr^{3+} + e^{-} = Cr^{2+}$	-0.41
Cd(Ⅱ)-(0)	$Cd^{2+} + 2e^{-} = Cd$	-0.403
Ti(Ⅲ)-(Ⅱ)	$Ti^{3+} + e^{-} = Ti^{2+}$	-0.37
Pb(Ⅱ)-(0)	$PbI_2 + 2e^{-} = Pb + 2I^{-}$	-0.365

(续附表 5)

电　对	电极反应	$E^{\ominus}$/V
Pb(Ⅱ)-(0)	$PbSO_4+2e^-$ ══ $Pb+SO_4^{2-}$	-0.3553
Pb(Ⅱ)-(0)	$PbBr_2+2e^-$ ══ $Pb+2Br^-$	-0.280
CO(Ⅱ)-(0)	$Co^{2+}+2e^-$ ══ Co	-0.277
Pb(Ⅱ)-(0)	$PbCl_2+2e^-$ ══ $Pb+2Cl^-$	-0.268
V(Ⅲ)-(Ⅱ)	$V^{3+}+e^-$ ══ V^{2+}	-0.255
V(Ⅴ)-(0)	$VO_2^++4H^++5e^-$ ══ $V+2H_2O$	-0.253
Sn(Ⅳ)-(0)	$[SnF_6]^{2-}+4e^-$ ══ $Sn+6F^-$	-0.25
Ni(Ⅱ)-(0)	$Ni^{2+}+2e^-$ ══ Ni	-0.246
Ag(Ⅰ)-(0)	$AgI+e^-$ ══ $Ag+I^-$	-0.152
Sn(Ⅱ)-(0)	$Sn^{2+}+2e^-$ ══ Sn	-0.136
Pb(Ⅱ)-(0)	$Pb^{2+}+2e^-$ ══ Pb	-0.126
Hg(Ⅱ)-(0)	$[HgI_4]^{2-}+2e^-$ ══ $Hg+4I^-$	-0.04
Ag(Ⅰ)-(0)	$[Ag(S_2O_3)_2]^{3-}+e^-$ ══ $Ag+2S_2O_3^{2-}$	0.01
H(Ⅰ)-(0)	$2H^++2e^-$ ══ H_2	0.00
Ag(Ⅰ)-(0)	$AgBr+e^-$ ══ $Ag+Br^-$	0.071
S(2.5)-(Ⅱ)	$S_4O_6^{2-}+2e^-$ ══ $2S_2O_3^{2-}$	0.08
Ti(Ⅳ)-(Ⅲ)	$TiO^{2+}+2H^++e^-$ ══ $Ti^{3+}+H_2O$	0.10
S(0)-(-Ⅱ)	$S+2H^++2e^-$ ══ H_2S	0.141
Sn(Ⅳ)-(Ⅱ)	$Sn^{4+}+2e^-$ ══ Sn^{2+}	0.154
Cu(Ⅱ)-(Ⅰ)	$Cu^{2+}+e^-$ ══ Cu^+	0.159
S(Ⅵ)-(Ⅳ)	$SO_4^{2-}+4H^++2e^-$ ══ $H_2SO_3+H_2O$	0.17
Hg(Ⅱ)-(0)	$[HgBr_4]^{2-}+2e^-$ ══ $Hg+4Br^-$	0.21
Ag(Ⅰ)-(0)	$AgCl+e^-$ ══ $Ag+Cl^-$	0.2223
Hg(Ⅰ)-(0)	$Hg_2Cl_2+2e^-$ ══ $2Hg+2Cl^-$	0.268
Cu(Ⅱ)-(0)	$Cu^{2+}+2e^-$ ══ Cu	0.337
V(Ⅳ)-(Ⅲ)	$VO^{2+}+2H^++e^-$ ══ $V^{3+}+H_2O$	0.337
Fe(Ⅲ)-(Ⅱ)	$[Fe(CN)_6]^{3-}+e^-$ ══ $[Fe(CN)_6]^{4-}$	0.36
S(Ⅳ)-(Ⅱ)	$2H_2SO_3+2H^++4e^-$ ══ $S_2O_3^{2-}+3H_2O$	0.40
Ag(Ⅰ)-(0)	$Ag_2CrO_4+2e^-$ ══ $2Ag+CrO_4^{2-}$	0.447
S(Ⅳ)-(0)	$H_2SO_3+4H^++4e^-$ ══ $S+3H_2O$	0.45
Cu(Ⅰ)-(0)	Cu^++e^- ══ Cu	0.52
I(0)-(-Ⅰ)	I_2+2e^- ══ $2I^-$	0.5345

（续附表 5）

电　对	电极反应	$E^{\ominus}$/V
Mn(Ⅶ)－(Ⅵ)	$MnO_4^- + e^- \rightleftharpoons MnO_4^{2-}$	0.564
As(Ⅴ)－(Ⅲ)	$H_3AsO_4 + 2H^+ + 2e^- \rightleftharpoons H_3AsO_3 + H_2O$	0.58
Hg(Ⅱ)－(Ⅰ)	$2HgCl_2 + 2e^- \rightleftharpoons Hg_2Cl_2 + 2Cl^-$	0.63
O(0)－(－Ⅰ)	$O_2 + 2H^+ + 2e^- \rightleftharpoons H_2O_2$	0.682
Pt(Ⅱ)－(0)	$[PtCl_4]^{2-} + 2e^- \rightleftharpoons Pt + 4Cl^-$	0.73
Fe(Ⅲ)－(Ⅱ)	$Fe^{3+} + e^- \rightleftharpoons Fe^{2+}$	0.771
Hg(Ⅰ)－(0)	$Hg_2^{2+} + 2e^- \rightleftharpoons 2Hg$	0.793
Ag(Ⅰ)－(0)	$Ag^+ + e^- \rightleftharpoons Ag$	0.799
N(Ⅴ)－(Ⅳ)	$NO_3^- + 2H^+ + e^- \rightleftharpoons NO_2 + H_2O$	0.80
Hg(Ⅱ)－(Ⅰ)	$2Hg^{2+} + 2e^- \rightleftharpoons Hg_2^{2+}$	0.920
N(Ⅴ)－(Ⅲ)	$NO_3^- + 3H^+ + 2e^- \rightleftharpoons HNO_2 + H_2O$	0.94
N(Ⅴ)－(Ⅱ)	$NO_3^- + 4H^+ + 3e^- \rightleftharpoons NO + 2H_2O$	0.96
N(Ⅲ)－(Ⅱ)	$HNO_2 + H^+ + e^- \rightleftharpoons NO + H_2O$	1.00
Au(Ⅲ)－(0)	$[AuCl_4]^- + 3e^- \rightleftharpoons Au + 4Cl^-$	1.00
V(Ⅴ)－(Ⅳ)	$VO_2^+ + 2H^+ + e^- \rightleftharpoons VO^{2+} + H_2O$	1.00
Br(0)－(－Ⅰ)	$Br_2(l) + 2e^- \rightleftharpoons 2Br^-$	1.065
Cu(Ⅱ)－(Ⅰ)	$Cu^{2+} + 2CN^- + e^- \rightleftharpoons Cu(CN)_2^-$	1.12
Se(Ⅵ)－(Ⅳ)	$SeO_4^{2-} + 4H^+ + 2e^- \rightleftharpoons H_2SeO_3 + H_2O$	1.15
Cl(Ⅶ)－(Ⅴ)	$ClO_4^- + 2H^+ + 2e^- \rightleftharpoons ClO_3^- + H_2O$	1.19
I(Ⅴ)－(0)	$2IO_3^- + 12H^+ + 10e^- \rightleftharpoons I_2 + 6H_2O$	1.20
Cl(Ⅴ)－(Ⅲ)	$ClO_3^- + 3H^+ + 2e^- \rightleftharpoons HClO_2 + H_2O$	1.21
O(0)－(－Ⅱ)	$O_2 + 4H^+ + 4e^- \rightleftharpoons 2H_2O$	1.229
Mn(Ⅳ)－(Ⅱ)	$MnO_2 + 4H^+ + 2e^- \rightleftharpoons Mn^{2+} + 2H_2O$	1.23
Cr(Ⅵ)－(Ⅲ)	$Cr_2O_7^{2-} + 14H^+ + 6e^- \rightleftharpoons 2Cr^{3+} + 7H_2O$	1.33
Cl(0)－(－Ⅰ)	$Cl_2 + 2e^- \rightleftharpoons 2Cl^-$	1.36
I(Ⅰ)－(0)	$2HIO + 2H^+ + 2e^- \rightleftharpoons I_2 + 2H_2O$	1.45
Pb(Ⅳ)－(Ⅱ)	$PbO_2 + 4H^+ + 2e^- \rightleftharpoons Pb^{2+} + 2H_2O$	1.455
Au(Ⅲ)－(0)	$Au^{3+} + 3e^- \rightleftharpoons Au$	1.50
Mn(Ⅲ)－(Ⅱ)	$Mn^{3+} + e^- \rightleftharpoons Mn^{2+}$	1.51
Mn(Ⅶ)－(Ⅱ)	$MnO_4^- + 8H^+ + 5e^- \rightleftharpoons Mn^{2+} + 4H_2O$	1.51
Br(Ⅴ)－(0)	$2BrO_3^- + 12H^+ + 10e^- \rightleftharpoons Br_2 + 6H_2O$	1.52
Br(Ⅰ)－(0)	$2H_2BrO + 2H^+ + 2e^- \rightleftharpoons Br_2 + 2H_2O$	1.59

（续附表 5）

电　对	电极反应	$E^\ominus$/V
Ce(Ⅳ)－(Ⅲ)	$Ce^{4+}+e^-$ ══ Ce^{3+} ($1\ mol\cdot L^{-1}\ HNO_3$)	1.61
Cl(Ⅰ)－(0)	$2HClO+2H^++2e^-$ ══ Cl_2+2H_2O	1.63
Cl(Ⅲ)－(Ⅰ)	$HClO_2+2H^++2e^-$ ══ $HClO+H_2O$	1.64
Pb(Ⅳ)－(Ⅱ)	$PbO_2+SO_4^{2-}+4H^++2e^-$ ══ $PbSO_4+2H_2O$	1.685
Mn(Ⅶ)－(Ⅳ)	$MnO_4^-+4H^++3e^-$ ══ MnO_2+2H_2O	1.695
O(－Ⅰ)－(－Ⅱ)	$H_2O_2+2H^++2e^-$ ══ $2H_2O$	1.77
Co(Ⅲ)－(Ⅱ)	$Co^{3+}+e^-$ ══ Co^{2+}	1.84
S(Ⅶ)－(Ⅵ)	$S_2O_8^{2-}+2e^-$ ══ $2SO_4^{2-}$	2.01
F(0)－(－Ⅱ)	F_2+2e^- ══ $2F^-$	2.87

(二)在碱性溶液中

电　对	电极反应	$E^\ominus$/V
Mg(Ⅱ)－(0)	$Mg(OH)_2+2e^-$ ══ $Mg+2OH^-$	－2.69
Al(Ⅲ)－(0)	$H_2AlO_3^-+H_2O+3e^-$ ══ $Al+4OH^-$	－2.35
P(Ⅰ)－(0)	$H_2PO_2^-+e^-$ ══ $P+2OH^-$	－2.05
B(Ⅲ)－(0)	$H_2BO_3^-+H_2O+3e^-$ ══ $B+4OH^-$	－1.79
Si(Ⅳ)－(0)	$SiO_3^{2-}+3H_2O+4e^-$ ══ $Si+6OH^-$	－1.70
Mn(Ⅱ)－(0)	$Mn(OH)_2+2e^-$ ══ $Mn+2OH^-$	－1.55
Zn(Ⅱ)－(0)	$Zn(CN)_4^{2-}+2e^-$ ══ $Zn+4CN^-$	－1.26
Zn(Ⅱ)－(0)	$ZnO_2^{2-}+2H_2O+2e^-$ ══ $Zn+4OH^-$	－1.216
Cr(Ⅲ)－(0)	$CrO_2^-+2H_2O+3e^-$ ══ $Cr+4OH^-$	－1.2
Zn(Ⅱ)－(0)	$[Zn(NH_3)_4]^{2+}+2e^-$ ══ $Zn+4NH_3$	－1.04
S(Ⅵ)－(Ⅳ)	$SO_4^{2-}+H_2O+2e^-$ ══ $SO_3^{2-}+2OH^-$	－0.93
Sn(Ⅱ)－(0)	$HSnO_2^-+H_2O+2e^-$ ══ $Sn+3OH^-$	－0.91
Fe(Ⅱ)－(0)	$Fe(OH)_2+2e^-$ ══ $Fe+2OH^-$	－0.877
H(Ⅰ)－(0)	$2H_2O+2e^-$ ══ H_2+2OH^-	－0.828
Cd(Ⅱ)－(0)	$[Cd(NH_3)_4]^{2+}+2e^-$ ══ $Cd+4NH_3$	－0.61
S(Ⅳ)－(Ⅱ)	$2SO_3^{2-}+3H_2O+4e^-$ ══ $S_2O_3^{2-}+6OH^-$	－0.58
Fe(Ⅲ)－(Ⅱ)	$Fe(OH)_3+e^-$ ══ $Fe(OH)_2+OH^-$	－0.56
S(0)－(－Ⅱ)	$S+2e^-$ ══ S^{2-}	－0.48
Ni(Ⅱ)－(0)	$[Ni(NH_3)_6]^{2+}+2e^-$ ══ $Ni+6NH_3(aq)$	－0.48
Cu(Ⅰ)－(0)	$Cu(CN)_2^-+e^-$ ══ $Cu+2CN^-$	约－0.43

(续附表 5)

电 对	电极反应	E°/V
Hg(Ⅱ)-(0)	$Hg(CN)_4^{2-}+2e^- \Longrightarrow Hg+4CN^-$	-0.37
Ag(Ⅰ)-(0)	$Ag(CN)_2^-+e^- \Longrightarrow Ag+2CN^-$	-0.31
Cr(Ⅵ)-(Ⅲ)	$CrO_4^{2-}+2H_2O+3e^- \Longrightarrow CrO_2^-+4OH^-$	-0.12
Cu(Ⅱ)-(0)	$[Cu(NH_3)_4]^{2+}+2e^- \Longrightarrow Cu+4NH_3$	-0.12
Mn(Ⅳ)-(Ⅱ)	$MnO_2+2H_2O+2e^- \Longrightarrow Mn(OH)_2+2OH^-$	-0.05
Ag(Ⅰ)-(0)	$AgCN+e^- \Longrightarrow Ag+CN^-$	-0.017
N(Ⅴ)-(Ⅲ)	$NO_3^-+H_2O+2e^- \Longrightarrow NO_2^-+2OH^-$	0.01
Hg(Ⅱ)-(0)	$HgO+H_2O+2e^- \Longrightarrow Hg+2OH^-$	0.098
Co(Ⅲ)-(Ⅱ)	$[Co(NH_3)_6]^{3+}+e^- \Longrightarrow Co(NH_3)_6^{2+}$	0.1
Co(Ⅲ)-(Ⅱ)	$Co(OH)_3+e^- \Longrightarrow Co(OH)_2+OH^-$	0.17
I(Ⅴ)-(-Ⅰ)	$IO_3^-+3H_2O+6e^- \Longrightarrow I^-+6OH^-$	0.26
Ag(Ⅰ)-(0)	$Ag(S_2O_3)_2^{3-}+e^- \Longrightarrow Ag+2S_2O_3^{2-}$	0.30
Cl(Ⅴ)-(Ⅲ)	$ClO_3^-+H_2O+2e^- \Longrightarrow ClO_2^-+2OH^-$	0.33
Cl(Ⅶ)-(Ⅴ)	$ClO_4^-+H_2O+2e^- \Longrightarrow ClO_3^-+2OH^-$	0.36
Ag(Ⅰ)-(0)	$[Ag(NH_3)_2]^++e^- \Longrightarrow Ag+2NH_3$	0.373
O(0)-(-Ⅱ)	$O_2+2H_2O+4e^- \Longrightarrow 4OH^-$	0.401
I(Ⅰ)-(-Ⅰ)	$IO^-+H_2O+2e^- \Longrightarrow I^-+2OH^-$	0.49
Mn(Ⅵ)-(Ⅳ)	$MnO_4^{2-}+2H_2O+2e^- \Longrightarrow MnO_2+4OH^-$	0.60
Br(Ⅴ)-(-Ⅰ)	$BrO_3^-+3H_2O+6e^- \Longrightarrow Br^-+6OH^-$	0.61
Cl(Ⅲ)-(Ⅰ)	$ClO_2^-+H_2O+2e^- \Longrightarrow ClO^-+2OH^-$	0.66
Br(Ⅰ)-(-Ⅰ)	$BrO^-+H_2O+2e^- \Longrightarrow Br^-+2OH^-$	0.76
Cl(Ⅰ)-(-Ⅰ)	$ClO^-+H_2O+2e^- \Longrightarrow Cl^-+2OH^-$	0.89

练习题参考答案

第1章练习题

是非题:1. ×;2. √;3. ×

单选题:1. D;2. B;3. B

填空题:1. 正态分布,多次测量,取平均值

2. 方法,仪器,试剂,操作

计算题:2. 0.2043,0.0003,0.15%,4.3×10^{-4},0.21%

3. $\mu=(30.52\pm0.2)\%$

第2章练习题

是非题:1. √;2. ×;3. ×

选择题:1. C;2. C;3. D

填空题:1. 固体物质并不经过液体阶段而直接变成气体的,挥发

2. 有一定的几何外形,有固定的熔点,各向异性

计算题:1. 690 g

2. 16.0

3. 794 Pa

4. $p_{PCl_5}=10.86$ kPa;$p_{PCl_3}=p_{Cl_2}=51.27$ kPa

5. 88.0%

6. (1) $p_{CO}=60.8$ kPa;$p_{H_2}=10.1$ kPa

(2) $n_{CO}=2.40\times10^{-2}$ mol;$n_{H_2}=4.00\times10^{-3}$ mol

7. $p_{CO_2}=28.6$ kPa;$p_{N_2}=38.0$ kPa;$\chi_{O_2}=0.286$

8. $p_{H_2}=92.3$ kPa;$p_{O_2}=46.1$ kPa

第3章练习题

是非题:1. √;2. ×;3. √;4. ×;5. ×

单选题:1. A;2. C;3. B;4. D;5. A

填空题:1. (1)不变;(2)增大,增大;(3)不变,不变;(4)减少,减少

2. $\frac{4Wt}{3a}$,$\frac{1}{2}b-\frac{1}{3}Wt$

3. $x+y>z$,逆,固态或液

简答题:2. (1)减少;(2)增大;(3)增大;(4)减少;(5)增大;(6)增大;

(7)减少;(8)增大;(9)增大;(10)不变;(11)不变

计算题:1. $\bar{V}_A=1.5\times10^{-5}\ mol\cdot L^{-1}\cdot s^{-1}$

2. $\bar{V}_{I^-}=3.3\times10^{-5}\ mol\cdot L^{-1}\cdot s^{-1}$

3. (1)$m+n=3$;(2)$k=5.3\times10^{-6}\ mol\cdot L^{-1}\cdot s^{-1}$;(3)$V_{H_2}=12\ mL$

4. (1)$V=6.14\times10^{-3}\ c_{S_2O_8^{2-}}\cdot c_{I^-}$,该反应不可能是元反应;

(2)该反应是吸热反应

5. $K^{\ominus}=4.67\times10^{-3}$

6. $K^{\ominus}=1.63\times10^{-2}$

7. $Q=8.94\times10^{-6}<K^{\ominus}$,反应未达到平衡状态

8. $K_3^{\ominus}=1.0\times10^{-28}$

9. (1)$c_{Fe^{2+}}=c_{Ag^+}=0.0806\ mol\cdot L^{-1}$,$c_{Fe^{3+}}=0.0194\ mol\cdot L^{-1}$;

(2)$K^{\ominus}=2.99$

10. (1)0.050 mol;(2)23%

第4章练习题

是非题:1. ×;2. ×;3. √

单选题:1. A;2. B;3. A

简答题:1. A是氯;B是硫;C是氧

4. (1)50种;(2)121;(3)第七周期,第ⅣA族,$[Rn]5f^{14}6d^{10}7s^27p^2$

5. (1)第ⅣA族;(2)Fe;(3)Cu

6. (1)D<C<B<A;(2)A<B<C<D;(3)D<C<B<A

第5章练习题

是非题:1. ×;2. ×;3. √

单选题:1. D;2. B;3. B

简答题:1. BeH_2 为 sp 杂化,直线形;BBr_3 为 sp^2 杂化,平面正三角形;

SiH_4 为 sp^3 杂化,正四面体;PH_3 为 sp^3 杂化,三角锥形;

SeF_6 为 sp^3d^2 杂化,八面体

第6章练习题

是非题:1. √;2. ×;3. √

单选题:1. B;2. D;3. B. 4. C;5. C

填空题:2. H^+,H_2O,$H_2PO_4^-$,H^+,OH^-,$H_2PO_4^-$

3. 浓度之和,浓度之比

计算题:1. pH=2,pOH=12

2. pH=2.3,pOH=11.7

4. $c_{H_2CO_3}/c_{HCO_3^-}=0.09$

5. $K^{\ominus}=3.75\times10^{-6}$

6. (1)pH=8.954;(2)pH=8.908

7. pH=4.76

第7章练习题

是非题:1. √;2. ×;3. √

单选题:1. B;2. C;3. C;4. A;5. C

填空题:1. 大,稀释

2. 大,低,酸效应

3. 弱酸的浓度,弱酸的强度,$\geqslant10^{-8}$

计算题:1. pH=5.1,$K_a^{\ominus}=6.2\times10^{-10}$

4. pH=4.01

5. pH=12.1

6. pH=5

7. $K_a^{\ominus}=1.8\times10^{-4}$

8. pH=3.1～4.6

10. $M_{HA}=94.5$;$K_a^{\ominus}=1.29\times10^{-5}$

11. pH=9.41;酚酞最合适

12. $\omega_{Na_2CO_3}=8.83\%$;$\omega_{NaOH}=74.69\%$;惰性杂质16.48%

13. 0.2018 mol·L^{-1}

14. $\omega_{Fe}=52.92\%$;$\omega_{FeO}=68.08\%$;$\omega_{Fe_3O_4}=75.66\%$

15. $Na_3PO_4=49.2\%$;$Na_2HPO_4=28.4\%$;杂质=22.4%

第8章练习题

是非题:1. ×;2. √;3. ×

单选题:1. C;2. D;3. C

填空题:1. 指示剂,莫尔,福尔哈德,法扬斯

2. $AgNO_3$,白,AgCl,砖红,$Ag_2(CrO_4)$

计算题:2. 有 $BaSO_4$ 沉淀生成,5.6g,7.3×10^{-8} mol·L^{-1}

3. 0.72,2.72

5. 3.08<pH<6.9

8. 0.04021,0.5334

9. $\omega_{KBr}=44.71\%$;$\omega_{KBrO_3}=8.167\%$

第9章练习题

是非题：1. √；2. √；3. √

单选题：1. B；2. C；3. C；4. A；5. D；6. A

填空题：1. $K_2Cr_2O_7$，淀粉

2. 中，弱酸，$I_2 + 2S_2O_3^{2-} = 2I^- + S_4O_6^{2-}$

计算题：1. 1.485 V；

2. $K^\ominus = 2.19$；$c_{Pb^{2+}} = 0.6\ mol \cdot L^{-1}$；$c_{Sn^{2+}} = 1.4\ mol \cdot L^{-1}$

5. $(-)Fe \mid Fe^{2+}(1.0\ mol \cdot L^{-1}) \parallel Ag^+(1.0\ mol \cdot L^{-1}) \mid Ag(+)$

6. −0.63 V

7. $E(MnO_4^-/Mn^{2+}) = 1.40$ V，均能氧化

8. 0.1209 g

9. 0.005586 $g \cdot mL^{-1}$，0.007987 $g \cdot mL^{-1}$，0.02781 $g \cdot mL^{-1}$

10. 63.87%，91.32%

11. 0.1004 $mol \cdot L^{-1}$

第10章练习题

是非题：1. √；2. ×；3. ×

单选题：1. C；2. D；3. B；4. D；5. A；6. B；7. C；8. A

填空题：1. 铬黑T，酒红，纯蓝

2. 配合物的条件稳定常数，金属离子的起始浓度

计算题：1. 0.29 $mol \cdot L^{-1}$

2. $7.6 \times 10^{-10}\ mol \cdot L^{-1}$，0.05 $mol \cdot L^{-1}$，$3.9 \times 10^{-20}\ mol \cdot L^{-1}$，0.05 $mol \cdot L^{-1}$

4. 3.0

7. $K^\ominus = 5.75 \times 10^{14}$

8. $c_{Al^{3+}} = 1.45 \times 10^{-9}$

9. 98.3%

第11章练习题

是非题：1. √；2. ×

单选题：1. D；2. D；3. C

填空题：1. (1)S^{2-}、I^-，(2)SO_4^{2-}、SO_3^{2-}，(3)SO_3^{2-}，(4)Na^+、NO_3^-

2. ⅣA，C、Si、Ge、Sn、Pb，C，CO_2，CO

计算题：1. $c_{Cu^{2+}} = 8.3 \times 10^{-14}\ mol \cdot L^{-1}$，$c_{Cd^{2+}} = 1.1 \times 10^{-4}\ mol \cdot L^{-1}$

2. (1)20 g，9 g；(2)4.48 L

第12章练习题

是非题:1. √;2. √

单选题:1. B;2. C;3. D;4. B;5. A;6. A;7. B

填空题:1. 氧化,$2Na_2O_2+2CO_2 \longrightarrow 2Na_2CO_3+O_2\uparrow$

第13章练习题

是非题:1. ×;2. ×;3. √

单选题:1. C;2. B;3. A;4. D;5. B;6. D;7. A

填空题:1. $\frac{2}{7}$,$x<\frac{2y}{7}$,$x>\frac{2y}{7}$

简答题:7. $A=(NH_4)_2Cr_2O_7$;$B=Cr_2O_3$;$C=NH_3$;$D=CrO_4^{2-}$;$E=Cr_2O_7^{2-}$;
$F=Cr_2(SO_4)_3$

计算题:1. 24.75 g
2. 化学式 $CrCl_3H_{12}O_6$,结构式$[Cr(H_2O)_4Cl_2]Cl\cdot 2H_2O$

第14章练习题

是非题:1. ×;2. √;3. ×

单选题:1. D;2. A;3. B;4. B;5. C;6. A;7. D

填空题:1. 白光,互补色光
2. 光源,单色器,比色皿,检测系统

计算题:1. $A=0.614$,$\kappa=9.92\times10^3\ mol^{-1}\cdot cm^{-1}\cdot L$
2. $0.0300\ mol\cdot L^{-1}$,$0.0900\ mol\cdot L^{-1}$
3. 23.9%

第15章练习题

是非题:1. √;2. ×

单选题:1. B;2. D

填空题:1. 特征谱线,基态原子,光被减弱的程度
2. 光源,原子化系统,分光系统,检测系统

计算题:1. $0.095\ mg\cdot L^{-1}$
2. $0.60\ mg\cdot L^{-1}$

第16章练习题

是非题：1. √；2. ×；3. √

单选题：1. D；2. A；3. C

填空题：1. 玻璃电极，SCE，原电池

2. 指示电极，参比电极，Nernst

3. SCE，ISE

计算题：1. 2.33×10^{-5} $mol\cdot L^{-1}$

2. 0.03079 $mol\cdot L^{-1}$

3. NaOH 53.00 mL，HCl 47.0 mL

第17章练习题

是非题：1. ×；2. √

单选题：1. C；2. D；3. A；4. B

填空题：1. 固定相，气固，气液

2. 气路，进样，分离，检测，记录

3. 固定液，硅藻土型，非硅藻土型

4. “相似相溶”，作用力，选择性，分离效果

5. 涡流扩散项，分子扩散项，传质阻力项，分子扩散项

计算题：1. 1500 块，0.66 mm

2. 1.6×10^{4}，3.2 m

3. 18.5%，20.5%，61.0%

4. 0.415%

元素周期表

Periodic Table of the Elements

原子序数 — 1 H — 元素符号
氢 — 元素中文名称
hydrogen — 元素英文名称
1.008 — 惯用原子量
[1.0078, 1.0082] — 标准原子量

1	2	3	4	5	6	7	8	9	10	11	12	13	14	15	16	17	18
1 H 氢 hydrogen 1.008 [1.0078, 1.0082]																	2 He 氦 helium 4.0026
3 Li 锂 lithium 6.94 [6.938, 6.997]	4 Be 铍 beryllium 9.0122											5 B 硼 boron 10.81 [10.806, 10.821]	6 C 碳 carbon 12.011 [12.009, 12.012]	7 N 氮 nitrogen 14.007 [14.006, 14.008]	8 O 氧 oxygen 15.999 [15.999, 16.000]	9 F 氟 fluorine 18.998	10 Ne 氖 neon 20.180
11 Na 钠 sodium 22.990	12 Mg 镁 magnesium 24.305 [24.304, 24.307]											13 Al 铝 aluminium 26.982	14 Si 硅 silicon 28.085 [28.084, 28.086]	15 P 磷 phosphorus 30.974	16 S 硫 sulfur 32.06 [32.059, 32.076]	17 Cl 氯 chlorine 35.45 [35.446, 35.457]	18 Ar 氩 argon 39.948
19 K 钾 potassium 39.098	20 Ca 钙 calcium 40.078(4)	21 Sc 钪 scandium 44.956	22 Ti 钛 titanium 47.867	23 V 钒 vanadium 50.942	24 Cr 铬 chromium 51.996	25 Mn 锰 manganese 54.938	26 Fe 铁 iron 55.845(2)	27 Co 钴 cobalt 58.933	28 Ni 镍 nickel 58.693	29 Cu 铜 copper 63.546(3)	30 Zn 锌 zinc 65.38(2)	31 Ga 镓 gallium 69.723	32 Ge 锗 germanium 72.630(8)	33 As 砷 arsenic 74.922	34 Se 硒 selenium 78.971(8)	35 Br 溴 bromine 79.904 [79.901, 79.907]	36 Kr 氪 krypton 83.798(2)
37 Rb 铷 rubidium 85.468	38 Sr 锶 strontium 87.62	39 Y 钇 yttrium 88.906	40 Zr 锆 zirconium 91.224(2)	41 Nb 铌 niobium 92.906	42 Mo 钼 molybdenum 95.95	43 Tc 锝 technetium	44 Ru 钌 ruthenium 101.07(2)	45 Rh 铑 rhodium 102.91	46 Pd 钯 palladium 106.42	47 Ag 银 silver 107.87	48 Cd 镉 cadmium 112.41	49 In 铟 indium 114.82	50 Sn 锡 tin 118.71	51 Sb 锑 antimony 121.76	52 Te 碲 tellurium 127.60(3)	53 I 碘 iodine 126.90	54 Xe 氙 xenon 131.29
55 Cs 铯 caesium 132.91	56 Ba 钡 barium 137.33	57-71 镧系 lanthanoids	72 Hf 铪 hafnium 178.49(2)	73 Ta 钽 tantalum 180.95	74 W 钨 tungsten 183.84	75 Re 铼 rhenium 186.21	76 Os 锇 osmium 190.23(3)	77 Ir 铱 iridium 192.22	78 Pt 铂 platinum 195.08	79 Au 金 gold 196.97	80 Hg 汞 mercury 200.59	81 Tl 铊 thallium 204.38 [204.38, 204.39]	82 Pb 铅 lead 207.2	83 Bi 铋 bismuth 208.98	84 Po 钋 polonium	85 At 砹 astatine	86 Rn 氡 radon
87 Fr 钫 francium	88 Ra 镭 radium	89-103 锕系 actinoids	104 Rf 𬬻 rutherfordium	105 Db 𬭊 dubnium	106 Sg 𬭳 seaborgium	107 Bh 𬭛 bohrium	108 Hs 𬭶 hassium	109 Mt 鿏 meitnerium	110 Ds 𫟼 darmstadtium	111 Rg 𬬭 roentgenium	112 Cn 鿔 copernicium	113 Nh 鿭 nihonium	114 Fl 𫓧 flerovium	115 Mc 镆 moscovium	116 Lv 𫟷 livermorium	117 Ts 鿬 tennessine	118 Og 鿫 oganesson

57 La 镧 lanthanoids 138.91	58 Ce 铈 cerium 140.12	59 Pr 镨 praseodymium 140.91	60 Nd 钕 neodymium 144.24	61 Pm 钷 promethium	62 Sm 钐 samarium 150.36(2)	63 Eu 铕 europium 151.96	64 Gd 钆 gadolinium 157.25(3)	65 Tb 铽 terbium 158.93	66 Dy 镝 dysprosium 162.50	67 Ho 钬 holmium 164.93	68 Er 铒 erbium 167.26	69 Tm 铥 thulium 168.93	70 Yb 镱 ytterbium 173.05	71 Lu 镥 lutetium 174.97
89 Ac 锕 actinoids	90 Th 钍 thorium 232.04	91 Pa 镤 protactinium 231.04	92 U 铀 uranium 238.03	93 Np 镎 neptunium	94 Pu 钚 plutonium	95 Am 镅 americium	96 Cm 锔 curium	97 Bk 锫 berkelium	98 Cf 锎 californium	99 Es 锿 einsteinium	100 Fm 镄 fermium	101 Md 钔 mendelevium	102 No 锘 nobelium	103 Lr 铹 lawrencium